工程预决算快学快用系列手册

# 通风空调工程预决算快学快用

## （第2版）

本书编写组 编

中国建材工业出版社

### 图书在版编目(CIP)数据

通风空调工程预决算快学快用/《通风空调工程预决算快学快用》编写组编.—2版.—北京:中国建材工业出版社,2014.9

(工程预决算快学快用系列手册)

ISBN 978-7-5160-0827-0

Ⅰ.①通… Ⅱ.①通… Ⅲ.①通风设备-建筑安装工程-建筑经济定额-技术手册 ②空气调节设备-建筑安装工程-建筑经济定额-技术手册 Ⅳ.①TU723.3-62

中国版本图书馆CIP数据核字(2014)第106046号

---

**通风空调工程预决算快学快用(第2版)**
本书编写组 编

| | |
|---|---|
| 出版发行: | 中国建材工业出版社 |
| 地　　址: | 北京市西城区车公庄大街6号 |
| 邮　　编: | 100044 |
| 经　　销: | 全国各地新华书店 |
| 印　　刷: | 北京紫瑞利印刷有限公司 |
| 开　　本: | 850mm×1168mm　1/32 |
| 印　　张: | 16 |
| 字　　数: | 508千字 |
| 版　　次: | 2014年9月第2版 |
| 印　　次: | 2014年9月第1次 |
| 定　　价: | 43.00元 |

---

本社网址:www.jccbs.com.cn　　微信公众号:zgjcgycbs
本书如出现印装质量问题,由我社营销部负责调换。电话:(010)88386906
对本书内容有任何疑问及建议,请与本书责编联系。邮箱:dayi51@sina.com

## 内容提要

本书第 2 版根据《建设工程工程量清单计价规范》(GB 50500—2013)、《通用安装工程工程量计算规范》(GB 50856—2013)和《全国统一安装工程预算定额》编写,详细介绍了通风空调工程预决算编制的基础理论和方法。全书主要包括通风空调工程基础知识、通风空调工程施工图识读、工程造价基础知识、通风空调工程定额体系、通风空调工程预算定额应用、通风空调工程预决算编制与审查、通风空调工程工程量清单编制、通风空调工程清单计价体系等内容。

本书具有内容翔实、紧扣实际、易学易懂等特点,可供通风空调工程预决算编制与管理人员使用,也可供高等院校相关专业师生学习时参考。

# 通风空调工程预决算快学快用
## 编写组

主　编：崔奉伟
副主编：宋金英　王秋艳
编　委：郭钰辉　蒋林君　畅艳惠　宋延涛
　　　　王　燕　张小珍　卢晓雪　王翠玲
　　　　洪　波　王晓丽　陈有杰　王　冰

# 第 2 版前言

建设工程预决算是决定和控制工程项目投资的重要措施和手段，是进行招标投标、考核工程建设施工企业经营管理水平的依据。建设工程预决算应有高度的科学性、准确性及权威性。本书第 1 版自出版发行以来，深受广大读者的喜爱，对提升广大读者的预决算编制与审核能力，从而更好地开展工作提供了力所能及的帮助，对此编者倍感荣幸。

随着我国工程建设市场的快速发展，招标投标制、合同制的逐步推行，工程造价计价依据的改革正不断深化，工程造价管理改革正日渐加深，工程造价管理制度日益完善，市场竞争也日趋激烈，特别是《建设工程工程量清单计价规范》(GB 50500—2013)及《通用安装工程工程量计算规范》(GB 50856—2013)等 9 本工程量计算规范由住房和城乡建设部颁布实施，这对广大建设工程预决算工作者提出了更高的要求。对于《通风空调工程预决算快学快用》一书来说，其中部分内容已不能满足当前通风空调工程预决算编制与管理工作的需要。

为使《通风空调工程预决算快学快用》一书的内容更好地满足通风空调工程预决算工作的需要，符合通风空调工程预决算工作实际，帮助广大通风空调工程预决算工作者能更好地理解 2013 版清单计价规范和通用安装工程工程量计算规范的内容，掌握建标[2013]44 号文件的精神，我们组织通风空调工程预决算方面的专家学者，在保持第 1 版编写风格及体例的基础上，对本书进行了修订。

(1)此次修订严格按照《建设工程工程量清单计价规范》(GB 50500—2013)和《通用安装工程工程量计算规范》(GB 50856—2013)的内容，及建标[2013]44 号文件进行，修订后的图书将能更好地满足当前通风空调工程预决算编制与管理工作需要，对宣传贯彻 2013 版清单计价规范,使广大读者进一步了解定额计价与工程量清单计价的区别与联系提供很好的帮助。

(2)修订时进一步强化了"快学快用"的编写理念,集预决算编制理论与编制技能于一体,对部分内容进一步进行了丰富与完善,对知识体系进行除旧布新,使图书的可读性得到了增强,便于读者更形象、直观地掌握通风空调工程预决算编制的方法与技巧。

(3)根据《建设工程工程量清单计价规范》(GB 50500—2013)对工程量清单与工程量清单计价表格的样式进行了修订。为强化图书的实用性,本次修订时还依据《通用安装工程工程量计算规范》(GB 50856—2013),对已发生了变动的通风空调工程工程量清单项目,重新组织相关内容进行了介绍,并对照新版规范修改了其计量单位、工程量计算规则、工作内容等。

本书修订过程中参阅了大量通风空调工程预决算编制与管理方面的书籍与资料,并得到了有关单位与专家学者的大力支持与指导,在此表示衷心的感谢。书中错误与不当之处,敬请广大读者批评指正。

# 第1版前言

工程造价管理是工程建设的重要组成部分，其目标是利用科学的方法合理确定和控制工程造价，从而提高工程施工企业的经营效果。工程造价管理贯穿于建设项目的全过程，从工程施工方案的编制、优化，技术安全措施的选用、处理，施工程序的统筹、规划，劳动组织的部署、调配，工程材料的选购、贮存，生产经营的预测、判断，技术问题的研究、处理，工程质量的检测、控制，以及招投标活动的准备、实施，工程造价管理工作无处不在。

工程预算编制是做好工程造价管理工作的关键，也是一项艰苦细致的工作。所谓工程预算，是指计算工程从开工到竣工验收所需全部费用的文件，是根据工程建设不同阶段的施工图纸、各种定额和取费标准，预先计算拟建工程所需全部费用的文件。工程预算造价有两个方面的含义，一个是工程投资费用，即业主为建造一项工程所需的固定资产投资、无形资产投资；另一方面是指工程建造的价格，即施工企业为建造一项工程形成的工程建设总价。

工程预算造价有一套科学的、完整的计价理论与计算方法，不仅需要工程预算编制人员具有过硬的基本功，充分掌握工程定额的内涵、工作程序、子目包括的内容、工程量计算规则及尺度，同时也需要工程预算人员具备良好的职业道德和实事求是的工作作风，需要工程预算人员勤勤恳恳、任劳任怨，深入工程建设第一线收集资料、积累知识。

为帮助广大工程预算编制人员更好地进行工程预算造价的编制与管理，以及快速培养一批既懂理论，又懂实际操作的工程预算工作者，我们特组织有着丰富工程预算编制经验的专家学者，编写了这套《工程预决算快学快用系列手册》。

本系列丛书是编者多年实践工作经验的积累。丛书从最基础的工程预算造价理论入手,重点介绍了工程预算的组成及编制方法,既可作为工程预算工作者的自学教材,也可作为工程预算人员快速编制预算的实用参考资料。

本系列丛书作为学习工程预算的快速入门读物,在阐述工程预算基础理论的同时,尽量辅以必要的实例,并深入浅出、循序渐进地进行讲解说明。丛书集基础理论与应用技能于一体,收集整理了工程预算编制的技巧、经验和相关数据资料,使读者在了解工程造价主要知识点的同时,还可快速掌握工程预算编制的方法与技巧,从而达到"快学快用"的目的。

本系列丛书在编写过程中得到了有关领导和专家的大力支持和帮助,并参阅和引用了有关部门、单位和个人的资料,在此一并表示感谢。由于编者水平有限,书中错误及疏漏之处在所难免,敬请广大读者和专家批评指正。

# 目 录

## 第一章 通风空调工程基础知识 (1)
### 第一节 通风系统 (1)
一、通风系统的组成 (1)
二、通风系统的分类 (3)
### 第二节 空调系统 (4)
一、空调系统的组成 (4)
二、空调系统的分类 (5)
### 第三节 空调水系统 (9)
一、冷水机组 (9)
二、冷却水系统 (10)
三、冷冻水系统 (10)

## 第二章 通风空调工程施工图识读 (12)
### 第一节 通风空调工程投影与投影图识读 (12)
一、投影的概念 (12)
二、三面正投影图 (13)
三、直线的三面正投影特性 (16)
四、平面的三面正投影特性 (20)
五、投影图的识读 (22)
### 第二节 通风空调工程剖面图与断面图识读 (23)
一、剖面图 (23)
二、断面图 (26)
### 第三节 通风空调工程施工图识读相关规定与常用图例 (28)
一、图线的相关规定 (28)
二、比例的相关规定 (29)
三、通风空调工程施工图识读常用图例 (29)
### 第四节 通风空调工程施工图组成 (42)
一、设计说明 (43)
二、系统原理方框图 (43)
三、系统平面图 (44)
四、系统剖面图 (44)
五、系统轴测图 (44)
六、详图 (45)

第五节　通风空调工程施工图识读实例 …………………… (46)
一、施工图设计说明的识读 ………………………………… (46)
二、平面图的识读 …………………………………………… (47)
三、剖面图的识读 …………………………………………… (47)
四、系统轴测图的识读 ……………………………………… (47)
五、设备材料清单 …………………………………………… (47)

# 第三章　工程造价基础知识 …………………………………… (49)
## 第一节　工程建设项目概述 …………………………………… (49)
一、工程建设项目的阶段 …………………………………… (49)
二、工程建设项目的划分 …………………………………… (49)
三、工程建设项目的建设程序 ……………………………… (50)
四、建设程序与工程造价体系 ……………………………… (52)
## 第二节　工程造价概述 ………………………………………… (53)
一、工程造价的含义 ………………………………………… (53)
二、工程造价的特点 ………………………………………… (53)
三、工程造价的作用 ………………………………………… (55)
四、工程造价的分类 ………………………………………… (56)
五、工程造价管理的概念与内容 …………………………… (60)
六、工程造价管理的目标与任务 …………………………… (61)
七、工程造价计价依据 ……………………………………… (62)
## 第三节　工程造价费用构成及计算 …………………………… (66)
一、建设工程项目总费用构成 ……………………………… (66)
二、工程造价各项费用组成及计算 ………………………… (67)
## 第四节　工程造价计价程序 …………………………………… (93)
一、建设单位工程招标控制价计价程序 …………………… (93)
二、施工企业工程投标报价计价程序 ……………………… (94)
三、竣工结算计价程序 ……………………………………… (95)

# 第四章　通风空调工程定额体系 ……………………………… (97)
## 第一节　定额概述 ……………………………………………… (97)
一、定额的概念 ……………………………………………… (97)
二、定额的作用 ……………………………………………… (97)
三、定额的特点 ……………………………………………… (98)
## 第二节　施工定额 …………………………………………… (101)
一、概述 …………………………………………………… (101)
二、劳动定额 ……………………………………………… (105)
三、材料消耗定额 ………………………………………… (112)
四、机械台班使用定额 …………………………………… (118)
## 第三节　预算定额 …………………………………………… (121)
一、预算定额的作用 ……………………………………… (122)

二、预算定额的编制 …………………………………… (123)
　　三、《全国统一安装工程预算定额》简介 …………… (129)
　第四节　概算定额及概算指标 ………………………………… (132)
　　一、概算定额 …………………………………………… (132)
　　二、概算指标 …………………………………………… (134)
　第五节　工程单价及单位估价表 ……………………………… (136)
　　一、工程单价 …………………………………………… (136)
　　二、单位估价表 ………………………………………… (140)
　第六节　企业定额 ……………………………………………… (142)
　　一、企业定额的性质及特点 …………………………… (142)
　　二、企业定额的作用及表现形式 ……………………… (142)
　　三、企业定额的编制 …………………………………… (145)
　　四、企业定额指标的确定 ……………………………… (151)
第五章　通风空调工程预算定额应用 ……………………………… (159)
　第一节　通风空调工程预算定额概述 ………………………… (159)
　　一、全国统一安装工程预算定额 ……………………… (159)
　　二、通风空调工程预算定额 …………………………… (162)
　　三、通风空调工程量计量 ……………………………… (164)
　第二节　薄钢板通风管道制作安装 …………………………… (165)
　　一、定额说明 …………………………………………… (165)
　　二、定额项目 …………………………………………… (166)
　　三、定额材料 …………………………………………… (167)
　　四、定额工程量计算应用 ……………………………… (173)
　　五、制作安装技术 ……………………………………… (197)
　第三节　调节阀制作安装 ……………………………………… (206)
　　一、定额说明 …………………………………………… (206)
　　二、定额项目 …………………………………………… (207)
　　三、定额材料 …………………………………………… (208)
　　四、定额工程量计算应用 ……………………………… (210)
　　五、制作安装技术 ……………………………………… (218)
　第四节　风口制作安装 ………………………………………… (223)
　　一、定额说明 …………………………………………… (223)
　　二、定额项目 …………………………………………… (223)
　　三、定额材料 …………………………………………… (224)
　　四、定额工程量计算应用 ……………………………… (227)
　　五、制作安装技术 ……………………………………… (230)
　第五节　风帽制作安装 ………………………………………… (236)
　　一、定额说明 …………………………………………… (236)
　　二、定额项目 …………………………………………… (237)

三、定额材料 ................................................ (237)
四、定额工程量计算应用 ...................................... (237)
五、制作安装技术 ............................................ (238)
第六节  罩类制作安装 ............................................ (240)
一、定额说明 ................................................ (240)
二、定额项目 ................................................ (240)
三、定额材料 ................................................ (240)
四、定额工程量计算应用 ...................................... (241)
五、制作安装技术 ............................................ (244)
第七节  消声器制作安装 .......................................... (246)
一、定额说明 ................................................ (246)
二、定额项目 ................................................ (246)
三、定额材料 ................................................ (246)
四、定额工程量计算应用 ...................................... (247)
五、制作安装技术 ............................................ (249)
第八节  空调部件及设备支架制作安装 .............................. (252)
一、定额说明 ................................................ (252)
二、定额项目 ................................................ (253)
三、定额材料 ................................................ (253)
四、定额工程量计算应用 ...................................... (253)
五、制作安装技术 ............................................ (255)
第九节  通风空调设备安装 ........................................ (256)
一、定额说明 ................................................ (256)
二、定额项目 ................................................ (256)
三、定额材料 ................................................ (256)
四、定额工程量计算应用 ...................................... (257)
五、通风空调设备 ............................................ (259)
第十节  净化通风管道及部件制作安装 .............................. (270)
一、定额说明 ................................................ (270)
二、定额项目 ................................................ (271)
三、定额材料 ................................................ (271)
四、定额工程量计算应用 ...................................... (271)
五、制作安装技术 ............................................ (275)
第十一节  不锈钢板通风管道及部件制作安装 ........................ (278)
一、定额说明 ................................................ (278)
二、定额项目 ................................................ (279)
三、定额材料 ................................................ (279)
四、定额工程量计算应用 ...................................... (291)
五、制作安装技术 ............................................ (294)

# 目　录

第十二节　铝板通风管道及部件制作安装 …………… (297)
一、定额说明 ………………………………………… (297)
二、定额项目 ………………………………………… (297)
三、定额材料 ………………………………………… (298)
四、定额工程量计算应用 …………………………… (300)
五、制作安装技术 …………………………………… (305)
第十三节　塑料通风管道及部件制作安装 …………… (306)
一、定额说明 ………………………………………… (306)
二、定额项目 ………………………………………… (306)
三、定额材料 ………………………………………… (307)
四、定额工程量计算应用 …………………………… (309)
五、制作安装技术 …………………………………… (318)
第十四节　玻璃钢风管与复合型风管制作安装 ……… (323)
一、定额说明 ………………………………………… (323)
二、定额项目 ………………………………………… (324)
三、定额材料 ………………………………………… (325)
四、制作安装技术 …………………………………… (327)

## 第六章　通风空调工程预决算编制与审查 …………… (329)
第一节　通风空调工程设计概算编制与审查 ………… (329)
一、设计概算的内容及作用 ………………………… (329)
二、设计概算的编制 ………………………………… (330)
三、设计概算的审查 ………………………………… (339)
第二节　通风空调工程施工图预算编制与审查 ……… (342)
一、施工图预算的内容及作用 ……………………… (342)
二、施工图预算文件的组成 ………………………… (343)
三、施工图预算的编制依据 ………………………… (343)
四、施工图预算的编制方法 ………………………… (344)
五、施工图预算审查 ………………………………… (346)
第三节　竣工结算及工程决算的编制与审查 ………… (349)
一、竣工结算的编制与审查 ………………………… (349)
二、工程决算的编制 ………………………………… (357)

## 第七章　通风空调工程工程量清单编制 ……………… (361)
第一节　工程量清单计价概述 ………………………… (361)
一、实行工程量清单计价的目的和意义 …………… (361)
二、2013版清单计价规范简介 ……………………… (363)
第二节　工程量清单计价相关规定 …………………… (365)
一、计价方式 ………………………………………… (365)
二、发包人提供材料和机械设备 …………………… (366)
三、承包人提供材料和工程设备 …………………… (367)

四、计价风险 (368)
第三节 工程量清单编制 (369)
　　一、一般规定 (369)
　　二、工程量清单编制依据 (370)
　　三、工程量清单编制原则 (370)
　　四、工程量清单编制内容 (371)
　　五、工程量清单编制标准格式 (377)
第四节 通风空调工程工程量清单编制 (390)
　　一、清单项目设置及工程量计算规则 (390)
　　二、清单项目设置有关问题的说明 (398)

# 第八章 通风空调工程清单计价体系 (402)
第一节 通风空调工程招标与招标控制价编制 (402)
　　一、通风空调工程招标概述 (402)
　　二、招标控制价的编制 (405)
　　三、招标控制价编制标准格式 (409)
第二节 通风空调工程投标报价编制 (415)
　　一、一般规定 (415)
　　二、投标报价编制与复核 (416)
　　三、投标报价编制标准格式 (418)
第三节 工程价款约定与支付管理 (425)
　　一、合同价款约定 (425)
　　二、合同价款调整 (427)
　　三、合同价款期中支付 (441)
第四节 合同管理与索赔 (445)
　　一、建设工程施工合同管理 (445)
　　二、工程索赔 (461)
第五节 通风空调工程竣工结算编制 (476)
　　一、一般规定 (476)
　　二、竣工结算编制与复核 (477)
　　三、竣工结算价编制标准格式 (478)
第六节 通风空调工程造价鉴定 (491)
　　一、一般规定 (491)
　　二、取证 (492)
　　三、鉴定 (493)
　　四、造价鉴定标准格式 (494)

# 参考文献 (497)

# 第一章 通风空调工程基础知识

通风空调工程就是使室内空气环境符合一定空气温度、相对湿度、空气流动速度和清洁度(简称"四度"),并在允许范围内波动的一切装置和设备的安装工程。

通风就是更换空气,为了满足人体卫生和车间生产工艺的要求,要排除室内和生产车间的余热、余温、灰尘、蒸汽和有害气体,并送入新鲜空气。

空气调节简称为空调,为了保证各空调对象达到不同环境的要求,就要采用不同的空气处理方法。由于生产工艺不同,对空气环境的要求也不同,有的需要降温,有的需要恒温恒湿,有的需要对空气净化或超净化,有的需要保持一定湿度或除湿等。工业空调的目的在于使生产车间维持一定的空气环境,改善劳动条件,确保产品质量。

## 第一节 通 风 系 统

### 一、通风系统的组成

**1. 送风系统**

送风系统组成如图 1-1 所示。

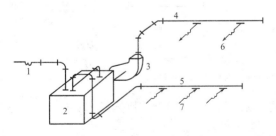

图 1-1 送风系统组成示意图
1—新风口;2—空气处理室;3—通风机;4—送风管;
5—回风管;6—送(出)风口;7—吸(回)风口

(1)新风口——新鲜空气入口。

(2)空气处理室——空气过滤、加热、加湿等处理。

(3)通风机——将处理后的空气送入风管内。

(4)送风管——把送来的空气送到各个房间去,管上安装调节阀、送风口、防火阀、检查孔等部件。

(5)回风管——又称排风管,将浊气吸入管内,再送回空气处理室。管上安回风口、防火阀等部件。

(6)送(出)风口——将处理后的空气均匀送入房间。

(7)吸(回)风口——将房间内浊气吸入回风管道,送回空气处理室进行处理。

(8)管道配件(管件)——弯头、三通、四通、异径管、法兰盘、导流片、静压箱等。

(9)管道部件——各种风口、阀、排气罩、风帽、检查孔、测定孔以及风管支、吊、托架等。

**2. 排风系统**

排风系统一般有 P 系统、侧吸罩 P 系统、除尘 P 系统等几种形式,如图 1-2 所示。

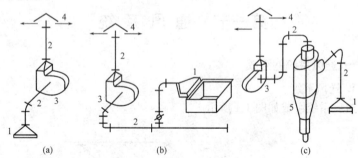

**图 1-2 排风系统组成示意图**

(a)P 系统;(b)侧吸罩 P 系统;(c)除尘 P 系统

1—排风口(侧吸罩);2—排风管;3—排风机;4—风帽;5—除尘器

(1)排风口(侧吸罩)——将浊气吸入排风管内。有吸风口、排风口、侧吸罩、吸风罩等部件。

(2)排风管——输送浊气的管道。

(3)排风机——将浊气通过机械能量从排气管中排出。

(4)风帽——将浊气排入大气中,防止空气倒灌并且防止雨水灌入的部件。

(5)除尘器——用排风机的吸力将灰尘以及有害物吸入,再将尘粒集中排除。

(6)其他管件和部件等。

## 二、通风系统的分类

### (一)按作用范围分类

**1. 全面通风**

在整个房间内进行全面空气交换,称为全面通风。当有害气体在很大范围内产生并扩散到整个房间时,就需要全面通风,排除有害气体和送入大量的新鲜空气,将有害气体浓度冲淡到容许浓度之内。

**2. 局部通风**

将污浊空气或有害气体直接从产生的地方抽出,防止扩散到全室,或者将新鲜空气送到某个局部范围,改善局部范围的空气状况,称为局部通风。当车间的某些设备产生大量危害人体健康的有害气体时,采用全面通风不能冲淡到容许浓度,或者采用全面通风很不经济时,常采用局部通风。

**3. 混合通风**

混合通风是一种全面送风和局部排风或全面排风和局部送风混合的通风形式。

### (二)按动力分类

**1. 自然通风**

利用室外冷空气与室内热空气密度的不同以及建筑物通风面和背风面风压的不同而进行换气的通风方式,称为自然通风。自然通风可分为以下三种情况:

(1)无组织的通风。如一般建筑物没有特殊的通风装置,依靠普通门窗及其缝隙进行自然通风。

(2)按照空气自然流动的规律,在建筑物的墙壁、屋顶等处,设置可以自由启闭的侧窗及天窗,利用侧窗和天窗控制和调节排气的地点和数量,进行有组织的通风。

(3)为了充分利用风的抽力,排除室内的有害气体,可采用风帽装置或风帽与排风管道连接的方法。当某个建筑物需全面通风时,风帽按一定间距安装在屋顶上。若是局部通风,则风帽安装在加热炉、锻造炉等设备抽气罩的排风管上。

**2. 机械通风**

利用通风机产生的抽力和压力,借助通风管网进行室内外空气交换的通风方式,称为机械通风。

机械通风可以向房间或生产车间的任何地方供给适当数量新鲜的、用适当方式处理过的空气;也可以从房间或生产车间的任何地方按照要求的速度抽出一定数量的污浊空气。

**(三)按工艺分类**

**1. 送风系统**

送风系统是用来向室内输送新鲜的或经过处理的空气。其工作流程为室外空气由可挡住室外杂物的百叶窗进入进气室,经保温阀至过滤器,由过滤器除掉空气中的灰尘,再经空气加热器将空气加热到所需的温度后被吸入通风机,经风量调节阀、风管,由送风口送入室内。

**2. 排风系统**

排风系统是将室内产生的污浊、高温干燥空气排到室外大气中。其主要工作流程为污浊空气由室内的排气罩被吸入风管后,再经通风机排到室外的风帽而进入大气。

如果预排放的污浊空气中有害物质的排放标准超过国家制定的排放标准,则必须经中和及吸收处理,使排放浓度低于排放标准后,再排到大气中。

**3. 除尘系统**

除尘系统通常用于生产车间,其主要作用是将车间内含大量工业粉尘和微粒的空气进行收集处理,有效降低工业粉尘和微粒的含量,以达到排放标准。其主要工作流程为通过车间内的吸尘罩将含尘空气吸入,经风管进入除尘器除尘,再通过风机送至室外风帽而排入大气。

# 第二节 空 调 系 统

## 一、空调系统的组成

一套较完善的空调系统主要由冷、热源,空气处理设备,空气输送与分配设备及自动控制四大部分组成。

(1)冷源是指制冷装置,可以是直接蒸发式制冷机组或冰水机组。它们提供冷量用来使空气降温,有时还可以使空气减湿。制冷装置的制冷

# 第一章 通风空调工程基础知识

机有活塞式、离心式或者螺杆式压缩机以及吸收式制冷机或热电制冷器等。

热源提供热量用来加热空气(有时还包括加湿),常用的有蒸汽或热水等热媒或电热器等。

(2)空气处理设备的主要功能是对空气进行净化、冷却、减湿,或者加热加湿处理。

(3)空气输送与分配设备主要有通风机、送回风管道、风阀、风口及空气分布器等。它们的作用是将送风合理地分配到各个空调房间,并将污浊空气排到室外。

(4)自动控制的功能是使空调系统能适应室内外热湿负荷的变化,保证空调房间有一定的空调精度,其设备主要有温湿度调节器、电磁阀、各种流量调节阀等。近年来微型电子计算机也开始运用于大型空调系统的自动控制。

## 二、空调系统的分类

### (一)按空气处理设备的集中程度分类

**1. 集中式空调系统**

所有的空气处理设备全部集中在空调机房内。根据送风的特点,它又分为单风道系统、双风道系统及变风量系统三种。单风道系统常用的有直流式系统、一次回风式系统、二次回风式系统及末端再热式系统,如图1-3~图1-6所示。集中式系统多适用于大型空调系统。

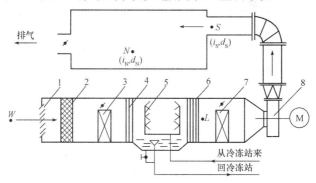

图1-3 直流式空调系统流程图

1—百叶栅;2—粗过滤器;3—一次风加热器;4—前挡水板;
5—喷水排管及喷嘴;6—后挡水板;7—二次风加热器;8—风机

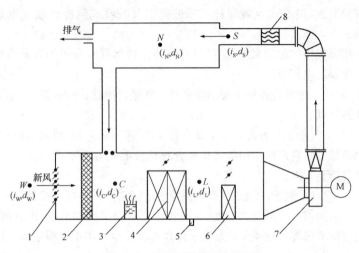

**图 1-4　一次回风式空调系统流程图**

1—新风口；2—过滤器；3—电极加湿器；
4—表面式蒸发器；5—排水口；6—二次风加热器；
7—风机；8—精加热器

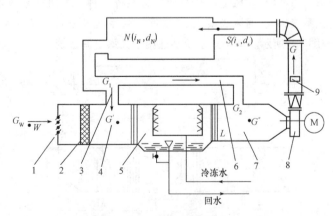

**图 1-5　二次回风式空调系统流程图**

1—新风口；2—过滤器；3——次回风管；
4——次混合室；5—喷雾室；6—二次回风管；
7—二次混合室；8—风机；9—电加热器

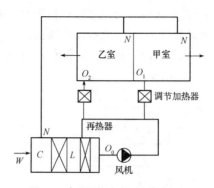

**图1-6 末端再热式空调系统流程图**

### 2. 分散式空调系统

分散式空调系统也称局部式空调系统,是将整体组装的空调器(热泵机组、带冷冻机的空调机组、不设集中新风系统的风机盘管机组等)直接放在空调房间内或放在空调房间附近,每台机组只供一个或几个小房间,或者一个房间内放几台机组,如图1-7所示。分散式空调系统多用于空调房间布局分散和小面积的空调工程。

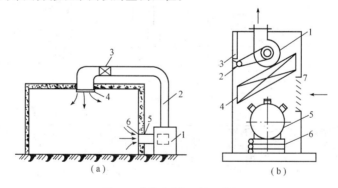

**图1-7 分散式空调系统示意图**

(a)1—空调机组,2—送风管道,3—电加热器,
4—送风口,5—回风管,6—回风口;
(b)1—风机,2—电机,3—控制器,4—蒸发器,
5—压缩机,6—冷凝器,7—回风口

### 3. 半集中式空调系统

半集中式空调系统也称混合式空调系统,是集中处理部分或全部风

量，然后送至各房间（或各区）再进行处理，包括集中处理新风，经诱导器（全空气或另加冷热盘管）送入室内或各室有风机盘管的系统（即风机盘管与下风道并用的系统），也包括分区机组系统等，如图1-8、图1-9所示。

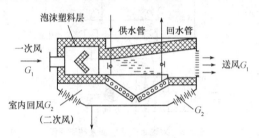

图1-8　诱导器结构示意图

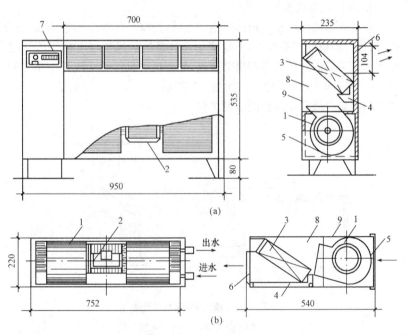

图1-9　风机盘管构造图

(a)立式；(b)卧式

1—风机；2—电动机；3—盘管；4—凝水盘；

5—循环风进口及过滤器；6—出风格栅；

7—控制器；8—吸声材料；9—箱体

## (二)按处理空调负荷的输送介质分类

**1. 全空气系统**

房间的全部冷热负荷均由集中处理后的空气负担。属于全空气系统的有定风量或变风量的单风道或双风道集中式系统、全空气诱导系统等。

**2. 空气-水系统**

空调房间的负荷由集中处理的空气负担一部分,其他负荷由水作为介质被送入空调房间时,对空气进行再处理(加热、冷却等)。属于空气-水系统的有再热系统(另设有室温调节加热器的系统)、带盘管的诱导系统、风机盘管机组和风道并用的系统等。

**3. 全水系统**

房间负荷全部由集中供应的冷、热水负担,如风机盘管系统、辐射板系统等。

**4. 直接蒸发机组系统**

室内冷、热负荷由制冷和空调机组组合在一起的小型设备负担。直接蒸发机组按冷凝器冷却方式不同可分为风冷式、水冷式等;按安装组合情况可分为窗式(安装在窗或墙洞内)、立柜式(制冷和空调设备组装在同一立柜式箱体内)和组合式(制冷和空调设备分别组装、联合使用)等。

## (三)按送风管风速分类

**1. 低速系统**

低速系统一般指主风道风速低于 15m/s 的系统。对于民用和公共建筑,主风道风速不超过 10m/s 的也称为低速系统。

**2. 高速系统**

高速系统一般指主风道风速高于 15m/s 的系统。对于民用和公共建筑,主风道风速大于 12m/s 的也称为高速系统。

# 第三节 空调水系统

空调水系统由冷水机组、冷却水系统、冷冻水系统组成。

## 一、冷水机组

冷水机组有两种类型,即蒸汽压缩式冷水机组和吸收式冷水机组。

**1. 蒸汽压缩式冷水机组**

蒸汽压缩式冷水机组由压缩机、冷凝器、膨胀阀和蒸发器四个主要部件组成。其利用液体汽化时吸收热量的物理特性,通过制冷剂的一系列热循环,以消耗一定量的机械能作为补偿条件来达到制冷的目的。

**2. 吸收式冷水机组**

吸收式冷水机组主要由冷凝器、蒸发器、节流阀、发生器、吸收器等设备组成。

吸收式制冷和压缩式制冷一样,也是利用液体汽化时吸收热量的物理特性进行制冷。不同的是,蒸汽压缩式制冷机使用电能制冷,而吸收式制冷机则使用热能制冷。

## 二、冷却水系统

冷却水系统包括冷却水管道系统、冷却塔和冷却水泵。设置冷却水系统的目的是使冷凝器的冷却水能循环利用。

## 三、冷冻水系统

**1. 同程式和异程式系统**

同程式系统是指冷冻水流过每个空调设备环路的管道长度相同。同程式系统水量分配和调节方便,管路的阻力易平衡,但缺点是需设置同程管,管材耗用较多,系统的初投资较大;异程式系统是指冷冻水流过每个空调设备环路的管道长度都不相同。异程式系统水量分配调节较困难,管路的阻力平衡较麻烦,但其系统简单,初投资较低,因此广泛应用于中小型空调系统中。同程式和异程式系统如图1-10所示。

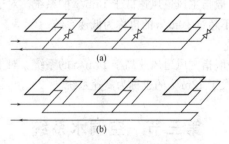

图1-10 同程式和异程式系统
(a)异程式系统;(b)同程式系统

**2. 单级循环泵和双级循环泵系统**

单级循环泵系统是指在冷水机组与换热盘管之间只有一级冷冻水泵系统。单级循环泵系统连接简单,初投资少,缺点是冷水机组的供水量与换热器的需水量不匹配,造成冷冻水输送能耗的浪费。

在冷水机组与换热盘管之间有二级冷冻水泵的系统称为双级循环泵系统。在双级循环泵系统中,一次泵(机组侧)的流量是恒定的,二次泵(负荷侧)的流量可以十分方便地随负荷的改变而改变,从而节约冷冻水的输送能耗。

单级循环泵和双级循环泵系统如图1-11所示。

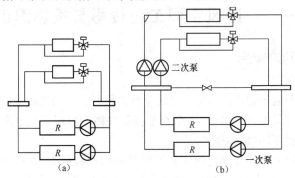

**图1-11 单级循环泵和双级循环泵系统**
(a)单级循环泵系统;(b)双级循环泵系统

# 第二章 通风空调工程施工图识读

## 第一节 通风空调工程投影与投影图识读

### 一、投影的概念

**1. 投影图**

光线照射于物体产生影子的现象称为投影。例如光线照射物体在地面或其他背景上产生影子,这个影子就是物体的投影。在制图学上把此投影称为投影图(也称视图)。

用一组假想的光线把物体的形状投射到投影面上,并在其上形成物体的图像,这种用投影图表示物体的方法称为投影法。投影法表示光源、物体和投影面三者之间的关系。投影法是绘制工程图的基础。

**2. 投影法分类**

工程制图上常用的投影法有中心投影法和平行投影法。

(1)中心投影法:投射线由一点放射出来的投影方法称为中心投影法,如图 2-1(a)所示。利用中心投影法所得到的投影称为中心投影。

(2)平行投影法:当投影中心离开投影无限远时,投射线可以看作是相互平行的,投射线相互平行的投影方法称为平行投影法。利用平行投影法所得到的投影称为平行投影。根据投射线与投影面的位置关系不同,平行投影法又可分为两种,即正投影法和斜投影法。投射线相互平行而且垂直于投影面,称为正投影法,又称为直角投影法[图 2-1(b)];投射线相互平行,但倾斜于投影面,称为斜投影法[图 2-1(c)]。

用正投影法画出的物体图形称为正投影(正投影图)。正投影虽然直观性较差,但能反映物体的真实形状和大小,度量性好,作图简便,是工程制图中广泛采用的一种图示方法。

**3. 正投影法的基本特性**

构成物体最基本的元素是点。点运动形成直线,直线运动形成平面。在正投影法中,点、直线、平面的投影,具有以下基本特性:

# 第二章 通风空调工程施工图识读

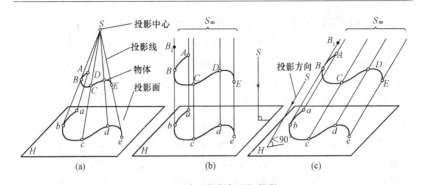

图 2-1 中心投影与平行投影
(a)中心投影法;(b)正投影法;(c)斜投影法

(1)显实性。当直线段平行于投影面时,其投影与直线等长。当平面平行于投影面时,其投影与该平面全等。即直线的长度和平面的大小可以从投影图中直接度量出来,这种特性称为显实性[图 2-2(a)],这种投影称为实形投影。

(2)积聚性。直线、平面垂直于投影面时,其投影积聚为一点、直线时,这种特性称为投影的积聚性[图 2-2(b)]。

(3)类似性。直线、平面倾斜于投影面时,其投影仍为直线(长度缩短)、平面(形状缩小),这种特性称为投影的类似性[图 2-2(c)]。

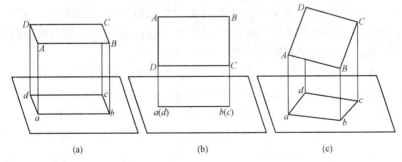

图 2-2 正投影规律
(a)显实性;(b)积聚性;(c)类似性

## 二、三面正投影图

### 1. 三面投影体系

如图 2-3 所示,空间五个不同形状的物体,它们在同一个投影面上的投影都是相同的。因此,在正投影法中形体的一个投影一般是不能反映空间形体形状的(图 2-3)。一般来说,用三个互相垂直的平面作投影面,用形体在这三个投影面上的三个投影才能充分表达出这个形体的空间形状。这三个互相垂直的投影面,称为三投影面体系,如图 2-4 所示。图中水平方向的投影面称为水平投影面,用字母 $H$ 表示,也可以称为 $H$ 面;与水平投影面垂直相交的正立方向的投影面称为正立投影面,用字母 $V$ 表示,也可以称为 $V$ 面;与水平投影面及正立投影面同时垂直相交的投影面称为侧立投影面,用字母 $W$ 表示,也可以称为 $W$ 面。各投影面相交的线称为投影轴,其中 $V$ 面与 $H$ 面的相交线称作 $X$ 轴;$W$ 面与 $H$ 面的相交线称作 $Y$ 轴;$V$ 面与 $W$ 面的相交线称作 $Z$ 轴,三条投影轴的交点 $O$ 称为原点。

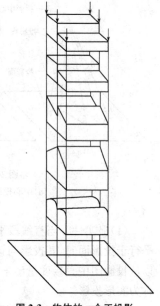

图 2-3 物体的一个正投影不能确定其空间的形状

**2. 三面投影图的形成与展开**

从形体上各点向 $H$ 面作投影线,即得到形体在 $H$ 面上的投影,这个投影称为水平投影;从形体上各点向 $V$ 面作投影线,即得到形体在 $V$ 面上的投影,这个投影称为正面投影;从形体上各点向 $W$ 面作投影线,即得到形体在 $W$ 面上的投影,这个投影称为侧面投影。

由于三个投影面是互相垂直的,因此,图 2-5 中所示形体的三个投影也就不在同一个平面上。为了能在一张图纸上同时反映出这三个投影,需要把三个投影面按一定的规则展开在一个平面上,其展开规则如下:

展开时,规定 $V$ 面不动,$H$ 面向下旋转 $90°$,$W$ 面向右旋转 $90°$,使它们与 $V$ 面展成在一个平面上,如图 2-5 所示。这时 $Y$ 轴分成两条,一条随 $H$ 面旋转到 $Z$ 轴的正下方与 $Z$ 轴成一直线,以 $Y_H$ 表示;另一条随 $W$ 面旋转到 $X$ 轴的正右方与 $X$ 轴成一直线,以 $Y_W$ 表示,如图 2-5 所示。

投影面展开后,如图 2-6 所示,形体的水平投影和正面投影在 $X$ 轴方向都反映形体的长度,它们的位置应左右对正。形体的正面投影和侧面投影在 $Z$ 轴方向都反映形体的高度,它们的位置应上下对齐。形体的水平投影和侧面投影在 $Y$ 轴方向都反映形体的宽度。这三个关系即为三面正投影的投影规律。在实际制图中,投影面与投影轴省略不画,但三个投影图的位置必须正确。

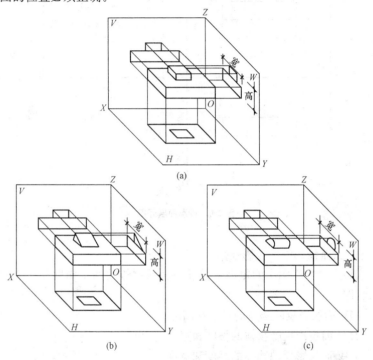

图 2-4　形体的三投影面体系

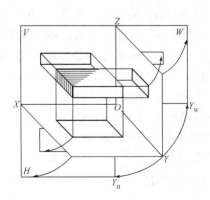

图 2-5　三个投影面的展开

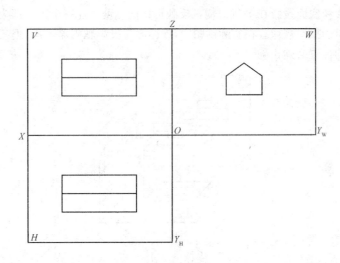

图 2-6 投影面展开图

**3. 三面投影图的投影规律**

(1) 三个投影图中的每一个投影图表示物体的两个向度和一个面的形状,即:

1) $V$ 面投影反映物体的长度和高度。

2) $H$ 面投影反映物体的长度和宽度。

3) $W$ 面投影反映物体的高度和宽度。

(2) 三面投影图的"三等关系":

1) 长对正,即 $H$ 面投影图的长与 $V$ 面投影图的长相等。

2) 高平齐,即 $V$ 面投影图的高与 $W$ 面投影图的高相等。

3) 宽相等,即 $H$ 面投影图的宽与 $W$ 投影图的宽相等。

(3) 三面投影图与各方位之间的关系。物体都具有左、右、前、后、上、下六个方向,在三面图中,它们的对应关系为:

1) $V$ 面图反映物体的上、下和左、右的关系。

2) $H$ 面图反映物体的左、右和前、后的关系。

3) $W$ 面图反映物体的前、后和上、下的关系。

**三、直线的三面正投影特性**

空间直线与投影面的位置关系有三种:投影面垂直线、投影面平行线、一般位置直线。

**1. 投影面平行线**

平行于一个投影面,而倾斜于另外两个投影面的直线,称为投影面平行线。投影面平行线可分为:

(1)水平线:直线平行于 $H$ 面,倾斜于 $V$ 面和 $W$ 面。

(2)正平线:直线平行于 $V$ 面,倾斜于 $H$ 面和 $W$ 面。

(3)侧平线:直线平行于 $W$ 面,倾斜于 $H$ 面和 $V$ 面。

投影面平行线的投影特性见表 2-1。

表 2-1　　　　　　投影面平行线的投影特性

| 名称 | 直 观 图 | 投 影 图 | 投 影 特 性 |
|---|---|---|---|
| 水平线 | | | (1)水平投影反映实长。<br>(2)水平投影与 $X$ 轴和 $Y$ 轴的夹角,分别反映直线与 $V$ 面和 $W$ 面的倾角 $\beta$ 和 $\gamma$。<br>(3)正面投影及侧面投影分别平行于 $X$ 轴及 $Y$ 轴,但不反映实长 |
| 正平线 | | | (1)正面投影反映实长。<br>(2)正面投影与 $X$ 轴和 $Z$ 轴的夹角,分别反映直线与 $H$ 面和 $W$ 面的倾角 $\alpha$ 和 $\gamma$。<br>(3)水平投影及侧面投影分别平行于 $X$ 轴及 $Z$ 轴,但不反映实长 |

续表

| 名称 | 直观图 | 投影图 | 投影特性 |
|---|---|---|---|
| 侧平线 | | | (1)侧面投影反映实长。<br>(2)侧面投影与 $Y$ 轴和 $Z$ 轴的夹角,分别反映直线与 $H$ 面和 $V$ 面的倾角 $\alpha$ 和 $\beta$。<br>(3)水平投影及正面投影分别平行于 $Y$ 轴及 $Z$ 轴,但不反映实长 |

**2. 投影面垂直线**

垂直于一个投影面,而平行于另外两个投影面的直线,称为投影面垂直线。投影面垂直线可分为:

(1)铅垂线:直线垂直于 $H$ 面,平行于 $V$ 面和 $W$ 面。
(2)正垂线:直线垂直于 $V$ 面,平行于 $H$ 面和 $W$ 面。
(3)侧垂线:直线垂直于 $W$ 面,平行于 $H$ 面和 $V$ 面。

投影面垂直线的投影特性见表 2-2。

表 2-2　　　　　投影面垂直线的投影特性

| 名称 | 直观图 | 投影图 | 投影特性 |
|---|---|---|---|
| 铅垂线 | | | (1)水平投影积聚成一点。<br>(2)正面投影及侧面投影分别垂直于 $X$ 轴及 $Y$ 轴,且反映实长 |

续表

| 名称 | 直观图 | 投影图 | 投影特性 |
|---|---|---|---|
| 正垂线 | | | (1)正面投影积聚成一点。<br>(2)水平投影及侧面投影分别垂直于 $X$ 轴及 $Z$ 轴,且反映实长 |
| 侧垂线 | | | (1)侧面投影积聚成一点。<br>(2)水平投影及正面投影分别垂直于 $Y$ 轴及 $Z$ 轴,且反映实长 |

### 3. 一般位置直线

如图 2-7 所示为一般位置直线的投影。由于直线 $AB$ 倾斜于 $H$ 面、$V$ 面和 $W$ 面,所以,其端点 $A$、$B$ 到各投影面的距离都不相等。因此,一般位置直线的三个投影与投影轴都成倾斜位置,且不反映实长,也不反映直线对投影面的倾角。

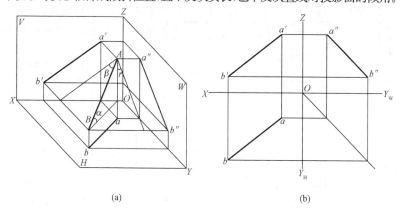

(a)　　　　　　　　　　　　(b)

图 2-7　一般位置直线的投影

(a)直观图;(b)投影图

### 四、平面的三面正投影特性

空间平面与投影面的位置关系有三种：投影面平行面、投影面垂直面、一般位置平面。

**1. 投影面平行面**

投影面平行面平行于一个投影面，同时垂直于另外两个投影面，见表 2-3，其投影特点如下：

(1) 平面在其所平行的投影面上的投影反映实形。

(2) 平面在另外两个投影面上的投影积聚为直线，且分别平行于相应的投影轴。

表 2-3 投影面平行面

| 名称 | 直观图 | 投影图 | 投影特点 |
| --- | --- | --- | --- |
| 水平面 | | | (1) 在 $H$ 面上的投影反映实形。<br>(2) 在 $V$ 面、$W$ 面上的投影积聚为一直线，且分别平行于 $OX$ 轴和 $OY_W$ 轴 |
| 正平面 | | | (1) 在 $V$ 面上的投影反映实形。<br>(2) 在 $H$ 面、$W$ 面上的投影积聚为一直线，且分别平行于 $OX$ 轴和 $OZ$ 轴 |
| 侧平面 | | | (1) 在 $W$ 面上的投影反映实形。<br>(2) 在 $V$ 面、$H$ 面上的投影积聚为一直线，且分别平行于 $OZ$ 轴和 $OY_H$ 轴 |

## 2. 投影面垂直面

投影面垂直面垂直于一个投影面,同时倾斜于另外两个投影面,见表 2-4。其投影图的特征如下:

(1)垂直面在其所垂直的投影面上的投影积聚为一条与投影轴倾斜的直线。

(2)垂直面在另外两个面上的投影不反映实形。

表 2-4　　　　　　　　　　　投影面垂直面

| 名称 | 直 观 图 | 投 影 图 | 投 影 特 点 |
|---|---|---|---|
| 铅垂面 | | | (1)在 $H$ 面上的投影积聚为一条与投影轴倾斜的直线。<br>(2)$\beta$、$\gamma$ 反映平面与 $V$、$W$ 面的倾角。<br>(3)在 $V$、$W$ 面上的投影小于平面的实形 |
| 正垂面 | | | (1)在 $V$ 面上的投影积聚为一条与投影轴倾斜的直线。<br>(2)$\alpha$、$\gamma$ 反映平面与 $H$、$W$ 面的倾角。<br>(3)在 $H$、$W$ 面上的投影小于平面的实形 |
| 侧垂面 | | | (1)在 $W$ 面上的投影积聚为一条与投影轴倾斜的直线。<br>(2)$\alpha$、$\beta$ 反映平面与 $H$、$V$ 面的倾角。<br>(3)在 $V$、$H$ 面上的投影小于平面的实形 |

**3. 一般位置平面**

对三个投影面都倾斜的平面称为一般位置平面。其投影的特点是三个投影均为封闭图形,小于实形,没有积聚性但具有类似性。

**五、投影图的识读**

读图是根据形体的投影图,运用投影原理和特性,对投影图进行分析,想象出形体的空间形状。

**1. 投影图识读方法**

识读投影图的方法有形体分析法和线面分析法两种。

(1)形体分析法是根据基本形体的投影特性,在投影图上分析组合形体各组成部分的形状和相对位置,然后综合起来想象出组合形体的形状。

(2)线面分析法是以线和面的投影规律为基础,根据投影图中的某些棱线和线框,分析它们的形状和相互位置,从而想象出它们所围成形体的整体形状。

为应用线面分析法,必须掌握投影图上线和线框的含义,才能结合起来综合分析,想象出物体的整体形状。投影图中的图线(直线或曲线)可能代表的含义如下:

1)形体的一条棱线,即形体上两相邻表面交线的投影。

2)与投影面垂直的表面(平面或曲面)的投影,即为积聚投影。

3)曲面的轮廓素线的投影。

投影图中的线框,可能有如下含义:

1)形体上某一平行于投影面的平面的投影。

2)形体上某平面类似性的投影(即平面处于一般位置)。

3)形体上某曲面的投影。

4)形体上某孔洞的投影。

**2. 投影图识读步骤**

阅读图纸的顺序一般是先外形,后内部;先整体,后局部;最后由局部回到整体,综合想象出物体的形状。读图的方法,一般以形体分析法为主,线面分析法为辅。

阅读投影图的基本步骤为:

(1)从最能反映形体特征的投影图入手,一般以正立面(或平面)投影图为主,粗略分析形体的大致形状和组成。

# 第二章 通风空调工程施工图识读

(2)结合其他投影图阅读,正立面图与平面图对照,三个视图联合起来,运用形体分析法和线面分析法,形成立体感,综合想象,得出组合体的全貌。

(3)结合详图(剖面图、断面图),综合各投影图,想象整个形体的形状与构造。

## 第二节 通风空调工程剖面图与断面图识读

### 一、剖面图

在工程图中,物体上可见的轮廓线,一般是用粗实线表示,不可见的轮廓线用虚线表示。当物体内部构造复杂时,投影图中就会出现很多虚线,因而使图线重叠,不能清晰地表示出物体,也不利于标注尺寸和读图。

为了能清晰地表达物体的内部构造,假想用一个平面将物体剖开(此平面称为切平面),移出剖切平面前的部分,然后画出剖切平面后面部分的投影图,这种投影图称为剖面图,如图2-8所示。

**1. 剖面图的画法**

(1)确定剖切平面的位置。画剖面图时,首先应选择适当的剖切位置,使剖切后画出的图形能确切反映所要表达部分的真实形状。

(2)剖切符号。剖切符号也叫剖切线,由剖切位置线和剖视方向所组

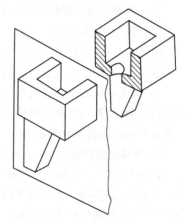

图2-8 剖面图的形成

成。用断开的两段粗短线表示剖切位置,在它的两端画与其垂直的短粗线,表示剖视方向,短线的一侧即表示向该方向投影。

(3)编号。用阿拉伯数字编号,并注写在剖视方向线的端部,编号应按顺序由左至右、由下而上连续编排,如图2-9所示。

(4)画剖面图。剖面图虽然是按剖切位置,移去物体在剖切平面和观察者之间的部分,根据留下的部分画出的投影图。因为剖切是假想的,因

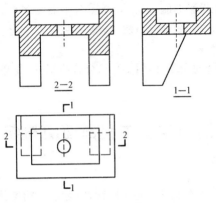

图 2-9 剖面图

此画其他投影时,仍应完整地画出,不受剖切的影响。

剖切平面与物体接触部分的轮廓线用粗实线表示,剖切平面后面的可见轮廓线用细实线表示。

物体被剖切后,剖面图上仍可能有不可见部分的虚线存在,为了使图形清晰易读,对于已经表示清楚的部分,虚线可以省略不画。

(5)画出材料图例。在剖面图上为了分清物体被剖切到和没有被剖切到的部分,在剖切平面与物体接触部分要画上材料图例,同时,表明建筑物各构配件用什么材料做成的。

**2. 剖面图的种类**

按剖切位置可分为水平剖面和垂直剖面图两种。

(1)水平剖面图。当剖切平面平行于水平投影面时,所得的剖面图称为水平剖面图,建筑施工图中的水平剖面图称为平面图。

(2)垂直剖面图。剖切平面垂直于水平投影面所得到的剖面图称为垂直剖面图,图 2-9 中所示的 1—1 剖面称纵向剖面图,2—2 剖面称横向剖面图,二者均为垂直剖面图。

按剖切面的形式可分为全剖面图、半剖面图、阶梯剖面图和局部剖面图四种。

(1)全剖面图。用一个剖切平面将形体全部剖开后所画的剖面图。图 2-9 所示的两个剖面为全剖面图。

(2)半剖面图。当物体的投影图和剖面图都是对称图形时,采用半剖的表示方法,如图 2-10 所示,图中投影图与剖面图各占一半。

图 2-10　半剖面图

(3)阶梯剖面图。用阶梯形平面剖切形体后得到的剖面图如图 2-11 所示。

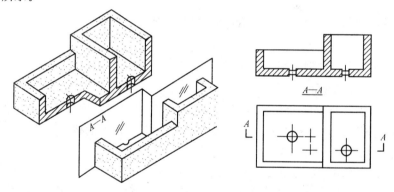

图 2-11　阶梯剖面图

(4)局部剖面图。形体局部剖切后所得到的剖面图如图 2-12 所示。

## 3. 剖面图的阅读

剖面图应画出剖切后留下部分的投影图,阅读时要注意以下几点:

(1)图线。被剖切的轮廓线用粗实线表示;未剖切的可见轮廓线用中或细实线表示。

(2)不可见线。在剖面图中,看不见的轮廓线一般不画,特殊情况可用虚线表示。

(3)被剖切面的符号表示。剖面图中的切口部分(部切面上),一般画上表示材料种类的图例符号;当不需表示出材料种类时,用 45°平行细线

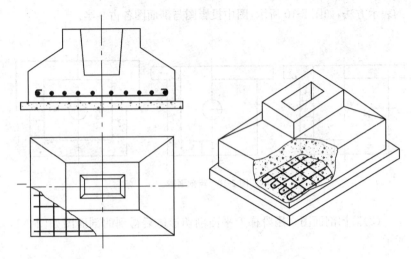

图 2-12 局部剖面图

表示;当切口截面比较狭小时,可涂黑表示。

## 二、断面图

假想用剖切平面将物体剖切后,只画出剖切平面切到部分的图形称为断面图。对于某些单一的杆件或需要表示某一局部的截面形状时,可以只画出断面图。

图 2-13 所示为断面图的画法。它与剖面图的区别在于:断面图只需画出形体被剖切后与剖切平面相交的那部分截面图形,至于剖切后投影方向可能见到的形体其他部分轮廓线的投影,则不必画出。显然,断面图包含于剖面图之中。

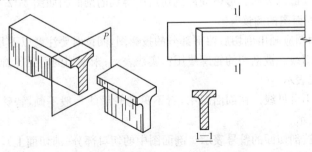

图 2-13 断面图

断面图的剖切位置线端部不必如剖面图那样要画短线,其投影方向可用断面图编号的注写位置来表示。例如,断面图编号写在剖切位置线的左侧,即表示从右往左投影。

在实际应用中,断面图的表示方法有下列几种:

(1)将断面图画在视图之外适当位置称为移出断面图。移出断面图适用于形体的截面形状变化较多的情况,如图2-14所示。

(2)将断面图画在视图之内适当位置称为折倒断面图或重合断面图。折倒断面图或重合断面图适用于形体截面形状变化较少的情况。断面图的轮廓线用粗实线,剖切面画材料符号;不标注符号及编号。图2-15所示是现浇楼层结构平面图中表示梁板及标高所用的断面图。

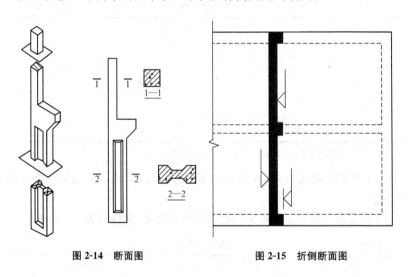

图2-14 断面图　　　　　图2-15 折倒断面图

(3)将断面图画在视图的断开处称为中断断面图。中断断面图适用于形体为较长的杆件且截面单一的情况,如图2-16所示。

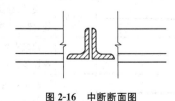

图2-16 中断断面图

## 第三节 通风空调工程施工图识读相关规定与常用图例

### 一、图线的相关规定

(1)图线的基本宽度 $b$ 和线宽组,应根据图样的比例、类别及使用方式确定。

(2)基本宽度 $b$ 宜选用 0.18、0.35、0.5、0.7、1.0(mm)。

(3)图样中仅使用两种线宽时,线宽组宜为 $b$ 和 $0.25b$。三种线宽的线宽组宜为 $b$、$0.5b$ 和 $0.25b$,并应符合表 2-5 的规定。

表 2-5　　　　　　　　　线　宽　组　　　　　　　　(单位:mm)

| 线宽比 | 线　宽　组 | | | |
|---|---|---|---|---|
| $b$ | 1.4 | 1.0 | 0.7 | 0.5 |
| $0.7b$ | 1.0 | 0.7 | 0.5 | 0.35 |
| $0.5b$ | 0.7 | 0.5 | 0.35 | 0.25 |
| $0.25b$ | 0.35 | 0.25 | 0.18 | (0.13) |

注:需要缩微的图纸,不宜采用 0.18mm 及更细的线宽。

(4)在同一张图纸内,各不同线宽组的细线,可统一采用最小线宽组的细线。

(5)暖通空调专业制图采用的线型及其含义,宜符合表 2-6 的规定。

表 2-6　　　　　　　　　　线型及其含义

| 名　称 | | 线　型 | 线　宽 | 一般用途 |
|---|---|---|---|---|
| 实线 | 粗 | ——————— | $b$ | 单线表示的供水管线 |
| | 中粗 | ——————— | $0.7b$ | 本专业设备轮廓、双线表示的管道轮廓 |
| | 中 | ——————— | $0.5b$ | 尺寸、标高、角度等标注线及引出线;建筑物轮廓 |
| | 细 | ——————— | $0.25b$ | 建筑布置的家具、绿化等;非本专业设备轮廓 |
| 虚线 | 粗 | — — — — — | $b$ | 回水管线及单根表示的管道被遮挡的部分 |

续表

| 名　称 | | 线　型 | 线　宽 | 一般用途 |
|---|---|---|---|---|
| 虚线 | 中粗 | ———————— | 0.7b | 本专业设备及双线表示的管道被遮挡的轮廓 |
| | 中 | ———————— | 0.5b | 地下管沟、改造前风管的轮廓线；示意性连线 |
| | 细 | ———————— | 0.25b | 非本专业虚线表示的设备轮廓等 |
| 波浪线 | 中 | ～～～～～ | 0.5b | 单线表示的软管 |
| | 细 | ～～～～～ | 0.25b | 断开界线 |
| 单点长画线 | | —·—·—·— | 0.25b | 轴线、中心线 |
| 双点长画线 | | —··—··—·· | 0.25b | 假想或工艺设备轮廓线 |
| 折断线 | | ——/\—— | 0.25b | 断开界线 |

（6）图样中也可使用自定义图线及含义，但应明确说明，且其含义不应与《暖通空调制图标准》(GB/T 50114—2010)发生矛盾。

**二、比例的相关规定**

总平面图、平面图的比例，宜与工程项目设计的主导专业一致，其余可按表 2-7 选用。

表 2-7　　　　　　　　　　比　例

| 图　名 | 常用比例 | 可用比例 |
|---|---|---|
| 剖面图 | 1:50、1:100 | 1:150、1:200 |
| 局部放大图、管沟断面图 | 1:20、1:50、1:100 | 1:25、1:30、1:50、1:200 |
| 索引图、详图 | 1:1、1:2、1:5、1:10、1:20 | 1:3、1:4、1:15 |

**三、通风空调工程施工图识读常用图例**

（一）水、汽管道

（1）水、汽管道可用线型区分，也可用代号区分。水、汽管道代号宜按表 2-8 采用。

表 2-8　　　　　　　　水、汽管道代号

| 序号 | 代号 | 管道名称 | 备注 |
|---|---|---|---|
| 1 | RG | 采暖热水供水管 | 可附加1、2、3等表示一个代号、不同参数的多种管道 |
| 2 | RH | 采暖热水回水管 | 可通过实线、虚线表示供、回关系省略字母G、H |
| 3 | LG | 空调冷水供水管 | — |
| 4 | LH | 空调冷水回水管 | — |
| 5 | KRG | 空调热水供水管 | — |
| 6 | KRH | 空调热水回水管 | — |
| 7 | LRG | 空调冷、热水供水管 | — |
| 8 | LRH | 空调冷、热水回水管 | — |
| 9 | LQG | 冷却水供水管 | — |
| 10 | LQH | 冷却水回水管 | — |
| 11 | n | 空调冷凝水管 | — |
| 12 | PZ | 膨胀水管 | — |
| 13 | BS | 补水管 | — |
| 14 | X | 循环管 | — |
| 15 | LM | 冷媒管 | — |
| 16 | YG | 乙二醇供水管 | — |
| 17 | YH | 乙二醇回水管 | — |
| 18 | BG | 冰水供水管 | — |
| 19 | BH | 冰水回水管 | — |
| 20 | ZG | 过热蒸汽管 | — |
| 21 | ZB | 饱和蒸汽管 | 可附加1、2、3等表示一个代号、不同参数的多种管道 |
| 22 | Z2 | 二次蒸汽管 | — |
| 23 | N | 凝结水管 | — |
| 24 | J | 给水管 | — |
| 25 | SR | 软化水管 | — |
| 26 | CY | 除氧水管 | — |
| 27 | GG | 锅炉进水管 | — |

续表

| 序 号 | 代 号 | 管道名称 | 备 注 |
|---|---|---|---|
| 28 | JY | 加药管 | — |
| 29 | YS | 盐溶液管 | — |
| 30 | XI | 连续排污管 | — |
| 31 | XD | 定期排污管 | — |
| 32 | XS | 泄水管 | — |
| 33 | YS | 溢水(油)管 | — |
| 34 | $R_1G$ | 一次热水供水管 | — |
| 35 | $R_1H$ | 一次热水回水管 | — |
| 36 | F | 放空管 | — |
| 37 | FAQ | 安全阀放空管 | — |
| 38 | O1 | 柴油供油管 | — |
| 39 | O2 | 柴油回油管 | — |
| 40 | OZ1 | 重油供油管 | — |
| 41 | OZ2 | 重油回油管 | — |
| 42 | OP | 排油管 | — |

(2)自定义水、汽管道代号不应与(1)的规定矛盾,并应在相应图面说明。

(3)水、汽管道阀门和附件的图例宜按表2-9采用。

表2-9　　　　　　　　水、汽管道阀门和附件图例

| 序号 | 名　称 | 图　例 | 备　注 |
|---|---|---|---|
| 1 | 截止阀 |  | — |
| 2 | 闸阀 |  | — |
| 3 | 球阀 |  | — |
| 4 | 柱塞阀 |  | — |
| 5 | 快开阀 |  | — |
| 6 | 蝶阀 |  |  |

续一

| 序号 | 名称 | 图例 | 备注 |
|---|---|---|---|
| 7 | 旋塞阀 | | — |
| 8 | 止回阀 | | |
| 9 | 浮球阀 | | — |
| 10 | 三通阀 | | |
| 11 | 平衡阀 | | |
| 12 | 定流量阀 | | |
| 13 | 定压差阀 | | |
| 14 | 自动排气阀 | | — |
| 15 | 集气罐、放气阀 | | — |
| 16 | 节流阀 | | |
| 17 | 调节止回关断阀 | | 水泵出口用 |
| 18 | 膨胀阀 | | — |
| 19 | 排入大气或室外 | | |
| 20 | 安全阀 | | — |
| 21 | 角阀 | | — |
| 22 | 底阀 | | |
| 23 | 漏斗 | | |
| 24 | 地漏 | | |
| 25 | 明沟排水 | | — |

## 第二章 通风空调工程施工图识读

续二

| 序号 | 名　称 | 图　例 | 备　注 |
|---|---|---|---|
| 26 | 向上弯头 | | — |
| 27 | 向下弯头 | | — |
| 28 | 法兰封头或管封 | | — |
| 29 | 上出三通 | | — |
| 30 | 下出三通 | | — |
| 31 | 变径管 | | — |
| 32 | 活接头或法兰连接 | | — |
| 33 | 固定支架 | | — |
| 34 | 导向支架 | | — |
| 35 | 活动支架 | | — |
| 36 | 金属软管 | | — |
| 37 | 可屈挠橡胶软接头 | | — |
| 38 | Y形过滤器 | | — |
| 39 | 疏水器 | | — |
| 40 | 减压阀 | | 左高右低 |
| 41 | 直通型（或反冲型）除污器 | | — |
| 42 | 除垢仪 | | — |
| 43 | 补偿器 | | — |
| 44 | 矩形补偿器 | | — |
| 45 | 套管补偿器 | | — |
| 46 | 波纹管补偿器 | | — |

续三

| 序号 | 名 称 | 图 例 | 备 注 |
|---|---|---|---|
| 47 | 弧形补偿器 | | — |
| 48 | 球形补偿器 | | — |
| 49 | 伴热管 | | — |
| 50 | 保护套管 | | — |
| 51 | 爆破膜 | | — |
| 52 | 阻火器 | | — |
| 53 | 节流孔板、减压孔板 | | — |
| 54 | 快速接头 | | — |
| 55 | 介质流向 | → 或 ⇒ | 在管道断开处时,流向符号宜标注在管道中心线上,其余可同管径标注位置 |
| 56 | 坡度及坡向 | $i=0.003$ 或 $i=0.003$ | 坡度数值不宜与管道起、止点标高同时标注。标注位置同管径标注位置 |

## (二)风道

(1)风道代号宜按表2-10采用。

表2-10　　　　　　　　风道代号

| 序 号 | 代 号 | 管道名称 | 备 注 |
|---|---|---|---|
| 1 | SF | 送风管 | — |
| 2 | HF | 回风管 | 一、二次回风可附加1、2区别 |
| 3 | PF | 排风管 | — |
| 4 | XF | 新风管 | — |
| 5 | PY | 消防排烟风管 | — |
| 6 | ZY | 加压送风管 | — |
| 7 | P(Y) | 排风排烟兼用风管 | — |
| 8 | XB | 消防补风管 | — |
| 9 | S(B) | 送风兼消防补风管 | — |

## 第二章 通风空调工程施工图识读

（2）自定义风道代号不应与表 2-10 的规定矛盾，并应在相应图面说明。

（3）风道、阀门及附件的图例宜按表 2-11 和表 2-12 采用。

表 2-11　　　　　　　　　风道、阀门及附件图例

| 序号 | 名　　称 | 图　　例 | 备　　注 |
|---|---|---|---|
| 1 | 矩形风管 | ***×*** | 宽×高(mm) |
| 2 | 圆形风管 | φ*** | φ直径(mm) |
| 3 | 风管向上 | | — |
| 4 | 风管向下 | | — |
| 5 | 风管上升摇手弯 | | — |
| 6 | 风管下降摇手弯 | | — |
| 7 | 天圆地方 | | 左接矩形风管，右接圆形风管 |
| 8 | 软风管 | | — |
| 9 | 圆弧形弯头 | | — |
| 10 | 带导流片的矩形弯头 | | — |
| 11 | 消声器 | | |
| 12 | 消声弯头 | | |
| 13 | 消声静压箱 | | |
| 14 | 风管软接头 | | |
| 15 | 对开多叶调节风阀 | | — |

续一

| 序号 | 名称 | 图例 | 备注 |
|---|---|---|---|
| 16 | 蝶阀 | | — |
| 17 | 插板阀 | | — |
| 18 | 止回风阀 | | — |
| 19 | 余压阀 | DPV  DPV | — |
| 20 | 三通调节阀 | | — |
| 21 | 防烟、防火阀 | *** *** | ***表示防烟、防火阀名称代号,代号说明另见附录A防烟、防火阀功能表 |
| 22 | 方形风口 | | — |
| 23 | 条缝形风口 | | — |
| 24 | 矩形风口 | | — |
| 25 | 圆形风口 | | — |
| 26 | 侧面风口 | | — |
| 27 | 防雨百叶 | | — |
| 28 | 检修门 | J   J | — |

续二

| 序号 | 名称 | 图例 | 备注 |
|---|---|---|---|
| 29 | 气流方向 | —//→  →  —↯→ | 左为通用表示法,中表示送风,右表示回风 |
| 30 | 远程手控盒 | B | 防排烟用 |
| 31 | 防雨罩 | ↑ | — |

表 2-12　　　　　　　　　风口和附件代号

| 序号 | 代号 | 图例 | 备注 |
|---|---|---|---|
| 1 | AV | 单层格栅风口,叶片垂直 | — |
| 2 | AH | 单层格栅风口,叶片水平 | — |
| 3 | BV | 双层格栅风口,前组叶片垂直 | — |
| 4 | BH | 双层格栅风口,前组叶片水平 | — |
| 5 | C* | 矩形散流器,*为出风面数量 | — |
| 6 | DF | 圆形平面散流器 | — |
| 7 | DS | 圆形凸面散流器 | — |
| 8 | DP | 圆盘形散流器 | — |
| 9 | DX* | 圆形斜片散流器,*为出风面数量 | — |
| 10 | DH | 圆环形散流器 | — |
| 11 | E* | 条缝形风口,*为条缝数 | — |
| 12 | F* | 细叶形斜出风散流器,*为出风面数量 | — |
| 13 | FH | 门铰形细叶回风口 | — |
| 14 | G | 扁叶形直出风散流器 | — |
| 15 | H | 百叶回风口 | — |
| 16 | HH | 门铰形百叶回风口 | — |
| 17 | J | 喷口 | — |
| 18 | SD | 旋流风口 | — |
| 19 | K | 蛋格形风口 | — |
| 20 | KH | 门铰形蛋格式回风口 | — |

续表

| 序号 | 代号 | 图例 | 备注 |
|---|---|---|---|
| 21 | L | 花板回风口 | — |
| 22 | CB | 自垂百叶 | — |
| 23 | N | 防结露送风口 | 冠于所用类型风口代号前 |
| 24 | T | 低温送风口 | 冠于所用类型风口代号前 |
| 25 | W | 防雨百叶 | — |
| 26 | B | 带风口风箱 | — |
| 27 | D | 带风阀 | — |
| 28 | F | 带过滤网 | — |

### (三)通空调设备

暖通空调设备的图例宜按表2-13采用。

表2-13　　　　　　　暖通空调设备图例

| 序号 | 名　称 | 图　例 | 备　注 |
|---|---|---|---|
| 1 | 散热器及手动放气阀 | | 左为平面图画法,中为剖面图画法,右为系统图(Y轴侧)画法 |
| 2 | 散热器及温控阀 | | — |
| 3 | 轴流风机 | | — |
| 4 | 轴(混)流式管道风机 | | — |
| 5 | 离心式管道风机 | | — |

续一

| 序号 | 名 称 | 图 例 | 备 注 |
|---|---|---|---|
| 6 | 吊顶式排气扇 | | — |
| 7 | 水泵 | | — |
| 8 | 手摇泵 | | — |
| 9 | 变风量末端 | | |
| 10 | 空调机组加热、冷却盘管 | | 从左到右分别为加热、冷却及双功能盘管 |
| 11 | 空气过滤器 | | 从左至右分别为粗效、中效及高效 |
| 12 | 挡水板 | | — |
| 13 | 加湿器 | | — |
| 14 | 电加热器 | | — |
| 15 | 板式换热器 | | — |
| 16 | 立式明装风机盘管 | | — |
| 17 | 立式暗装风机盘管 | | — |

续二

| 序号 | 名　称 | 图　例 | 备　注 |
|---|---|---|---|
| 18 | 卧式明装风机盘管 |  | — |
| 19 | 卧式暗装风机盘管 |  | — |
| 20 | 窗式空调器 |  | — |
| 21 | 分体空调器 | 室内机　室外机 | — |
| 22 | 射流诱导风机 |  | — |
| 23 | 减振器 |  | 左为平面图画法,右为剖面图画法 |

## (四)调控装置及仪表

(1)调控装置及仪表的图例宜按表 2-14 采用。

表 2-14　　　　　　调控装置及仪表图例

| 序号 | 名　称 | 图　例 |
|---|---|---|
| 1 | 温度传感器 | T |
| 2 | 湿度传感器 | H |
| 3 | 压力传感器 | P |
| 4 | 压差传感器 | ΔP |

# 第二章 通风空调工程施工图识读

续一

| 序号 | 名称 | 图例 |
|---|---|---|
| 5 | 流量传感器 | F |
| 6 | 烟感器 | S |
| 7 | 流量开关 | FS |
| 8 | 控制器 | C |
| 9 | 吸顶式温度感应器 | T |
| 10 | 温度计 | ‖‖ |
| 11 | 压力表 | (压力表符号) |
| 12 | 流量计 | F.M |
| 13 | 能量计 | E.M |
| 14 | 弹簧执行机构 | (弹簧符号) |
| 15 | 重力执行机构 | (重力符号) |
| 16 | 记录仪 | (记录仪符号) |

续二

| 序号 | 名称 | 图例 |
|---|---|---|
| 17 | 电磁(双位)执行机构 | ⊠ |
| 18 | 电动(双位)执行机构 | □ |
| 19 | 电动(调节)执行机构 | ○ |
| 20 | 气动执行机构 | ⊤ |
| 21 | 浮力执行机构 | ○— |
| 22 | 数字输入量 | DI |
| 23 | 数字输出量 | DO |
| 24 | 模拟输入量 | AI |
| 25 | 模拟输出量 | AO |

注：各种执行机构可与风阀、水阀组合表示相应功能的控制阀门。

## 第四节 通风空调工程施工图组成

通风空调工程施工图是设计意图的体现，是进行安装工程施工的依据，也是编制施工图预算的重要依据。

通风空调工程的施工图是由基本图、详图及文字说明等组成。基本图包括系统原理图、平面图、立面图、剖面图及系统轴测图；详图包括部件的加工制作和安装的节点图、大样图及标准图，如采用国家标准图、省(市)或设计部门标准图及参照其他工程的标准图时，在图纸目录中需附有说明，以便查阅；文字说明包括有关设计参数和施工方法及施工的质量要求。

在编制施工图预算时,不但要熟悉施工图样,而且要阅读施工技术说明和设备材料表。因为许多工程内容在图上不易表示,而是在说明中加以交代的。

## 一、设计说明

设计说明中应包括以下内容:

(1)工程性质、规模、服务对象及系统工作原理。

(2)通风空调系统的工作方式、系列划分和组成以及系统总送风、排风量和各风口的送、排风量。

(3)通风空调系统的设计参数。如室外气象参数、室内温湿度、室内含尘浓度、换气次数以及空气状态参数等。

(4)施工质量要求和特殊的施工方法。

(5)保温、油漆等的施工要求。

## 二、系统原理方框图

系统原理方框图是综合性的示意图(图 2-17)。其将空气处理设

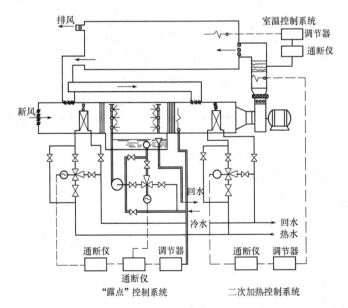

图 2-17 空调系统原理方框图

备、通风管路、冷热源管路、自动调节及检测系统联结成一个整体，构成一个整体的通风空调系统。它表达了系统的工作原理及各环节的有机联系。

### 三、系统平面图

在通风空调系统中，平面图上表明风管、部件及设备在建筑物内的平面坐标位置(图 2-18)。其中包括：

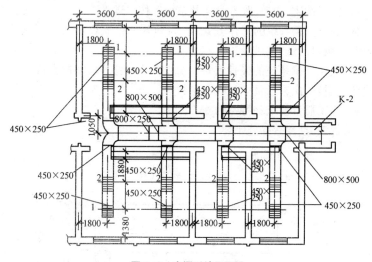

图 2-18 空调系统平面图

(1)风管、送风口、回(排)风口、风量调节阀、测孔等部件和设备的平面位置与建筑物墙面的距离及各部位尺寸。

(2)送、回(排)风口的空气流动方向。

(3)通风空调设备的外形轮廓、规格型号及平面坐标位置。

### 四、系统剖面图

系统剖面图上表明通风管路及设备在建筑物中的垂直位置、相互之间的关系、标高及尺寸。在剖面图上可以看出风机、风管及部件、风帽的安装高度，如图 2-19 所示。

### 五、系统轴测图

系统轴测图又称透视图。通风空调系统管路纵横交错，在平面图和剖面图上难以表达管线的空间走向，采用轴测投影绘制出管路系统单线

# 第二章 通风空调工程施工图识读

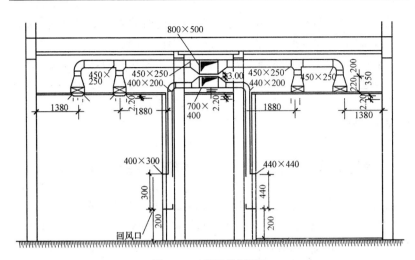

图 2-19 空调系统剖面图

条的立体图,可以完整而形象地将风管、部件及附属设备之间的相对位置的空间关系表示出来。系统轴测图上还注明风管、部件及附属设备的标高,各段风管的断面尺寸,送、回(排)风口的形式和风量值等。图 2-20 所示为空调系统轴测图。

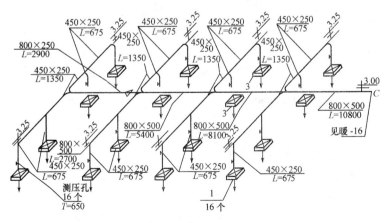

图 2-20 空调系统轴测图

## 六、详图

详图又称大样图,包括制作加工详图和安装详图。如果是国家通用标准图,则只标明图号,不再将图画出,需用时直接查标准图即可。如果没有标准图,必须画出大样图,以便加工、制作和安装。

通风空调详图表明风管、部件及设备制作和安装的具体形式、方法、详细构造与加工尺寸。对于一般性的通风空调工程,通常都使用国家标准图册,只是对于一些有特殊要求的工程,则由设计部门根据工程的特殊情况设计施工详图。

## 第五节　通风空调工程施工图识读实例

图 2-21～图 2-23 所示分别是某车间排风系统的平面图、剖面图和系统轴测图。该系统是局部排风,其功能是将工作台上的污染空气排到室外,以保证工作人员的身体健康。系统工作状况是以排气罩到风机为负压吸风段,风机到风帽为正压排风段。

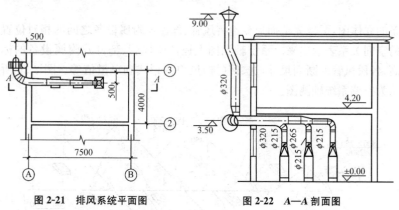

图 2-21　排风系统平面图　　　　图 2-22　A—A 剖面图

### 一、施工图设计说明的识读

根据施工图设计说明可知:

(1)风管采用 0.7mm 的薄钢板;排风机采用离心风机,型号为 4-72-11,所附电机为 1.1kW;风机减震底座采用 No4.5A 型。

(2)加工要求:采用咬口连接,法兰采用扁钢加工制作。

(3)油漆要求:风管内表面刷樟丹漆一遍,外表面刷樟丹漆一遍、刷灰调和漆二遍。

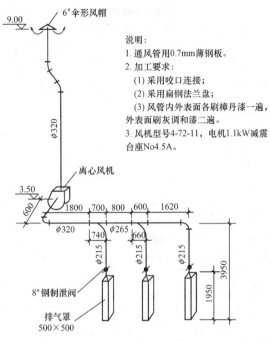

图 2-23 排风系统轴测图

## 二、平面图的识读

根据通风机平面图的识读可知：风管沿③轴线安装，距墙中心 500mm；风机安装在室外在③和Ⓐ轴线交叉处，距外墙面 500mm。

## 三、剖面图的识读

根据 A—A 剖面图的识读可知风机、风管、排气罩的立面安装位置、标高和风管的规格。排气罩安装在室内地面，标高为相对标高±0.00，风机中心标高为+3.50m，风帽标高为+9.00m。风管干管为 φ320，支管为 φ215，第一个排气罩与第二个排气罩之间的一段支管为 φ265。

## 四、系统轴测图的识读

系统轴测图形象具体地表达了整个系统的空间位置和走向，还表示了风管的规格和长度尺寸，以及通风部件的规格型号等。

## 五、设备材料清单

通风系统图所附的设备材料清单见表 2-15。

表 2-15　　　　　　　　　　设备材料清单

| 序号 | 名称 | 规格型号 | 单位 | 数量 |
|---|---|---|---|---|
| 1 | 圆形风管 | 薄钢板 $\delta=0.7mm, \phi 215$ | m | 8.50 |
| 2 | 圆形风管 | 薄钢板 $\delta=0.7mm, \phi 265$ | m | 1.30 |
| 3 | 圆形风管 | 薄钢板 $\delta=0.7mm, \phi 320$ | m | 7.8 |
| 4 | 排气罩 | 500×500 | 个 | 3 |
| 5 | 钢制蝶阀 | 8# | 个 | 3 |
| 6 | 伞形风帽 | 6# | 个 | 1 |
| 7 | 帆布软管接头 | $\phi 320/\phi 450 L=200$ | 个 | 1 |
| 8 | 离心风机 | 4-72-11, No.4.5A $H=65, L=2860$ | 台 | 1 |
| 9 | 电动机 | $JO_2$-21-4 $N=1.1kW$ | 台 | 1 |
| 10 | 电机防雨罩 | 下周长 1900 型 | 个 | 1 |
| 11 | 风机减震台座 | No4.5A | 座 | 1 |

# 第三章 工程造价基础知识

## 第一节 工程建设项目概述

### 一、工程建设项目的阶段

工程建设项目是指需要一定量的投资,在一定的约束条件下(时间、质量、成本等),经过决策、设计、施工等一系列程序,以形成固定资产为明确目标的一次性事业。工程建设项目的时间限制和一次性决定了它有确定的开始和结束时间,具有一定的阶段。

(1)概念阶段。概念阶段从项目的构思到批准立项为止,包括项目前期策划和项目决策阶段。

(2)规划设计阶段。规划设计阶段从项目批准立项到现场开工为止,包括项目设计准备和项目设计阶段。

(3)实施阶段。实施阶段即施工阶段,从项目现场开工到工程竣工并通过验收为止。

(4)收尾阶段。收尾阶段从项目的动用开始到进行项目的后评价为止。

### 二、工程建设项目的划分

为适应工程管理和经济核算的需要,可将建设项目由大到小分解为单项工程、单位工程、分部工程和分项工程。

(1)单项工程。单项工程是建设项目的组成部分,是指具有独立性的设计文件,建成后可以独立发挥生产能力或使用效益的工程。

(2)单位工程。单位工程是单项工程的组成部分,一般是指具有独立的设计文件或独立的施工条件,但不能独立发挥生产能力或使用效益的工程。

(3)分部工程。分部工程是单位工程的组成部分,是指在单位工程中,按照不同结构、不同工种、不同材料和机械设备而划分的工程。

(4)分项工程。分项工程是分部工程的组成部分,是指在分部工程中，按照不同的施工方法、不同的材料、不同的规格而进一步划分的最基本的工程项目。

### 三、工程建设项目的建设程序

我国现阶段的建设程序，是根据国家经济体制改革和投资管理体制深化改革的要求及国家现行政策规定来实施的，一般大中型投资项目的工程建设程序包括：立项决策的项目建议书阶段、可行性研究阶段、设计工作阶段、建设准备阶段、建设实施阶段、竣工验收阶段及项目后评价阶段。

项目建议书是在项目周期内的最初阶段，提出一个轮廓设想来要求建设某一具体投资项目和做出初步选择的建议性文件。项目建议书从总体和宏观上考察拟建项目的建设必要性、建设条件的可行性和获利的可能性，并做出项目的投资建议和初步设想，以作为国家（地区或企业）选择投资项目的初步决策依据和进行可行性研究的基础。

项目建议书一般包括以下内容：
(1)项目提出的背景、项目概况、项目建设的必要性和依据。
(2)产品方案、拟建规模和建设地点的初步设想。
(3)资源情况、建设条件与周边协调关系的初步分析。
(4)投资估算、资金筹措及还贷方案设想。
(5)项目的进度安排。
(6)经济效益、社会效益的初步估计和环境影响的初步评价。

可行性研究是项目建议书获得批准后，对拟建设项目在技术、工程和外部协作条件等方面的可行性、经济（包括宏观和微观经济）合理性进行全面分析和深入论证，为项目决策提供依据。

项目可行性研究阶段主要包括下列内容：
(1)可行性研究。项目建议书一经批准，即可着手进行可行性研究，对项目技术可行性与经济合理性进行科学的分析和论证。凡经可行性研究未获通过的项目，不得进行可行性研究报告的编制和进行下一阶段工作。
(2)可行性研究报告的编制。可行性研究报告是确定建设项目、编制设计文件的重要依据，所以，可行性研究报告的编制必须有相当的深度和准确性。
(3)可行性研究报告的审批。属中央投资、中央和地方合资的大中型

## 第三章 工程造价基础知识

及限额以上项目的可行性研究报告要报送国家发改委审批；总投资在2亿元以上的项目，都要经国家发改委审查后报国务院审批；中央各部门限额以下项目，由各主管部门审批；地方投资限额以下项目，由地方发改委审批。可行性研究报告批准后，不得随意修改和变更。

设计是建设项目的先导，是对拟建项目的实施，并在技术上和经济上所进行的全面而详尽的安排，是组织施工的依据，可行性研究报告经批准的建设项目应通过招标投标择优选择设计单位。根据建设项目的不同情况，设计过程一般可分为以下三个阶段：

(1) 初步设计阶段。初步设计是根据可行性研究报告的要求所做的具体实施方案。其目的是阐明在指定地点、时间和投资控制数额内，拟建项目在技术上的可行性和经济上的合理性，并通过对项目所做出的技术经济规定，编制项目总概算。

(2) 技术设计阶段。技术设计是根据初步设计及详细的调查研究资料编制的，目的是解决初步设计中的重大技术问题。

(3) 施工图设计阶段。施工图设计是按照批准的初步设计和技术设计的要求，完整地表现建筑物外形、内部空间分割、结构体系以及建筑群的组合与周围环境的配合关系等的设计文件，在施工图设计阶段应编制施工图预算。

项目在开工之前，要切实做好各项准备工作，其主要内容包括：

(1) 征地、拆迁和场地平整。

(2) 完成施工用水、电、路等工程。

(3) 组织设备、材料订货。

(4) 准备必要的施工图纸。

(5) 组织施工招标投标，择优选定施工单位和监理单位。

建设项目经批准开工建设，即进入建设实施阶段，这一阶段工作的内容包括：

(1) 针对建设项目或单项工程的总体规划安排施工活动。

(2) 按照工程设计要求、施工合同条款、施工组织设计及投资预算等，在保证工程质量、工期、成本、安全目标的前提下进行施工。

(3) 加强环境保护，处理好人、建筑、绿色生态建筑三者之间的协调关系，满足可持续发展的需要。

(4) 项目达到竣工验收标准后，由施工承包单位移交给建设单位。

竣工验收是工程建设过程的最后一个环节,是全面考核基本建设成果、检验设计、施工质量的重要步骤,也是确认建设项目能否投入使用的标志。竣工验收阶段的工作内容包括:

(1)检验设计和工程质量,保证项目按设计要求的技术经济指标正常使用。

(2)有关部门和单位可以通过工程的验收总结经验教训。

(3)对验收合格的项目,建设单位可及时移交使用。

项目后评价是建设项目投资管理的最后一个环节。通过项目后评价可达到肯定成绩、总结经验、吸取教训、改进工作、提高决策水平的目的,并为制定科学的建设计划提供依据。

(1)使用效益实际发挥情况。

(2)投资回收和贷款偿还情况。

(3)社会效益和环境效益。

(4)其他需要总结的经验。

### 四、建设程序与工程造价体系

根据我国工程项目的建设程序,工程造价的确定应与工程建设各阶段的工作深度相适应,逐渐形成一个完整的造价体系。以政府投资项目为例,工程造价体系的形成一般分为以下几个阶段:

(1)项目建议书阶段的工程造价。在项目建议书阶段,按照有关规定应编制初步投资估算,经主管部门批准,作为拟建项目列入国家中长期计划和开展前期工作的控制造价。在项目建议书阶段所做出的初步投资估算误差率应控制在±20%左右。

(2)项目可行性研究阶段的工程造价。在项目可行性研究阶段,按照有关规定编制投资估算,经主管部门批准作为国家对该项目的计划控制,其误差率应控制在±10%以内。

(3)项目设计阶段的工程造价。

1)在初步设计阶段,按照有关规定编制初步设计总概算,经主管部门批准后即为控制拟建项目工程投资的最高限额,未经批准不得随意突破。

2)在施工图设计阶段,按照规定编制施工图预算,用以核实其造价是否超过批准的初步设计总概算,并作为结算工程价款的依据。若项目进行三阶段设计,即增加技术设计阶段,在设计概算的基础上编制修正概算。

(4)施工准备阶段的工程造价。在施工准备阶段,按照有关规定编制招标工程的标底,参与合同谈判,确定工程承包合同阶段。

(5)项目实施阶段的工程造价。在项目实施阶段,根据施工图预算、合同价格,编制资金使用计划,作为工程价款支付、确定工程结算价的计划目标。

(6)项目竣工验收阶段的工程造价。在竣工验收阶段,根据竣工图编制竣工决算,作为反映建设项目实际造价和建设成果的总结性文件,也是竣工验收报告的重要组成部分。

## 第二节　工程造价概述

### 一、工程造价的含义

按照基本建设程序的规定,建设工程计价是采取分阶段计价的办法进行的,即:

(1)在建设前期编制项目建议书和可行性研究报告阶段,要编制投资估算,经过评估,作为投资方立项、筹集资金、控制设计的依据。

(2)初步设计阶段要编制概算。投资估算、设计概算均应包括建设项目从立项开始到筹建、建设、竣工验收交付使用等全过程所需费用。经批准的投资估算、概算作为项目建设投资的最高限额,实施阶段不得突破。

(3)施工图阶段要编制建筑安装工程预算。作为确定建筑安装工程造价的依据。

(4)竣工验收交付使用阶段要编制竣工决算,用以核定交付使用的财产价值。

因此,"工程造价"包含以下几层意思:

(1)建设工程总造价,是指初步设计概算所确定建设项目的总费用,包括建筑工程费、安装工程费、设备工器具购置费、工程建设其他费用、建设期贷款利息、固定资产投资方向调节税和铺底流动资金等。

(2)建筑、安装工程造价,是指在施工图设计阶段所编制施工图预算确定的建筑、安装工程费,它是建设工程总造价的主要组成部分,包括建筑及安装直接费、间接费、利润和税金。

### 二、工程造价的特点

**1. 大额性**

能够发挥投资效用的任一项工程,不仅实物形体庞大,而且造价高昂。动辄数百万、数千万、数亿、十几亿元人民币，特大型工程项目的造价可达百亿、千亿元人民币。工程造价的大额性使其关系到有关各方面的重大经济利益，同时，也会对宏观经济产生重大影响。这就决定了工程造价的特殊地位，也说明了造价管理的重要意义。

**2. 个别性、差异性**

任何一项工程都有特定的用途、功能、规模和建设地点，因此，对每一项工程的结构、造型、空间分割、设备配置和内外装饰都有具体的要求，因而工程内容和实物形态都具有个别性、差异性。产品的差异性决定了工程造价的个别性差异。尤其每项工程所处的建设地区、地段不同，使得工程造价的个别性更加突出。

**3. 动态性**

任何一项工程从决策到竣工交付使用，都有一个较长的建设期间，而且由于不可控因素的影响，在预计工期内，许多影响工程造价的动态因素，如工程变更，设备材料价格，工资标准以及费率、利率、汇率等会发生变化。这种变化必然会影响到造价的变动。所以，工程造价在整个建设期中处于不确定状态，直至竣工决算后才能最终确定工程的实际造价。

**4. 层次性**

造价的层次性取决于工程的层次性。一个建设项目往往含有多个能够独立发挥设计效能的单项工程(车间、写字楼、住宅楼等)。一个单项工程又是由能够各自发挥专业效能的多个单位工程(土建工程、通风空调工程等)组成。与此相适应，工程造价有三个层次：建设项目总造价、单项工程造价和单位工程造价。如果专业分工更细，单位工程(如土建工程)的组成部分——分部分项工程也可以成为交换对象，如大型土方工程、基础工程、装饰工程等，这样工程造价的层次就增加了分部工程和分项工程而成为五个层次。即使从造价的计算和工程管理的角度看，工程造价的层次性也是非常突出的。

**5. 兼容性**

工程造价的兼容性首先表现在其具有两种含义。其次表现在工程造价构成因素的广泛性和复杂性。在工程造价中，成本因素非常复杂。其中为获得建设工程用地支出的费用、项目可行性研究和规划设计费用、与政府一定时期政策(特别是产业政策和税收政策)相关的费用占有相当的份额。再次，盈利的构成也较为复杂，资金成本较大。

## 三、工程造价的作用

**1. 工程造价是项目决策的依据**

建设工程投资大、生产和使用周期长等特点决定了项目决策的重要性。工程造价决定着项目的一次投资费用。投资者是否有足够的财务能力支付这项费用,是否认为值得支付这项费用,是项目决策中要考虑的主要问题。财务能力是一个独立的投资主体必须首先解决的问题。如果建设工程的价格超过投资者的支付能力,就会迫使他放弃拟建的项目;如果项目投资的效果达不到预期目标,他也会自动放弃拟建的工程。因此,在项目决策阶段,建设工程造价就成为项目财务分析和经济评价的重要依据。

**2. 工程造价是制定投资计划和控制投资的依据**

工程造价在控制投资方面的作用非常明显。工程造价是通过多次性预估,最终通过竣工决算确定下来的。每一次预估的过程就是对造价的控制过程;而每一次估算对下一次估算的造价又都是严格的控制,具体讲,每一次估算都不能超过前一次估算的一定幅度。这种控制是在投资者财务能力的限度内为取得既定的投资效益所必需的。建设工程造价对投资的控制也表现在利用制定各类定额、标准和参数对建设工程造价的计算依据进行控制。在市场经济利益风险机制的作用下,造价对投资的控制作用成为投资的内部约束机制。

**3. 工程造价是筹集建设资金的依据**

投资体制的改革和市场经济的建立,要求项目的投资者必须有很强的筹资能力,以保证工程建设有充足的资金供应。工程造价基本决定了建设资金的需要量,从而为筹集资金提供了比较准确的依据。当建设资金来源于金融机构的贷款时,金融机构在对项目的偿贷能力进行评估的基础上,也需要依据工程造价来确定给予投资者的贷款数额。

**4. 工程造价是评价投资效果的重要指标**

工程造价是一个包含着多层次工程造价的体系,就一个工程项目来说,它既是建设项目的总造价,又包含单项工程的造价和单位工程的造价,同时,也包含单位生产能力的造价,或一个平方米建筑面积的造价等。所有这些,使工程造价自身形成了一个指标体系。它能够为评价投资效果提供多种评价指标,并能够形成新的价格信息,为今后类似项目的投资提供参照系。

**5. 工程造价是合理利益分配和调节产业结构的手段**

工程造价的高低,涉及国民经济各部门和企业间的利益分配。在计划经济体制下,政府为了用有限的财政资金建成更多的工程项目,总是趋向于压低建设工程造价,使建设中的劳动消耗得不到完全补偿,价值不能得到完全实现。而未被实现的部分价值则被重新分配到各个投资部门,为项目投资者所占有。这种利益的再分配有利于各产业部门按照政府的投资导向加速发展,也有利于按宏观经济的要求调整产业结构。但是也会严重损害建筑企业等的利益,从而使建筑业的发展长期处于落后状态,与整个国民经济的发展不相适应。在市场经济中,工程造价也无例外地受供求状况的影响,并在围绕价值的波动中实现对建设规模、产业结构和利益分配的调节。加上政府正确的宏观调控和价格政策导向,工程造价在这方面的作用会充分发挥出来。

### 四、工程造价的分类

工程造价按用途分类可分为:标底价格、投标价格、中标价格、直接发包价格、合同价格和竣工结算价格。

**1. 标底价格**

标底价格是招标人的期望价格,不是交易价格。招标人以此作为衡量投标人投标价格的一个尺度,也是招标人的一种控制投资的手段。

招标人设置标底价有两种目的,一是在坚持最低价中标时,标底价可作为招标人自己掌握的招标底数,起参考作用,而不作为评标的依据;二是为避免因价太低而损害质量,使靠近标底的报价评为最高分,高于或低于标底的报价均递减评分,则标底价可作为评标的依据,使招标人的期望价成为价格控制的手段之一。根据哪种目的设置标底,要在招标文件中做出交代。

编制标底价可由招标人自行操作,也可由招标人委托招标代理机构操作,由招标人做出决策。

**2. 投标价格**

投标人为了得到工程施工承包的资格,按照招标人在招标文件中的要求进行估价,然后根据投标策略确定投标价格,以争取中标并通过工程实施取得经济效益。因此,投标报价是卖方的要价,如果中标,这个价格就是合同谈判和签订合同确定工程价格的基础。

如果设有标底,投标报价时要研究招标文件中评标时如何使用标底:

①以靠近标底者得分最高,这时报价就无须追究最低标价;②标底价只作为招标人的期望,但仍要求低价中标,这时,投标人就要努力采取措施,既使标价最具竞争力(最低价),又使报价不低于成本,即能获得理想的利润。由于"既能中标,又能获利"是投标报价的原则,故投标人的报价必须有雄厚的技术和管理实力做后盾,编制出有竞争力、又能盈利的投标报价。

**3. 中标价格**

《中华人民共和国招标投标法》第四十条规定:"评标委员会应当按照招标文件确定的评标标准和方法,对投标文件进行评审和比较;设有标底的,应当参考标底"。所以,评标的依据一是招标文件;二是标底(如果设有标底时)。

《中华人民共和国招标投标法》第四十一条规定:"中标人的投标应符合下列两个条件之一:一是能够最大限度地满足招标文件中规定的各项综合评价标准;二是能够满足招标文件的实质性要求,并且经评审的投标价格最低;但是投标价格低于成本的除外"。

**4. 直接发包价格**

直接发包价格是由发包人与指定的承包人直接接触,通过谈判达成协议签订施工合同,而不需要像招标承包定价方式那样,通过竞争定价。直接发包方式计价只适用于不宜进行招标的工程,如军事工程、保密技术工程、专利技术工程及发包人认为不宜招标而又不违反《中华人民共和国招标投标法》第三条(招标范围)规定的其他工程。

直接发包方式计价首先提出协商价格意见的可能是发包人或其委托的中介机构,也可能是承包人提出价格意见交发包人或其委托的中介组织进行审核。无论由哪一方提出协商价格意见,都要通过谈判协商,签订承包合同,确定为合同价。

直接发包价格是以审定的施工图预算为基础,由发包人与承包人商定增减价的方式定价。

**5. 合同价格**

《建筑工程施工发包与承包计价管理办法》(以下简称《办法》)第十二条规定:"合同价可采用以下方式:(一)固定价。合同总价或者单价在合同约定的风险范围内不可调整。(二)可调价。合同总价或者单价在合同实施期内,根据合同约定的办法调整。(三)成本加酬金"。《办法》第十三

条规定:"发承包双方在确定合同价时,应当考虑市场环境和生产要素价格变化对合同价的影响"。现分述如下:

(1) 固定合同价。合同中确定的工程合同价在实施期间不因价格变化而调整。固定合同价可分为固定合同总价和固定合同单价两种。

1) 固定合同总价。是指承包整个工程的合同价款总额已经确定,在工程实施中不再因物价上涨而变化,所以,固定合同总价应考虑价格风险因素,也须在合同中明确规定合同总价包括的范围。这类合同价可以使发包人对工程总开支做到大体心中有数,在施工过程中可以更有效地控制资金的使用。但对承包人来说,要承担较大的风险,如物价波动、气候条件恶劣、地质地基条件及其他意外等困难,因此合同价款一般会高些。

2) 固定合同单价。是指合同中确定的各项单价在工程实施期间不因价格变化而调整,而在每月(或每阶段)工程结算时,根据实际完成的工程量结算,在工程全部完成时以竣工图的工程量最终结算工程总价款。

(2) 可调合同价。

1) 可调总价。合同中确定的工程合同总价在实施期间可随价格变化而调整。发包人和承包人在商定合同时,以招标文件的要求及当时的物价计算出合同总价。如果在执行合同期间,由于通货膨胀引起成本增加达到某一限度时,合同总价则作相应调整。可调合同总价使发包人承担了通货膨胀的风险,承包人则承担其他风险。一般适合于工期较长(如1年以上)的项目。

2) 可调单价。可调合同单价,一般是在工程招标文件中规定。在合同中签订的单价,根据合同约定的条款,如在工程实施过程中物价发生变化等,可作调整。有的工程在招标或签约时,因某些不确定性因素而在合同中暂定某些分部分项工程的单价,在工程结算时,再根据实际情况和合同约定对合同单价进行调整,确定实际结算单价。

(3) 成本加酬金确定的合同价。合同中确定的工程合同价,其工程成本部分按现行计价依据计算,酬金部分则按工程成本乘以通过竞争确定的费率计算,将两者相加,确定出合同价。一般可分为以下几种形式:

1) 成本加固定百分比酬金确定的合同价。这种合同价是发包人对承包人支付的人工、材料和施工机械使用费、措施费、施工管理费等按实际直接成本全部据实补偿,同时,按照实际直接成本的固定百分比付给承包人一笔酬金,作为承包方的利润。其计算方法如下:

$$C=C_a(1+P)$$

式中 $C$——总造价；

$C_a$——实际发生的工程成本；

$P$——固定的百分数。

从计算式中可以看出，总造价 $C$ 将随工程成本 $C_a$ 的增多而增多，显然不能鼓励承包商关心缩短工期和降低成本，这样对建设单位是不利的。现在这种承包方式已很少被采用。

2)成本加固定酬金确定的合同价。工程成本实报实销，但酬金是事先商定的一个固定数目。其计算公式如下：

$$C=C_a+F$$

式中，$F$ 代表酬金，通常按估算的工程成本的一定百分比确定，数额是固定不变的。这种承包方式虽然不能鼓励承包商关心降低成本，但从尽快取得酬金出发，承包商将会关心缩短工期，这是其可取之处。为了鼓励承包单位更好地工作，也有在固定酬金之外，再根据工程质量、工期和降低成本情况另加奖金的。在这种情况下，奖金所占比例的上限可大于固定酬金，以充分发挥奖励的积极作用。

3)成本加浮动酬金确定的合同价。这种承包方式要事先商定工程成本和酬金的预期水平。如果实际成本恰好等于预期成本，工程造价就是成本加固定酬金；如果实际成本低于预期成本，则增加酬金；如果实际成本高于预期成本，则减少酬金。这三种情况可用下式表示：

$$C=C_a+F(C_a=C_0)$$
$$C=C_a+F+\Delta F(C_a<C_0)$$
$$C=C_a+F-\Delta F(C_a>C_0)$$

式中 $C_0$——预期成本；

$\Delta F$——酬金增减部分，可以是一个百分数，也可以是一个固定的绝对数。

式中其他符号意义同前。

采用这种承包方式，当实际成本超支而减少酬金时，以原定的固定酬金数额为减少的最高限度。也就是在最坏的情况下，承包人将得不到任何酬金，但不必承担赔偿超支的责任。

从理论上讲，这种承包方式既对承发包双方都没有太多风险，又能促使承包商关心降低成本和缩短工期；但在实践中准确地估算预期成本比较困难，所以，要求当事双方具有丰富的经验并掌握充分的信息。

4) 目标成本加奖罚确定的合同价。在仅有初步设计和工程说明书却迫切要求开工的情况下，可根据粗略估算的工程量和适当的单价表编制概算，作为目标成本；随着详细设计逐步具体化，工程量和目标成本可加以调整，另外规定一个百分数作为酬金；最后结算时，如果实际成本高于目标成本并超过事先商定的界限（例如 5%），则减少酬金，如果实际成本低于目标成本（也有一个幅度界限），则增加酬金。其计算公式如下：

$$C = C_a + P_1 C_0 + P_2 (C_0 - C_a)$$

式中　$C_0$——目标成本；

　　　$P_1$——基本酬金百分数；

　　　$P_2$——奖罚百分数。

式中其他符号意义同前。

另外，还可加工期奖罚。

这种承包方式可以促使承包商关心降低成本和缩短工期，而且目标成本是随设计的进展而加以调整后确定下来的，故建设单位和承包商双方都不会承担多大风险，这是其可取之处。当然也要求承包商和建设单位的代表都须具有比较丰富的经验和充分的信息。

在工程实践中，采用哪一种合同计价方式，是选用总价合同、单价合同还是成本加酬金合同，采用固定价还是可调价方式，应根据建设工程的特点，以及业主对筹建工作的设想，对工程费用、工期和质量的要求等，综合考虑后进行确定。

## 五、工程造价管理的概念与内容

工程造价管理是指遵循工程造价运动的客观规律和特点，运用科学、技术原理和经济及法律等管理手段，在统一目标，各负其责的原则下，解决工程建设活动中的造价确定与控制、技术与经济、经营与管理等实际问题，力求合理使用人力、物力和财力，达到提高投资效益和经济效益的全部业务行为和组织活动。工程造价管理是工程项目管理科学中很重要的组成内容之一。

工程造价管理的内容主要是合理地确定工程造价和有效地控制工程造价两方面，工程造价的合理确定，是在建设程序的各个阶段，采用科学的计算方法和现行的计价依据及经批准的设计方案或设计图纸等文件资料、政府或有关部门的规定，合理确定投资估算、设计概预算、承包合同价、结算价、竣工决算;工程造价的有效控制是工程建设管理的重要组成部分。所谓工程造价控制,就是在投资决策阶段、设计阶段和建设实施阶段,把工程造价的发生控制在批准的造价限额以内,随时纠正发生的偏差,以保证项目管理目标的实现,以求在各个建设项目中能合理使用人力、物力和财力,取得好的投资效益和社会效益。具体内容如下:

(1)在建设项目前期工作阶段,对建设方案认真优选,编好、定好投资估算,考虑风险,打足投资。

(2)做好建设项目的招标工作,从优选择项目的承建单位、咨询(监理)单位、设计单位。

(3)合理选定工程的水利水电工程标准、设计标准,贯彻国家的建设方针。

(4)按估算对初步设计(含应有的施工组织设计)推行量材设计,积极、合理地采用新技术、新工艺、新材料来优化设计方案。

(5)择优采购设备,抓好相应的招标工作。

(6)协调好与各有关方面的关系,合理处理配套工作(包括征地、拆迁、城建等)中的经济关系。

(7)严格按概算对造价实行静态控制、动态管理。

(8)用好、管好建设资金,保证资金合理、有效地使用,减少资金利息支出和损失。

(9)严格合同管理,做好工程索赔、价款结算和竣工决算工作。

(10)搞好工程的建设管理,确保工程质量、进度和安全。

(11)组织好生产人员的培训,确保工程顺利投产。

(12)强化项目法人责任制,落实项目法人对工程造价管理的主体地位,在法人组织内建立与造价紧密结合的经济责任制。

(13)社会咨询(监理造价)机构要为项目法人积极开展工程造价提供全过程、全方位的咨询服务,遵守职业道德,确保服务质量。

## 六、工程造价管理的目标与任务

### 1. 管理目标

通风空调工程造价管理的目标就是按照经济规律的要求,根据社会主义市场经济的发展形势,利用科学管理方法和先进管理手段,合理地确定和控制造价,以提高投资效果和建筑安装企业经营效益。

通风空调工程造价管理是为确保控制的目标服务,从投资估算造价、设计概算造价、施工图设计预算造价、中标合同到竣工结(决)算价的控制管理,整个过程是一个由粗到细、由浅到深、最后确定工程造价的有机联系过程。

**2. 管理任务**

(1)完善《建设工程工程量清单计价规范》,完善工程设备类工程定额。

(2)规范市场,规范价格行为,进一步开放建设市场。

(3)加强工程造价的过程动态管理,强化工程造价的约束机制。

(4)促进微观效益和宏观效益的统一,达到管理目标的实现。

## 七、工程造价计价依据

### 1. 工程造价计价依据的主要作用

工程造价的计价依据主要包括:工程量计算规则、安装工程定额、工程价格信息以及工程造价相关法律法规等。

在社会主义市场经济条件下,建筑工程造价计价依据不仅是建筑工程计价的客观要求,也是规范建筑市场管理的客观需要。建筑工程造价计价依据的主要作用表现在以下几个方面:

(1)是计算确定建筑工程造价的重要依据。从投资估算、设计概算、施工图预算,到承包合同价、结算价、竣工决算价都离不开工程造价计价依据。

(2)是投资决策的重要依据。投资者依据工程造价计价依据预测投资额,进而对项目做出财务评价,提高投资决策的科学性。

(3)是工程投标和促进施工企业生产技术进步的工具。投标人根据政府主管部门和咨询机构公布的计价依据,得以了解社会平均的工程造价水平,再结合自身条件,做出合理的投标决策。由于工程造价计价依据较准确地反映了工料机消耗的社会平均水平,这对于企业贯彻按劳分配、提高设备利用率、降低建筑工程成本都有重要作用。

(4)是政府对工程建设进行宏观调控的依据。在社会主义市场经济条件下,政府可以运用工程造价计价依据等手段,计算人力、物力和财力的需要量,恰当地调控投资规模。

工程造价的计价依据的编制,遵循真实和科学的原则,以现阶段的劳动生产率为前提,广泛收集资料,进行科学分析并对各种动态因素研究、论证。工程造价计价依据是多种内容结合成的有机整体。它的结构严谨,层次鲜明。经规定程序和授权单位审批颁发的工程造价计价依据,具有较强的权威性。例如,工程量计算规则、工料机定额消耗量,就具有一定的强制性;而相对活跃的造价依据,例如基础单价、各项费用的取费率,则赋予一定的指导性。

在注重工程造价计价依据权威性的过程中,必须正确处理计价依据的稳定性与时效性的关系。计价依据的稳定性是指计价依据在一段时间内表现出稳定的状态,一般说来,工程量计算规则比较稳定,能保持十几年甚至几十年;工料机定额消耗量相对稳定,能保持5年左右;基础单价、各项费用取费率、造价指数的稳定时间很短。因此,为了适应地区差别、劳动生产率的变化以及满足新材料、新工艺对建筑工程的计价要求,我们必须认真研究计价依据的编制原理,灵活应用、及时补充,在确保市场交易行为规范的前提下满足对建筑工程造价计价的时代要求。

**2. 工程量计算规则**

(1)预算定额工程量计算规则。原建设部以建标[2000]60号文件发布了《全国统一安装工程预算工程量计算规则》。该规则的发布有以下意义:

1)有利于统一全国各地的工程量计算规则,打破了各自为政的局面,为该领域的交流提供了良好条件。

2)有利于"量价分离"。固定价格不适用于市场经济,因为市场经济的价格是变动的。必须进行价格的动态计算,把价格的计算依据动态化,变成价格信息。因此,需要把价格从定额中分离出来:使时效性差的工程量、人工量、材料量、机械量的计算与时效性强的价格分离开来。统一的工程量计算规则的产生,既是量价分离的产物,又是促进量价分离的要素,更是建筑工程造价计价改革的关键一步。

3)有利于工料机消耗定额的编制,为计算工程施工所需的人工、材料、机械台班消耗水平和市场经济中的工程计价提供依据。工料机消耗定额的编制是建立在工程量计算规则统一化、科学化的基础之上的。工程量计算规则和工料机消耗定额的出台,共同形成了量价分离后完整的"量"的体系。

4)有利于工程管理信息化。统一的计量规则,有利于统一计算口径,也有利于统一划项口径;而统一划项口径又有利于统一信息编码,进而可实现统一的信息管理。

(2)工程量清单计价规范与工程量计算规则。《建设工程工程量清单计价规范》(GB 50500—2008)(以下简称"08 计价规范")中的工程量计算规则共分为 6 个部分,它们是:附录 A—建筑工程工程量清单项目及计算规则;附录 B—装饰装修工程工程量清单项目及计算规则;附录 C—安装工程工程量清单项目及计算规则;附录 D—市政工程工程量清单项目及计算规则;附录 E—园林绿化工程工程量清单项目及计算规则;附录 F—矿山工程工程量清单项目及计算规则。

但为了进一步适应建设市场的发展,需要借鉴国外经验,总结我国工程建设实践,进一步健全、完善计价规范。因此,2009 年 6 月 5 日,标准定额司根据住房与城乡建设部《关于印发〈2009 年工程建设标准规范制订、修订计划〉的通知》(建标函[2009]88 号),发出《关于请承担〈建设工程工程量清单计价规范〉GB 50500—2008 修订工作任务的函》(建标造函[2009]44 号),组织有关单位全面开展"08 计价规范"的修订工作。经过两年多的时间,于 2012 年 6 月完成了国家标准《建设工程工程量清单计价规范》(GB 50500—2013)和《房屋建筑与装饰工程工程量计算规范》(GB 50856—2013)、《市政工程工程量计算规范》(GB 50857—2013)、《园林绿化工程工程量计算规范》(GB 50856—2013)、《矿山工程工程量计算规范》(GB 50859—2013)、《构筑物工程工程量计算规范》(GB 50860—2013)、《城市轨道交通工程工程量计算规范》(GB 50861—2013)、《爆破工程工程量计算规范》(GB 50862—2013)等 9 本计量规范的"报批稿"。经报批批准,圆满完成修订任务。

### 3. 安装工程定额

安装工程定额是指按国家有关产品标准、设计标准、施工质量验收标准(规范)等确定的施工过程中完成规定计量单位产品所消耗的人工、材料、机械等消耗量的标准,其作用如下:

(1)安装工程定额具有促进节约社会劳动和提高生产效率的作用。企业用定额计算工料消耗、劳动效率、施工工期并与实际水平对比,衡量自身的竞争能力,促使企业加强管理,合理分配和使用资源,以达到节约的目的。

(2)安装工程定额提供的信息,为建筑市场供需双方的交易活动和竞争创造条件。

(3)安装工程定额有助于完善建筑市场信息系统。定额本身是大量信息的集合,既是大量信息加工的结果,又向使用者提供信息。建筑工程造价计价就是依据定额提供的信息进行的。

**4. 工程价格信息**

(1)工程单价信息和费用信息。在计划经济条件下,工程单价信息和费用是以定额形式确定的,定额具有指令性;在市场经济下,它们不具有指令性,只具有参考性。对于发包人和承包人以及工程造价咨询单位来说,都是十分重要的信息来源。单价可从市场上调查得到,还可以利用政府或中介组织提供的信息。单价有以下几种:

1)人工单价。人工单价指1个建筑安装工人1个工作日在预算中应计入的全部人工费用,它反映了建筑安装工人的工资水平和1个工人在1个工作日中可以得到的报酬。

2)材料单价。材料单价是指材料由供应者仓库或提货地点到达工地仓库后的出库价格。

材料单价包括材料原价、供销部门手续费、包装费、运输费及采购保管费。

3)机械台班单价。机械台班单价是指1台施工机械在正常运转条件下每工作1个台班应计入的全部费用。

机械台班单价包括折旧费、大修理费、经常修理费、安拆费及场外运输费、燃料动力费、人工费、运输机械养路费、车船使用税及保险费。

(2)工程价格指数。工程价格指数是反映一定时期由于价格变化对工程价格影响程度的指标,它是调整工程价格差价的依据。工程价格指数是报告期与基期价格的比值,可以反映价格变动趋势,用来进行估价和结算,估计价格变动对宏观经济的影响。

在社会主义市场经济中,设备、材料和人工费的变化对建筑工程价格的影响日益增大。在建筑市场供求和价格水平发生经常性波动的情况下,工程价格及其各组成部分也处于不断变化之中,使不同时期的工程价格失去可比性,造成了造价控制的困难。编制工程价格指数是解决造价动态控制的最佳途径。

工程价格指数因分类标准的不同可分为以下不同的种类,具体如下:

1)按工程范围、类别和用途分类,可分为单项价格指数和综合价格指数。单项价格指数分别反映各类工程的人工、材料、施工机械及主要设等报告期价格对基期价格的变化程度。综合价格指数综合反映各类项目或单项工程人工费、材料费、施工机械使用费和设备费等报告期价格对基期价格变化而影响造价的程度,反映造价总水平的变动趋势。

2)按工程价格资料期限长短分类,可分为时点价格指数、月指数、季指数和年指数。

3)按不同基期分类,可分为定基指数和环比指数。前者指各期价格与其固定时期价格的比值;后者指各时期价格与前一期价格的比值。

工程价格指数可以参照下列公式进行编制:

①人工、机械台班、材料等要素价格指数的编制见下式:

$$材料(设备、人工、机械)价格指数 = \frac{报告期预算价格}{基期预算价格}$$

②建筑安装工程价格指数的编制见下式:

建筑安装工程价格指数=人工费指数×基期人工费占建筑安装工程价格的比例+∑(单项材料价格指数×基期该材料费占建筑安装工程价格比例)+∑(单项施工机械台班指数×基期该机械费占建筑安装工程价格比例)+(其他直接费、间接费综合指数)×(基期其他直接费、间接费占建筑安装工程价格比例)

**5. 建筑工程施工发包与承包计价管理办法**

2001年11月5日原建设部发布了第107号部令《建筑工程施工发包与承包计价管理办法》,它是我国现行建筑工程造价最权威的计价依据。

# 第三节 工程造价费用构成及计算

## 一、建设工程项目总费用构成

**1. 相关概念**

(1)价值。价值是揭示外部客观世界对于满足人的需要的意义关系的范畴,是指具有特定属性的客体对于主体需要的意义。价值是价格形成的基础。

(2)商品价值。凝结在商品中的无差别的人类劳动就是商品的价值。商品的价值是由社会必要劳动所耗费的时间来确定的。商品生产中社会必要劳动时间消耗越多,商品中所含的价值量就越大;反之,商品中凝结的社会必要劳动时间越少,商品的价值量就越低。

(3)价格。价格是商品同货币交换比例的指数,或者说价格是价值的货币表现。

**2. 工程造价的内容**

(1)建设工程物质消耗转移价值的货币表现。包括工程施工材料、燃料、设备等物化劳动和施工机械台班、工具的消耗。

(2)建设工程中,劳动者为自己的劳动创造价值的货币表现为劳动工资报酬。主要包括劳动者的工资和奖金等费用。

(3)建设工程中,劳动者为社会创造价值的货币表现为盈利。如设计、施工、建设单位的利润和税金等。

**3. 工程造价的构成**

理论上工程造价的基本构成如图 3-1 所示。

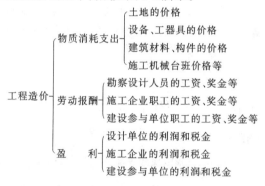

图 3-1 理论上工程造价的基本构成

## 二、工程造价各项费用组成及计算

建设项目投资包含固定资产投资和流动资产投资两部分(图 3-2)。其是保证项目建设和生产经营活动正常进行的必要资金。

固定投资中形成固定资产的支出称为固定资产投资。固定资产是指使用期限超过一年的房屋、建筑物、机械、运输工具以及与生产经营有关的设备、器具、工具等。这些固定资产的建造或购置过程中发生的全部费用都构成固定资产投资。建设项目总投资中的固定资产与建设项目的工程造价在量上相等。

流动资金是指为维持生产而占用的全部周转资金。它是流动资产与流动负债的差额。流动资产包括各种必要的现金、存款、应收及预付款项和存货；流动负债主要是指应付账款。值得指出的是，这里所说的流动资产是指为维持一定规模生产所需要的最低的周转资金和存货；流动负债只含正常生产情况下平均的应付账款，不包括短期借款。

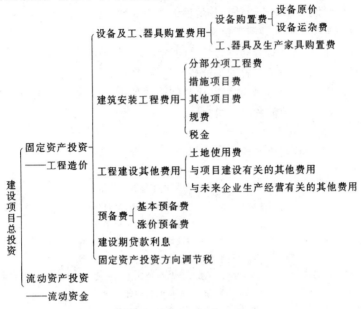

图 3-2 我国现行建设项目总投资构成

注：图中列示的项目总投资主要是指在项目可行性研究阶段用于财务分析时的总投资构成，在"项目报批总投资"或"项目概算总投资"中只包括铺底流动资金，其金额通常为流动资金总额的 30%。

## （一）设备及工、器具购置费用

设备及工、器具购置费用由设备购置费和工、器具及生产家具购置费组成，是固定资产投资中的积极部分。在生产性工程建设中，设备及工、器具购置费用占工程造价比重的增大，意味着生产技术的进步和资本有机构成的提高。

**1. 设备购置费**

设备购置费是指为建设项目购置或自制的达到固定资产标准的各种国产或进口设备、工具、器具的购置费用。它由设备原价和设备运杂费构成。

## 第三章 工程造价基础知识

$$设备购置费 = 设备原价 + 设备运杂费 \quad (3-1)$$

其中,设备原价是指国产标准设备、非标准设备的原价;设备运杂费是指设备原价中未包括的包装和包装材料费、运输费、装卸费、采购费及仓库保管费、供销部门手续费等。

(1)国产设备原价的构成及计算。国产设备原价一般指的是设备制造厂的交货价或订货合同价。它一般根据生产厂或供应商的询价、报价、合同价确定,或采用一定的方法计算确定。国产设备原价可分为国产标准设备原价和国产非标准设备原价。

1)国产标准设备原价。国产标准设备是指按照主管部门颁布的标准图纸和技术要求,由我国设备生产厂批量生产的,符合国家质量检验标准的设备。国产标准设备原价一般指的是设备制造厂的交货价,即出厂价。国产标准设备原价有两种,即带有备件的原价和不带备件的原价,在计算时,一般采用带有备件的原价。

2)国产非标准设备原价。国产非标准设备是指国家尚无定型标准,各设备生产厂不可能在工艺过程中采用批量生产,只能按一次订货,并根据具体的设计图纸制造的设备。非标准设备原价有多种不同的计算方法,如成本计算估价法、系列设备插入估价法、分部组合估价法、定额估价法等。但无论采用哪种方法,都应该使非标准设备计价接近实际出厂价,并且计算方法要简便。成本计算估价法是一种常用的估算非标准设备原价的方法。按成本计算估价法,非标准设备的原价由以下各项组成:

①材料费。其计算公式如下:

$$材料费 = 材料净重 \times (1 + 加工损耗系数) \times 每吨材料综合价 \quad (3-2)$$

②加工费。包括:生产工人工资和工资附加费、燃料动力费、设备折旧费、车间经费等。其计算公式如下:

$$加工费 = 设备总质量(吨) \times 设备每吨加工费 \quad (3-3)$$

③辅助材料费(简称辅材费)。包括焊条、焊丝、氧气、氩气、氮气、油漆、电石等费用。其计算公式如下:

$$辅助材料费 = 设备总质量 \times 辅助材料费指标 \quad (3-4)$$

④专用工具费。按①~③项之和乘以一定百分比计算。

⑤废品损失费。按①~④项之和乘以一定百分比计算。

⑥外购配套件费。按设备设计图纸所列的外购配套件的名称、型号、

规格、数量、重量,根据相应的价格加运杂费计算。

⑦包装费。按①~⑥项之和乘以一定百分比计算。

⑧利润。可按①~⑤项加第⑦项之和乘以一定利润率计算。

⑨税金。主要指增值税。其计算公式如下:

$$增值税 = 当期销项税额 - 进项税额 \quad (3-5)$$

$$当期销项税额 = 销售额 \times 适用增值税率$$

其中销售额为①~⑧项之和。

⑩非标准设备设计费:按国家规定的设计费收费标准计算。

综上所述,单台非标准设备原价计算公式为:

$$\begin{aligned}单台非标准\\设备原价\end{aligned} = \{[(材料费 + 加工费 + 辅助材料费) \times (1 + 专用工具$$

$$费率) \times (1 + 废品损失费率) + 外购配套件费] \times$$

$$(1 + 包装费率) - 外购配套件费\} \times (1 + 利润率) +$$

$$销项税金 + 非标准设备设计费 + 外购配套件费 \quad (3-6)$$

(2)进口设备原价的构成及计算。进口设备的原价是指进口设备的抵岸价,即抵达买方边境港口或边境车站,且交完关税等税费后形成的价格。进口设备抵岸价的构成与进口设备的交货方式有关。

1)进口设备的交货方式。进口设备的交货方式可分为内陆交货类、目的地交货类、装运港交货类(表3-1)。

表3-1　　　　　　　　进口设备的交货类别

| 序号 | 交货类别 | 说　　明 |
|---|---|---|
| 1 | 内陆交货类 | 内陆交货类即卖方在出口国内陆的某个地点交货。在交货地点,卖方及时提交合同规定的货物和有关凭证,并负担交货前的一切费用和风险;买方按时接收货物,交付货款,负担接货后的一切费用和风险,并自行办理出口手续和装运出口。货物的所有权也在交货后由卖方转移给买方 |
| 2 | 目的地交货类 | 目的地交货类即卖方在进口国的港口或内地交货,有目的港船上交货价、目的港船边交货价(FOS)和目的港码头交货价(关税已付)及完税后交货价(进口国的指定地点)等几种交货价。它们的特点是:买卖双方承担的责任、费用和风险是以目的地约定交货点为分界线,只有当卖方在交货点将货物置于买方控制下才算交货,才能向买方收取货款。这种交货类别对卖方来说承担的风险较大,在国际贸易中卖方一般不愿采用 |

续表

| 序号 | 交货类别 | 说　明 |
|---|---|---|
| 3 | 装运港交货类 | 装运港交货类即卖方在出口国装运港交货,主要有装运港船上交货价(FOB),习惯称离岸价格,运费在内价(CIF)和运费、保险费在内价(CIF),习惯称到岸价格。它们的特点是:卖方按照约定的时间在装运港交货,只要卖方把合同规定的货物装船后提供货运单据便完成交货任务,可凭单据收回货款。装运港船上交货价(FOB)是我国进口设备采用最多的一种货价。采用船上交货价时卖方的责任是:在规定的期限内,负责在合同规定的装运港口将货物装上买方指定的船只,并及时通知买方;负担货物装船前的一切费用和风险,负责办理出口手续;提供出口国政府或有关方面签发的证件;负责提供有关装运单据。买方的责任是:负责租船或订舱,支付运费,并将船期、船名通知卖方;负担货物装船后的一切费用和风险;负责办理保险及支付保险费,办理在目的港的进口和收货手续;接受卖方提供的有关装运单据,并按合同规定支付货款 |

2)进口设备原价的构成及计算。进口设备采用最多的是装运港船上交货价(FOB),其抵岸价的构成可概括为:

进口设备原价＝货价＋国际运费＋运输保险费＋银行财务费＋
　　　　　外贸手续费＋关税＋增值税＋消费税＋海关
　　　　　监管手续费＋车辆购置附加费　　　　　(3-7)

①货价。一般指装运港船上交货价(FOB)。设备货价分为原币货价和人民币交货价,原币货价一律折算为美元表示,人民币货价按原币货价乘以外汇市场美元兑换人民币中间价确定。口设备货价按有关生产厂商询价、报价、订货合同价计算。

②国际运费。即从装运港(站)到达我国抵达港(站)的运费。我国进口设备大部分采用海洋运输,小部分采用铁路运输,个别采用航空运输。进口设备国际运费的计算公式为:

　　　国际运费(海、陆、空)＝原币货价(FOB)×运费率　　(3-8)
　　　　　国际运费(海、陆、空)＝运量×单位运价　　　　(3-9)

其中,运费率或单位运价参照有关部门或进出口公司的规定执行。

③运输保险费。对外贸易货物运输保险是由保险人(保险公司)与被保险人(出口人或进口人)订立保险契约,在被保险人交付议定的保险

费后,保险人根据保险契约的规定对货物在运输过程中发生的承保责任范围内的损失给予经济上的补偿。这是一种财产保险。其计算公式如下:

$$运输保险费=[原币货价(FOB)+国外运费]/[1-保险费率(\%)]×保险费率(\%) \quad (3-10)$$

其中,保险费率按保险公司规定的进口货物保险费率计算。

④银行财务费。一般是指中国银行手续费,可按下式简化计算:

$$银行财务费=人民币交货价(FOB)×银行财务费率 \quad (3-11)$$

⑤外贸手续费。指按对外经济贸易部规定的外贸手续费率计取的费用,外贸手续费率一般取 1.5%。其计算公式如下:

$$外贸手续费=[装运港船上交货价(FOB)+国际运费+运输保险费]×外贸手续费率 \quad (3-12)$$

⑥关税。由海关对进出国境或关境的货物和物品征收的一种税。其计算公式如下:

$$关税=到岸价格(CIF)×进口关税税率 \quad (3-13)$$

其中,到岸价格(CIF)包括离岸价格(FOB)、国际运费、运输保险费等费用,它作为关税完税价格。进口关税税率分为优惠和普通两种。优惠税率适用于与我国签订有关税互惠条款的贸易条约或协定的国家的进口设备;普通税率适用于与我国未订有关税互惠条款的贸易条约或协定的国家的进口设备。进口关税税率按我国海关总署发布的进口关税税率计算。

⑦增值税。是对从事进口贸易的单位和个人,在进口商品报关进口后征收的税种。我国增值税条例规定,进口应税产品均按组成计税价格和增值税税率直接计算应纳税额。即:

$$进口产品增值税额=组成计税价格×增值税税率 \quad (3-14)$$

$$组成计税价格=关税完税价格+关税+消费税 \quad (3-15)$$

增值税税率根据规定的税率计算。

⑧消费税。对部分进口设备(如轿车、摩托车等)征收,一般计算公式如下:

$$应纳消费税额=(到岸价格+关税)/(1-消费税税率)×消费税税率 \quad (3-16)$$

其中,消费税税率根据规定的税率计算。

⑨海关监管手续费。指海关对进口减税、免税、保税货物实施监督、管理、提供服务的手续费。对于全额征收进口关税的货物不计本项费用。其计算公式如下：

海关监管手续费＝到岸价格×海关监管手续费率　　　（3-17）

⑩车辆购置附加费。进口车辆需缴进口车辆购置附加费。其计算公式如下：

车辆购置附加费＝(到岸价格＋关税＋消费税)×车辆购置附加费率

（3-18）

(3)设备运杂费的构成和计算。

1)设备运杂费的构成。

①运费和装卸费。国产标准设备由设备制造厂交货地点起至工地仓库(或施工组织设计指定的需要安装设备的堆放地点)止所发生的运费和装卸费。进口设备则由我国到岸港口、边境车站起至工地仓库(或施工组织设计指定的需要安装设备的堆放地点)止所发生的运费和装卸费。

②包装费。在设备出厂价格中没有包含的设备包装和包装材料器具费；在设备出厂价或进口设备价格中如已包括了此项费用，则不应重复计算。

③供销部门的手续费，按有关部门规定的统一费率计算。

④建设单位(或工程承包公司)的采购与仓库保管费，是指采购、验收、保管和收发设备所发生的各种费用，包括设备采购、保管和管理人员工资，工资附加费，办公费，差旅交通费，设备供应部门办公和仓库所占固定资产使用费，工具用具使用费，劳动保护费，检验试验费等。这些费用可按主管部门规定的采购保管费率计算。一般来讲，沿海和交通便利的地区，设备运杂费率相对低一些；内地和交通不很便利的地区就要相对高一些，边远省份则要更高一些。对于非标准设备来讲，应尽量就近委托设备制造厂生产，以大幅度降低设备运杂费。进口设备由于原价较高，国内运距较短，因而运杂费比率应适当降低。

2)设备运杂费的计算。设备运杂费按设备原价乘以设备运杂费率计算，其计算公式如下：

设备运杂费＝设备原价×设备运杂费率　　　（3-19）

其中，设备运杂费率按各部门及省、市等的规定计取。

**2. 工、器具及生产家具购置费**

工、器具及生产家具购置费,是指新建或扩建项目初步设计规定的,保证初期正常生产必须购置的没有达到固定资产标准的设备、仪器、工卡模具、器具、生产家具和备品备件等的购置费用。一般以设备购置费为计算基数,按照部门或行业规定的工具、器具及生产家具费率计算。其计算公式如下:

工、器具及生产家具购置费=设备购置费×定额费率　　(3-20)

**(二)建筑安装工程费用**

**1. 建筑安装工程费用组成**

(1)建筑安装工程费用项目组成(按费用构成要素划分)。建筑安装工程费按照费用构成要素划分,由人工费、材料(包含工程设备,下同)费、施工机具使用费、企业管理费、利润、规费和税金组成。其中人工费、材料费、施工机具使用费、企业管理费和利润包含在分部分项工程费、措施项目费、其他项目费如图 3-3 所示。

1)人工费。人工费是指按工资总额构成规定,支付给从事建筑安装工程施工的生产工人和附属生产单位工人的各项费用。内容包括:

①计时工资或计件工资。是指按计时工资标准和工作时间或对已做工作按计件单价支付给个人的劳动报酬。

②奖金。指对超额劳动和增收节支支付给个人的劳动报酬。如节约奖、劳动竞赛奖等。

③津贴补贴。指为了补偿职工特殊或额外的劳动消耗和因其他特殊原因支付给个人的津贴,以及为了保证职工工资水平不受物价影响支付给个人的物价补贴。如流动施工津贴、特殊地区施工津贴、高温(寒)作业临时津贴、高空津贴等。

④加班加点工资。指按规定支付的在法定节假日工作的加班工资和在法定日工作时间外延时工作的加点工资。

⑤特殊情况下支付的工资。指根据国家法律、法规和政策规定,因病、工伤、产假、计划生育假、婚丧假、事假、探亲假、定期休假、停工学习、执行国家或社会义务等原因按计时工资标准或计时工资标准的一定比例支付的工资。

2)材料费。材料费是指施工过程中耗费的原材料、辅助材料、构配件、零件、半成品或成品、工程设备的费用。内容包括:

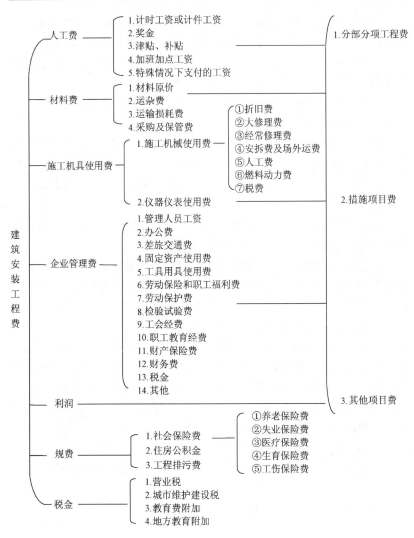

图 3-3　建筑安装工程费用组成（按费用构成要素划分）

①材料原价。指材料、工程设备的出厂价格或商家供应价格。

②运杂费。指材料、工程设备自来源地运至工地仓库或指定堆放地点所发生的全部费用。

③运输损耗费。指材料在运输装卸过程中不可避免的损耗。

④采购及保管费。指为组织采购、供应和保管材料、工程设备的过程中所需要的各项费用。包括采购费、仓储费、工地保管费、仓储损耗。

工程设备是指构成或计划构成永久工程一部分的机电设备、金属结构设备、仪器装置及其他类似的设备和装置。

3)施工机具使用费。施工机具使用费是指施工作业所发生的施工机械、仪器仪表使用费或其租赁费。

①施工机械使用费。施工机械使用费以施工机械台班耗用量乘以施工机械台班单价表示,施工机械台班单价应由下列七项费用组成:

a. 折旧费。指施工机械在规定的使用年限内,陆续收回其原值的费用。

b. 大修理费。指施工机械按规定的大修理间隔台班进行必要的大修理,以恢复其正常功能所需的费用。

c. 经常修理费。指施工机械除大修理以外的各级保养和临时故障排除所需的费用。包括为保障机械正常运转所需替换设备与随机配备工具附具的摊销和维护费用,机械运转中日常保养所需润滑与擦拭的材料费用及机械停滞期间的维护和保养费用等。

d. 安拆费及场外运费。安拆费是指施工机械(大型机械除外)在现场进行安装与拆卸所需的人工、材料、机械和试运转费用以及机械辅助设施的折旧、搭设、拆除等费用;场外运费是指施工机械整体或分体自停放地点运至施工现场或由一施工地点运至另一施工地点的运输、装卸、辅助材料及架线等费用。

e. 人工费。指机上司机(司炉)和其他操作人员的人工费。

f. 燃料动力费。指施工机械在运转作业中所消耗的各种燃料及水、电等。

g. 税费。指施工机械按照国家规定应缴纳的车船使用税、保险费及年检费等。

②仪器仪表使用费。指工程施工所需使用的仪器仪表的摊销及维修费用。

4)企业管理费。企业管理费是指建筑安装企业组织施工生产和经营管理所需的费用。内容包括:

①管理人员工资。指按规定支付给管理人员的计时工资、奖金、津贴补贴、加班加点工资及特殊情况下支付的工资等。

②办公费。指企业管理办公用的文具、纸张、账表、印刷、邮电、书报、办公软件、现场监控、会议、水电、烧水和集体取暖降温(包括现场临时宿舍取暖降温)等费用。

③差旅交通费。指职工因公出差、调动工作的差旅费、住勤补助费,市内交通费和误餐补助费,职工探亲路费,劳动力招募费,职工退休、退职一次性路费,工伤人员就医路费,工地转移费以及管理部门使用的交通工具的油料、燃料等费用。

④固定资产使用费。指管理和试验部门及附属生产单位使用的属于固定资产的房屋、设备、仪器等的折旧、大修、维修或租赁费。

⑤工具用具使用费。指企业施工生产和管理使用的不属于固定资产的工具、器具、家具、交通工具和检验、试验、测绘、消防用具等的购置、维修和摊销费。

⑥劳动保险和职工福利费。指由企业支付的职工退职金、按规定支付给离休干部的经费,集体福利费、夏季防暑降温、冬季取暖补贴、上下班交通补贴等。

⑦劳动保护费。企业按规定发放的劳动保护用品的支出。如工作服、手套、防暑降温饮料以及在有碍身体健康的环境中施工的保健费用等。

⑧检验试验费。指施工企业按照有关标准规定,对建筑以及材料、构件和建筑安装物进行一般鉴定、检查所发生的费用,包括自设试验室进行试验所耗用的材料等费用。不包括新结构、新材料的试验费,对构件做破坏性试验及其他特殊要求检验试验的费用和建设单位委托检测机构进行检测的费用,对此类检测发生的费用,由建设单位在工程建设其他费用中列支。但对施工企业提供的具有合格证明的材料进行检测不合格的,该检测费用由施工企业支付。

⑨工会经费。指企业按《工会法》规定的全部职工工资总额比例计提的工会经费。

⑩职工教育经费。指按职工工资总额的规定比例计提,企业为职工进行专业技术和职业技能培训,专业技术人员继续教育、职工职业技能鉴定、职业资格认定以及根据需要对职工进行各类文化教育所发生的费用。

⑪财产保险费。指施工管理用财产、车辆等的保险费用。

⑫财务费。指企业为施工生产筹集资金或提供预付款担保、履约担

保、职工工资支付担保等所发生的各种费用。

⑬税金。指企业按规定缴纳的房产税、车船使用税、土地使用税、印花税等。

⑭其他。包括技术转让费、技术开发费、投标费、业务招待费、绿化费、广告费、公证费、法律顾问费、审计费、咨询费、保险费等。

5)利润。利润是指施工企业完成所承包工程获得的盈利。

6)规费。规费是指按国家法律、法规规定,由省级政府和省级有关权力部门规定必须缴纳或计取的费用。包括:

①社会保险费。

a. 养老保险费。指企业按照规定标准为职工缴纳的基本养老保险费。

b. 失业保险费。指企业按照规定标准为职工缴纳的失业保险费。

c. 医疗保险费。指企业按照规定标准为职工缴纳的基本医疗保险费。

d. 生育保险费。指企业按照规定标准为职工缴纳的生育保险费。

e. 工伤保险费。指企业按照规定标准为职工缴纳的工伤保险费。

②住房公积金。指企业按规定标准为职工缴纳的住房公积金。

③工程排污费。指按规定缴纳的施工现场工程排污费。

其他应列而未列入的规费,按实际发生计取。

7)税金。税金是指国家税法规定的应计入建筑安装工程造价内的营业税、城市维护建设税、教育费附加以及地方教育附加。

(2)建筑安装工程费用项目组成(按工程造价形成划分)。建筑安装工程费按照工程造价形成划分,由分部分项工程费、措施项目费、其他项目费、规费、税金组成,分部分项工程费、措施项目费、其他项目费包含人工费、材料费、施工机具使用费、企业管理费和利润如图 3-4 所示。

1)分部分项工程费。分部分项工程费是指各专业工程的分部分项工程应予列支的各项费用。

①专业工程。专业工程是指按现行国家计量规范划分的房屋建筑与装饰工程、仿古建筑工程、通用安装工程、市政工程、园林绿化工程、矿山工程、构筑物工程、城市轨道交通工程、爆破工程等各类工程。

②分部分项工程。分部分项工程是指按现行国家计量规范对各专业工程划分的项目。如房屋建筑与装饰工程划分的土石方工程、地基处理

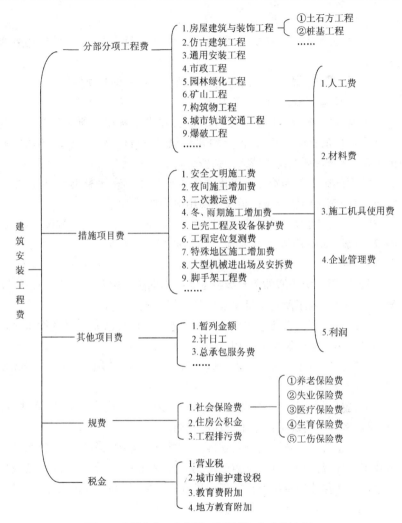

图 3-4 建筑安装工程费用组成(按照工程造价形成)

与桩基工程、砌筑工程、钢筋及钢筋混凝土工程等。

各类专业工程的分部分项工程划分见现行国家或行业计量规范。

2)措施项目费。措施项目费是指为完成建设工程施工,发生于该工程施工前和施工过程中的技术、生活、安全、环境保护等方面的费用。内容包括:

①安全文明施工费。

a. 环境保护费。指施工现场为达到环保部门要求所需要的各项费用。

b. 文明施工费。指施工现场文明施工所需要的各项费用。

c. 安全施工费。指施工现场安全施工所需要的各项费用。

d. 临时设施费。指施工企业为进行建设工程施工所必须搭设的生活和生产用的临时建筑物、构筑物和其他临时设施费用。包括临时设施的搭设、维修、拆除、清理费或摊销费等。

②夜间施工增加费。指因夜间施工所发生的夜班补助费、夜间施工降效、夜间施工照明设备摊销及照明用电等费用。

③二次搬运费。指因施工场地条件限制而发生的材料、构配件、半成品等一次运输不能到达堆放地点,必须进行二次或多次搬运所发生的费用。

④冬、雨期施工增加费。指在冬期或雨期施工需增加的临时设施、防滑、排除雨雪,人工及施工机械效率降低等费用。

⑤已完工程及设备保护费。指竣工验收前,对已完工程及设备采取的必要保护措施所发生的费用。

⑥工程定位复测费。指工程施工过程中进行全部施工测量放线和复测工作的费用。

⑦特殊地区施工增加费。指工程在沙漠或其边缘地区、高海拔、高寒、原始森林等特殊地区施工增加的费用。

⑧大型机械设备进出场及安拆费。指机械整体或分体自停放场地运至施工现场或由一个施工地点运至另一个施工地点,所发生的机械进出场运输及转移费用及机械在施工现场进行安装、拆卸所需的人工费、材料费、机械费、试运转费和安装所需的辅助设施的费用。

⑨脚手架工程费。指施工需要的各种脚手架搭、拆、运输费用以及脚手架购置费的摊销(或租赁)费用。

措施项目及其包含的内容详见各类专业工程的现行国家或行业计量规范。

3)其他项目费。

①暂列金额。指建设单位在工程量清单中暂定并包括在工程合同价款中的一笔款项。用于施工合同签订时尚未确定或者不可预见的所需材

料、工程设备、服务的采购,施工中可能发生的工程变更、合同约定调整因素出现时的工程价款调整以及发生的索赔、现场签证确认等的费用。

②计日工。指在施工过程中,施工企业完成建设单位提出的施工图纸以外的零星项目或工作所需的费用。

③总承包服务费。指总承包人为配合、协调建设单位进行的专业工程发包,对建设单位自行采购的材料、工程设备等进行保管以及施工现场管理、竣工资料汇总整理等服务所需的费用。

4)规费。定义同前述(二)、(1).6)。

5)税金。定义同前述(二)、(1).7)。

**2. 建筑安装工程费用计算方法**

(1)费用构成计算方法。

1)人工费。

$$人工费 = \sum(工日消耗量 \times 日工资单价) \quad (3-21)$$

$$日工资单价 = \frac{生产工人平均月工资(计时计件)}{年平均每月法定工作日} +$$

$$\frac{平均月(奖金+津贴补贴+特殊情况下支付的工资)}{年平均每月法定工作日}$$

$$(3-22)$$

注:式(3-21)主要适用于施工企业投标报价时自主确定人工费,也是工程造价管理机构编制计价定额确定定额人工单价或发布人工成本信息的参考依据。

$$人工费 = \sum(工程工日消耗量 \times 日工资单价) \quad (3-23)$$

注:式(3-23)适用于工程造价管理机构编制计价定额时确定定额人工费,是施工企业投标报价的参考依据。

式(3-23)中日工资单价是指施工企业平均技术熟练程度的生产工人在每工作日(国家法定工作时间内)按规定从事施工作业应得的日工资总额。

工程造价管理机构确定日工资单价应通过市场调查、根据工程项目的技术要求,参考实物工程量人工单价综合分析确定,最低日工资单价不得低于工程所在地人力资源和社会保障部门所发布的最低工资标准的:普工1.3倍、一般技工2倍、高级技工3倍。

工程计价定额不可只列一个综合工日单价,应根据工程项目技术要求和工种差别适当划分多种日人工单价,确保各分部工程人工费的合理构成。

2)材料费。

① 材料费。

$$材料费 = \sum(材料消耗量 \times 材料单价) \quad (3\text{-}24)$$

$$材料单价 = \{(材料原价 + 运杂费) \times [1 + 运输损耗率(\%)]\} \times [1 + 采购保管费率(\%)] \quad (3\text{-}25)$$

② 工程设备费。

$$工程设备费 = \sum(工程设备量 \times 工程设备单价) \quad (3\text{-}26)$$

$$工程设备单价 = (设备原价 + 运杂费) \times [1 + 采购保管费率(\%)] \quad (3\text{-}27)$$

3) 施工机具使用费。

① 施工机械使用费。

$$施工机械使用费 = \sum(施工机械台班消耗量 \times 机械台班单价) \quad (3\text{-}28)$$

$$机械台班单价 = 台班折旧费 + 台班大修费 + 台班经常修理费 + 台班安拆费及场外运费 + 台班人工费 + 台班燃料动力费 + 台班车船税费 \quad (3\text{-}29)$$

注：工程造价管理机构在确定计价定额中的施工机械使用费时，应根据《建筑施工机械台班费用计算规则》结合市场调查编制施工机械台班单价。施工企业可以参考工程造价管理机构发布的台班单价，自主确定施工机械使用费的报价，如租赁施工机械，公式为：施工机械使用费 $= \sum$（施工机械台班消耗量 $\times$ 机械台班租赁单价）。

② 仪器仪表使用费。

$$仪器仪表使用费 = 工程使用的仪器仪表摊销费 + 维修费 \quad (3\text{-}30)$$

4) 企业管理费费率。

① 以分部分项工程费为计算基础。

$$企业管理费费率(\%) = \frac{生产工人年平均管理费}{年有效施工天数 \times 人工单价} \times 人工费占分部分项工程费比例(\%) \quad (3\text{-}31)$$

② 以人工费和机械费合计为计算基础。

$$企业管理费费率(\%) = \frac{生产工人年平均管理费}{年有效施工天数} \times \frac{生产工人年平均管理费}{(人工单价 + 每一工日机械使用费)} \times 100\% \quad (3\text{-}32)$$

## 第三章 工程造价基础知识

③以人工费为计算基础。

$$企业管理费费率(\%) = \frac{生产工人年平均管理费}{年有效施工天数 \times 人工单价} \times 100\% \quad (3\text{-}33)$$

注：上述公式适用于施工企业投标报价时自主确定管理费，是工程造价管理机构编制计价定额确定企业管理费的参考依据。

工程造价管理机构在确定计价定额中企业管理费时，应以定额人工费或(定额人工费＋定额机械费)作为计算基数，其费率根据历年工程造价积累的资料，辅以调查数据确定，列入分部分项工程和措施项目中。

5)利润。

①施工企业根据企业自身需求并结合建筑市场实际自主确定，列入报价中。

②工程造价管理机构在确定计价定额中利润时，应以定额人工费或(定额人工费＋定额机械费)作为计算基数，其费率根据历年工程造价积累的资料，并结合建筑市场实际确定，以单位(单项)工程测算，利润在税前建筑安装工程费的比重可按不低于5%且不高于7%的费率计算。利润应列入分部分项工程和措施项目中。

6)规费。

①社会保险费和住房公积金。社会保险费和住房公积金应以定额人工费为计算基础，根据工程所在地省、自治区、直辖市或行业建设主管部门规定费率计算。

$$社会保险费和住房公积金 = \sum(工程定额人工费 \times 社会保险费和住房公积金费率) \quad (3\text{-}34)$$

式(3-34)中，社会保险费和住房公积金费率可以每万元发承包价的生产工人人工费和管理人员工资含量与工程所在地规定的缴纳标准综合分析取定。

②工程排污费。工程排污费等其他应列而未列入的规费应按工程所在地环境保护等部门规定的标准缴纳，按实计取列入。

7)税金。

$$税金 = 税前造价 \times 综合税率(\%) \quad (3\text{-}35)$$

其中，综合税率的计算方法如下：

①纳税地点在市区的企业。

$$综合税率(\%) = \frac{1}{1 - 3\% - 3\% \times 7\% - 3\% \times 3\% - 3\% \times 2\%} - 1 \quad (3\text{-}36)$$

②纳税地点在县城、镇的企业。

$$综合税率(\%) = \frac{1}{1-3\%-3\%\times5\%-3\%\times3\%-3\%\times2\%} - 1 \quad (3\text{-}37)$$

③纳税地点不在市区、县城、镇的企业。

$$综合税率(\%) = \frac{1}{1-3\%-3\%\times1\%-3\%\times3\%-3\%\times2\%} - 1 \quad (3\text{-}38)$$

④实行营业税改增值税的,按纳税地点现行税率计算。

(2)建筑安装工程计价参考公式。

1)分部分项工程费。

$$分部分项工程费 = \sum(分部分项工程量 \times 综合单价) \quad (3\text{-}39)$$

式(3-39)中综合单价包括人工费、材料费、施工机具使用费、企业管理费和利润以及一定范围的风险费用(下同)。

2)措施项目费。

①国家计量规范规定应予计量的措施项目,其计算公式如下:

$$措施项目费 = \sum(措施项目工程量 \times 综合单价) \quad (3\text{-}40)$$

②国家计量规范规定不宜计量的措施项目计算方法如下:

a. 安全文明施工费。

$$安全文明施工费 = 计算基数 \times 安全文明施工费费率(\%) \quad (3\text{-}41)$$

计算基数应为定额基价(定额分部分项工程费+定额中可以计量的措施项目费)、定额人工费或(定额人工费+定额机械费),其费率由工程造价管理机构根据各专业工程的特点综合确定。

b. 夜间施工增加费。

$$夜间施工增加费 = 计算基数 \times 夜间施工增加费费率(\%) \quad (3\text{-}42)$$

c. 二次搬运费。

$$二次搬运费 = 计算基数 \times 二次搬运费费率(\%) \quad (3\text{-}43)$$

d. 冬、雨期施工增加费。

$$冬、雨期施工增加费 = 计算基数 \times 冬、雨期施工增加费费率(\%)$$
$$(3\text{-}44)$$

e. 已完工程及设备保护费。

$$已完工程及设备保护费 = 计算基数 \times 已完工程及设备保护费费率(\%)$$
$$(3\text{-}45)$$

上述 b.~e. 项措施项目的计费基数应为定额人工费或(定额人工费

+定额机械费),其费率由工程造价管理机构根据各专业工程特点和调查资料综合分析后确定。

3)其他项目费。

①暂列金额由建设单位根据工程特点,按有关计价规定估算,施工过程中由建设单位掌握使用、扣除合同价款调整后如有余额,归建设单位。

②计日工由建设单位和施工企业按施工过程中的签证计价。

③总承包服务费由建设单位在招标控制价中根据总包服务范围和有关计价规定编制,施工企业投标时自主报价,施工过程中按签约合同价执行。

4)规费和税金。建设单位和施工企业均应按照省、自治区、直辖市或行业建设主管部门发布标准计算规费和税金,不得作为竞争性费用。

## (三)工程建设其他费用

工程建设其他费用是指从工程筹建到工程竣工验收交付使用止的整个建设期间,除建筑安装工程费用和设备、工器具购置费以外的,为保证工程建设顺利完成和交付使用后能够正常发挥效用而发生的各项费用。工程建设其他费用,按其内容可分为三类:土地使用费;与项目建设有关的费用;与未来企业生产和经营活动有关的费用。

(1)土地使用费。任何一个建设项目都固定于一定地点与地面相连接,必须占用一定量的土地,也就必然要发生为获得建设用地而支付的费用,这就是土地使用费。它是指通过划拨方式取得土地使用权而支付的土地征用及迁移补偿费,或者通过土地使用权出让方式取得土地使用权而支付的土地使用权出让金。

1)土地征用及迁移补偿费。土地征用及迁移补偿费,是指建设项目通过划拨方式取得无限期的土地使用权,依照《中华人民共和国土地管理法》等规定所支付的费用。其总和一般不得超过被征土地年产值的20倍,土地年产值则按该地被征用前3年的平均产量和国家规定的价格计算。内容包括:

①土地补偿费。征用耕地(包括菜地)的补偿标准,按国家规定,为该耕地年产值的若干倍,具体补偿标准由省、自治区、直辖市人民政府在此范围内制定。征用园地、鱼塘、藕塘、苇塘、宅基地、林地、牧场、草原等的补偿标准,由省、自治区、直辖市人民政府制定。征收无收益的土地,不予补偿。

②青苗补偿费和被征用土地上的房屋、水井、树木等附着物补偿费。这些补偿费的标准由省、自治区、直辖市人民政府制定。征用城市郊区的菜地时，还应按照有关规定向国家缴纳新菜地开发建设基金。地上附着物及青苗补偿费归地上附着物及青苗所有者所有。

③安置补助费。征用耕地、菜地的，每个农业人口的安置补助费为该地被征用3年平均年产值的4～6倍，每亩耕地的安置补助费最高不得超过其年产值的15倍。

④缴纳的耕地占用税或城镇土地使用税、土地登记费及征地管理费等。县市土地管理机关从征地费中提取土地管理费的比例，要按征地工作量大小，视不同情况，在1‰～4‰幅度内提取。

⑤征地动迁费。包括征用土地上的房屋及附属构筑物、城市公共设施等拆除、迁建补偿费及搬迁运输费，企业单位因搬迁造成的减产、停工损失补贴费及拆迁管理费等。

⑥水利水电工程水库淹没处理补偿费。包括农村移民安置迁建费，城市迁建补偿费，库区工矿企业、交通、电力、通信、广播、管网、水利等的恢复、迁建补偿费，库底清理费，防护工程费，环境影响补偿费用等。

2) 土地使用权出让金。是指建设工程通过土地使用权出让方式，取得有限期的土地使用权，依照《中华人民共和国城镇国有土地使用权出让和转让暂行条例》规定，支付的土地使用权出让金。

①明确国家是城市土地的唯一所有者，并分层次、有偿、有限期地出让、转让城市土地。第一层次是城市政府将国有土地使用权出让给用地者，该层次由城市政府垄断经营。出让对象可以是有法人资格的企事业单位，也可以是外商。第二层次及以下层次的转让则发生在使用者之间。

②城市土地的出让和转让可采用协议、招标、公开拍卖等方式。

a. 协议方式是由用地单位申请，经市政府批准同意后双方洽谈具体地块及地价。该方式适用于市政工程、公益事业用地以及需要减免地价的机关、部队用地和需要重点扶持、优先发展的产业用地。

b. 招标方式是在规定的期限内，由用地单位以书面形式投标，市政府根据投标报价、所提供的规划方案以及企业信誉综合考虑，择优而取。该方式适用于一般工程建设用地。

c. 公开拍卖是指在指定的地点和时间，由申请用地者叫价应价，价高者得。这完全是由市场竞争决定，适用于盈利高的行业用地。

③在有偿出让和转让土地时,政府对地价不作统一规定,但应坚持以下原则:

a. 地价对目前的投资环境不产生大的影响。

b. 地价与当地的社会经济承受能力相适应。

c. 地价要考虑已投入的土地开发费用、土地市场供求关系、土地用途和使用年限。

④关于政府有偿出让土地使用权的年限,各地可根据时间、区位等各种条件作不同的规定,居住用地70年,工业用地50年,教育、科技、文化、卫生、体育用地50年,商业、旅游、娱乐用地40年,综合或其他用地50年。

⑤土地有偿出让和转让,土地使用者和所有者要签约,明确使用者对土地享有的权利和对土地所有者应承担的义务。

a. 有偿出让和转让使用权,要向土地受让者征收契税。

b. 转让土地如有增值,要向转让者征收土地增值税。

c. 在土地转让期间,国家要区别不同地段、不同用途向土地使用者收取土地占用费。

3)城市建设配套费。是指因进行城市公共设施的建设而分摊的费用。

4)拆迁补偿与临时安置补助费,包括:

①拆迁补偿费,指拆迁人对被拆迁人,按照有关规定予以补偿所需的费用。拆迁补偿的形式可分为产权调换和货币补偿两种形式。产权调换的面积按照所拆迁房屋的建筑面积计算;货币补偿的金额按照被拆迁人或者房屋承租人支付搬迁补助费。

②临时安置补助费或搬迁补助费,指在过渡期内,被拆迁人或者房屋承租人自行安排住处的,拆迁人应当支付临时安置补助费。

(2)与项目建设有关的其他费用。根据项目的不同,与项目建设有关的其他费用的构成也不尽相同,一般包括以下各项,在进行工程估算及概算时可根据实际情况进行计算:

1)建设单位管理费。建设单位管理费是指建设项目从立项、筹建、建设、联合试运转、竣工验收、交付使用及后评估等全过程管理所需的费用。内容包括:

①建设单位开办费。指新建项目为保证筹建和建设工作正常进行所需办公设备、生活家具、用具、交通工具等购置费用,主要是建设项目管理

过程中的费用。

②建设单位经费。包括工作人员的基本工资、工资性补贴、职工福利费、劳动保护费、劳动保险费、办公费、差旅交通费、工会经费、职工教育经费、固定资产使用费、工具用具使用费、技术图书资料费、生产人员招募费、工程招标费、合同契约公证费、工程质量监督检测费、工程咨询费、法律顾问费、审计费、业务招待费、排污费、竣工交付使用清理及竣工验收费、后评估等费用。不包括应计入设备、材料预算价格的建设单位采购及保管设备材料所需的费用,主要是日常经营管理的费用。建设单位管理费按照单项工程费用之和(包括设备工、器具购置费和建筑安装工程费用)乘以建设单位管理费率计算。建设单位管理费率按照建设项目的不同性质、不同规模确定。有的建设项目按照建设工期和规定的金额计算建设单位管理费。

2)勘察设计费。勘察设计费是指为本建设项目提供项目建议书、可行性研究报告及设计文件等所需费用,内容包括:

①编制项目建议书、可行性研究报告及投资估算、工程咨询、评价以及为编制上述文件所进行勘察、设计、研究试验等所需费用。

②委托勘察、设计单位进行初步设计、施工图设计及概预算编制等所需费用。

③在规定范围内由建设单位自行完成的勘察、设计工作所需费用。勘察设计费中,项目建议书、可行性研究报告按国家颁布的收费标准计算,设计费按国家颁布的工程设计收费标准计算勘察费一般民用建筑6层以下的按 $3\sim5$ 元$/m^2$ 计算,高层建筑按 $8\sim10$ 元$/m^2$ 计算,工业建筑按 $10\sim12$ 元$/m^2$ 计算。

3)研究试验费。研究试验费是指为建设项目提供和验证设计参数、数据、资料等所进行的必要的试验费用以及设计规定在施工中必须进行试验、验证所需费用。包括自行或委托其他部门研究试验所需人工费、材料费、试验设备及仪器使用费等。这项费用按照设计单位根据本工程项目的需要提出的研究试验内容和要求计算。

4)建设单位临时设施费。建设单位临时设施费是指建设期间建设单位所需临时设施的搭设、维修、摊销费用或租赁费用。临时设施包括临时宿舍、文化福利及公用事业房屋与构筑物、仓库、办公室、加工厂以及规定范围内的道路、水、电、管线等临时设施和小型临时设施。

5)工程监理费。工程监理费是指建设单位委托工程监理单位对工程实施监理工作所需费用。根据原国家物价局、建设部文件规定,选择下列方法之一计算:

①一般情况应按工程建设监理收费标准计算,即按所监理工程概算或预算的百分比计算。

②对于单工种或临时性项目可根据参与监理的年度平均人数计算。

6)工程保险费。工程保险费是指建设项目在建设期间根据需要实施工程保险所需的费用。包括以各种建筑工程及其在施工过程中的物料、机器设备为保险标的的建筑工程一切险,以安装工程中的各种机器、机械设备为保险标的的安装工程一切险,以及机器损坏保险等。根据不同的工程类别,分别以其建筑、安装工程费乘以建筑、安装工程保险费率计算。民用建筑(住宅楼、综合性大楼、商场、旅馆、医院、学校)占建筑工程费的2‰～4‰;其他建筑(工业厂房、仓库、道路、码头、水坝、隧道、桥梁、管道等)占建筑工程费的3‰～6‰;安装工程(农业、工业、机械、电子、电器、纺织、矿山、石油、化学及钢铁工业、电气桥梁)占建筑工程费的3‰～6‰。

7)引进技术和进口设备其他费用。

①出国人员费用。指为引进技术和进口设备派出人员在国外培训和进行设计联络、设备检验等的差旅费、制装费、生活费等。这项费用根据设计规定的出国培训和工作的人数、时间及派往国家,按财政部、外交部规定的临时出国人员费用开支标准及中国民用航空公司现行国际航线票价等进行计算,其中使用外汇部分应计算银行财务费用。

②国外工程技术人员来华费用。指为安装进口设备、引进国外技术等聘用外国工程技术人员进行技术指导工作所发生的费用。包括技术服务费、外国技术人员的在华工资、生活补贴、差旅费、医药费、住宿费、交通费、宴请费、参观游览等招待费用。这项费用按每人每月费用指标计算。

③技术引进费。指为引进国外先进技术而支付的费用。包括专利费、专有技术费(技术保密费)、国外设计及技术资料费、计算机软件费等。这项费用根据合同或协议的价格计算。

④分期或延期付款利息。指利用出口信贷引进技术或进口设备采取分期或延期付款的办法所支付的利息。

⑤担保费。指国内金融机构为买方出具保函的担保费。这项费用按

有关金融机构规定的担保费率计算(一般可按承保金额的5‰计算)。

⑥进口设备检验鉴定费用。指进口设备按规定付给商品检验部门的进口设备检验鉴定费。这项费用按进口设备货价的3‰~5‰计算。

8)工程承包费。工程承包费是指具有总承包条件的工程公司,对工程建设项目从开始建设至竣工投产全过程的总承包所需的管理费用。具体内容包括组织勘察设计、设备材料采购、非标设备设计制造与销售、施工招标、发包、工程预决算、项目管理、施工质量监督、隐蔽工程检查、验收和试车直至竣工投产的各种管理费用。该费用按国家主管部门或省、自治区、直辖市协调规定的工程总承包费取费标准计算。如无规定时,一般工业建设项目为投资估算的6%~8%,民用建筑(包括住宅建设)和市政项目为4%~6%。不实行工程承包的项目不计算本项费用。

(3)与未来企业生产经营有关的其他费用。

1)联合试运转费。联合试运转费是指新建企业或改建、扩建企业在工程竣工验收前,按照设计的生产工艺流程和质量标准对整个企业进行联合试运转所发生的费用支出与联合试运转期间的收入部分的差额部分。联合试运转费用一般根据不同性质的项目按需进行试运转的工艺设备购置费的百分比计算。

2)生产准备费。生产准备费是指新建企业或新增生产能力的企业,为保证竣工交付使用进行必要的生产准备所发生的费用。内容包括:

①生产人员培训费,包括自行培训、委托其他单位培训人员的工资、工资性补贴、职工福利费、差旅交通费、学习资料费、学习费、劳动保护费等。

②生产单位提前进厂参加施工、设备安装、调试等以及熟悉工艺流程及设备性能等人员的工资、工资性补贴、职工福利费、差旅交通费、劳动保护费等。生产准备费一般根据需要培训和提前进厂人员的人数及培训时间,按生产准备费指标进行估算。应该指出,生产准备费在实际执行中是一笔在时间上、人数上、培训深度上很难划分的、活口很大的支出,尤其要严格掌握。

3)办公和生活家具购置费。办公和生活家具购置费是指为保证新建、改建、扩建项目初期正常生产、使用和管理所必须购置的办公和生活家具、用具的费用。改建、扩建项目所需的办公和生活用具购置费,应低于新建项目。

**(四)预备费**

按我国现行规定,预备费包括基本预备费和涨价预备费。

**1. 基本预备费**

基本预备费是指在初步设计及概算内难以预料的工程费用,费用内容包括:

(1)在批准的初步设计范围内,技术设计、施工图设计及施工过程中所增加的工程费用,设计变更、局部地基处理等增加的费用。

(2)一般自然灾害造成的损失和预防自然灾害所采取的措施费用。实行工程保险的工程项目费用应适当降低。

(3)竣工验收时为鉴定工程质量对隐蔽工程进行必要的挖掘和修复费用。基本预备费是按设备及工、器具购置费,建筑安装工程费用和工程建设其他费用三者之和为计取基础,乘以基本预备费率进行计算。

$$\text{基本预备费}=(\text{设备及工、器具购置费}+\text{建筑安装工程费用}+\text{工程建设其他费用})\times\text{基本预备费率} \quad (3\text{-}46)$$

基本预备费率的取值应执行国家及部门的有关规定。

**2. 涨价预备费**

涨价预备费是指建设项目在建设期间内由于价格等变化引起工程造价变化的预测预留费用。费用内容包括人工、设备、材料、施工机械的价差费,建筑安装工程费及工程建设其他费用调整,利率、汇率调整等增加的费用。涨价预备费的测算方法,一般根据国家规定的投资综合价格指数,以估算年份价格水平的投资额为基数,采用复利方法计算。其计算公式如下:

$$PF=\sum_{t=1}^{n}I_t\left[(1+f)^m(1+f)^{0.5}(1+f)^{t-1}-1\right] \quad (3\text{-}47)$$

式中  $PF$——涨价预备费;

　　　$n$——建设期年份数;

　　　$I_t$——建设期中第 $t$ 年的投资计划额,包括工程费用、工程建设其他费用及基本预备费,即第 $t$ 年的静态投资;

　　　$f$——年均投资价格上涨率;

　　　$m$——建设前期年限(从编制估算到开工建设,单位为"年")。

**(五)建设期贷款利息**

建设期投资贷款利息是指建设项目使用银行或其他金融机构的贷

款,在建设期应归还的借款的利息。当总贷款是分年均衡发放时,建设期利息的计算可按当年借款在年中支用考虑,即当年贷款按半年计息,上年贷款按全年计息。其计算公式如下:

$$q_j = \left(P_{j-1} + \frac{1}{2}A_j\right) \cdot i \tag{3-48}$$

式中 $q_j$——建设期第 $j$ 年应计利息;

$P_{j-1}$——建设期第 $(j-1)$ 年末贷款累计金额与利息累计金额之和;

$A_j$——建设期第 $j$ 年贷款金额;

$i$——年利率。

### (六)固定资产投资方向调节税

为了贯彻国家产业政策,控制投资规模,引导投资方向,调整投资结构,加强重点建设,促进国民经济持续稳定协调发展,国家将根据国民经济的运行趋势和全社会固定资产投资的状况,对进行固定资产投资的单位和个人开征或暂缓征收固定资产投资方的调节税(该税征收对象不含中外合资经营企业、中外合作经营企业和外资企业)。

投资方向调节税根据国家产业政策和项目经济规模实行差别税率,税率分为 0%、5%、10%、15%、30% 五个档次,各固定资产投资项目按其单位工程分别确定适用的税率。计税依据为固定资产投资项目实际完成的投资额,其中更新改造项目为建筑工程实际完成的投资额。投资方向调节税按固定资产投资项目的单位工程年度计划投资额预缴。年度终了后,按年度实际投资结算,多退少补。项目竣工后按全部实际投资进行清算,多退少补。

**1. 基本建设项目投资适用的税率**

(1)国家急需发展的项目投资,如农业、林业、水利、能源、交通、通信、原材料、科教、地质、勘探、矿山开采等基础产业和薄弱环节的部门项目投资,适用零税率。

(2)对国家鼓励发展但受能源、交通等制约的项目投资,如钢铁、化工、石油、水泥等部分重要原材料项目,以及一些重要机械、电子、轻工业和新型建材的项目,实行 5% 的税率。

(3)为配合住房制度改革,对城乡个人修建、购买住宅的投资实行零税率;对单位修建、购买一般性住宅投资,实行 5% 的低税率;对单位用公款修建、购买高标准独门独院、别墅式住宅投资,实行 30% 的高税率。

(4)对楼堂馆所以及国家严格限制发展的项目投资,课以重税,税率为30%。

(5)对不属于上述四类的其他项目投资,实行中等税负政策,税率为15%。

**2. 更新改造项目投资适用的税率**

(1)为了鼓励企事业单位进行设备更新和技术改造,促进技术进步,对国家急需发展的项目投资,予以扶持,适用零税率;对单纯工艺改造和设备更新的项目投资,适用零税率。

(2)对不属于上述提到的其他更新改造项目投资,一律适用10%的税率。

**3. 注意事项**

为贯彻国家宏观调控政策,扩大内需,鼓励投资,根据国务院的决定,对《中华人民共和国固定资产投资方向调节税暂行条例》规定的纳税义务人,其固定资产投资应税项目自2000年1月1日起新发生的投资额,暂停征收固定资产投资方向调节税,但该税种并未取消。

# 第四节 工程造价计价程序

建筑安装工程费有两种组成形式按照工程造价形成由分部分项工程费、措施项目费、其他项目费、规费、税金组成,按费用构成要素由人工费、材料费、施工机具使用费、企业管理费和利润、规费、税金组成。

## 一、建设单位工程招标控制价计价程序

建设单位工程招标控制价计价程序见表3-2。

表3-2　　　　　建设单位工程招标控制价计价程序

工程名称：　　　　　　　　　　　标段：

| 序号 | 内　容 | 计算方法 | 金额(元) |
|---|---|---|---|
| 1 | 分部分项工程费 | 按计价规定计算 | |
| 1.1 | | | |
| 1.2 | | | |
| 1.3 | | | |
| 1.4 | | | |
| 1.5 | | | |

续表

| 序号 | 内 容 | 计算方法 | 金额(元) |
|---|---|---|---|
| 2 | 措施项目费 | 按计价规定计算 | |
| 2.1 | 其中:安全文明施工费 | 按规定标准计算 | |
| 3 | 其他项目费 | | |
| 3.1 | 其中:暂列金额 | 按计价规定估算 | |
| 3.2 | 其中:专业工程暂估价 | 按计价规定估算 | |
| 3.3 | 其中:计日工 | 按计价规定估算 | |
| 3.4 | 其中:总承包服务费 | 按计价规定估算 | |
| 4 | 规费 | 按规定标准计算 | |
| 5 | 税金(扣除不列入计税范围的工程设备金额) | (1+2+3+4)×规定税率 | |
| 招标控制价合计=1+2+3+4+5 | | | |

## 二、施工企业工程投标报价计价程序

施工企业工程投标报价计价程序见表3-3。

表3-3　　　　　　施工企业工程投标报价计价程序

工程名称：　　　　　　　　　　　　标段：

| 序号 | 内 容 | 计算方法 | 金额(元) |
|---|---|---|---|
| 1 | 分部分项工程费 | 自主报价 | |
| 1.1 | | | |
| 1.2 | | | |
| 1.3 | | | |
| 1.4 | | | |
| 1.5 | | | |
| | | | |
| | | | |
| | | | |
| | | | |

续表

| 序号 | 内容 | 计算方法 | 金额(元) |
|---|---|---|---|
| 2 | 措施项目费 | 自主报价 | |
| 2.1 | 其中:安全文明施工费 | 按规定标准计算 | |
| 3 | 其他项目费 | | |
| 3.1 | 其中:暂列金额 | 按招标文件提供金额计列 | |
| 3.2 | 其中:专业工程暂估价 | 按招标文件提供金额计列 | |
| 3.3 | 其中:计日工 | 自主报价 | |
| 3.4 | 其中:总承包服务费 | 自主报价 | |
| 4 | 规费 | 按规定标准计算 | |
| 5 | 税金(扣除不列入计税范围的工程设备金额) | (1+2+3+4)×规定税率 | |
| 投标报价合计=1+2+3+4+5 | | | |

## 三、竣工结算计价程序

竣工结算计价程序见表3-4。

表3-4　　　　　　　　竣工结算计价程序

工程名称：　　　　　　　　标段：

| 序号 | 汇总内容 | 计算方法 | 金额(元) |
|---|---|---|---|
| 1 | 分部分项工程费 | 按合同约定计算 | |
| 1.1 | | | |
| 1.2 | | | |
| 1.3 | | | |
| 1.4 | | | |
| 1.5 | | | |
| | | | |
| 2 | 措施项目 | 按合同约定计算 | |
| 2.1 | 其中:安全文明施工费 | 按规定标准计算 | |
| 3 | 其他项目 | | |
| 3.1 | 其中:专业工程结算价 | 按合同约定计算 | |

续表

| 序号 | 汇总内容 | 计算方法 | 金额(元) |
|---|---|---|---|
| 3.2 | 其中:计日工 | 按计日工签证计算 | |
| 3.3 | 其中:总承包服务费 | 按合同约定计算 | |
| 3.4 | 索赔与现场签证 | 按发承包双方确认数额计算 | |
| 4 | 规费 | 按规定标准计算 | |
| 5 | 税金(扣除不列入计税范围的工程设备金额) | (1+2+3+4)×规定税率 | |
| 竣工结算总价合计=1+2+3+4+5 | | | |

# 第四章 通风空调工程定额体系

## 第一节 定额概述

### 一、定额的概念

在建筑安装工程施工过程中，为了完成每一单位产品的施工(生产)过程，就必须消耗一定数量的人力、物力(材料、工机具)和资金，但这些资源的消耗是随着生产因素及生产条件的变化而变化的。定额是在正常的施工生产条件下，完成单位合格产品所必需的人工、材料、施工机械设备及其资金消耗的数量标准。不同的产品有不同的质量要求，因此，不能把定额看成是单纯的数量关系，而应看成是质和量的统一体。考察个别的生产过程中的因素不能形成定额，只有从考察总体生产过程中的各生产因素，归结出社会平均必需的数量标准，才能形成定额。同时，定额反映一定时期的社会生产力水平。

尽管管理科学在不断发展，但是它仍然离不开定额。因为如果没有定额提供可靠的基本管理数据，即使使用电子计算机也是不能取得什么结果的。所以，定额虽然是科学管理发展初期的产物，但是，它在企业管理中一直占有重要地位。无论是在研究工作中还是在实际工作中，都要重视工作时间的研究和操作方法的研究，都要重视定额的制定。定额是企业管理科学化的产物，也是科学管理的基础。

所谓定额，就是进行生产经营活动时，在人力、物力、财力消耗方面所应遵守或达到的数量标准。在建筑生产中，为了完成建筑产品，必须消耗一定数量的劳动力、材料和机械台班以及相应的资金，在一定的生产条件下，用科学方法制定出的生产质量合格的单位建筑产品所需要的劳动力、材料和机械台班等的数量标准，就称为建筑工程定额。

### 二、定额的作用

在工程建设和企业管理中，确定和执行先进合理的定额是技术和经济管理工作中的重要一环。在工程项目的计划、设计和施工中，定额具有

以下几个方面的作用:

**1. 定额是编制计划的基础**

工程建设活动需要编制各种计划来组织与指导生产,而计划编制中又需要各种定额来作为计算人力、物力、财力等资源需要量的依据。定额是编制计划的重要基础。

**2. 定额是确定工程造价的依据和评价设计方案经济合理性的尺度**

工程造价是根据由设计规定的工程规模、工程数量及相应需要的劳动力、材料、机械设备消耗量及其他必须消耗的资金确定的。其中,劳动力、材料、机械设备的消耗量又是根据定额计算出来的,定额是确定工程造价的依据。同时,建设项目投资的大小又反映了各种不同设计方案技术经济水平的高低。因此,定额又是比较和评价设计方案经济合理性的尺度。

**3. 定额是组织和管理施工的工具**

建筑企业要计算、平衡资源需要量、组织材料供应、调配劳动力、签发任务单、组织劳动竞赛、调动人的积极因素、考核工程消耗和劳动生产率、贯彻按劳分配工资制度、计算工人报酬等,都要利用定额。因此,从组织施工和管理生产的角度来说,企业定额又是建筑企业组织和管理施工的工具。

**4. 定额是总结先进生产方法的手段**

定额是在平均先进的条件下,通过对生产流程的观察、分析、综合等过程制定的,它可以最严格地反映出生产技术和劳动组织的先进合理程度。因此,我们就可以以定额方法为手段,对同一产品在同一操作条件下的不同生产方法进行观察、分析和总结,从而得到一套比较完整的、优良的生产方法,作为生产中推广的范例。

由此可见,定额是实现工程项目,确定人力、物力和财力等资源需要量,有计划地组织生产,提高劳动生产率,降低工程造价,完成和超额完成计划的重要的技术经济工具,是工程管理和企业管理的基础。

## 三、定额的特点

**1. 权威性**

工程建设定额具有很大权威,这种权威在一些情况下具有经济法规性质。权威性反映统一的意志和统一的要求,也反映信誉和信赖程度以及定额的严肃性。

工程建设定额的权威性的客观基础是定额的科学性。只有科学的定额才具有权威。但是在社会主义市场经济条件下,它必然涉及各有关方面的经济关系和利益关系。赋予工程建设定额以一定的权威性,就意味着在规定的范围内,对于定额的使用者和执行者来说,不论主观上愿意不愿意,都必须按定额的规定执行。在当前市场不规范的情况下,赋予工程建设定额以权威性是十分重要的。但是在竞争机制引入工程建设的情况下,定额的水平必然会受市场供求状况的影响,从而在执行中可能产生定额水平的浮动。

应该指出的是,在社会主义市场经济条件下,对定额的权威性不应该绝对化。定额毕竟是主观对客观的反映,定额的科学性会受到人们认识的局限。与此相关,定额的权威性也就会受到削弱核心的挑战。更为重要的是,随着投资体制的改革和投资主体多元化格局的形成,随着企业经营机制的转换,它们都可以根据市场的变化和自身的情况,自主地调整自己的决策行为。因此,在这里一些与经营决策有关的工程建设定额的权威性特征就弱化了。

2. 科学性

工程建设定额的科学性首先表现在定额是在认真研究客观规律的基础上,自觉地遵守客观规律的要求,实事求是地制定的。因此,它能正确地反映单位产品生产所必需的劳动量,从而以最少的劳动消耗而取得最大的经济效果,促进劳动生产率的不断提高。

定额的科学性还表现在制定定额所采用的方法上,通过不断吸收现代科学技术的新成就,不断完善,形成一套严密的确定定额水平的科学方法。这些方法不仅在实践中已经行之有效,而且还有利于研究建筑产品生产过程中的工时利用情况,从中找出影响劳动消耗的各种主客观因素,设计出合理的施工组织方案,挖掘生产潜力,提高企业管理水平,减少以至杜绝生产中的浪费现象,促进生产的不断发展。

3. 统一性

工程建设定额的统一性,主要是由国家对经济发展的有计划的宏观调控职能决定的。为了使国民经济按照既定的目标发展,就需要借助于某些标准、定额、参数等,对工程建设进行规划、组织、调节、控制。而这些标准、定额、参数必须在一定的范围内是一种统一的尺度,才能实现上述职能,才能利用它对项目的决策、设计方案、投标报价、成本控制进行比选和评价。

工程建设定额的统一性按照其影响力和执行范围来看,有全国统一定额、地区统一定额和行业统一定额等;按照定额的制定、颁布和贯彻使用来看,有统一的程序、统一的原则、统一的要求和统一的用途。

在生产资料私有制的条件下,定额的统一性是很难想象的,充其量也只是工程量计算规则的统一和信息提供。我国工程建设定额的统一性和工程建设本身的巨大投入和巨大产出有关。它对国民经济的影响不仅表现在投资的总规模和全部建设项目的投资效益等方面,而且往往还表现在具体建设项目的投资数额及其投资效益方面。因而,需要借助统一的工程建设定额进行社会监督。这一点和工业生产、农业生产中的工时定额、原材料定额也是不同的。

### 4. 稳定性与时效性

工程建设定额中的任何一种都是一定时期技术发展和管理水平的反映,因而在一段时间内都表现出稳定的状态。稳定的时间有长有短,一般在 5~10 年之间。保持定额的稳定性是维护定额的权威性所必需的,更是有效地贯彻定额所必要的。如果某种定额处于经常修改变动之中,那么必然造成执行中的困难和混乱,使人们感到没有必要去认真对待它,很容易导致定额权威性的丧失。工程建设定额的不稳定也会给定额的编制工作带来极大的困难。

但是工程建设定额的稳定性是相对的。当生产力向前发展了,定额就会与已经发展了的生产力不相适应。这样,它原有的作用就会逐步减弱以至消失,需要重新编制或修订。

### 5. 系统性

工程建设定额是相对独立的系统。它是由多种定额结合而成的有机的整体。它的结构复杂,有鲜明的层次,有明确的目标。

工程建设定额的系统性是由工程建设的特点决定的。按照系统论的观点,工程建设就是庞大的实体系统。工程建设定额是为这个实体系统服务的。因而,工程建设本身的多种类、多层次就决定了以它为服务对象的工程建设定额的多种类、多层次。从整个国民经济来看,进行固定资产生产和再生产的工程建设,是一个有多项工程集合体的整体。其中包括农林水利、轻纺、机械、煤炭、电力、石油、冶金、化工、建材工业、交通运输、邮电工程,以及商业物资、科学教育文化、卫生体育、社会福利和住宅工程等。这些工程的建设都有严格的项目划分,如建设项目、单项工程、单位工程、分部分项工程;在计划和实施过程中有严密的逻辑阶段,如规划、可行性研究、设计、施工、竣工交付使用,以及投入使用后的维修。与此相适应必然形成工程建设定额的多种类、多层次。

## 第二节 施工定额

### 一、概述

**1. 施工定额的概念**

施工定额是施工企业的生产定额,是施工企业管理工作的基础。施工定额是按照平均先进的水平制定的,它以同一性质的施工过程为测算对象,以工序定额为基础,规定某种建安单位产品的人工消耗量、材料消耗量和施工机械台班消耗量的数量标准。施工定额由劳动定额、材料消耗定额和机械台班定额组成,是最基本的定额。

**2. 施工定额的作用**

施工定额主要用于施工企业内部组织现场施工和进行经济核算。它是编制施工预算、施工作业计划、实行计件工资和内部经济承包、考核工程成本、计算劳动报酬和奖励的依据,也是编制预算定额和补充单位估价表的基础资料。制定先进合理的施工定额是企业管理的重要基础工作,它对有计划的组织生产、实行经济核算、提高劳动生产率及推进技术进步有着十分重要的促进作用。具体来说,它对施工企业起着如下的作用:

(1)施工定额是编制施工预算的依据。施工预算是用以确定为完成某一单位工程或分部工程施工中所需人工、材料和施工机械台班消耗数量或计划成本的文件。施工预算是按照施工图纸工程量、施工定额,并结合现场施工实际情况编制的。

(2)施工定额是编制施工组织设计的主要依据。在编制施工组织设计中,尤其是单位工程的作业设计,需要确定人工、材料和施工机械台班等资源消耗量,拟定使用资源的最佳时间安排,编制工程进度计划,以便于在施工中合理地利用时间、空间和资源。依靠施工定额能比较精确地计算出劳动力、材料、设备的需要量,以便于在开工前合理安排各基层的施工任务,做好人力、物力的综合平衡。

(3)施工定额是编制施工作业计划的依据。编制施工作业计划,必须以施工定额和企业的实际施工水平为尺度,计算实物工程量和确定劳动力、材料、半成品的需要量,施工机械和运输力量,以此为依据来安排施工进度。

(4)施工定额是编制预算定额和补充单位估价表的基础。预算定额的编制要以施工定额为基础。以施工定额的水平作为确定预算定额水平的基础,不仅可以免除测定定额水平的大量烦琐工作,而且可以使预算定额符合施工生产和经营管理的实际水平,并保证施工中的人力、物力消耗能够得到足够补偿。施工定额作为编制补充单位估价表的基础,是指由于新技术、新结构、新材料、新工艺的采用而预算定额中缺项时,编制补充预算定额和补充单位估价表时,要以施工定额作为基础。

(5)施工定额是签发工程施工任务书的依据。工程施工任务书是把施工作业计划具体落实到施工班组的主要手段,通过工程施工任务书的签发,向施工班组下达施工任务,通过它来记录班组完成施工任务情况,并据以计算劳动报酬和奖励,施工任务书中确定的人工消耗量、材料消耗量和施工机械台班消耗量等是通过编制施工预算来确定的。

(6)施工定额是加强企业基层单位成本管理和经济核算的基础。根据施工预算的成本,是工程的计划成本,它体现着施工中人工、材料、施工机械等直接费的开支水平,对间接费的开支也有着很大影响。因此,严格执行施工定额不仅可以控制工程成本,降低费用开支,同时,也为贯彻经济核算制、加强班组核算、取得较好的经济效益创造条件。

(7)施工定额是计算劳动报酬、实行按劳分配的依据。目前,施工企业内部推行了多种形式的承包经济责任制,但无论采取何种形式,计算承包指标或衡量班组的劳动成果都要以施工定额为依据。完成定额好,劳动报酬就多;达不到定额,劳动报酬就少。这样,工人的劳动成果和报酬直接挂钩,体现了按劳分配的原则。

**3. 施工定额的编制原则**

施工定额的作用能否得到充分发挥,主要取决于施工定额的质量和水平的确定以及项目的划分是否简明适用。为了保证施工定额的质量,编制施工定额应遵循下列原则:

(1)确定定额水平要贯彻"平均先进"的原则。定额水平是定额的核心。所谓定额水平就是定额所规定的劳动量的消耗标准。定额水平同劳动生产率水平成正比,一定历史条件下的定额水平是社会生产力水平的反映,同时又推动社会生产力的发展。施工定额作为施工企业内部组织生产和按劳分配的重要工具,确定定额的水平,应当有利于提高劳动生产率,降低材料消耗;有利于正确考核和评价工人的劳动成果;有利于加强

## 第四章 通风空调工程定额体系

施工管理。

所谓平均先进水平,就是在正常的施工(生产)条件下,经过努力,多数生产者可以达到或超过,少数生产者可以接近的水平。如果用单纯数学概念表示,它应当是介于少数先进生产者达到的生产水平同大多数生产者达到的生产水平之间的数值。用公式表示就是:

$$t = \frac{t_1 + t_2}{2}$$

式中 $t$——平均先进定额水平;

$t_1$——少数先进生产者生产某产品的平均劳动消耗量;

$t_2$——大多数生产者生产某产品的平均劳动消耗量。

在实际工作中,并不是机械地按上述公式运算,而是充分考虑到各类影响因素,认真分析各种先进经验和操作方法,拟定正常的施工条件,合理确定各类工时消耗标准,使定额水平体现平均先进性质。

(2)定额结构形式简明适用。所谓简明适用,是指定额结构合理,定额步距大小适中,文字通俗易懂,计算方法简便,易为群众掌握运用,具有多方面的适应性,能在较大范围内满足不同情况、不同用途的需要。简明与适用相辅相成,二者不可偏废。坚持简明适用原则,主要应解决四个方面的问题,即:项目划分合理;步距大小适当;文字通俗易懂,计算方法简便;章、节的编排要方便基层单位的使用。

(3)专群结合,以专业人员为主。制定施工定额是一项政策性和技术性很强的技术经济工作。它要求参加定额制定工作的人员要具有丰富的技术知识和管理工作经验。它需要专门的机构来进行大量的组织工作和协调指挥。贯彻专群结合以专为主的原则,是定额质量的组织保证。

**4. 施工定额的编制程序**

编制施工定额是一项组织工作复杂、技术性很强的技术经济工作,应当按下列程序和要求进行工作:

(1)确定项目。编制施工定额时,为贯彻简明适用的要求,定额项目必须在认真分析工序的基础上恰如其分地确定其综合性。定额的综合性不能包括可以彼此逐日隔开的工序;不能把不同专业的工人或不同组成的小组完成的工序连接到一起;还要具有可分可合的灵活性;既可以用同一计量单位表示出工序定额和综合定额,又可以把工序的或工作过程中的用工列在定额表的附注中,还可以在定额的附注中引用修正系数,以适应变动的情况。总之,要有利于组织施工生产,有利于企业和班组的经济核算。

(2)选择计量单位。计量单位包括产品的计量单位和人工、材料、施工机械的计量单位。选择计量单位的原则是：计量单位能确切地反映工、料及产品的数量，便于组织施工，便于工人掌握，便于统计和核算，便于计算工程量，便于测量已完工程。

(3)确定定额的制表方案（即设计表格）。施工定额的表格形式见表4-1。定额表格要在内容上能满足施工生产和企业管理的需要，明了易懂、便于掌握和执行。定额表格一般应包括下列内容：工作内容的说明、施工方法；劳动组织、技术等级；产品类型及计量单位；定额指标，即人工、材料、施工机械的消耗量。

**表 4-1　　　　　　　　　　压缩机安装定额**

工作内容：　　　　　　　　　　　　　　　　　　　　　　　　（计量单位：台）

| 项目 | | 单位 | 卧式单列 4～6 缸 | | | | | | | | |
|---|---|---|---|---|---|---|---|---|---|---|---|
| | | | 设备质量（吨以内） | | | | | | | | |
| | | | 3 | 5 | 7 | 10 | 13 | 16 | 20 | 25 | 30 |
| 人工 | 钳工 | 工日 | 26.71 | 32.88 | 46.60 | 54.00 | 60.40 | 65.60 | 78.00 | 84.30 | 89.40 |
| | 起重工 | 工日 | 2.44 | 4.23 | 6.08 | 9.00 | 11.11 | 12.99 | 15.43 | 18.26 | 20.58 |
| | 焊工 | 工日 | 0.18 | 0.29 | 0.39 | 0.50 | 0.62 | 0.70 | 0.77 | 0.84 | 0.90 |
| | 电工 | 工日 | 3.70 | 3.70 | 4.80 | 4.80 | 5.70 | 5.70 | 5.70 | 5.70 | 5.70 |
| | 合计 | 工日 | 33.03 | 41.10 | 57.87 | 68.30 | 77.83 | 84.99 | 99.90 | 109.10 | 116.58 |
| 材料 | 垫铁 | kg | 166 | 194 | 216 | 216 | 239 | 388 | 388 | 461 | 461 |
| | 煤油 | kg | 20 | 25 | 30 | 36 | 38 | 42 | 50 | 55 | 60 |
| | 机油 | kg | 0.5 | 0.8 | 1 | 1.2 | 1.5 | 1.8 | 2 | 2 | 2.5 |
| | 牛油 | kg | 1 | 1 | 1.5 | 1.5 | 1.5 | 3.5 | 4 | 5 | 6 |
| | 破布 | kg | 1.5 | 2 | 2.5 | 2.5 | 3.5 | 4 | 4 | 4 | 4.5 |
| | 纱头 | kg | 2 | 2 | 2.5 | 2.5 | 3 | 3.5 | 3.5 | 3.5 | 4 |
| | 砂皮 | 张 | 3 | 3 | 3 | 4 | 5 | 5 | 5 | 6 | 6 |
| | 氧气 | m³ | 5 | 6 | 7 | 7 | 7 | 7 | 8 | 8 | 8 |
| | 电石 | kg | 15 | 18 | 21 | 21 | 21 | 21 | 24 | 24 | 24 |
| | 焊条 | kg | 1 | 1.5 | 1.5 | 1.5 | 1.5 | 2 | 2 | 2.5 | 2.5 |
| | 凡尔砂 | 盒 | 0.1 | 0.1 | 0.1 | 0.1 | 0.1 | 0.1 | 0.1 | 0.1 | 0.1 |
| 材料 | 橡皮夹布 | m² | | 2 | 2 | 2.5 | 3 | 3 | 3 | 3 | 3 |
| | 红纸板 | m² | | 1.8 | 2 | 2 | 2.5 | 2.8 | 2.8 | 3 | |
| | 青铅线 18～20 号 | 卷 | 0.25 | 0.28 | 0.3 | 0.35 | 0.40 | 0.45 | 0.5 | 0.55 | 0.60 |
| | 红粉 | kg | 0.01 | 0.01 | 0.01 | 0.01 | 0.01 | 0.01 | 0.01 | 0.01 | 0.01 |
| | 铜皮 0.07～0.1 | kg | 0.10 | 0.10 | 0.20 | 0.20 | 0.20 | 0.20 | 0.30 | 0.30 | 0.30 |
| | 锯条 | 根 | 3 | 4 | 4 | 4 | 6 | 6 | 6 | 6 | 6 |

续表

| 项目 | | 单位 | 卧式单列 4~6 缸 设备质量(吨以内) | | | | | | | | |
|---|---|---|---|---|---|---|---|---|---|---|---|
| | | | 3 | 5 | 7 | 10 | 13 | 16 | 20 | 25 | 30 |
| 机械 | 电动卷扬机 3t | 台班 | | | | 0.65 | 0.65 | 0.65 | 0.65 | 0.65 | 0.65 |
| | 电动卷扬机 5t | 台班 | 0.48 | 0.82 | 1.18 | 1.75 | 2.16 | 2.53 | 3 | 3.55 | 4 |
| | 交流电焊机 20kVA | 台班 | 0.19 | 0.29 | 0.39 | 0.50 | 0.62 | 0.70 | 0.77 | 0.84 | 0.90 |
| 定额编号 | | | | | | | | | | | |

(4)确定定额水平。定额水平要将测定的资料作为确定定额水平的依据,经过认真的查定和计算,反复进行平衡后,才能填入定额表格。

(5)填写编制说明和附注。

总说明应包括的内容:编制依据、编制原则、劳动消耗指标的计算方法、使用方法等。

分册说明应包括:定额项目和工作内容,施工方法,有关规定和计算方法、质量要求等。

分节说明应包括:工作内容、质量要求、施工方法、小组成员等。

(6)汇编成册。

## 二、劳动定额

### 1. 劳动定额的作用

劳动定额的作用主要表现在组织生产和按劳分配两个方面。在一般情况下,两者是相辅相成的,即生产决定分配,分配促进生产。具体来说,劳动定额的作用主要表现在以下几个方面:

(1)劳动定额是编制施工作业计划的依据。编制施工作业计划必须以劳动定额作为依据,才能准确地确定劳动消耗和合理地确定工期,不仅在编制计划时要依据劳动定额,在实施计划时,也要按照劳动定额合理地平衡调配和使用劳动力,以保证计划的实现。

通过施工任务书把施工作业计划和劳动定额下达给生产班组,作为施工(生产)指令,组织工人达到和超过劳动定额水平,完成施工任务书下达的工程量。这样就把施工作业计划和劳动定额通过施工任务书这个中间环节与工人紧密联系起来,使计划落实到工人群众,从而使企业完成和超额完成计划有了切实可靠的保证。

(2)劳动定额是贯彻按劳分配原则的重要依据。按劳分配原则是社会主义社会的一项基本原则。贯彻这个原则必须以平均先进的劳动定额为衡量尺度,按照工人生产产品的数量和质量来进行分配。

(3) 劳动定额是开展社会主义劳动竞赛的必要条件。社会主义劳动竞赛是调动广大职工建设社会主义积极性的有效措施。劳动定额在竞赛中起着检查、考核和衡量的作用。一般来说,完成劳动定额的水平愈高,对社会主义建设事业的贡献也就愈大。

(4) 劳动定额是企业经济核算的重要基础。为了考核、计算和分析工人在生产中的劳动消耗和劳动成果,就要以劳动定额为依据进行劳动核算。人工定额完成情况,单位工程用工,人工成本(或单位工程的工资含量)是企业经济核算的重要内容。只有用劳动定额严格地、精确地计算和分析比较施工(生产)中的消耗和成果,对劳动消耗进行监督和控制,不断降低单位成品的工时消耗,努力节约人力,才能降低产品成本中的人工费和分摊到产品成本中的管理费。

**2. 劳动定额的形式**

劳动定额按照用途不同,可以分为时间定额和产量定额两种形式。

(1) 时间定额就是某种专业(工种)、某种技术等级的工人小组或个人,在合理的劳动组合、合理的使用材料、合理的施工机械配合条件下,生产某一单位合格产品所必需的工作时间,包括准备与结束时间、基本生产时间、辅助生产时间、不可避免的中断时间以及工人必要的休息时间。

时间定额以工日为单位,每一工日按八小时计算,其计算公式如下:

$$单位产品时间定额(工日) = \frac{1}{每工产量}$$

或

$$单位产品时间定额(工日) = \frac{小组成员工日数总和}{台班产量}$$

(2) 产量定额就是在合理的劳动组合、合理的使用材料、合理的机械配合条件下,某种专业(工种)、某种技术等级的工人小组或个人,在单位工日中所完成的合格产品的数量。

产量定额根据时间定额计算,计算公式如下:

$$每工产量 = \frac{1}{单位产品时间定额(工日)}$$

或

$$台班产量 = \frac{小组成员工日数的总和}{单位产品时间定额(工日)}$$

产量定额的计量单位,通常以自然单位或物理单位来表示。如台、套、个、米、平方米、立方米等。

产量定额的高低与时间定额成反比,两者互为倒数。生产某一单位合格产品所消耗的工时越少,则在单位时间内的产品产量就越高;反之就越低。

$$时间定额 \times 产量定额 = 1$$

或

$$时间定额 = \frac{1}{产量定额}$$

$$产量定额 = \frac{1}{时间定额}$$

**例如** 安装一个不锈钢法兰阀门需要 0.45 工日(时间定额),则:

$$每工产量 = \frac{1}{0.45} = 2.22 个(产量定额)$$

反之,每工日可安装 2.22 个不锈钢阀门(产量定额),则:安装一个不锈钢法兰阀门需要 0.45 工日(时间定额)。

时间定额和产量定额是同一个劳动定额量的不同表示方法,但有各自不同的用处。时间定额便于综合,便于计算总工日数,便于核算工资,所以劳动定额一般均采用时间定额的形式。产量定额便于施工班组分配任务,便于编制施工作业计划。

(3)综合定额。综合定额就是完成同一产品的各单项(或工序)定额的综合。其计算公式如下:

$$综合时间定额 = 各单项(或工序)时间定额的总和$$

$$综合产量定额 = \frac{1}{综合时间定额(工日)}$$

**3. 劳动定额的制定方法**

制定劳动定额的基本方法包括技术测定法、比较类推法、统计分析法、经验估计法四种。

(1)技术测定法,是根据先进合理的技术条件和操作工艺,合理的劳动组织和正常的施工条件,对施工过程各道工序的工作时间组成,采取工作日写实、测时观察、写实记录或简易测定等方法,测定出每一工序的工时消耗,然后通过对测定的资料进行分析、计算来制定定额的方法。这是一种典型调查的工作方法。

通过测定,可以获得施工(生产)过程中工时消耗的全部真实资料,有比较充分的依据,数据准确可靠,因素分析细致,定额水平的精确度高,适用于生产技术组织条件正常、稳定,产品批量大的施工(生产)过程的手工作业和机械作业,是制定定额的主要的、科学的方法。

(2)比较类推法,也称典型定额法,是以同类型工序、同类型产品定额典型项目的水平或技术测定的实耗工时为标准(又称为"典型定额法"),经过分析比较,类推出同一组定额中相邻项目定额水平的方法。

比较类推法简便、工作量小,只要典型定额选择恰当,切合实际,具有代表性,类推出的定额水平一般比较合理。这种方法适用于同类型产品规格多,批量小的施工(生产)过程。

比较类推法常用的方法有两种:

第一种称为比例数示法。选择好典型定额项目后,通过技术测定或根据统计资料确定出它们的定额水平,以及相邻项目间的比例关系,运用比例关系制表计算出同一组定额中其余相邻的定额项目水平称作比例数示法。

第二种称为坐标图示法。以横坐标表示影响因素值的变化,纵坐标表示产量或工时消耗的变化。选择一组同类型典型定额项目,采用技术测定或统计资料确定各项定额水平,在坐标图上用"点"表示,连接各点成一曲线,此曲线即影响因素与工时(产量)之间的变化关系。它反映出工时消耗量随着影响因素变化而变化的规律。从定额曲线上即可找出所需的全部项目的定额水平。

(3)统计分析法,是根据一定时期内实际施工(生产)中工作时间消耗和产品完成数量的统计资料(如施工任务书、考勤表及其他有关统计资料)或原始记录,经过整理,结合当前生产技术组织条件变化因素,进行分析研究制定定额的一种方法。

统计分析法简便易行,有历史的统计资料作为确定定额水平的依据,较经验估计法更能反映实际水平。它适合于施工(生产)条件正常、产品稳定、批量大、统计工作制度健全的施工(生产)过程或施工企业。但是,由于统计资料只是实耗工时的记录,在统计时并没有剔除生产技术组织中不合理因素,以致影响定额的准确性。为了克服这个缺陷,可采用二次平均法作为确定定额水平的依据。其确定步骤如下:

1)剔除统计资料中明显偏高、偏低的不合理数据。

2)计算一次平均值。

$$\bar{t} = \sum_{i=1}^{n} \frac{t_i}{n}$$

## 第四章 通风空调工程定额体系

式中 $\bar{t}$——一次平均值;

$t_i$——统计资料的各个数据;

$n$——统计资料的数据个数。

3)计算平均先进值。

$$\bar{t}_{\min} = \sum_{i=1}^{x} t_{\min}/x$$

式中 $\bar{t}_{\min}$——平均先进值;

$t_{\min}$——小于一次平均值的统计数据;

$x$——小于一次平均值的统计数据个数。

4)计算二次平均值。

$$\bar{t}_0 = (\bar{t} + \bar{t}_{\min})/2$$

**例如** 某种产品工时消耗的资料为 25、45、50、60、60、60、50、55、55、50、50、115(工时/台),试用二次平均法制定该产品的时间定额。

**解** ①剔除明显偏高、偏低值,即 25、115。

②计算一次平均值:

$$\bar{t} = \frac{45+50+60+60+60+50+55+55+50+50}{10} = 53.5(工时/台)$$

③计算平均先进值:$\bar{t}_{\min} = \dfrac{45+50+50+50}{4} = 48.75(工时/台)$

④计算二次平均值:$\bar{t}_0 = \dfrac{53.5+48.75}{2} = 51.125(工时/台)$

(4)经验估计法,是由定额专业人员、工程技术人员和工人,根据个人或集体的实践经验,参照有关资料,经过典型图纸分析和现场观察,了解施工工艺,分析施工(生产)的生产技术组织条件和操作方法的繁简、难易等情况,进行座谈讨论制定定额的方法。

经验估计法简便易行,工作量小,速度快,可以缩短制定定额的时间,但由于受到估工人员的经验和水平的局限,又缺乏科学资料依据,估工定额往往容易出现偏高偏低现象。因而,经验估计法只适用于产品品种多、批量小、不易计算工作量的施工(生产)作业,通常作为一次性定额使用。对于常用的施工(生产)项目,不宜采用经验估计法制定定额。

**4. 确定劳动定额消耗量的方法**

劳动定额的时间定额是在拟定基本工作时间、辅助工作时间、不可避免中断时间、准备与结束的工作时间，以及休息时间的基础上制定的。根据时间定额可计算出产量定额，时间定额和产量定额互为倒数。

(1)拟定基本工作时间：基本工作时间在必须消耗的工作时间中占的比重最大。在确定基本工作时间时，必须细致、精确。基本工作时间消耗一般应根据计时观察资料来确定。其做法是，首先确定工作过程每一组成部分的工时消耗，然后再综合出工作过程的工时消耗。如果组成部分的产品计量单位和工作过程的产品计量单位不符，就需先求出不同计量单位的换算系数，进行产品计量单位的换算，然后相加，求得工作过程的工时消耗。

(2)拟定辅助工作时间和准备与结束工作时间：辅助工作和准备与结束工作时间的确定方法与基本工作时间相同。但是，如果这两项工作时间在整个工作班工作时间消耗中所占比重不超过 5%～6%，则可归纳为一项，以工作过程的计量单位表示，确定出工作过程的工时消耗。

如果在计时观察时不能取得足够的资料，也可采用工时规范或经验数据来确定。如具有现行的工时规范，可以直接利用工时规范中规定的辅助和准备与结束工作时间的百分比来计算。

(3)拟定不可避免的中断时间：在确定不可避免中断时间的定额时，必须注意由工艺特点所引起的不可避免中断才可列入工作过程的时间定额。

不可避免中断时间也需要根据测时资料通过整理分析获得，也可以根据经验数据或工时规范，以占工作日的百分比表示此项工时消耗的时间定额。

(4)拟定休息时间：休息时间应根据工作班作息制度、经验资料、计时观察资料，以及对工作的疲劳程度作全面分析来确定。同时，应考虑尽可能利用不可避免中断时间作为休息时间。

从事不同工种、不同工作的工人，疲劳程度有很大差别。为了合理确定休息时间，往往要对从事各种工作的工人进行观察、测定，以及生理和心理方面的测试，以便确定其疲劳程度。国内外往往按工作轻重和工作条件好坏，将各种工作划分为不同的级别。如我国某地区工时规范将体力劳动分为六类：最沉重、沉重、较重、中等、较轻、轻便。

划分出疲劳程度的等级，就可以合理规定休息需要的时间。在上面引用的规范中，按六个等级其休息时间见表 4-2。

## 第四章 通风空调工程定额体系

表 4-2　　　　　　　休息时间占工作日的比重

| 疲劳程度 | 轻便 | 较轻 | 中等 | 较重 | 沉重 | 最沉重 |
| --- | --- | --- | --- | --- | --- | --- |
| 等级 | 1 | 2 | 3 | 4 | 5 | 6 |
| 占工作日比重(%) | 4.16 | 6.25 | 8.33 | 11.45 | 16.7 | 22.9 |

(5)拟定定额时间:确定的基本工作时间、辅助工作时间、准备与结束工作时间、不可避免中断时间和休息时间之和,就是劳动定额的时间定额。

利用工时规范,可以计算劳动定额的时间定额,计算公式如下:

作业时间＝基本工作时间＋辅助工作时间

规范时间＝准备与结束工作时间＋不可避免的中断时间＋休息时间

工序作业时间＝基本工作时间＋辅助工作时间

＝基本工作时间/[1－辅助时间(%)]

$$定额时间 = \frac{作业时间}{1 - 规范时间\%}$$

**5. 劳动定额的编制**

(1)分析基础资料,拟定编制方案。

1)影响工时消耗因素的确定。

技术因素:包括完成产品的类别;材料、构配件的种类和型号等级;机械和机具的种类、型号和尺寸;产品质量等。

组织因素:包括操作方法和施工的管理与组织;工作地点的组织;人员组成和分工;工资与奖励制度;原材料和构配件的质量及供应的组织;气候条件等。

2)计时观察资料的整理:对每次计时观察的资料进行整理之后,要对整个施工过程的观察资料进行系统的分析研究和整理。

3)日常积累资料的整理和分析:日常积累的资料主要有四类:第一类是现行定额的执行情况及存在问题的资料;第二类是企业和现场补充定额资料,如因现行定额漏项而编制的补充定额资料,因解决采用新技术、新结构、新材料和新机械而产生的定额缺项所编制的补充定额资料;第三类是已采用的新工艺和新的操作方法的资料;第四类是现行的施工技术规范、操作规程、安全规程和质量标准等。

4)拟定定额的编制方案。编制方案的内容包括:

①提出对拟编定额的定额水平总的设想。

②拟定定额分章、分节、分项的目录。
③选择产品和人工、材料、机械的计量单位。
④设计定额表格的形式和内容。
(2)拟定正常的施工条件。
1)拟定工作地点:工作地点是工人施工活动场所。拟定工作地点时,要特别注意使人在操作时不受妨碍,所使用的工具和材料应按使用顺序放置于工人最便于取用的地方,以减少疲劳并提高工作效率,工作地点应保持清洁和秩序井然。
2)拟定工作组成:拟定工作组成就是将工作过程按照劳动分工的可能划分为若干工序,以达到合理使用技术工人。可以采用两种基本方法,一种是把工作过程中若干个简单的工序,划分给技术熟练程度较低的工人去完成;另一种是分出若干个技术程度较低的工人,去帮助技术程度较高的工人工作。采用后一种方法就把个人完成的工作过程,变成小组完成的工作过程。
3)拟定施工人员编制:拟定施工人员编制即确定小组人数、技术工人的配备,以及劳动的分工和协作。原则是使每个工人都能充分发挥作用,均衡地担负工作。

### 三、材料消耗定额

材料消耗定额是指在正常的施工(生产)条件下,在节约和合理使用材料的情况下,生产单位合格产品所必须消耗的一定品种、规格的材料、半成品、配件等的数量标准。

材料消耗定额是编制材料需要量计划、运输计划、供应计划,计算仓库面积、签发限额领料单和经济核算的根据。制定合理的材料消耗定额,是组织材料的正常供应,保证生产顺利进行,以及合理利用资源,减少积压、浪费的必要前提。

**1. 材料消耗的组成**

施工中消耗的材料可分为必须消耗的材料和损失的材料两类。

必须消耗的材料,是指在合理用料的条件下,生产合格产品所需消耗的材料。它包括直接用于建筑和安装工程的材料、不可避免的施工废料、不可避免的材料损耗。

必须消耗的材料属于施工正常消耗,是确定材料消耗定额的基本数据。其中直接用于建筑和安装工程的材料,编制材料净用量定额;不可避免的施工废料和材料损耗,编制材料损耗定额。

材料各种类型的损耗量之和称为材料损耗量,除去损耗量之后净用于工程实体上的数量称为材料净用量,材料净用量与材料损耗量之和称为材料总消耗量,损耗量与总消耗量之比称为材料损耗率,它们的关系用公式表示为:

$$损耗率 = \frac{损耗量}{总消耗量} \times 100\%$$

$$损耗量 = 总消耗量 - 净用量$$

$$净用量 = 总消耗量 - 损耗量$$

$$总消耗量 = \frac{净用量}{1 - 损耗率}$$

$$= 净用量 + 损耗量$$

为了简便,通常将损耗量与净用量之比作为损耗率,即

$$损耗率 = \frac{损耗量}{净用量} \times 100\%$$

$$总消耗量 = 净用量 \times (1 + 损耗率)$$

**2. 材料消耗定额的分类**

(1) 按照材料消耗的构成,可将材料消耗定额分为工艺消耗定额和综合消耗定额两种。

1) 工艺消耗定额是指只包括有效消耗量和不可避免的工艺性损耗量所计算出来的材料消耗定额。它是以有效消耗量与不可避免的工艺性损耗之和除以分部分项工程量或产品数量来表示的。施工定额中的材料消耗定额即属于工艺消耗定额。材料的有效消耗又称为净用量,它是指直接构成工程或产品实体的材料消耗量。材料的工艺性损耗,指材料在现场施工或加工制作过程中,由于改变其物理性能或化学性能所发生的损耗,它包括加工过程中的损耗,和现场施工中产生的损耗。工艺性损耗是由施工或加工工艺决定的,是不可避免的,但随着施工生产技术的进步和工艺的改进,能够减少到最低限度。工艺消耗定额是综合消耗定额的基础,也是施工企业开展经济核算,落实经济责任制,实行定额供料的依据。

2) 综合消耗定额是指包括工艺消耗定额和不可避免的非工艺性损耗量计算出来的材料消耗定额。它是以工艺消耗定额加上不可避免的非工艺性损耗量与分部分项工程量或产量数量的商数来表示的。预算定额中的材料消耗定额即属于综合消耗定额。材料非工艺性损耗,是指除有效

消耗和工艺性损耗以外的其他不可避免的损耗。主要是废品、次品、不合格品所产生的损耗,材料在现场运输和保管过程中造成的损耗,供应条件不符合要求(如质量差、数量不足等)而造成的损耗,以及其他原因的损耗。综合材料消耗定额,主要用于核算施工企业材料需用量,编制材料供应计划,核算材料成本等工作。

(2)按照材料在施工生产中的作用,可将材料消耗定额分为主要材料消耗定额、辅助材料消耗定额和其他材料消耗定额三种。

1)主要材料是指能够构成工程实体的材料,如管道安装定额中的管材、阀门。

2)辅助材料是指虽然不能直接构成工程实体,但是它能够为施工生产提供必要条件,或者说有助于构成工程实体的材料,如焊条、螺栓、燃料、动力等材料。

3)其他材料是指施工生产中用量很少、价格低廉、对直接费影响不大的一些零星材料。

(3)按照材料在施工(生产)中的消耗性质,可分为直接性材料消耗定额和间接性材料消耗定额两种。

直接性材料消耗是指在施工(生产)过程中投入的材料可以一次全部消耗掉的材料。间接性材料消耗又称为周转性使用材料,是指属于工具性质的材料,这类材料在投入施工(生产)过程以后,每一施工(生产)周期只消耗一部分,其余部分可以回收留待下一施工(生产)周期使用。随着使用次数的增多,逐步地消耗掉。

(4)按照材料消耗定额的测定对象和使用要求可分为概算定额、预算定额和施工定额三种。

1)材料消耗概算定额(指标),是建筑安装概算定额(指标)的组成部分,它反映不同用途、不同结构建筑安装工程每万元投资的材料消耗标准。万元投资材料消耗定额是在没有任何设计资料的情况下,为安排年度材料需用计划而采用的定额,故而比较粗糙。一般用于国家编制基建计划和物资分配或基建部门编制物资需用指标。概算定额的另一种表现形式是扩大结构构件或扩大分部分项工程材料消耗定额。它反映生产一定计量单位不同用途、不同结构的建筑安装扩大结构构件、分部或扩大分项工程所需要的材料消耗的数量标准。由于这种定额是在预算定额基础上综合扩大而编制的,项目划分较细、准确性高,可用来编制备料计划。

2)材料消耗预算定额,是建筑安装工程预算定额的组成部分。它反映建筑安装工程各分部分项工程必要的材料消耗水平。它用于确定工程造价和考核建筑安装企业的材料消耗水平。它包括为完成某项合格分部分项工程量或产品所需各种材料的必要消耗量,包括有效消耗量、工艺性损耗量和不可避免的非工艺性损耗量。

3)材料消耗施工定额,是建筑安装工程施工定额的组成部分。它反映建筑安装工程各分部分项工程的平均先进的材料消耗水平。主要用于组织施工、编制计划成本和确定施工班组施工用料。它包括为完成某项合格的分部分项工程所需各种材料的平均先进的消耗量,包括有效消耗量和工艺性损耗量。

**3. 材料消耗定额的制定方法**

材料消耗定额必须在充分研究材料消耗规律的基础上制定。科学的材料消耗定额应当是材料消耗规律的正确反映。材料消耗定额的制定方法有理论计算法、观测法、试验法和统计法等。

(1)理论计算法。理论计算法是根据施工图,运用一定的数学公式,直接计算材料耗用量。计算法只能计算出单位产品的材料净用量,材料的损耗量仍要在现场通过实测取得。采有这种方法必须对工程结构、图纸要求、材料特性和规格、施工验收规范、施工方法等先进行了解和研究。

理论计算法是材料消耗定额制定方法中比较先进的方法。但是,用这种方法制定材料消耗定额,要求掌握一定的技术资料和各方面的知识,以及有较丰富的现场施工经验。

(2)观测法。观测法亦称现场测定法,是在合理使用材料的条件下,在施工现场按一定程序对完成合格产品的材料耗用量进行测定,通过分析、整理,最后得出一定的施工过程单位产品的材料消耗定额。

利用现场测定法主要是编制材料损耗定额,也可以提供编制材料净用量定额的数据。其优点是能通过现场观察、测定,取得产品产量和材料消耗的情况,为编制材料定额提供技术根据。

观测法的首要任务是选择典型的工程项目,其施工技术、组织及产品质量均要符合技术规范的要求;材料的品种、型号、质量也应符合设计要求;产品检验合格,操作工人能合理使用材料和保证产品质量。

在观测前要充分做好准备工作,如选用标准的运输工具和衡量工具,采取减少材料损耗措施等。

观测的结果,要取得材料消耗的数量和产品数量的数据资料。

观测法是在现场实际施工中进行的。观测法的优点是真实可靠,能发现一些问题,也能消除一部分消耗材料不合理的浪费因素。但是,用这种方法制定材料消耗定额,由于受到一定的生产技术条件和观测人员的水平等限制,仍然不能把所消耗材料不合理的因素都揭露出来。同时,也有可能把生产和管理工作中的某些与消耗材料有关的缺点保存下来。

对观测取得的数据资料要进行分析研究,区分哪些是合理的,哪些是不合理的,哪些是不可避免的,以制定出在一般情况下都可以达到的材料消耗定额。

(3)试验法。试验法是指在材料试验室中进行试验和测定数据。利用试验法,主要是编制材料净用量定额,为编制材料消耗定额提供有技术根据的、比较精确的计算数据。

但是,试验法不能取得在施工现场实际条件下,由于各种客观因素对材料耗用量影响的实际数据,这是该法的不足之处。

试验室试验必须符合国家有关标准规范,计量要使用标准容器和称量设备,质量要符合施工与验收规范要求,以保证获得可靠的定额编制依据。

(4)统计法。统计法是指通过对现场进料、用料的大量统计资料进行分析计算,获得材料消耗的数据。这种方法由于不能分清材料消耗的性质,因而不能作为确定材料净用量定额和材料损耗定额的精确依据。

对积累的各分部分项工程结算的产品所耗用材料的统计分析,是根据各分部分项工程拨付材料数量、剩余材料数量及总共完成产品数量来进行计算。

采用统计法,必须要保证统计和测算的耗用材料和相应产品一致。在施工现场中的某些材料,往往难以区分用在各个不同部位上的准确数量。因此,要有意识地加以区分,才能得到有效的统计数据。

用统计法制定材料消耗定额一般采取以下两种方法:

1)经验估算法。经验估算法是指以有关人员的经验或以往同类产品的材料实耗统计资料为依据,通过研究分析并考虑有关影响因素的基础上制定材料消耗定额的方法。

2)统计法。统计法是对某一确定的单位工程拨付一定的材料,待工程完工后,根据已完产品数量和领退材料的数量,进行统计和计算的一种方法。这种方法的优点是不需要专门人员测定和实验。由统计得到的定额有一定的参考价值,但其准确程度较差,应对其分析研究后才能采用。

**4. 周转性材料消耗量的计算**

周转性材料在施工过程中不是属通常的一次性消耗材料,而是可多次周转使用,经过修理、补充才逐渐消耗尽的材料。实际上它也是作为一种施工工具和措施。在编制材料消耗定额时,应按多次使用、分次摊销的办法确定。

周转性材料消耗的定额量是指每使用一次摊销的数量,其计算必须考虑一次使用量、周转使用量、回收价值和摊销量之间的关系。

(1)一次使用量是指周转性材料一次使用的基本量,即一次投入量。周转性材料的一次使用量根据施工图计算,其用量与各分部分项工程部位、施工工艺和施工方法有关。

(2)周转使用量是指周转性材料在周转使用和补损的条件下,每周转一次的平均需用量,根据一定的周转次数和每次周转使用的损耗量等因素来确定。

1)周转次数是指周转性材料从第一次使用起可重复使用的次数。它与不同的周转性材料、使用的工程部位、施工方法及操作技术有关。正确规定周转次数,对准确计算用料,加强周转性材料管理和经济核算起重要作用。

为了使周转材料的周转次数确定接近合理,应根据工程类型和使用条件,采用各种测定手段进行实地观察,结合有关的原始记录、经验数据加以综合取定。影响周转次数的主要因素有以下几个方面:

①材质及功能对周转次数有影响,如金属制的周转材料比木制的周转次数多 10 倍,甚至百倍。

②使用条件的好坏,对周转材料使用次数有影响。

③施工速度的快慢,对周转材料使用次数有影响。

④对周转材料的保管、保养和维修的好坏,也对周转材料使用次数有影响等。

确定出最佳的周转次数,是十分不容易的。

2)损耗量是周转性材料使用一次后由于损坏而需补损的数量,故在周转性材料中又称"补损量",按一次使用量的百分数计算。该百分数即为损耗率。

(3)周转回收量是指周转性材料在周转使用后除去损耗部分的剩余数量,即尚可以回收的数量。

(4)周转性材料摊销量是指完成一定计量单位产品,一次消耗周转性材料的数量,其计算公式为:

$$材料的摊销量 = 一次使用量 \times 摊销系数$$

其中

$$一次使用量 = 材料的净用量 \times (1 - 材料损耗率)$$

$$摊销系数 = \frac{周转使用系数 - [(1 - 损耗率) \times 回收价值率]}{周转次数 \times 100\%}$$

$$周转使用系数 = \frac{(周转次数 - 1) \times 损耗率}{周转次数 \times 100\%}$$

$$回收价值率 = \frac{一次使用量 \times (1 - 损耗率)}{周转次数 \times 100\%}$$

### 四、机械台班使用定额

机械台班使用定额或称机械台班消耗定额,是指在正常施工条件下,合理的劳动组合和使用机械,完成单位合格产品或某项工作所必需的机械工作时间,包括准备与结束时间、基本工作时间、辅助工作时间、不可避免的中断时间以及使用机械的工人生理需要与休息时间。

机械台班定额以台班为单位,每一台班按8小时计算。

**1. 机械台班的表现形式**

机械台班使用定额的形式按其表现形式不同,可分为时间定额和产量定额。

(1)机械时间定额是指在合理劳动组织与合理使用机械条件下,完成单位合格产品所必需的工作时间,包括有效工作时间(正常负荷下的工作时间和降低负荷下的工作时间)、不可避免的中断时间、不可避免的无负荷工作时间。机械时间定额以"台班"表示,即一台机械工作一个作业班时间。一个作业班时间为8小时。

$$单位产品机械时间定额(台班) = \frac{1}{台班产量}$$

由于机械必须由工人小组配合,所以在列出完成单位合格产品的时间定额时,同时列出人工时间定额,即:

$$单位产品人工时间定额(工日) = \frac{小组成员总人数}{台班产量}$$

(2)机械产量定额是指在合理劳动组织与合理使用机械条件下,机械在每个台班时间内应完成合格产品的数量:

$$机械台班产量定额 = \frac{1}{机械时间定额(台班)}$$

机械时间定额和机械产量定额互为倒数关系。

复式表示法有如下形式:

$$\frac{人工时间定额}{机械台班产量} \text{或} \left.\frac{人工时间定额}{机械台班产量}\right| 台班车次$$

**2. 施工机械台班定额的测定**

测定施工机械台班定额主要是测定施工机械净工作 1 小时生产率和施工机械台班时间利用系数两项基本数据。

(1)施工机械净工作 1 小时的生产率。指在正常的施工条件下,机械在 1 小时内应有的生产效率。施工机械可分为循环动作和定时动作两种类型。

1)循环动作施工机械。循环动作施工机械净工作 1 小时生产率,取决于该机械工作 1 小时的正常循环次数和每一次循环中所生产的产品数量,即:

$$\begin{matrix}循环动作施工机械净\\工作1小时生产率\end{matrix} = \begin{matrix}1小时正常\\循环次数\end{matrix} \times \begin{matrix}每一循环所生\\产的产品数量\end{matrix}$$

施工机械每一次循环中所生产的产品数量,可以通过计时观察取得。

2)连续动作施工机械。连续动作施工机械的净工作 1 小时生产率,主要根据机械性能来确定。在正常条件下,净工作 1 小时的生产率是一个比较稳定的数值。确定方法是通过试验和实际观察,得出在一定时间($t$ 小时)内完成的产品数量($m$),然后按下式计算:

$$连续动作施工机械的净工作1小时生产率 = \frac{m}{t}$$

工作时间内的产品数量和工作时间的消耗,要通过多次现场观察和机械说明书来取得数据。

对于同一机械进行作业属于不同的工作过程,如挖掘机所挖土壤的类别不同,碎石机所破碎的石块硬度和粒径不同,均需分别确定其纯工作 1 小时的正常生产率。

(2)施工机械台班时间利用系数。

确定施工机械的正常利用系数,是指机械在工作班内对工作时间的利用率。机械的利用系数和机械在工作班内的工作状况有着密切的关系。所以,要确定机械的正常利用系数。首先要拟定机械工作班的正常工作状况。保证合理利用工时。

确定机械正常利用系数,要计算工作班正常状况下准备与结束工作,机械启动、机械维护等工作所必需消耗的时间,以及机械有效工作的开始与结束时间。从而进一步计算出机械在工作班内的纯工作时间和机械正常利用系数。机械正常利用系数的计算公式为:

$$\frac{机械正常}{利用系数} = \frac{机械在一个工作班内纯工作时间}{一个工作班延续时间(8\,小时)}$$

**例如** 某施工机械在工作班内,净工作时间为 7 小时,那么,该机械的台班时间利用系数则为:

$$\frac{7}{8} = 0.875 = 87.5\%$$

(3)施工机械台班产量定额($N_{台班}$)的制定。

制定施工机械台班定额的方法等于该机械净工作 1 小时的生产率乘以工作班的连续时间 $T$ 再乘以台班利用系数。即:

施工机械台班定额=该机械净工作 1 小时的生产率×8×台班利用系数

(4)水平运输机械台班产量定额的测定。

因为水平运输机械受到各种因素的影响,其生产率与一般专业运输行业的生产效率差异较大,必须根据具体情况确定不同的台班产量定额。

载重汽车的每一次循环,一般由下列过程组成:

1)装车。

2)从装车地点至卸车地点的水平运输。

3)卸车。

4)返回到装货地点。

5)将车停放妥当以备下次装车。

每一循环过程的延续时间,等于 2 倍的装车地点到卸车地点的距离($L$)除以平均行驶速度(m/min)($V$)再加上空车调位至装货点时间($t_1$)和装车时间($t_2$)、重车调位至卸货点时间($t_3$)卸车时间($t_4$)。即:

$$\frac{每循环过程的延}{续时间} = \frac{2×装卸车地点距离}{平均行驶速度(\text{m/min})} + \frac{空车调位至}{装货点时间} +$$

$$装车时间 + \frac{重车调位至}{装货点时间} + 卸车时间$$

$$t = \frac{2L}{V} + t_1 + t_2 + t_3 + t_4$$

载重汽车净工作1小时的生产效率：

$$\text{载重汽车净工作1小时的生产效率} = \frac{60}{\text{时间}} \times \text{车辆额定载重吨位} \times \text{载重系数}$$

式中　$G$——车辆额定载重吨位；

$K$——载重系数。

载重汽车的台班产量定额：

$$N_{台班} = N_h \times 8 \times K_B$$

## 第三节　预算定额

预算定额,是规定消耗在合格质量的单位工程基本构造要素上的人工、材料和机械台班的数量标准,是计算建筑安装产品价格的基础。

所谓基本构造要素,即通常所说的分项工程和结构构件。预算定额按工程基本构造要素规定劳动力、材料和机械的消耗数量,以满足编制施工图预算、规划和控制工程造价的要求。

预算定额工程建设中的一项重要技术经济文件,它的各项指标,反映了在完成规定计量单位符合设计标准和施工质量验收规范要求的分项工程消耗的劳动和物化劳动的数量限度。这种限度最终决定着单项工程和单位工程的成本和造价。

预算定额由国家主管部门或其授权机关组织编制、审批并颁发执行。在现阶段,预算定额是一种法令性指标,是对基本建设实行宏观调控和有效监督的重要工具。各地区、各基本建设部门都必须严格执行,只有这样,才能保证全国的工程有一个统一的核算尺度,使国家对各地区、各部门工程设计、经济效果与施工管理水平进行统一的比较与核算。

预算定额按照表现形式可分为预算定额、单位估价表和单位估价汇总表三种。在现行预算定额中一般都列有基价,像这种既包括定额人工、材料和施工机械台班消耗量又列有人工费、材料费、施工机械使用费和基价的预算定额,我们称它为"单位估价表"。这种预算定额可以满足企业管理中不同用途的需要,并可以按照基价计算工程费用,用途较广泛,是现行定额中的主要表现形式。单位估价汇总表简称为"单价",它只表现"三费"即人工费、材料费和施工机械使用费以及合计,因此可以大大减少定额的篇幅,为编制工程预算查阅单价带来方便。

预算定额按照综合程度,可分为预算定额和综合预算定额。综合预算定额是在预算定额基础上,对预算定额的项目进一步综合扩大,使定额项目减少,更为简便适用,可以简化编制工程预算的计算过程。

## 一、预算定额的作用

(1)预算定额是编制单位估价表,合理确定工程造价的依据。建筑安装工程预算中的每一分项工程或构配件的费用,都是按施工图计算的工程量乘以相应的单位估价表的预算单价进行计算;而单位估价表的预算价格,是根据预算定额规定的人工、材料、机械台班数量和地区工资标准、材料预算价格及机械台班预算价格等进行编制。因此,预算定额是编制单位估价表的依据。

(2)预算定额是编制施工组织设计的基础资料。施工组织设计是施工企业在承揽到施工任务后一项很重要的技术准备工作。为了结合本企业的具体情况正确合理地确定完成某项工程所需要的劳动力、材料、成品、半成品以及施工机械的品种数量,应当以施工定额作为计算的依据(在确定承包工程总造价时要以预算定额为依据)。但在目前,绝大多数施工企业尚没有一套较完整的施工定额,因此,一般都以预算定额作为编制施工组织设计的依据。

(3)预算定额是国家对基本建设进行宏观调控的依据。国家可以通过预算定额,将全国的基本建设投资和基本建设资源(劳动力、材料、施工机械)的消耗量,控制在一个合理的水平上,对基本建设实行统一的宏观调控。

(4)预算定额是施工单位进行经济活动分析的依据。预算定额规定的物化劳动和活劳动消耗指标,是施工单位在生产经营中允许消耗的最高标准。在目前,预算定额决定着施工单位的收入,施工单位就必须以预算定额作为评价企业工作的重要标准,作为努力实现的具体目标。施工单位可根据预算定额对施工中的劳动、材料、机械的消耗情况进行具体的分析,以便找出并克服低工效、高消耗的薄弱环节,提高竞争能力。只有在施工中尽量降低劳动消耗,采用新技术,提高劳动者素质,提高劳动生产率,才能取得较好的经济效果。

(5)预算定额是工程结算的依据。工程结算是建设单位和施工单位按照工程进度对已完成的分部分项工程实现货币支付的行为。按进度支付工程款,需要根据预算定额将已完成分项工程的造价算出。单位工程竣工验收后,再按竣工工程量、预算定额和施工合同规定进行结算,以保证建设单位建设资金的合理使用和施工单位的经济收入。

(6)预算定额是确定招标工程标底和投标报价的基础。按照现行制度规定,实行招标的工程,确定招标工程的标底一般都以预算定额和设计工程量以及现行的取费标准计算标底。投标单位也以同样的方法计算标价基数后,再根据企业的投标策略,对某些费用进行适当调整后来确定投标标价。

(7)预算定额是编制概算定额的基础。概算定额是在预算定额基础上经综合扩大编制的。利用预算定额作为编制依据,不但可以节省编制工作大量的人力、物力和时间,收到事半功倍的效果,还可以使概算定额在水平上与预算定额一致,以避免造成执行中的不一致。

**二、预算定额的编制**

**1. 预算定额的编制依据**

(1)现行劳动定额和施工定额。预算定额是在现行劳动定额和施工定额的基础上编制的。预算定额中劳力、材料、机械台班消耗水平,需要根据劳动定额或施工定额取定;预算定额的计量单位的选择,也要以施工定额为参考,从而保证两者的协调和可比性,减轻预算定额的编制工作量,缩短编制时间。

(2)现行设计规范、施工验收规范和安全操作规程。预算定额在确定劳力、材料和机械台班消耗数量时,必须考虑上述各项法规的要求和影响。

(3)具有代表性的典型工程施工图及有关标准图。对这些图纸进行仔细分析研究,并计算出工程数量,作为编制定额时选择施工方法、确定定额含量的依据。

(4)新技术、新结构、新材料和先进的施工方法等。这类资料是调整定额水平和增加新的定额项目所必需的依据。

(5)有关科学试验、技术测定和统计、经验资料。这类资料是确定定额水平的重要依据。

(6)现行的预算定额、材料预算价格及有关文件规定等。包括过去定额编制过程中积累的基础资料,也是编制预算定额的依据和参考。

**2. 预算定额的编制原则**

(1)平均水平原则。预算定额的水平是以施工定额(或劳动定额)水平为基础的,但预算定额比施工定额综合性大,包含更多的可变因素,需要保留一个合理的水平幅度差。另外,确定两种定额水平的原则是不相同的,预算定额的水平基本上是平均水平,而施工定额(或劳动定额)的水平是平均先进水平。所以,确定预算定额水平时,要在施工定额(或劳动定额)水平基础上相对降低一定幅度。一般预算定额低于施工定额(或劳动定额)的 10%～15%,以适应多数企业实际可能达到的水平。

(2)简明准确和适用的原则。由于预算定额与施工定额有着不同的作用,所以对简明适用的要求也是很不相同的,预算定额是在施工定额(或劳动定额)的基础上进行综合和扩大的,它要求有更加简明的特点,以适应简化施工图预算编制工作和简化建筑安装产品价格的计算程序的要求。

(3)"技术先进、经济合理"的原则。"技术先进"是指定额项目的确定、施工方法和材料的选择等,能够正确反映设计和施工技术与管理水平,及时采用已经成熟并普遍推广的新技术、新结构、新材料,以便使先进的生产技术和先进的管理经验能够得到进一步的推广和使用;"经济合理"是指纳入预算定额的材料规格、质量、数量、劳动效率和施工机械的配备等,要符合当前大多数施工企业的施工(生产)和经营管理水平。

**3. 预算定额的编制步骤**

(1)准备阶段。在这个阶段,主要是根据收集到的有关资料和国家政策性文件,拟定编制方案,对编制过程中一些重大原则问题做出统一规定,包括:

1)定额项目和步距的划分要适当,分的过细不但增加定额大量篇幅,而且给以后编制预算带来烦琐,过粗则会使单位造价差异过大。

2)确定统一计量单位。定额项目的计量单位应能反映该分项工程的最终实物量的单位,同时注意计算上的方便,定额只能按大多数施工企业普遍采用的一种施工方法作为计算人工、材料、施工机械的基础。

3)确定机械化施工和工厂预制的程度。施工的机械化和工厂化是建筑安装工程技术提高的标志,同样也是工程质量要求不断提高的保证。因此,必须按照现行的规范要求,选用先进的机械和扩大工厂预制程度,同时也要兼顾大多数企业现有的技术装备水平。

4)确定设备和材料的现场内水平运输距离和垂直运输高度,作为计算运输用人工和机具的基础。

5)确定主要材料损耗率。对造价影响大的辅助材料,如电焊条,也编制出安装工程焊条消耗定额,作为各册安装定额计算焊条消耗量的基础定额。对各种材料的名称要统一命名,对规格多的材料要确定各种规格所占比例,编制出规格综合价为计价提供方便,对主要材料要编制损耗率表。

6)确定工程量计算规则,统一计算口径。

7)其他需要确定的内容,如定额表形式、计算表表式、数字精确度、各种幅度差等。

(2)编制预算定额初稿。在这个阶段,根据确定的定额项目和基础资料,进行反复分析和测算,编制定额项目劳动力计算表、材料及机械台班计算表,并附注有关计算说明,然后汇总编制预算定额项目表,即预算定额初稿。

(3)预算定额水平测算。新定额编制成稿,必须与原定额进行对比测算,分析水平升降原因。一般新编定额的水平应该不低于历史上已经达到过的水平,并略有提高。在定额水平测算前,必须编出同一工人工资、材料价格、机械台班费的新旧两套定额的工程单价。定额水平的测算方法一般有以下两种:

1)单项定额水平测算:就是选择对工程造价影响较大的主要分项工程或结构构件人工、材料耗用量和机械台班使用量进行对比测算,分析提高或降低的原因,及时进行修订,以保证定额水平的合理性。其方法之一是和现行定额对比测算;其方法之二是和实际对比测算。

①新编定额和现行定额直接对比测算。以新编定额与现行定额相同项目的人工、材料耗用量和机械台班的使用量直接分析对比,这种方法比较简单,但应注意新编和现行定额口径是否一致,并对影响可比的因素予以剔除。

②新编定额和实际水平对比测算。把新编定额拿到施工现场与实际工料消耗水平对比测算,征求有关人员意见,分析定额水平是否符合正常情况下的施工。采用这种方法,应注意实际消耗水平的合理性,对因施工管理不善而造成的工、料、机械台班的浪费应予以剔除。

2)定额总水平测算:是指测算因定额水平的提高或降低对工程造价的影响。测算方法是选择具有代表性的单位工程,按新编和现行定额的人工、材料耗用量和机械台班使用量,用相同的工资单价、材料预算价格、机械台班单价分别编制两份工程预算,按工程直接费进行对比分析,测算出定额水平提高或降低比率,并分析其原因。采用这种测算方法,一是要正确选择常用的、有代表性的工程;二是要根据国家统计资料和基本建设计划,正确确定各类工程的比重,作为测算依据。定额总水平测算,工作量大,计算复杂,但因综合因素多,能够全面反映定额的水平。所以,在定额编出后,应进行定额总水平测算,以考核定额水平和编制质量。测算定额总水平后,还要根据测算情况,分析定额水平的升降原因。影响定额水平的因素很多,主要应分析其对定额的影响;施工规范变更的影响;修改现行定额误差的影响;改变施工方法的影响;调整材料损耗率的影响;材料规格变化的影响;调整劳动定额水平的影响;机械台班使用量和台班费变化的影响;其他材料费变化的影响;调整人工工资标准、材料价格的影响;其他因素的影响等,并测算出各种因素影响的比率,分析其是否正确合理。

同时,还要进行施工现场水平比较,即将上述测算水平进行分析比较。其分析对比的内容有规范变更的影响;施工方法改变的影响;材料损耗率调整的影响;材料规格对造价的影响;其他材料费变化的影响;劳动定额水平变化的影响;机械台班定额和台班预算价格变化的影响;由于定额项目变更对工程量计算的影响等。

(4)修改定稿、整理资料阶段。

1)印发征求意见。定额编制初稿完成后,需要征求各有关方面意见和组织讨论,反馈意见。在统一意见的基础上整理分类,制定修改方案。

2)修改整理报批。按修改方案的决定,将初稿按照定额的顺序进行修改,并经审核无误后形成报批稿,经批准后交付印刷。

3)撰写编制说明。为顺利地贯彻执行定额,需要撰写新定额编制说明。其内容包括:项目、子目数量;人工、材料、机械的内容范围;资料的依据和综合取定情况;定额中允许换算和不允许换算规定的计算资料;工人、材料、机械单价的计算和资料;施工方法、工艺的选择及材料运距的考虑;各种材料损耗率的取定资料;调整系数的使用;其他应该说明的事项与计算数据、资料。

4)立档、成卷。定额编制资料是贯彻执行定额中需查对资料的唯一依据,也为修编定额提供历史资料数据,应作为技术档案永久保存。

**4. 预算定额的编制方法**

(1)确定定额项目内容。预算定额的项目内容较为广泛,不像施工定额那样所反映的只是一个施工过程的人工、材料和施工机械的消耗定额。在确定定额项目内容时要求：①便于确定单位估价表；②便于编制施工图预算；③便于进行计划、统计和成本核算工作。

(2)计量单位的确定。选择的计量单位应能确切地反映单位产品的工料消耗量，保证预算定额的准确性；有利于工程量计算和整个预算编制工作的顺利进行，保证预算的及时性。定额的计量单位可依据形体固有的规律性来确定。

凡物体的截面有一定的形状和大小，但有不同长度时（如管道、电缆、导线等分项工程），应当以延长米为计量单位。当物体有一定的厚度，而面积不固定时（如通风管、油漆防腐等分项工程），应当以平方米作为计量单位。如果物体的长、宽、高都变化不定时（如土方、保温等分项工程），应当以立方米为计量单位。有的分项工程虽然体积、面积相同，但重量和价格差异很大，或者是不规则或难以度量的实体（如金属结构、非标准设备制作等分项工程），应当以重量作为计量单位。凡物体无一定规格，而其构造又较复杂时，可采用自然单位（如阀门、机械设备、灯具、仪表等分项工程），常以个、台、套、件等作为计量单位。

定额项目中工料计量单位及小数位数的取定：

1）计量单位：按法定计量单位取定。长度：mm、cm、m、km；面积：$mm^2$、$cm^2$、$m^2$；体积和容积：$cm^3$、$m^3$；质量：kg、t（吨）。

2）数值单位与小数位数的取定。人工：以"工日"为单位，取两位小数；主要材料及半成品：木材以"立方米"为单位取三位小数，钢板、型钢以"吨"为单位，取三位小数；管材以"米"为单位，取两位小数；通风管用薄钢板以"平方米"为单位；导线、电缆以"米"为单位；水泥以"千克"为单位；砂浆、混凝土以"立方米"为单位等。单价以"元"为单位，取两位小数；其他材料费以"元"表示，取两位小数；施工机械以"台班"为单位，取两位小数。

(3)确定施工方法。编制预算定额所取定的施工方法，必须选用正常的、合理的施工方法用以确定各专业的工程和施工机械。

(4)确定人工消耗量。预算定额中人工消耗量是指完成该分项工程所必需的全部工序用工量，包括基本用工和其他用工。

1）基本用工：指完成该分项工程的主要用工量，即包括在劳动定额时间内所有用工量总和，以及按劳动定额规定应增加的用工量。其计算公

式如下:

$$\text{基本用工工日} = \sum(\text{扩大工序工程量} \times \text{时间定额})$$

2) 其他用工:预算定额内其他用工,包括材料超运距运输用工、辅助工作用工和人工幅度差。

① 材料超运距用工,是指预算定额取定的材料、半成品等运距,超过劳动定额规定的运距应增加的工日。其用工量以超运距(预算定额取定的运距减去劳动定额取定的运距)和劳动定额计算。其计算公式如下:

$$\text{超运距用工} = \sum(\text{超运距材料数量} \times \text{时间定额})$$

② 辅助工作用工。辅助工作用工是指劳动定额中未包括的各种辅助工序用工,如材料的零星加工用工、土建工程的筛砂子、淋石灰膏、洗石子等增加的用工量。辅助工作用工量一般按加工的材料数量乘以时间定额计算。

③ 人工幅度差。人工幅度差是指预算定额对在劳动定额规定的用工范围内没有包括,而在一般正常情况下又不可避免的一些零星用工,常以百分率计算。一般在确定预算定额用工量时,按基本用工、超运距用工、辅助工作用工之和的 10%~15% 取定。其计算公式如下:

人工幅度差(工日)=(基本用工+超运距用工+辅助用工)×人工幅度差百分率

3) 人工消耗量的计算:

① 按综合取定的工程量和劳动定额、人工幅度差系数等,计算出各工种用工的工日数。

② 计算预算定额用工的平均工资等级。因为各种基本用工和其他用工的工资等级并不一致,为了准确地求出预算定额用工的平均工资等级,必须用加权平均方法计算,先计算出各种用工的工资等级系数,再在"工资等级系数表"中找出平均工资等级。工资等级系数的计算公式如下:

$$\text{工资等级系数} = \frac{\sum(\text{人工数量} \times \text{相应等级工资系数})}{\text{人工总数}}$$

(5) 材料消耗量的确定。

作为预算定额的材料消耗量,其组成内容应包括材料的有效消耗、材料的工艺性损耗和材料的非工艺性损耗三部分。用公式表示就是:

预算定额的材料消耗量=有效消耗量+工艺性损耗量+非工艺性损耗量

在确定预算定额的材料消耗量时,应以施工定额中的材料消耗定额

## 第四章 通风空调工程定额体系

为基础,适当考虑一定的幅度差来确定。但因施工定额及材料消耗定额现在还很不完备,在确定预算定额中的材料消耗量时,通常是直接根据选择的具有代表性的典型施工图或标准图,通过计算、测定、试验等方法,先求得有效消耗量和工艺性损耗量(或损耗率),然后适当增加一定数量的非工艺损耗量(或损耗率)。

(6)施工机械台班消耗量的确定。在按照施工定额计算机械台班的消耗量时,应考虑在合理的施工组织设计条件下机械的停歇因素,另外增加一定的机械幅度差。

对于按施工班组或个人配备的中小型机械,如果按人机比例计算预算定额的机械台班消耗量时,因为人工已经计算了幅度差,施工机械不应再计算幅度差。

(7)编制预算定额项目表初稿。预算定额的主要内容包括:目录,总说明,各章、节说明,定额表以及有关附录等。

1)总说明。主要说明编制预算定额的指导思想、编制原则、编制依据、适用范围以及编制预算定额时有关共性问题的处理意见和定额的使用方法等。

2)各章、节说明。各章、节说明主要包括以下内容:编制各分部定额的依据;项目划分和定额项目步距的确定原则;施工方法的确定;定额活口及换算的说明;选用材料的规格和技术指标;材料、设备场内水平运输和垂直运输主要材料损耗率的确定;人工、材料、施工机械台班消耗定额的确定原则及计算方法。

3)工程量计算规则及方法。

4)定额项目表。主要包括该项定额的人工、材料、施工机械台班消耗量和附注。

5)附录。一般包括:主要材料取定价格表、施工机械台班单价表,其他有关折算、换算表等。

### 三、《全国统一安装工程预算定额》简介

《全国统一安装工程预算定额》(以下简称全统定额)是由原国家计委组织编制的一套较完整、适用的标准定额,它适用于全国同类工程的新建、改建、扩建工程。它是编制安装工程预算的依据,也是编制概算定额、概算指标的基础。对于实行招标的工程,也是编制标底的依据。

**1. 全统定额的特点**

全统定额与过去颁发的预算定额比较,具有以下特点:

(1)全统定额扩大了适用范围。全统定额基本实现了各有关工业部门之间共性较强的通用安装定额,在项目划分、工程量计算规则、计量单位和定额水平等方面的统一,改变了过去同类安装工程定额水平相差悬殊的状况。

(2)全统定额反映了现行技术标准规范的要求。自1980年以后,国家和有关部门先后颁布了许多新的设计规范和施工验收规范、质量标准等。全统定额根据现行技术标准、规范的要求,对原定额进行了修订、补充,从而使全统定额更为先进合理,有利于正确确定工程造价和提高工程质量。

(3)全统定额尽量做到了综合扩大、少留活口。如脚手架搭拆费,由原来规定按实际需要计算改为按系数计算或计入定额子目;又如场内水平运距,全统定额规定场内水平运距是综合考虑的,不得因实际运距与定额不同而进行调整;再如金属桅杆和人字架等一般起重机具摊销费,经过测算综合取定了摊销费列入定额子目,各个地区均按取定值计算,不允许调整。

(4)凡是已有定点批量生产的成品,全统定额中未编制定额,应当以商品价格列入安装工程预算。如非标准设备制作,采用了原机械部和化工部联合颁发的非标准设备统一计价办法,保温用玻璃棉毡、席、岩棉瓦块以及仪表接头加工件等,均按成品价格计算。

(5)全统定额增加了一些新的项目,使定额内容更加完善,扩大了定额的覆盖面。

(6)根据现有的企业施工技术装备水平,在全统定额中合理地配备了施工机械,适当提高了机械化水平,减少了工人的劳动强度,提高了劳动效率。

**2. 全统定额综合取费的内容和取费方法**

为了减少定额的活口和对定额进一步综合扩大,简化计算程序,全统定额对以下几项费用采用了综合取定的方法。凡是综合取定的费用,一般都不做调整。

(1)脚手架搭拆费。安装工程脚手架搭拆及摊销费,在全统定额中采取两种取定方法。一种是把脚手架搭拆人工及材料摊销量编入定额各子目中;另一种绝大部分的脚手架则是采用系数的方法计算其脚手架搭拆费的。

(2)高层建筑增加费。全统定额所指的高层建筑,是指六层以上(不含六层)的多层建筑,单层建筑物自室外设计标高正负零至檐口(或最高层地面)高度在20m以上(不含20m),不包括屋顶水箱、电梯间、屋顶平台出入口等高度的建筑物。

计算高层建筑增加费的范围包括暖气、给排水、生活用煤气、通风空调、电气照明工程及其保温、刷油等。费用内容包括人工降效、材料、工具垂直运输增加的机械台班费用,施工用水加压泵的台班费用及工人上下班所乘坐的升降设备台班费等。

高层建筑增加费的计算方法。高层建筑安装全部人工费(包括六层或20m以下部分的安装人工费)为基数乘以高层建筑增加费率。同一建筑物有部分高度不同时,可按不同高度分别计算。单层建筑物在20m以上的高层建筑计算高层建筑增加费时,先将高层建筑物的高度除以(每层高度)3m,计算出相当于多层建筑物的层数,再按"高层建筑增加费用系数表"所列的相应层数的增加费率计算。

(3)场内运输费用。场内水平和垂直搬运是指施工现场设备、材料的运输。全统定额对运输距离作了如下规定:

1)材料和机具运输距离以工地仓库至安装地点300m计算,管道或金属结构预制件的运距以现场预制厂至安装地点计算。上述运距已在定额内作了综合考虑,不得由于实际运距与定额不一致而调整。

2)设备运距按安装现场指定堆放地点至安装地点70m以内计算。设备出库搬运不包括在定额之内,应另行计算。

3)垂直运输的基准面,在室内为室内地平面,在室外为安装现场地平面。设备或操作物高度离楼、地面超过定额规定高度时,应按规定系数计算超高费。设备的高度以设备基础为基准面,其他操作物以工程量的最高安装高度计算。

(4)安装与生产同时进行增加费。它是指扩建工程在生产车间或装置内施工,因生产操作或生产条件限制(如不准动火)干扰了安装正常进行,致使降低工效所增加的费用,不包括为了保证安全生产和施工所采取的措施费用。安装工作不受干扰则不应计此费用。

(5)在有害身体健康的环境中施工降效增加费。这是指在民法通则有关规定允许的前提下,改扩建工程中由于车间装置范围内有害气体或高分贝噪音超过国家标准以致影响身体健康而降低效率所增加的费用。

不包括劳保条例规定应享受的工种保健费。

(6)定额调整系数的分类与计算办法。全统定额中规定的调整系数或费用系数分为两类,一类为子目系数,是在定额各章、节规定的各种调整系数,如超高系数、高层建筑增加系数等,均属于子目系数;另一类是综合系数,是在定额总说明或册说明中规定的一些系数,如脚手架系数、安装与生产同时进行增加费系数、在有害身体健康的环境中施工降效增加费系数等。子目系数是综合系数的计算基础。上述两类系数计算所得的数值构成直接费。

## 第四节 概算定额及概算指标

### 一、概算定额

概算定额是指生产一定计量单位的经扩大的建筑工程结构构件或分部分项工程所需要的人工、材料和机械台班的消耗数量及费用的标准。

概算定额是在预算定额的基础上,根据有代表性的建筑工程通用图和标准图等资料,进行综合、扩大和合并而成。因此,建筑工程概算定额也称"扩大结构定额"。

**1. 概算定额的作用**

(1)概算定额是在扩大初步设计阶段编制概算,技术设计阶段编制修正概算的主要依据。

(2)概算定额是编制建筑安装工程主要材料申请计划的基础。

(3)概算定额是进行设计方案技术经济比较和选择的依据。

(4)概算定额是编制概算指标的计算基础。

(5)概算定额是确定基本建设项目投资额、编制基本建设计划、实行基本建设大包干、控制基本建设投资和施工图预算造价的依据。

因此,正确合理地编制概算定额对提高设计概算的质量,加强基本建设经济管理,合理使用建设资金、降低建设成本,充分发挥投资效果等方面都具有重要的作用。

**2. 概算定额与预算定额**

概算定额与预算定额的相同处,是都以建(构)筑物各个结构部分和分部分项工程为单位表示的,内容也包括人工、材料和机械台班使用量定额三个基本部分,并列有基准价。

概算定额表达的主要内容、表达的主要方式及基本使用方法都与综合预算定额相近。

定额基准价＝定额单位人工费＋定额单位材料费＋定额单位机械费

＝人工概算定额消耗量×人工工资单价＋

$\sum$（材料概算定额消耗量×材料预算价格）＋

$\sum$（施工机械概算定额消耗量×机械台班费用单价）

概算定额与预算定额的不同处，在于项目划分和综合扩大程度上的差异，同时，概算定额主要用于设计概算的编制。由于概算定额综合了若干分项工程的预算定额，因此使概算工程量计算和概算表的编制都比编制施工图预算简化了很多。

**3. 概算定额的内容**

概算定额的内容由文字说明和定额表格式两部分组成。

(1)文字说明。包括总说明和各章节的说明。在总说明中，主要对编制的依据、用途、适用范围、工程内容、有关规定、取费标准和概算造价计算方法等进行阐述。

在分章说明中，包括分部工程量的计算规则、说明、定额项目的工程内容等。

(2)定额表格式。定额表头注有本节定额的工作内容，定额的计量单位(或在表格内)。表格内有基价、人工、材料和机械费、主要材料消耗量等。

**4. 概算定额的编制**

(1)编制原则。为了提高设计概算质量，加强基本建设经济管理，合理使用国家建设资金，降低建设成本，充分发挥投资效果，在编制概算定额时必须遵循以下原则：

1)使概算定额适应设计、计划、统计和拨款的要求，更好地为基本建设服务。

2)概算定额水平的确定，应与预算定额的水平基本一致。必须是反映正常条件下大多数企业的设计、生产施工管理水平。

3)概算定额的编制深度，要适应设计深度的要求，项目划分应坚持简化、准确和适用的原则。以主体结构分项为主，合并其他相关部分，进行适当综合扩大；概算定额项目计量单位的确定，与预算定额要尽量一致；应考虑统筹法及应用电子计算机编制的要求，以简化工程量和概算的计算编制。

4）为了稳定概算定额水平，统一考核尺度和简化计算工程量，编制概算定额时，原则上不留活口，对于设计和施工变化多而影响工程量多、价差大的，应根据有关资料进行测算，综合取定常用数值，对于其中还包括不了的个性数值，可适当留些活口。

（2）编制依据。

1）现行的全国通用的设计标准、规范和施工验收规范。

2）现行的预算定额。

3）标准设计和有代表性的设计图纸。

4）过去颁发的概算定额。

5）现行的人工工资标准、材料预算价格和施工机械台班单价。

6）有关施工图预算和结算资料。

（3）编制方法。

1）定额计量单位确定。概算定额计量单位基本上按预算定额的规定执行，但是单位的内容扩大，仍用 m、$m^2$ 和 $m^3$ 等。

2）确定概算定额与预算定额的幅度差。由于概算定额是在预算定额基础上进行适当的合并与扩大。因此，在工程量取值、工程的标准和施工方法确定上需综合考虑，且定额与实际应用必然会产生一些差异。这种差异国家允许预留一个合理的幅度差，以便依据概算定额编制的设计概算能控制住施工图预算。概算定额与预算定额之间的幅度差，国家规定一般控制在 5% 以内。

3）定额小数取位。概算定额小数取位与预算定额相同。

**二、概算指标**

概算指标是以一个建筑物或构筑物为对象，按各种不同的结构类型，确定以每 $100m^2$ 或 $1000m^3$ 和每座为计量单位的人工、材料和机械台班（机械台班一般不以量列出，用系数计入）的消耗指标（量）或每万元投资额中各种指标的消耗数量。

概算指标比概算定额更加综合扩大，因此，它是编制初步设计或扩大初步设计概算的依据。

**1. 概算指标的作用**

（1）在初步设计阶段编制建筑工程设计概算的依据。这是指在没有条件计算工程量时，只能使用概算指标。

(2)设计单位在建筑方案设计阶段,进行方案设计技术经济分析和估算的依据。

(3)在建设项目的可行性研究阶段,作为编制项目的投资估算的依据。

(4)在建设项目规划阶段,估算投资和计算资源需要量的依据。

**2. 概算指标的编制**

(1)编制原则。

1)按平均水平确定概算指标的原则。在我国社会主义市场经济条件下,概算指标作为确定工程造价的依据,同样必须遵照价值规律的客观要求,在其编制时必须按社会必要劳动时间,贯彻平均水平的编制原则。只有这样才能使概算指标合理确定和控制工程造价的作用得到充分发挥。

2)概算指标的内容与表现形式要贯彻简明适用的原则。为适应市场经济的客观要求,概算指标的项目划分应根据用途的不同,确定其项目的综合范围。遵循粗而不漏、适应面广的原则,体现综合扩大的性质。概算指标从形式到内容应该简明易懂,要便于在采用时根据拟建工程的具体情况进行必要的调整换算,能在较大范围内满足不同用途的需要。

3)概算指标的编制依据必须具有代表性。概算指标所依据的工程设计资料,应是有代表性的,技术上是先进的,经济上是合理的。

(2)编制依据。

1)标准设计图纸和各类工程典型设计。

2)国家颁发的建筑标准、设计规范、施工规范等。

3)各类工程造价资料。

4)现行的概算定额和预算定额及补充定额。

5)人工工资标准、材料预算价格、机械台班预算价格及其他价格资料。

(3)编制步骤。

1)准备阶段,主要是收集资料,确定指标项目,研究编制概算指标的有关方针、政策和技术性的问题。

2)编制阶段,主要是选定图纸,并根据图纸资料计算工程量和编制单位工程预算书,以及按着编制方案确定的指标项目和人工及主要材料消耗指标,填写概算指标表格。

3)审核定案及审批,概算指标初步确定后要进行审查、比较,并作必要的调整后,送国家授权机关审批。

**3. 概算指标的应用**

概算指标的应用比概算定额具有更大的灵活性,由于它是一种综合性很强的指标,不可能与拟建工程的建筑特征、结构特征、自然条件、施工条件完全一致。因此,在选用概算指标时要十分慎重,选用的指标与设计对象在各个方面应尽量一致或接近,不一致的地方要进行换算,以提高准确性。

概算指标的应用一般有两种情况:第一种情况,如果设计对象的结构特征与概算指标一致时,可以直接套用;第二种情况,如果设计对象的结构特征与概算指标的规定局部不同时,要对指标的局部内容进行调整后再套用。

(1)每 $100m^2$ 造价调整。调整的思路如同定额换算,即从原每 $100m^2$ 概算造价中,减去每 $100m^2$ 建筑面积需换算出结构构件的价值,加上每 $100m^2$ 建筑面积需换入结构构件的价值,即得每 $100m^2$ 修正概算造价调整指标,再将每 $100m^2$ 造价调整指标乘以设计对象的建筑面积,即得出拟建工程的概算造价。

(2)每 $100m^2$ 工料数量的调整。调整的思路是从所选定指标的工料消耗量中,换出与拟建工程不同的结构构件的工料消耗量,换入所需结构构件的工料消耗量。

关于换入换出的工料数量,是根据换入换出结构构件的工程量乘以相应的概算定额中工料消耗指标得到的。根据调整后的工料消耗量和地区材料预算价格、人工工资标准、机械台班预算单价,计算每 $100m^2$ 的概算基价,然后根据有关取费规定,计算每 $100m^2$ 的概算造价。

这种方法主要适用于不同地区的同类工程编制概算。用概算指标编制工程概算,工程量的计算工作很小,也节省了大量的定额套用和工料分析工作,因此,比用概算定额编制工程概算的速度要快,但是准确性差一些。

# 第五节 工程单价及单位估价表

## 一、工程单价

**1. 工程单价的概念**

所谓工程单价,一般是指单位假定建筑安装产品的不完全价格。通常是指建筑安装工程的预算单价和概算单价。

工程单价与完整的建筑产品(如单位产品、最终产品)价值在概念上是完全不同的一种单价。完整的建筑产品价值，是建筑物或构筑物在真实意义上的全部价值，即完全成本加利税。单位假定建筑安装产品单价，不仅不是可以独立发挥建筑物或构筑物价值的价格，甚至也不是单位假定建筑产品的完整价格，因为这种工程单价仅仅是由某一单位工程直接费中的人工、材料和机械费构成。

工程单价是以概预算定额量为依据编制概预算时的一个特有的概念术语，是传统概预算编制制度中采用单位估价法编制工程概预算的重要文件，也是计算程序中的一个重要环节。我国建设工程概预算制度中长期采用单位估价法编制概预算，因为在价格比较稳定，或价格指数比较完整、准确的情况下，有可能编制出地区的统一工程单价，以简化概预算编制工作。

地区统一的工程单价是以统一地区单位估价表形式出现的，这就是所谓量价合一的现象。在单位估价表中"基价"所列的内容，是每一定额计量单位分项工程的人工费、材料费和机械费，以及这三者之和。全国统一的预算定额按北京地区的人工工资单价、材料预算价格、机械台班预算价格计算基价(主管部门另有规定的除外)。地区统一定额以省会所在地的人工工资单价、材料预算价格、机械台班预算价格计算基价。

**2. 工程单价的作用**

(1)利用工程单价可确定和控制工程造价。工程单价是确定和控制概预算造价的基本依据。由于它的编制依据和编制方法规范，在确定和控制工程造价方面有不可忽视的作用。

(2)利用编制统一性地区工程单价，可简化编制预算和概算的工作量和缩短工作周期，同时也为投标报价提供依据。

(3)利用工程单价可以对结构方案进行经济比较，优选设计方案。

(4)利用工程单价可进行工程款的期中结算。

**3. 工程单价的编制**

(1)编制依据。

1)预算定额和概算定额。编制预算单价或概算单价，主要依据之一是预算定额或概算定额。首先，工程单价的分项是根据定额的分项划分的，所以，工程单价的编号、名称、计量单位的确定均以相应的定额为依据。其次,分部分项工程的人工、材料和机械台班消耗的种类和数量,也是依据相应的定额。

2)人工单价、材料预算价格和机械台班单价。工程单价除了要依据概、预算定额确定分部分项工程的工、料、机的消耗数量外,还必须依据上述三项"价"的因素,才能计算出分部分项工程的人工费、材料费和机械费,进而计算出工程单价。

3)措施费和间接费的取费标准。这是计算综合单价的必要依据。

(2)工程单价的编制方法。

工程单价的编制方法,简单说就是工、料、机的消耗量和工、料、机单价的结合过程。其计算公式如下:

1)分部分项工程基本直接费单价(基价):

$$\text{分部分项工程基本直接费单价(基价)} = \text{单位分部分项工程人工费} + \text{材料费} + \text{机械使用费}$$

式中

$$\text{人工费} = \sum(\text{人工工日用量} \times \text{人工日工资单价})$$

$$\text{材料费} = \sum(\text{各种材料耗用量} \times \text{材料预算价格})$$

$$\text{机械使用费} = \sum(\text{机械台班用量} \times \text{机械台班单价})$$

2)分部分项工程全费用单价:

$$\text{分部分项工程全费用单价} = \text{单位分部分项工程直接工程费} + \text{措施费} + \text{间接费}$$

式中,措施费、间接费,一般按规定的费率及其计算基础计算,或按综合费率计算。

(3)地区工程单价的编制。编制地区单价的意义,主要是简化工程造价的计算,同时,也有利于工程造价的正确计算和控制。因为一个建设工程所包括的分部分项工程多达数千项,为确定预算单价所编制的单位估价表就要有数千张。要套用不同的定额和预算价格,要经过多次运算。不仅需要大量的人力、物力,也不能保证预算编制的及时性和准确性。所以,编制地区单价不仅十分必要,而且也很有意义。

编制地区单价的方法主要是加权平均法。要使编制出的工程单价能适应该地区的所有工程,就必须全面考虑各个影响工程单价的因素对所有工程的影响。一般说,在一个地区范围内影响工程单价的因素有些是统一的也比较稳定,如预算定额和概算定额、工资单价、台班单价等。不统一、不稳定的因素主要是材料预算价格。因为同一种材料由于原价不同、交货地点不同、运输方式和运输地点不同,以及工程所在的地点和区域不同,所形成的材料预算价格也不同。所以,要编制地区单价,就要综合考虑上述因素,采用加权平均法计算出地区统一材料预算价格。

材料预算价格的组成因素,按有关部门规定,供销部门手续费、包装费、采购及保管费的费率,在地区范围内是相同的。材料原价一般也是基本相同的。因此,编制地区性统一材料预算价格的主要问题,是材料运输费。

就一个地区看,每种材料运输费都可以分为两部分。一部分是自发货地点至当地一个中心点的运输费;而另一部分是自这一中心点至各用料地点的运输费。与此相适应,材料运输费也可以分为长途(外地)运输费和短途(当地)运输费。对于这两部分运输费,要分别采用加权平均法计算出平均运输费。

计算长途运输的平均运输费,主要应考虑:由于供应者不同而引起的同一材料的运距和运输方式不同;每个供应者供应的材料数量不同。采用加权平均法计算其平均运输费的公式为:

$$T_A = \frac{Q_1 T_1 + Q_2 T_2 + \cdots + Q_n T_n}{Q_1 + Q_2 + \cdots + Q_n} = R_1 T_1 + R_2 T_2 + \cdots + R_n T_n$$

式中    $T_A$——平均长途运输费;

 $Q_1, Q_2, \cdots, Q_n$——自各不同交货地点起运的同一材料数量;

 $T_1, T_2, \cdots, T_n$——自各交货地点至当地中心点的同一材料运输费;

 $R_1, R_2, \cdots, R_n$——自各交货地点起运的材料占该种材料总量的比重。

计算当地运输的平均运输费,主要应考虑从中心仓库到各用料地点的运距不同对运输费的影响和用料数量。计算方法和长途运输基本相同,即:

$$T_B = M_1 T_1 + M_2 T_2 + \cdots + M_n T_n$$

式中    $T_B$——平均当地运输费;

 $M_1, M_2, \cdots, M_n$——各用料地点对某种材料需要量占该种材料总量的比重;

 $T_1, T_2, \cdots, T_n$——自当地中心仓库至各用料地点的运输费。

$$材料平均运输费 = T_A + T_B$$

如果原价不同,也可以采用加权平均法计算。

把经过计算的各项因素相加,就是地区材料预算价格。

地区单价是建立在定额和统一地区材料预算价格的基础上的。当这个基础发生变化,地区单价也就相应的变化。在一定时期内地区单价应具有相对稳定性。不断研究和改善地区单价和地区材料预算价格的编制和管理工作,并使之具有相对稳定的基础,是加强概、预算管理,提高基本建设管理水平和投资效果的客观要求。

## 二、单位估价表

单位估价表又称工程预算单价表,是以货币形式确定定额计量单位某分部分项工程或结构构件直接费用的文件。它是根据预算定额所确定的人工、材料和机械台班消耗数量,乘以人工工资单价、材料预算价格和机械台班预算价格汇总而成。

单位估价表是预算定额在各地区的价格表现的具体形式。

### 1. 单位估价表的作用

(1)单位估价表是确定工程预算造价的基本依据之一,即按设计图纸计算出分项工程量后,分别乘以相应的定额单价(单位估价表)得出分项直接费,汇总各分部分项直接费,按规定计取各项费用,即得出单位工程全部预算造价。

(2)单位估价表是对设计方案进行技术经济分析的基础资料,即每个分项工程,如各种墙体、地面、装修等,同部位选择什么样的设计方案,除考虑生产、功能、坚固、美观等条件外,还必须考虑经济条件。这就需要采用单位估价表进行衡量、比较,在同样条件下当然要选择一种经济合理的方案。

(3)单位估价表是进行已完工程结算的依据,即建设单位和施工企业按单位估价表核对已完工程的单价是否正确,以便进行分部分项工程结算。

(4)单位估价表是施工企业进行经济分析的依据,即企业为了考核成本执行情况,必须按单位估价表中所定的单价和实际成本进行比较。通过对两者的比较,算出降低成本的多少并找出原因。

总之,单位估价表的作用很大,合理地确定单价,正确使用单位估价表,是准确确定工程造价、促进企业加强经济核算、提高投资效益的重要环节。

### 2. 单位估价表的分类

单位估价表是在预算定额的基础上编制的。因定额种类繁多,按工

程定额性质、使用范围及编制依据不同可划分如下:

(1)按定额性质划分。

1)建筑工程单位估价表,适用于一般建筑工程。

2)设备安装工程单位估价表,适用于机械、电气设备安装工程、给排水工程、电气照明工程、采暖工程、通风工程等。

(2)按使用范围划分。

1)全国统一定额单位估价表,适用于各地区、各部门的建筑及设备安装工程。

2)地区单位估价表,是在地方统一预算定额的基础上,按本地区的工资标准、地区材料预算价格、建筑机械台班费用及本地区建设的需要而编制的。只适于本地区范围内使用。

3)专业工程单位估价表,仅适用于专业工程的建筑及设备安装工程的单位估价表。

(3)按编制依据不同划分。按编制依据分为定额单位估价表和补充单位估价表。

补充单位估价表,是指定额缺项,没有相应项目可使用时,可按设计图纸资料,依照定额单位估价表的编制原则,制定补充单位估价表。

### 3. 单位估价表编制

单位估价表的内容由两大部分组成,一是预算定额规定的工、料、机数量,即合计用工量、各种材料消耗量、施工机械台班消耗量;二是地区预算价格,即与上述三种"量"相适应的人工工资单价、材料预算价格和机械台班预算价格。

编制单位估价表就是把三种"量"与三种"价"分别结合起来,得出各分项工程人工费、材料费和施工机械使用费,三者汇总起来就是工程预算单价。

为了使用方便,在单位估价表的基础上,应编制单位估价汇总表。单位估价汇总表的项目划分与预算定额和单位估价表是相互对应的,为了简化预算的编制,单位估价汇总表已纳入预算定额中一些常用的分部分项工程和定额中需要调整换算的项目。单位估价汇总表略去了人工、材料和机械台班的消耗数量(即"三量"),保留了单位估价表中的人工费、材料费、机械费(即"三价")和预算价值。

## 第六节 企业定额

所谓企业定额,是指建筑安装企业根据本企业的技术水平和管理水平,编制完成单位合格产品所必需的人工、材料和施工机械台班的消耗量,以及其他生产经营要素消耗的数量标准。企业定额反映企业的施工生产与生产消费之间的数量关系,是施工企业生产力水平的体现,每个企业均应拥有反映自己企业能力的企业定额。企业的技术和管理水平不同,企业定额的定额水平也就不同。因此,企业定额是施工企业进行施工管理和投标报价的基础和依据,从一定意义上讲,企业定额是企业的商业秘密,是企业参与市场竞争的核心竞争能力的具体表现。

### 一、企业定额的性质及特点

**1. 企业定额的性质**

企业定额是建筑安装企业内部管理的定额。企业定额影响范围涉及企业内部管理的方方面面。包括企业生产经营活动的计划、组织、协调、控制和指挥等各个环节。企业应根据本企业的具体条件和可能挖掘的潜力、市场的需求和竞争环境,根据国家有关政策、法律和规范、制度,自己编制定额,自行决定定额的水平,当然允许同类企业和同一地区的企业之间存在定额水平的差距。

**2. 企业定额的特点**

(1)企业定额各项平均消耗要比社会平均水平低,体现其先进性。

(2)企业定额可以表现本企业在某些方面的技术优势。

(3)企业定额可以表现本企业局部或全面管理方面的优势。

(4)企业定额所有匹配的单价都是动态的,具有市场性。

(5)企业定额与施工方案能全面接轨。

### 二、企业定额的作用及表现形式

**1. 企业定额的作用**

企业定额为施工企业编制施工作业计划、施工组织设计和施工预算提供了必要技术依据,具体来说,它对施工企业起着如下的作用:

(1)企业定额是企业计划管理的依据。企业定额在企业计划管理方面的作用表现在它既是企业编制施工组织设计的依据,也是企业编制施工作业计划的依据。

施工组织设计是指导拟建工程进行施工准备和施工生产的技术经济文件,其基本任务是根据招标文件及合同协议的规定,确定出经济合理的施工方案,在人力和物力、时间和空间、技术和组织上对拟建工程做出最佳的安排。施工作业计划则是根据企业的施工计划、拟建工程的施工组织设计和现场实际情况编制的。这些计划的编制必须依据施工定额。因为施工组织设计包括三部分内容,即资源需用量、使用这些资源的最佳时间安排和平面规划。施工中实物工作量和资源需要量的计算均要以施工定额的分项和计量单位为依据。施工作业计划是施工单位计划管理的中心环节,编制时也要用施工定额进行劳动力、施工机械和运输力量的平衡;计算材料、构件等分期需用量和供应时间;计算实物工程量和安排施工形象进度。

(2)企业定额是编制施工组织设计的依据。在编制施工组织设计中,尤其是单位工程的作业设计,需要确定人工、材料和施工机械台班等资源消耗量,拟定使用资源的最佳时间安排,编制工程进度计划,以便于在施工中合理地利用时间、空间和资源。依靠施工定额能比较精确地计算出劳动力、材料、设备的需要量,以便于在开工前合理安排各基层的施工任务,做好人力、物力的综合平衡。

(3)企业定额是企业激励工人的条件。激励在实现企业管理目标中占有重要位置。所谓激励,就是采取某些措施激发和鼓励员工在工作中的积极性和创造性。行为科学者研究表明,如果职工受到充分的激励,其能力可发挥80%~90%,如果缺少激励,仅仅能够发挥出20%~30%的能力。但激励只有在满足人们某种需要的情形下才能起到作用。完成和超额完成定额,不仅能获取更多的工资报酬以满足生理需要,而且也能满足自尊和获取他人(社会)认同的需要,并且进一步满足尽可能发挥个人潜力以实现自我价值的需要。如果没有企业定额这种标准尺度,实现以上几个方面的激励就缺少必要的手段。

(4)企业定额是计算劳动报酬、实行按劳分配的依据。目前,施工企业内部推行了多种形式的承包经济责任制,但无论采取何种形式,计算承包指标或衡量班组的劳动成果都要以施工定额为依据。完成定额好,劳动报酬就多,达不到定额,劳动报酬就少。这样,工人的劳动成果和报酬直接挂钩,体现了按劳分配的原则。

(5)企业定额是编制施工预算、加强企业成本管理的基础。施工预算是施工单位用以确定单位工程中人工、机械、材料的资金需要量的计划文件。施工预算以企业定额为编制基础,既要反映设计图纸的要求,也要考虑在现有条件下可能采取的节约人工、材料和降低成本的各项具体措施。这就能够有效地控制施工中人力、物力消耗,节约成本开支。

施工中人工、机械和材料的费用,是构成工程成本中直接费用的主要内容,对间接费用的开支也有着很大的影响。严格执行施工定额不仅可以起到控制成本、降低费用开支的作用,同时,为企业加强班组核算并增加盈利创造了良好的条件。

(6)企业定额有利于推广先进技术。企业定额水平中包含着某些已成熟的先进的施工技术和经验,工人要达到和超过定额,就必须掌握和运用这些先进技术,如果工人要想大幅度超过定额,就必须创造性地劳动。第一,在自己的工作中,注意改进工具和改进技术操作方法,注意原材料的节约,避免原材料和能源的浪费;第二,施工定额中往往明确要求采用某些较先进的施工工具和施工方法,所以贯彻施工定额也就意味着推广先进技术;第三,企业为了推行施工定额,往往要组织技术培训,以帮助工人能达到和超过定额。技术培训和技术表演等方式也都可以大大普及先进技术和先进操作方法。

(7)企业定额是编制预算定额和补充单位估价表的基础。预算定额的编制要以企业定额为基础。以企业定额的水平作为确定预算定额水平的基础,不仅可以免除测定定额水平的大量烦琐的工作,而且可以使预算定额符合施工生产和经营管理的实际水平,并保证施工中的人力、物力消耗能够得到足够补偿。企业定额作为编制补充单位估价表的基础,是指由于新技术、新结构、新材料、新工艺的采用而预算定额中缺项时,编制补充预算定额和补充单位估价表时,要以企业定额作为基础。

(8)企业定额是施工企业进行工程投标、编制工程投标报价的基础和主要依据。企业定额反映本企业施工生产的技术水平和管理水平,在确定工程投标报价时,首先是根据企业定额计算出施工企业拟完成投标工程需要发生的计划成本。在掌握工程成本的基础上,再根据所处的环境和条件,确定在该工程上拟获得的利润、预计的工程风险费用和其他应考虑的因素,从而确定投标报价。因此,企业定额是施工企业编制计算投标报价的根基。

由此可见,企业定额在建筑安装企业管理的各个环节中都是不可缺少的,企业定额管理是企业的基础性工作,具有不容忽视的作用。

企业定额在工程建设定额体系中的基础作用,是由企业定额作为生产定额的基本性质决定的。企业定额和生产结合最紧密,它直接反映生产技术水平和管理水平,而其他各类定额则是在较高的层次上、较大的跨度上反映社会生产力水平。

企业定额作为工程建设定额体系中的基础,主要表现在企业定额的水平是确定概、预算定额和指标消耗水平的基础。以企业定额水平作为预算定额水平的计算基础,可以免除测定定额水平的大量繁杂工作,缩短工作周期,使预算定额与实际的生产和经营管理水平相适应,并能保证施工中的人力、物力消耗得到合理的补偿。

**2. 企业定额的表现形式**

企业定额的编制应根据自身的特点,遵循简单、明了、准确、适用的原则。企业定额的构成及表现形式因企业的性质不同、取得资料的详细程度不同、编制的目的不同、编制的方法不同而不同。其构成及表现形式主要有以下几种:

(1)企业劳动定额。

(2)企业材料消耗定额。

(3)企业机械台班使用定额。

(4)企业施工定额。

(5)企业定额估价表。

(6)企业定额标准。

(7)企业产品出厂价格。

(8)企业机械台班租赁价格。

目前,大部分施工企业是以国家或行业制定的预算定额作为进行施工管理、工料分析和计算施工成本的依据。随着市场化改革的不断深入和发展,施工企业可以预算定额和基础定额为参照,逐步建立起反映企业自身施工管理水平和技术装备程度的企业定额。

**三、企业定额的编制**

**1. 企业定额的编制原则**

(1)平均先进性原则。平均先进是就定额的水平而言。定额水平,是指规定消耗在单位产品上的劳动、机械和材料数量的多少。也可以说,定额水平是在一定施工程序和工艺条件下的施工生产中活劳动和物化劳动的消耗水平。所谓平均先进水平，就是在正常的施工条件下，大多数施工队组和大多数生产者经过努力能够达到和超过的水平。

企业定额应以企业平均先进水平为基准，制定企业定额。使多数单位和员工经过努力，能够达到或超过企业平均先进水平，以保持定额的先进性和可行性。

贯彻平均先进性原则，第一，要考虑那些已经成熟并得到推广的先进技术和先进经验。但对于那些尚不成熟，或已经成熟尚未普遍推广的先进技术，暂时还不能作为确定定额水平的依据；第二，对于原始资料和数据要加以整理，剔除个别的、偶然的、不合理的数据，尽可能使计算数据具有实践性和可靠性；第三，要选择正常的施工条件，行之有效的技术方案和劳动组织、组织合理的操作方法，作为确定定额水平的依据；第四，从实际出发，综合考虑影响定额水平的有利和不利因素（包括社会因素），这样才不致使定额水平脱离现实。

(2)简明适用性原则。简明适用，是指定额的内容和形式要方便定额的贯彻和执行。

简明适用性原则，要求施工定额内容要能满足组织施工生产和计算工人劳动报酬等多种需要。同时，又要简单明了，容易掌握，便于查阅，便于计算，便于携带。

定额的简明性和适用性，是既有联系又有区别的。编制施工定额时应全面加以贯彻。当两者发生矛盾时，定额的简明性应服从适应性的要求。

贯彻定额的简明适用性原则，关键是做到定额项目设置安全，项目划分粗细适当。定额项目的设置是否齐全完备，对定额的适用性影响很大。划分施工定额项目的基础，是工作过程或施工工序。不同性质、不同类型的工作过程或施工工序，都应分别反映在各个施工定额的项目中。即使是次要的，也应在说明、备注和系数中反映出来。

为了保证定额项目齐全，第一，要加强基础资料的日常积累，尤其应注意收集和分析各项补充定额资料；第二，注意补充反映新结构、新材料、新技术的定额项目；第三，处理淘汰定额项目，要持慎重态度。

贯彻简明适用性原则，要努力使企业定额达到项目齐全、粗细恰当、布置合理的效果。

(3)以专家为主编制定额的原则。编制施工定额，要以专家为主，这是实践经验的总结。企业定额的编制要求有一支经验丰富、技术与管理知识全面、有一定政策水平的稳定的专家队伍,同时,也要注意必须走群众路线,尤其是在现场测时和组织新定额试点时,这一点非常重要。

(4)保密原则。企业定额的指标体系及标准要严格保密。建筑市场强手林立,竞争激烈。就企业现行的定额水平,工程项目在投标中如被竞争对手获取,会使本企业陷入十分被动的境地,给企业带来不可估量的损失。所以,企业要有自我保护意识和相应的加密措施。

(5)独立自主的原则。施工企业作为具有独立法人地位的经济实体,应根据企业的具体情况和要求,结合政府的技术政策和产业导向,以企业盈利为目标,自主地制定企业定额。贯彻这一原则有利于企业自主经营;有利于执行现代企业制度;有利于施工企业摆脱过多的行政干预,更好地面对建筑市场竞争的环境;也有利于促进新的施工技术和施工方法的采用。

《建设工程工程量清单计价规范》确定了工程量清单计价的原则、方法和必须遵守的规则,包括统一了项目编码、项目名称、计量单位、工程量计算规则等。留给企业自主报价、参与市场竞争的空间,将属于企业性质的施工方法、施工措施以及人工、材料、机械的消耗水平和取费等由企业自己根据自身和市场情况来确定,给企业充分选择的权利。

(6)时效性原则。企业定额是一定时期内技术发展和管理水平的反映,所以在一段时期内表现出稳定的状态。这种稳定性又是相对的,它还有显著的时效性。当企业定额不再适应市场竞争和成本监控的需要时,它就要重新编制和修订,否则就会挫伤群众的积极性,甚至产生负效应。

**2. 企业定额的编制步骤**

企业定额的编制过程是一个系统而又复杂的过程,一般包括以下步骤:

(1)制定《企业定额编制计划书》。

1)企业定额编制的目的。企业定额编制的目的一定要明确,因为编制目的决定了企业定额的适用性,同时,也决定了企业定额的表现形式。例如,企业定额的编制目的如果是为了控制工耗和计算工人劳动报酬,应采取劳动定额的形式;如果是为了企业进行工程成本核算,以及为企业走向市场参与投标报价提供依据,则应采用施工定额或定额估价表的形式。

2)定额水平的确定原则。企业定额水平的确定,是企业定额能否实现编制目的的关键。定额水平过高,背离企业现有水平,使定额在实施工程中,企业内多数施工队、班组、工人通过努力仍然达不到定额水平,不仅不利于定额在本企业内推行,还会挫伤管理者和劳动者双方的积极性;定额水平过低,起不到鼓励先进和督促落后的作用,而且对项目成本核算和企业参与市场竞争不利。因此,在编制计划书中,必须对定额水平进行确定。

3)确定编制方法和定额形式。定额的编制方法很多,对不同形式的定额,其编制方法也不相同。例如劳动定额的编制方法有:技术测定法、统计分析法、类比推算法、经验估算法等;材料消耗定额的编制方法有观察法、试验法、统计法等。因此,定额编制究竟采取哪种方法应根据具体情况而定。企业定额编制通常采用的方法一般有两种:定额测算法和方案测算法。

4)拟成立企业定额编制机构,提交需参编人员名单。企业定额的编制工作是一个系统性的工程,它需要一批高素质的专业人才,在一个高效率的组织机构统一指挥下协调工作,因此,在定额编制工作开始时,必须设置一个专门的机构,配置一批专业人员。

5)明确应搜集的数据和资料。定额在编制时要搜集大量的基础数据和各种法律、法规、标准、规程、规范文件、规定等,这些资料都是定额编制的依据,所以在编制计划书中,要制定一份按门类划分的资料明细表。在明细表中,除一些必须采用的法律、法规、标准、规程、规范资料外,应根据企业自身的特点,选择一些能够取得适合本企业使用的基础性数据资料。

6)确定工期和编制进度。定额的编制是为了使用,具有时效性,所以应确定一个合理的工期和进度计划表,这样,既有利于编制工作的开展,又能保证编制工作的效率和效益。

(2)搜集资料、调查、分析、测算和研究。搜集的资料包括:

1)现行定额,包括基础定额和预算定额;工程量计算规则。

2)国家现行的法律、法规、经济政策和劳动制度等与工程建设有关的各种文件。

3)有关建筑安装工程的设计规范、施工及验收规范、工程质量检验评定标准和安全操作规程。

4)现行的全国通用建筑标准设计图集、安装工程标准安装图集、定型设计图纸、具有代表性的设计图纸、地方建筑配件通用图集和地方结构构件通用图集,并根据上述资料计算工程量,作为编制定额的依据。

5)有关建筑安装工程的科学实验、技术测定和经济分析数据。

6)高新技术、新型结构、新研制的建筑材料和新的施工方法等。

7)现行人工工资标准和地方材料预算价格。

8)现行机械效率、寿命周期和价格;机械台班租赁价格行情。

9)近几年各工程项目的财务报表、公司财务总报表,以及历年收集的各类经济数据。

10)近几年各工程项目的施工组织设计、施工方案,以及工程结算资料。

11)近几年所采用的主要施工方法。

12)近几年发布的合理化建议和技术成果。

13)目前拥有的机械设备状况和材料库存状况。

14)目前工人技术素质、构成比例、家庭状况和收入水平。

资料搜集后,要对上述资料进行分类整理、分析、对比、研究和综合测算,提取可供使用的各种技术数据。内容包括企业整体水平与定额水平的差异;现行法律、法规,以及规程规范对定额的影响;新材料、新技术对定额水平的影响等。

(3)拟定编制企业定额的工作方案与计划。编制企业定额的工作方案与计划包括以下内容:

1)根据编制目的,确定企业定额的内容及专业划分。

2)确定企业定额的册、章、节的划分和内容的框架。

3)确定企业定额的结构形式及步距划分原则。

4)具体参编人员的工作内容、职责、要求。

(4)企业定额初稿的编制。

1)确定企业定额的定额项目及其内容。企业定额项目及其内容的编制,就是根据定额的编制目的及企业自身的特点,本着内容简明适用、形式结构合理、步距划分合理的原则,将一个单位工程按工程性质划分为若干个分部工程,如安装工程的工业管道工程、通风空调工程等。然后将分部工程划分为若干个分项工程,如通风空调工程分为通风及空调设备与部件制作安装、通风管道制作安装等分项工程。最后,确定分项工程的步距,并根据步距对分项工程进一步地详细划分为具体项目。步距参数的设定一定要合理,既不应过粗,也不宜过细。如可根据土质和挖掘深度作为步距参数,对人工挖土方进行划分。同时,应对分项工程的工作内容作简明扼要的说明。

2)确定定额的计量单位。分项工程计量单位的确定一定要合理,设置时应根据分项工程的特点,本着准确、贴切、方便计量的原则设置。定额的计量单位包括自然计量单位如台、套、个、件、组等,国际标准计量单位如 m、km、$m^2$、$m^3$、kg、t 等。一般来说,当实物体的三个度量都会发生变化时,采用 $m^3$ 为计量单位,如土方、混凝土、保温等;如果实物体的三个度量中有两个度量不固定,采用 $m^2$ 为计量单位,如地面、抹灰、油漆等;如果实物体截面积形状大小固定,则采用延长米为计量单位,如管道、电缆、电线等;不规则形状的,难以度量的则采用自然单位或质量单位为计量单位。

3)确定企业定额指标。确定企业定额指标是企业定额编制的重点和难点,企业定额指标的编制,应根据企业采用的施工方法、新材料的替代以及机械装备的装配和管理模式,结合搜集整理的各类基础资料进行确定。确定企业定额指标包括确定人工消耗指标、确定材料消耗指标、确定机械台班消耗指标等。

4)编制企业定额项目表。分项工程的人工、材料和机械台班的消耗量确定以后,接下来就可以编制企业定额项目表了。具体地说,就是编制企业定额表中的各项内容。

企业定额项目表是企业定额的主体部分,它由表头栏和人工栏、材料栏、机械栏组成。表头部分用以表述各分项工程的结构形式、材料做法和规格档次等;人工栏是以工种表示的消耗的工日数及合计;材料栏是按消耗的主要材料和消耗性材料依主次顺序分列出的消耗量;机械栏是按机械种类和规格型号分列出的机械台班使用量。

5)企业定额的项目编排。定额项目表,是按分部工程归类,按分项工程子目编排的一些项目表格。也就是说,按施工的程序,遵循章、节、项目和子目等顺序编排。

定额项目表中,大部分是以分部工程为章,把单位工程中性质相近且材料大致相同的施工对象编排在一起。每章(分部工程)中,按工程内容施工方法和使用的材料类别的不同,分成若干个节(分项工程)。在每节(分项工程)中,可以分成若干项目,在项目下边,还可以根据施工要求、材料类别和机械设备型号的不同,细分成不同子目。

6)企业定额相关项目说明的编制。企业定额相关项目的说明包括：前言、总说明、目录、分部(或分章)说明、建筑面积计算规则、工程量计算规则、分项工程工作内容等。

7)企业定额估价表的编制。企业根据投标报价工作的需要，可以编制企业定额估价表。企业定额估价表是在人工、材料、机械台班三项消耗量的企业定额的基础上，用货币形式表达每个分项工程及其子目的定额单位估价计算表格。

企业定额估价表的人工、材料、机械台班单价是通过市场调查，结合国家有关法律文件及规定，按照企业自身的特点来确定的。

(5)评审、修改及组织实施。评审及修改主要是通过对比分析、专家论证等方法，对定额的水平、使用范围、结构及内容的合理性，以及存在的缺陷进行综合评估，并根据评审结果对定额进行修正。

经评审和修改后，企业定额就可以组织实施了。

### 四、企业定额指标的确定

编制企业定额最关键的工作是确定人工、材料和机械台班的消耗量指标计算分项工程单价或综合单价。

**1. 人工消耗指标的确定**

企业定额人工消耗指标的确定，实际就是企业劳动定额的编制过程。企业劳动定额在企业定额中占有特殊重要的地位。它是指本企业生产工人在一定的生产技术和生产组织条件下，为完成一定合格产品或一定量工作所耗用的人工数量标准。企业劳动定额一般以时间定额为表现形式。

企业定额的人工消耗指标的确定一般是通过定额测算法确定的。

定额测算法就是通过对本企业近年(一般为三年)的各种基础资料包括财务、预结算、供应、技术等部门的资料进行科学的分析归纳，测算出企业现有的消耗水平，然后将企业消耗水平与国家统一(或行业)定额水平进行对比，计算出水平差异率，最后，以国家统一定额为基础按差异率进行调整，用调整后的资料来编制企业定额。

用定额测算法编制企业定额应分专业进行。以预算定额为基础定额的企业定额人工消耗指标的确定方法如下：

(1)搜集资料，整理分析，计算预算定额人工消耗水平和企业实际人工消耗水平。选择近三年本公司承建的已竣工结算完的有代表性的工程

项目,计算预算人工工日消耗量,计算方法是用工程结算书中的人工费除以人工费单价,计算公式为:

$$预算人工工日消耗量 = \frac{预算人工费}{预算人工费单价}$$

然后,根据考勤表和施工记录等资料,计算实际工作工日消耗量。

工人的劳动时间是由不同时间构成的,它的构成反映劳动时间的结构,是研究劳动时间利用情况的基础。劳动时间构成情况见表 4-3。

表 4-3　　　　　　　　　　劳动时间构成表

| 日历工日(工期) ||||||
|---|---|---|---|---|---|
| 制度公休工日 || 制度工日 ||||
| 实际公休工日 | 工休加班工日 | 出勤工日 ||| 全日缺勤工日 |
| | | 制度内实际工作工日 | 全日非生产工日(公假工日) | 全日停工工日 | |
| | 实际工作工日 |||| | |
| 工休加班工时 | 制度内实际工作工时 | 非全日停工工时 | 非全日缺勤工时 | 非全日非生产工时 | 非全日公假工时 |
| 实际工作工时 ||||| |
| 加点工时 | | | | | |

根据劳动时间构成表,可以计算出实际工作工日数和实际工作工时数。

实际工作工日数=制度内实际工作工日数+工休加班工日数+

$$\frac{加点工时}{制度规定每日工作小时数}$$

其中加点工时如果数量不大,可以忽略不计。

制度内实际工作工日数=出勤工日数-(全日停工工日数+全日公假工日数)

出勤工日数=每个制度工作日生产工人出勤人数之和

=制度工日数-缺勤工日数

实际工作工时数=制度内实际工作工时数+加班加点工时数

=期内每日生产工人实际工作小时数之和

## 第四章 通风空调工程定额体系

其中

制度内实际工作工时数 =（制度内实际工作工日数×制度规定每日工作小时数）－（非全日缺勤工时数＋非全日停工工时数＋非全日公假工时数）

在企业定额编制工作中，一般以工日为计量单位，即计算实际工作工日消耗量。

(2)用预算定额人工消耗量与企业实际人工消耗量对比，计算工效增长率。

1)计算预算定额完成率。预算定额完成率的计算公式为：

$$预算定额完成率 = \frac{预算人工工日消耗量}{实际工作工日消耗量} \times 100\%$$

当预算定额完成率为＞1时，说明企业劳动率水平比社会平均劳动率水平高；反之则低。

然后，计算工效增长率，其计算公式为：

$$工效增长率 = 预算定额完成率 － 1$$

合理的选择施工方法，直接影响人工、材料和机械台班的使用数量，这一点，在编制定额时必须予以重视。

一般的编制企业定额所选用的施工方法应是企业近年在施工中经常采用的并在以后较长期限内继续使用的施工方法。两种施工方法对资源消耗量影响的差异可按下列公式计算：

$$施工方法对分项工程工日消耗影响的指标 = \frac{\sum 两种施工方法对工日消耗影响的差异额}{\sum 受影响的分项工程工日消耗} \times 100\%$$

$$施工方法对整体工程工日消耗影响的指标 = \frac{\sum 两种施工方法对工日消耗影响的差异额}{\sum 受影响的分项工程工日消耗} \times 受影响项目人工费合计占工程总人工费的比重$$

2)计算施工技术规范及施工验收标准对人工消耗的影响。定额是有时间效应的，不论何种定额，都只能在一定的时间段内使用。影响定额的时间效应的因素很多，包括施工方法的改进与淘汰、社会平均劳动生产率水平的提高，新材料取代旧材料，以及市场规则的变化等，当然也包括施工技术规范及施工验收标准的变化。

施工技术规范及施工验收标准的变化对人工消耗的影响，主要通过施工工序的变化和施工程序的变化来体现，这种变化对人工消耗的影响一般要通过现场调研取得。

比较简单的方法是走访现场有经验的工人,了解施工技术规范及施工验收标准变化后,现场的施工发生了哪些变化,变化量是多少,然后根据调查记录,选择有代表性的工程,进行实地观察核实。最后对取得的资料分析对比,确定施工技术规范及施工验收标准的变化对企业劳动生产率水平影响的趋势和幅度。

3)计算新材料、新工艺对人工消耗的影响。新材料、新工艺对人工消耗的影响,也是通过现场走访和实地观察来确定其对企业劳动生产率水平影响的趋势和幅度。

4)计算企业技术装备程度对人工消耗的影响。企业的技术装备程度表明生产施工过程中的机械化和自动化水平,它不但能大大降低生产施工工人的劳动强度,而且是决定劳动生产率水平高低的一个重要因素。分析机械装备程度对劳动生产率的影响,对企业定额的编制具有十分重要的意义。

劳动的技术装备程度,通常以平均每一劳动者装备的生产性固定资产或动力、能力的数量来表示,其计算公式为:

$$劳动的技术装备程度指标 = \frac{生产性固定资产(或动力、能力)平均数}{平均生产工人人数}$$

还应看到,不仅劳动的技术装备程度对劳动生产率有影响,而且,固定资产或动力、能力的利用指标的高低,对劳动生产率也有影响。

固定资产或动力、能力的利用指标,也称为设备能力利用指标,其计算公式为:

$$设备能力利用指标(\%) = \frac{设备实际生产能力}{设备可能生产能力} \times 100\%$$

根据劳动的技术装备程度指标和设备能力利用指标可以计算出劳动生产率:

劳动生产率 = 劳动的技术装备程度指标 × 设备能力利用指标

最后,用社会平均劳动生产率与用技术装备程度计算出的企业劳动生产率对比,计算劳动生产率指数:

$$劳动生产率指数 = \frac{q_0}{q_1} = \frac{企业劳动生产率}{社会平均劳动生产率} \times 100\%$$

5)其他影响因素的计算。对企业人工消耗水平即劳动生产率的影响因素是很复杂的、多方面的,前面只是就影响劳动生产率的几类基本因素作了概括性说明,在实际的企业定额编制工作中,还要根据具体的目的和特性,从不同的角度对其进行具体的分析。

6)关键项目和关键工序的调研。在编制企业定额时,对工程中经常发生的、资源消耗(人工工日消耗、材料消耗、机械台班使用消耗)量大的项目(分部分项工程)及工序,要进行重点调查,选择一些有代表性的施工项目,进行现场访谈和实地观测,搜集现场第一手资料,然后通过对比分析,剔除其中不合理和偶然因素的影响,确定各类资源的实际耗用量,作为编制企业定额的依据。

7)确定企业定额项目水平,编制人工消耗指标。通过上述一系列的工作,取得编制企业定额所需的各类数据,然后根据上述数据,考虑企业还可挖掘的潜力,确定企业定额人工消耗的总体水平,最后以差别水平的方式,将影响定额人工消耗水平的各种因素落实到具体的定额项目中,编制企业定额人工消耗指标。

**2. 材料消耗指标的确定**

材料消耗指标的确定过程与人工消耗指标的确定过程基本相同,在编制企业定额时,确定企业定额材料的消耗水平,主要把握以下几点:

(1)计算企业施工过程中材料消耗水平与定额水平。以预算定额为基础,预算定额的各类材料消耗量,可以通过对工程结算资料分析取得。施工过程中,实际发生的与定额材料相对应的材料消耗量可以根据供应的出、入库台账、班组材料台账以及班组施工日志等资料,通过下面公式计算:

材料实际消耗量＝期初班组库存材料量＋报告期领料量－
退库量－期末班组库存量－
返工工程及浪费损失量－挪用材料量

(2)替代材料的计算。替代材料是指企业在施工生产过程中,采用新型材料代替过去施工采用(预算定额综合)的旧材料,以及由于施工方法的改变,用一部分材料代替另外一部分材料,替代材料的计算是指针对发生替代材料的具体施工工序或分项工程,计算其采用的替代材料的数量,以及被替代材料的数量,以备编制具体的企业定额子目时进行调整。

(3)对重点项目(分项工程)和工序消耗的材料进行计算和调研。材料消耗量是影响定额水平的一个重要指标,准确把握定额计价材料消耗的水平,对企业定额的编制具有重要意义。在编制企业定额时,对那些虽是企业成本开发项目,但其费用不作为工程造价组成的材料耗用,如工程外耗费的材料消耗、返工工程发生的材料消耗,以及超标准使用浪费的材料消耗,不能作为定额计价材料耗用指标的组成部分。

对于一些工程上经常发生的、材料消耗量大的或材料消耗量虽不大但材料单位价值高的项目(分部分项工程)及工序,要根据设计图中标明的材料及构造,结合理论公式和施工规范、验收标准计算消耗量,并通过现场调研进行验证。

(4)周转性材料的计算。工程消耗的材料,一部分是构成工程实体的材料,还有一部分材料,虽不构成工程实体,但却有利于工程实体的形成,在这部分材料中,有一部分是施工作业用料,因此也称施工手段用料;又因为这部分材料在每次的施工中,只受到一些损耗,经过修理可供下次施工继续使用,如安装工程中的胎具、组装平台、工卡具,试压用的阀门、盲板等,所以又称为周转性材料。

周转性材料的消耗量有一部分被综合在具体的定额子目中,有一部分作为措施项目费用的组成部分单独计取。周转性材料的消耗量是按照周转使用,分次摊销的方法进行计算。周转性材料凡使用一次,分摊到工程产品上的消耗量称为摊销量。周转性材料的摊销量与周转次数有直接关系。一般地讲,通用程度强的周转次数多些,通用程度弱的周转次数少些,还有少数材料是一次摊销,具体处理方法应根据企业特点和采用的措施来计算。

摊销量可根据下列公式计算:

$$摊销量 = 周转使用量 - 回收量 \times 回收系数$$

$$周转使用量 = \frac{一次使用量 + 一次使用量(周转次数 - 1) \times 损耗率}{周转次数}$$

$$= 一次使用量 \times \left[\frac{1 + (周转次数 - 1) \times 损耗率}{周转次数}\right]$$

(5)计算企业施工过程中材料消耗水平与定额水平的差异。通过上述的一系列工作,对实际材料消耗量进行调整,计算材料消耗差异率。

材料消耗差异率的计算应按每种材料分别进行:

$$材料消耗差异率 = \frac{预算材料消耗量}{调后实际材料消耗量} \times 100\% - 1$$

(6)调整预算定额材料种类和消耗量,编制施工材料消耗量指标。

### 3. 施工机械台班消耗指标的确定

(1)计算预算定额机械台班消耗量水平和企业实际机械台班消耗水平。预算定额机械台班消耗量水平的计算,可以通过对工程结算资料进行人、材、机分析,取得定额消耗的各类机械台班数量。对于企业实际机械台班消耗水平的计算则比较复杂,一般要分以下几步进行:

1)统计对比工程实际调配的各类机械的台数和天数。

2)根据机械运转记录,确定机械设备实际运转的台班数。

3)对机械设备的使用性质进行分析,分清哪些机械设备是生产性机械,哪些是非生产性机械;对于生产型机械,分清哪些使用台班是为生产服务的,哪些不是为生产服务的。

4)对生产型的机械使用台班,根据机械种类、规格、型号进行分类统计汇总。

(2)对本企业采用的新型施工机械进行统计分析。对新型施工机械的分析,主要有以下两点:

1)由于施工方法的改变,用机械施工代替人力施工而增加的机械。对于这一点,应研究其施工方法是临时的,还是企业一贯采用的;由临时的施工方法引起的机械台班消耗,在编制企业定额时不予考虑,而企业一贯采用的施工方法引起的机械台班消耗,在编制企业定额时应予考虑。

2)由新型施工机械代替旧种类、旧型号的施工机械。对于这一点,应研究其替代行为是临时的,还是企业一贯采用的;由临时的替代行为引起的机械台班消耗,在编制企业定额时应按企业水平对机械种类和消耗量进行还原,而企业一贯采用的替代行为引起的机械台班消耗,在编制企业定额时应对实际发生的机械种类和消耗量进行加工处理,替代原定额相应项目。

(3)计算设备综合利用指标,分析影响企业机械设备利用率的各种原因。设备综合利用指标的计算公式为:

$$设备综合利用指标(\%) = \frac{设备实际产量}{设备可能产量} \times 100\%$$

$$= \frac{设备实际能力 \times 设备实际开动时间}{设备理论能力 \times 设备可能开动时间} \times 100\%$$

$$= 设备能力利用指标 \times 设备时间利用指标$$

通过上式可以看出,企业机械设备综合利用指标的高低,决定于设备能力和时间两个方面的利用情况。从机械本身的原因看,设备的完好率以及设备事故频率是影响机械台班利用率最直接的因素。企业可以通过更换新设备、加速机械折旧速度淘汰旧设备,以及对部分机械设备进行大修理等途径,提高设备完好率、降低事故频率,达到提高设备利用率的目的。因此,在编制企业定额确定机械使用台班消耗指标时,应考虑近期企业施工机械更新换代及大修理提高的机械利用率的因素。

(4)计算机械台班消耗的实际水平与预算定额水平的差异。机械台班消耗的实际水平与预算定额水平的差异的计算,应区分机械设备类别,按下式计算:

$$机械使用台班消耗差异率 = \frac{预算机械台班消耗量}{调后实际机械台班消耗量} \times 100\% - 1$$

调后实际机械台班消耗量是考虑了企业采用的新型施工机械以及企业对旧施工机械的更换和挖潜改造影响因素后,计算出的台班消耗量。

(5)调整预算定额机械台班使用的种类和消耗量,编制施工机械台班消耗量指标。其过程是依据上述计算的各种数据,按编制企业定额的工作方案,以及确定的企业定额的项目与其内容调整预算定额的机械台班使用的种类和消耗量,编制企业定额项目表。

# 第五章 通风空调工程预算定额应用

## 第一节 通风空调工程预算定额概述

### 一、全国统一安装工程预算定额

《全国统一建筑装饰装修工程消耗量定额》(以下简称全统定额)是完成规定计量单位装饰装修分项工程所需的人工、材料、施工机械台班消耗量标准,是统一全国安装工程预算工程量计算规则、项目划分、计量单位的依据,是编制安装工程地区单位估价表、施工图预算、招标工程标底、确定工程造价的依据是编制概算定额(指标)、投资估算指标的基础,也可作为制订企业定额和投标报价的基础。

**1. 编制依据**

(1)全统定额是依据现行有关国家的产品标准、设计规范、施工及验收规范、技术操作规程、质量评定标准和安全操作规程编制的,也参考了行业、地方标准,以及有代表性的工程设计、施工资料和其他资料。

(2)全统定额是按目前国内大多数施工企业采用的施工方法、机械化装备程度、合理的工期、施工工艺和劳动组织条件制订的,除各章另有说明外,均不得因上述因素有差异而对定额进行调整或换算。

(3)全统定额是按下列正常的施工条件进行编制的:

1)设备、材料、成品、半成品、构件完整无损,符合质量标准和设计要求,附有合格证书和试验记录。

2)安装工程和土建工程之间的交叉作业正常。

3)安装地点、建筑物、设备基础、预留孔洞等均符合安装要求。

4)水、电供应均满足安装施工正常使用。

5)正常的气候、地理条件和施工环境。

**2. 定额分册**

全统定额共分十二册,包括:

第一册　机械设备安装工程　GYD—201—2000；
第二册　电气设备安装工程　GYD—202—2000；
第三册　热力设备安装工程　GYD—203—2000；
第四册　炉窑砌筑工程　GYD—204—2000；
第五册　静置设备与工艺金属结构制作安装工程　GYD—205—2000；
第六册　工业管道工程　GYD—206—2000；
第七册　消防及安全防范设备安装工程　GYD—207—2000；
第八册　给排水、采暖、燃气工程　GYD—208—2000；
第九册　通风空调工程　GYD—209—2000；
第十册　自动化控制仪表安装工程　GYD—210—2000；
第十一册　刷油、防腐蚀、绝热工程　GYD—211—2000；
第十二册　通信设备及线路工程　GYD—212—2000（另行发布）。

**3. 消耗量确定说明**

(1)人工工日消耗量的确定。

1)全统定额的人工工日不分列工种和技术等级，一律以综合工日表示，内容包括基本用工、超运距用工和人工幅度差。

2)综合工日的单价采用北京市 1996 年安装工程人工费单价，每工日 23.22 元，包括基本工资和工资性津贴等。

(2)材料消耗量的确定。

1)全统定额中的材料消耗量包括直接消耗在安装工作内容中的主要材料、辅助材料和零星材料等，并计入了相应损耗，其内容和范围包括：从工地仓库、现场集中堆放地点或现场加工地点到操作或安装地点的运输损耗、施工操作损耗、施工现场堆放损耗。

2)凡定额内未注明单价的材料均为主材，基价中不包括其价格，应根据括号内所列的用量，按各省、自治区、直辖市的材料预算价格计算。

3)用量很少，对基价影响很小的零星材料合并为其他材料费，计入材料费内。

4)施工措施性消耗部分，周转性材料按不同施工方法、不同材质分别列出一次使用量和一次摊销量。

5)材料单价采用北京市 1996 年材料预算价格。

6)主要材料损耗率见各册附录。

(3)施工机械台班消耗量的确定。

1)全统定额的机械台班消耗量是按正常合理的机械配备和大多数施工企业的机械化装备程度综合取定的。

2)凡单位价值在2000元以内,使用年限在两年以内的不构成固定资产的工具、用具等未进入定额,应在建筑安装工程费用定额中考虑。

3)施工机械台班单价,是按1998年原建设部颁发的《全国统一施工机械台班费用定额》计算的,其中未包括的车船使用税等,可按各省、自治区、直辖市的有关规定计入。

(4)施工仪器仪表台班消耗量的确定。

1)全统定额的施工仪器仪表消耗量是按大多数施工企业的现场校验仪器仪表配备情况综合取定的,实际与定额不符时,除各章另有说明者外,均不作调整。

2)凡单位价值在2000元以内,使用年限在两年以内的不构成固定资产的施工仪器仪表等未进入定额,应在建筑安装工程费用定额中考虑。

3)施工仪器仪表台班单价,是按2000年原建设部颁发的《全国统一安装工程施工仪器仪表台班费用定额》计算的。

**4. 定额其他说明**

(1)关于水平和垂直运输:

1)设备:包括自安装现场指定堆放地点运至安装地点的水平和垂直运输。

2)材料、成品、半成品:包括自施工单位现场仓库或现场指定堆放地点运至安装地点的水平和垂直运输。

3)垂直运输基准面:室内以室内地平面为基准面,室外以安装现场地平面为基准面。

(2)全统定额适用于海拔高程2000m以下,地震烈度七度以下的地区,超过上述情况时,可结合具体情况,由各省、自治区、直辖市或国务院有关部门制定调整办法。

(3)全统定额中注有"×××以内"或"×××以下"者均包括×××本身,"×××以外"或"×××以上"者,则不包括×××本身。

## 二、通风空调工程预算定额

**1. 定额内容**

《通风空调工程》预算定额是全统定额第九册，包括薄钢板通风管道制作安装、调节阀制作安装、风口制作安装、风帽制作安装、罩类制作安装、消声器制作安装、空调部件及设备支架制作安装、通风空调设备安装、净化通风管道及部件制作安装、不锈钢板通风管道及部件制作安装、铝板通风管道及部件制作安装、塑料通风管道及部件制作安装、玻璃钢通风管道及部件安装、复合型风管制作安装共十四章内容。

**2. 适用范围**

《通风空调工程》预算定额适用于工业与民用建筑的新建、扩建项目中的通风空调工程。

**3. 定额说明**

(1)通风空调的刷油漆、绝热、防腐蚀，执行全统定额第十一册《刷油、防腐蚀、绝热工程》相应定额：

1)薄钢板风管刷油漆按其工程量执行相应项目。仅外(或内)面刷油漆者，定额乘以系数 1.2；内外均刷油漆者，定额乘以系数 1.1(其法兰加固框、吊托支架已包括在此系数内)。

2)薄钢板部件刷油漆按其工程量执行金属结构刷油漆项目，定额乘以系数 1.15。

3)不包括在风管工程量内而单独列项的各种支架(不锈钢吊托支架除外)，按其工程量执行相应项目。

4)薄钢板风管、部件以及单独列项的支架，其除锈不分锈蚀程度，一律按其第一遍刷油漆的工程量执行除锈相应项目。

5)绝热保温材料不需黏结剂者，执行相应项目时需减去其中的黏结材料，人工乘以系数 0.5。

6)风道及部件在加工厂预制的，其场外运费由各省、自治区、直辖市自行制定。

(2)关于下列各项费用的规定：

1)脚手架搭拆费按人工费的 3% 计算，其中人工工资占 25%。

2)高层建筑增加费(指高度在 6 层或 20m 以上的工业与民用建筑)，按表 5-1 计算(全部为人工工资)。

## 第五章 通风空调工程预算定额应用

表 5-1  通风空调工程的高层建筑增加费

| 层 数 | 9层以下(30m) | 12层以下(40m) | 15层以下(50m) | 18层以下(60m) | 21层以下(70m) | 24层以下(80m) | 27层以下(90m) | 30层以下(100m) | 33层以下(110m) |
|---|---|---|---|---|---|---|---|---|---|
| 按人工费的百分比(%) | 1 | 2 | 3 | 4 | 5 | 6 | 8 | 10 | 13 |
| 层 数 | 36层以下(120m) | 39层以下(130m) | 42层以下(140m) | 45层以下(150m) | 48层以下(160m) | 51层以下(170m) | 54层以下(180m) | 57层以下(190m) | 60层以下(200m) |
| 按人工费的百分比(%) | 16 | 19 | 22 | 25 | 28 | 31 | 34 | 37 | 40 |

3)超高增加费(指操作物高度距离楼地面6m以上的工程),按人工费的15%计算。

4)系统调整费按系统工程人工费的13%计算,其中人工工资占25%。

5)安装与生产同时进行增加的费用,按人工费的10%计算。

6)在有害身体健康的环境中施工增加的费用,按人工费的10%计算。

(3)定额中人工、材料、机械,凡未按制作和安装分别列出的,其制作费与安装费的比例可按表5-2划分。

表 5-2  制作费与安装费比例

| 章 号 | 项 目 | 制作占比例(%) | | | 安装占比例(%) | | |
|---|---|---|---|---|---|---|---|
| | | 人工 | 材料 | 机械 | 人工 | 材料 | 机械 |
| 第一章 | 薄钢板通风管道制作安装 | 60 | 95 | 95 | 40 | 5 | 5 |
| 第二章 | 调节阀制作安装 | — | | | — | | |
| 第三章 | 风口制作安装 | — | — | — | — | — | — |
| 第四章 | 风帽制作安装 | 75 | 80 | 99 | 25 | 20 | 1 |
| 第五章 | 罩类制作安装 | 78 | 98 | 95 | 22 | 2 | 5 |
| 第六章 | 消声器制作安装 | 91 | 98 | 99 | 9 | 2 | 1 |
| 第七章 | 空调部件及设备支架制作安装 | 86 | 98 | 95 | 14 | 2 | 5 |
| 第八章 | 通风空调设备安装 | | | | 100 | 100 | 100 |
| 第九章 | 净化通风管道及部件制作安装 | 60 | 85 | 95 | 40 | 15 | 5 |
| 第十章 | 不锈钢板通风管道及部件制作安装 | 72 | 95 | 95 | 28 | 5 | 5 |
| 第十一章 | 铝板通风管道及部件制作安装 | 68 | 95 | 95 | 32 | 5 | 5 |
| 第十二章 | 塑料通风管道及部件制作安装 | 85 | 95 | 95 | 15 | 5 | 5 |
| 第十三章 | 玻璃钢通风管道及部件安装 | — | | | 100 | 100 | 100 |
| 第十四章 | 复合型风管制作安装 | 60 | | 99 | 40 | 100 | 1 |

### 三、通风空调工程量计量

**1. 管道制作安装**

(1) 风管制作安装,以施工图规格不同按展开面积计算,不扣除检查孔、测定孔、送风口、吸风口等所占面积。圆形风管的计算公式如下:

$$F = \pi D L$$

式中　$F$——圆形风管展开面积($m^2$);
　　　$D$——圆形风管直径(m);
　　　$L$——管道中心线长度(m)。

矩形风管按图示周长乘以管道中心线长度计算。

(2) 风管长度一律以施工图示中心线长度为准(主管与支管以其中心线交点划分),包括弯头、三通、变径管、天圆地方等管件的长度,但不得包括部件所占长度。直径和周长按图示尺寸为准展开,咬口重叠部分已包括在定额内,不得另行增加。

(3) 风管导流叶片制作安装按图示叶片的面积计算。

(4) 整个通风系统设计采用渐缩管均匀送风者,圆形风管按平均直径、矩形风管按平均周长计算。

(5) 塑料风管、复合型材料风管制作安装定额所列规格直径为内径,周长为内周长。

(6) 柔性软风管安装,按图示管道中心线长度以"m"为计量单位。柔性软风管阀门安装以"个"为计量单位。

(7) 软管(帆布接口)制作安装,按图示尺寸以"$m^2$"为计量单位。

(8) 风管检查孔质量,按定额的"国标通风部件标准质量表"计算。

(9) 风管测定孔制作安装,按其型号以"个"为计量单位。

(10) 薄钢板通风管道、净化通风管道、玻璃钢通风管道、复合型材料通风管道的制作安装中,已包括法兰、加固框和吊托支架,不得另行计算。

(11) 不锈钢通风管道、铝板通风管道的制作安装中,不包括法兰和吊托支架,可按相应定额以"kg"为计量单位另行计算。

(12) 塑料通风管道制作安装,不包括吊托支架,可按相应定额以"kg"为计量单位另行计算。

## 2. 部件制作安装

(1)标准部件的制作,按其成品质量,以"kg"为计量单位,根据设计型号、规格,按本定额的"国标通风部件标准质量表"计算质量,非标准部件按图示成品质量计算。部件的安装按图示规格尺寸(周长或直径),以"个"为计量单位,分别执行相应定额。

(2)钢百叶窗及活动金属百叶风口的制作,以"$m^2$"为计量单位,安装按规格尺寸以"个"为计量单位。

(3)风帽筝绳制作安装,按图示规格、长度,以"kg"为计量单位。

(4)风帽泛水制作安装,按图示展开面积以"$m^2$"为计量单位。

(5)挡水板制作安装,按空调器断面面积计算。

(6)钢板密闭门制作安装,以"个"为计量单位。

(7)设备支架制作安装,按图示尺寸以"kg"为计量单位,执行《静置设备与工艺金属结构制作安装工程》定额相应项目和工程量计算规则。

(8)电加热器外壳制作安装,按图示尺寸以"kg"为计量单位。

(9)风机减震台座制作安装执行设备支架定额,定额内不包括减震器,应按设计规定另行计算。

(10)高、中、低效过滤器、净化工作台安装,以"台"为计量单位;风淋室安装按不同质量以"台"为计量单位。

(11)洁净室安装按质量计算,执行本定额"分段组装式空调器"安装定额。

## 3. 通风空调设备安装

(1)风机安装按设计不同型号以"台"为计量单位。

(2)整体式空调机组安装,空调器按不同质量和安装方式,以"台"为计量单位;分段组装空调器,按质量以"kg"为计量单位。

(3)风机盘管安装,按安装方式不同以"台"为计算单位。

(4)空气加热器、除尘设备安装,按质量不同以"台"为计量单位。

# 第二节 薄钢板通风管道制作安装

## 一、定额说明

### 1. 工作内容

(1)风管制作:放样、下料、卷圆、折方、轧口、咬口,制作直管、管件、法兰、吊托支架、钻孔、铆焊、上法兰、组对。

(2)风管安装:找标高,打支架墙洞,配合预留孔洞,埋设吊托支架,组装,风管就位、找平、找正、制垫,垫垫,上螺栓、紧固。

**2. 相关说明**

(1)整个通风系统设计采用渐缩管均匀送风者,圆形风管按平均直径,矩形风管按平均周长执行相应规格项目,其人工乘以系数 2.5。

(2)镀锌薄钢板风管项目中的板材是按镀锌薄钢板编制的,如设计要求不用镀锌薄钢板者,板材可以换算,其他不变。

(3)风管导流叶片不分单叶片和香蕉形双叶片,均执行同一项目。

(4)制作空气幕送风管时,按矩形风管平均周长执行相应风管规格项目,其人工乘以系数 3,其余不变。

(5)薄钢板通风管道制作安装项目中,包括弯头、三通、变径管、天圆地方等管件及法兰、加固框和吊托支架的制作用工,但不包括过跨风管落地支架。落地支架执行设备支架项目。

(6)薄钢板风管项目中的板材,设计要求厚度不同者可以换算,但人工、机械不变。

(7)软管接头使用人造革而不使用帆布者,可以换算。

(8)项目中的法兰垫料,设计要求使用材料品种不同者可以换算,但人工不变。使用泡沫塑料者,每千克橡胶板换算为泡沫塑料 0.125kg;使用闭孔乳胶海绵者,每千克橡胶板换算为闭孔乳胶海绵 0.5kg。

(9)柔性软风管,适用于由金属、涂塑化纤织物、聚酯、聚乙烯、聚氯乙烯薄膜、铝箔等材料制成的软风管。

(10)柔性软风管安装,按图示中心线长度以"m"为单位计算;柔性软风管阀门安装,以"个"为单位计算。

**二、定额项目**

薄钢板通风管道制作安装预算定额编号为 9—1～9—43,包括以下项目:

(1)镀锌薄钢板圆形风管($\delta=1.2$mm 以内咬口)直径分别为 200mm 以下、500mm 以下、1120mm 以下、1120mm 以上。

(2)镀锌薄钢板矩形风管($\delta=1.2$mm 以内咬口)周长分别为 800mm 以下、200mm 以下、400mm 以下、400mm 以上。

(3)薄钢板圆形风管($\delta=2$mm 以内焊接)直径分别为 200mm 以下、500mm 以下、1120mm 以下、1120mm 以上。

(4)薄钢板矩形风管($\delta=2mm$以内焊接)周长分别为800mm以下、200mm以下、400mm以下、400mm以上。

(5)薄钢板圆形风管($\delta=3mm$以内焊接)直径分别为200mm以下、500mm以下、1120mm以下、1120mm以上。

(6)薄钢板矩形风管($\delta=3mm$以内焊接)周长分别为800mm以下、2000mm以下、4000mm以下、4000mm以上。

(7)柔性软风管安装。

1)无保温套管直径分别为150mm、250mm、500mm、710mm、910mm。

2)有保温套管直径分别为150mm、250mm、500mm、710mm、910mm。

(8)柔性软风管阀门安装直径分别为150mm、250mm、500mm、710mm、910mm。

(9)弯头导流叶片。

(10)软管接口。

(11)风管检查孔 T614(100kg)。

(12)温度、风量测定孔 T615(个)。

### 三、定额材料

**1. 定额中列项材料**

薄钢板通风管道制作安装定额中列项的材料包括:镀锌钢板、普通钢板、角钢、扁钢、电焊条、气焊条、乙炔气、氧气、精制六角带帽螺栓、铁铆钉、橡胶板、膨胀螺栓、柔性软风管、柔性软风管阀门、帆布、弹簧垫圈、镀锌丝堵、熟铁管籍、铁铆钉、酚醛塑料把手、闭孔乳胶海绵、圆锥销等。

**2. 常用材料介绍**

(1)薄钢板。常用薄钢板有普通薄钢板、冷轧薄钢板、镀锌薄钢板等。

1)普通薄钢板。常用的薄钢板厚度为0.5~2mm,分为板材和卷材供货。薄钢板一般为冷轧或热轧钢板。质量要求为表面平整、光滑,厚度均匀,允许有紧密的氧化铁薄膜,不得有裂纹、结疤等缺陷;但易生锈,须油漆防腐,多用于排气、除尘系统。

2)冷轧薄钢板。冷轧薄钢板表面平整光洁,易生锈,应及时刷漆。多用于送风系统,其品种规格见表5-3。

表 5-3　　　　　　　　　　　　冷轧薄钢板品种

| 钢板厚度(mm) | 钢板宽度(mm) | | | | | | | | |
|---|---|---|---|---|---|---|---|---|---|
| | 600,650,700,710,750,800,850 | 900 950 | 1000 1100 | 1250 | 1400 1420 | 1500 | 1600 | 1700 | 1800 |
| | 钢板最大长度(m) | | | | | | | | |
| 0.20～0.45 | 2.5 | 3 | 3 | — | — | — | — | — | — |
| 0.55～0.65 | | | | 3.5 | — | — | — | — | — |
| 0.70～0.75 | | | | | 4 | — | — | — | — |
| 0.80～1.0 | 3 | 3.5 | 3.5 | 4 | | 4 | — | — | — |
| 1.1～1.3 | | | | | | | 4 | 4.2 | 4.2 |
| 1.4～2.0 | | 3 | 4 | 6 | 6 | 6 | 6 | 6 | 6 |

3) 镀锌薄钢板。镀锌薄钢板表面呈银白色，由普通钢板镀锌制成，厚度为 0.5～1.2mm，规格及尺寸见表 5-4。由于它的表面有镀锌层保护，起到了防锈作用，所以一般不需再刷漆。在一些引进工程中多使用镀锌钢板卷材，尤其适用于螺旋风管的制作。

在通风工程中，常用镀锌钢板来制作不含酸、碱气体的通风系统和空调系统的风管，在送风、排气、空调、净化系统中大量使用。

对镀锌钢板的表面，要求光滑洁净，表面层有热镀锌特有的镀锌层结晶花纹，钢板镀锌厚度不小于 0.02mm。

表 5-4　　　　　　　　　　热镀锌薄钢板规格及尺寸

| 钢板厚度(mm) | 0.35,0.40,0.45,0.50,0.55,0.60,0.65,0.70,0.75,0.80,0.90,1.0,1.1,1.2,1.4,1.5 | | | | | |
|---|---|---|---|---|---|---|
| 钢板宽度×长度(mm) | 710×1430,750×750,750×1500,750×1800,800×800,800×1200,800×1600,350×1700,900×900,900×1800,900×2000,1000×2000 | | | | | |
| 钢板厚度(mm) | 0.35～0.45 | >0.45～0.70 | >0.70～0.89 | >0.80～1.0 | >1.0～1.25 | >1.25～1.5 |
| 反复弯曲次数 | ≥8 | ≥7 | ≥6 | ≥5 | ≥4 | ≥3 |
| 钢板类别 | 冷成型用 | | | 一般用途用 | | |
| 钢板厚度(mm) | 0.35～0.80 | >0.80～1.2 | >1.2～1.5 | 0.35～0.80 | >0.80～1.5 | |
| 镀锌强度弯曲试验($d$=弯心直径,$a$=试样厚度) | $d=0$ 180°角 | $d=a$ 180°角 | 弯曲 90°角 | $d=a$ 180°角 | 弯曲 90°角 | |
| 钢板两面镀锌层质量 | ≥275(g/m²) | | | | | |

(2)型钢。

1)角钢。角钢俗称角铁,是两边互相垂直成角形的长条钢材,有等边角钢和不等边角钢之分。角钢可按结构的不同需要组成各种不同的受力构件,也可作构件之间的连接杆。通常空调安装工程采用等边角钢∟60和∟63两种规格。

常用角钢规格及尺寸见表5-5。

表5-5　　　　　　　　常用角钢规格及尺寸

| 型号 | 截面尺寸(mm) | | | 截面面积 ($cm^2$) | 理论质量 (kg/m) | 外表面积 ($m^2/m$) |
|---|---|---|---|---|---|---|
| | b | d | r | | | |
| 4 | 40 | 3 | 5 | 2.359 | 1.852 | 0.157 |
| | | 4 | | 3.086 | 2.422 | 0.157 |
| | | 5 | | 3.791 | 2.976 | 0.156 |
| 4.5 | 45 | 3 | 5 | 2.659 | 2.088 | 0.177 |
| | | 4 | | 3.486 | 2.736 | 0.177 |
| | | 5 | | 4.292 | 3.369 | 0.176 |
| | | 6 | | 5.076 | 3.985 | 0.176 |
| 5 | 50 | 3 | 5.5 | 2.971 | 2.332 | 0.197 |
| | | 4 | | 3.897 | 3.059 | 0.197 |
| | | 5 | | 4.803 | 3.770 | 0.196 |
| | | 6 | | 5.688 | 4.465 | 0.196 |
| 6 | 60 | 5 | 6.5 | 5.829 | 4.576 | 0.236 |
| | | 6 | | 6.914 | 5.427 | 0.235 |
| | | 7 | | 7.977 | 6.262 | 0.235 |
| | | 8 | | 9.020 | 7.081 | 0.235 |
| 6.3 | 63 | 4 | 7 | 4.978 | 3.907 | 0.248 |
| | | 5 | | 6.143 | 4.822 | 0.248 |
| | | 6 | | 7.288 | 5.721 | 0.247 |
| | | 7 | | 8.412 | 6.603 | 0.247 |
| | | 8 | | 9.515 | 7.469 | 0.247 |
| | | 10 | | 11.657 | 9.151 | 0.247 |

2)扁钢。扁钢为宽10～200mm,厚3～60mm,截面呈长方形并稍带钝边的钢材。常用扁钢规格及尺寸见表5-6。

表 5-6 常用扁钢的尺寸及理论质量

| 公称宽度(mm) | 厚度(mm) 理论质量(kg/m) | | | | | | | | | | | | | | | | | | | | | |
|---|---|---|---|---|---|---|---|---|---|---|---|---|---|---|---|---|---|---|---|---|---|---|
| | 3 | 4 | 5 | 6 | 7 | 8 | 9 | 10 | 11 | 12 | 14 | 16 | 18 | 20 | 22 | 25 | 28 | 30 | 32 | 36 | 40 | 45 | 50 | 56 | 60 |
| 10 | 0.24 | 0.31 | 0.39 | 0.47 | 0.55 | 0.63 | | | | | | | | | | | | | | | | | | | |
| 12 | 0.28 | 0.38 | 0.47 | 0.57 | 0.66 | 0.75 | | | | | | | | | | | | | | | | | | | |
| 14 | 0.33 | 0.44 | 0.55 | 0.66 | 0.77 | 0.88 | | | | | | | | | | | | | | | | | | | |
| 16 | 0.38 | 0.50 | 0.63 | 0.75 | 0.88 | 1.00 | 1.15 | 0.26 | | | | | | | | | | | | | | | | | |
| 18 | 0.42 | 0.57 | 0.71 | 0.85 | 0.99 | 1.13 | 1.27 | 1.41 | | | | | | | | | | | | | | | | | |
| 20 | 0.47 | 0.63 | 0.78 | 0.94 | 1.10 | 1.26 | 1.41 | 1.57 | 1.73 | 1.88 | | | | | | | | | | | | | | | |
| 22 | 0.52 | 0.69 | 0.86 | 1.04 | 1.21 | 1.38 | 1.55 | 1.73 | 1.90 | 2.07 | | | | | | | | | | | | | | | |
| 25 | 0.59 | 0.78 | 0.98 | 1.18 | 1.37 | 1.57 | 1.77 | 1.96 | 2.16 | 2.36 | 2.75 | 3.14 | | | | | | | | | | | | | |
| 28 | 0.66 | 0.88 | 1.10 | 1.32 | 1.54 | 1.76 | 1.98 | 2.20 | 2.42 | 2.64 | 3.08 | 3.53 | | | | | | | | | | | | | |
| 30 | 0.71 | 0.94 | 1.18 | 1.41 | 1.65 | 1.88 | 2.12 | 2.36 | 2.59 | 2.83 | 3.30 | 3.77 | 4.24 | 4.74 | | | | | | | | | | | |
| 32 | 0.75 | 1.00 | 1.26 | 1.51 | 1.76 | 2.01 | 2.26 | 2.55 | 2.76 | 3.01 | 3.52 | 4.02 | 4.52 | 5.02 | | | | | | | | | | | |
| 35 | 0.82 | 1.10 | 1.37 | 1.65 | 1.92 | 2.20 | 2.47 | 2.75 | 3.02 | 3.30 | 3.85 | 4.40 | 4.95 | 5.50 | 6.04 | 6.87 | 7.69 | | | | | | | | |
| 40 | 0.94 | 1.26 | 1.57 | 1.88 | 2.20 | 2.51 | 2.83 | 3.14 | 3.45 | 3.77 | 4.40 | 5.02 | 5.65 | 6.28 | 6.91 | 7.85 | 8.79 | | | | | | | | |
| 45 | 1.06 | 1.41 | 1.77 | 2.12 | 2.47 | 2.83 | 3.18 | 3.53 | 3.89 | 4.24 | 4.95 | 5.65 | 6.36 | 7.07 | 7.77 | 8.83 | 9.89 | 10.60 | 11.30 | 12.72 | | | | | |
| 50 | | 1.57 | 1.96 | 2.36 | 2.75 | 3.14 | 3.53 | 3.93 | 4.32 | 4.71 | 5.50 | 6.28 | 7.06 | 7.85 | 8.64 | 9.81 | | 10.99 | 11.78 | 12.56 | 14.13 | | | | |
| 60 | | 1.88 | 2.36 | 2.83 | 3.30 | 3.77 | 4.24 | 4.71 | 5.18 | 5.65 | 6.59 | 7.54 | 8.48 | 9.42 | 10.36 | 11.78 | 13.19 | 14.13 | 15.07 | 16.96 | 18.84 | 21.20 | | | |
| 65 | | 2.04 | 2.55 | 3.06 | 3.57 | 4.08 | 4.59 | 5.10 | 5.61 | 6.12 | 7.14 | 8.16 | 9.18 | 10.20 | 11.23 | 12.76 | 14.29 | 15.31 | 16.33 | 18.37 | 20.41 | 22.96 | | | |
| 70 | | 2.20 | 2.75 | 3.30 | 3.85 | 1.40 | 4.95 | 5.50 | 6.04 | 6.59 | 7.69 | 8.79 | 9.89 | 10.99 | 12.09 | 13.74 | 15.39 | 16.49 | 17.58 | 19.78 | 21.98 | 24.73 | | | |

# 第五章 通风空调工程预算定额应用

续表

| 公称宽度(mm) | 厚度(mm) | | | | | | | | | | | | | | | | | | | | | | | | |
|---|---|---|---|---|---|---|---|---|---|---|---|---|---|---|---|---|---|---|---|---|---|---|---|---|---|
| | 3 | 4 | 5 | 6 | 7 | 8 | 9 | 10 | 11 | 12 | 14 | 16 | 18 | 20 | 22 | 25 | 28 | 30 | 32 | 36 | 40 | 45 | 50 | 56 | 60 |
| | 理论质量(kg/m) | | | | | | | | | | | | | | | | | | | | | | | | |
| 75 | 2.36 | 2.94 | 3.53 | 4.12 | 4.71 | 5.30 | 5.89 | 6.48 | 7.07 | 8.24 | 9.42 | 10.60 | 11.78 | 12.05 | 14.72 | 16.48 | 17.66 | 18.84 | 21.20 | 23.55 | 26.40 | | | |
| 80 | 2.51 | 3.14 | 3.77 | 4.40 | 5.02 | 5.65 | 6.28 | 6.91 | 7.54 | 8.79 | 10.05 | 11.30 | 12.56 | 13.85 | 15.70 | 17.58 | 18.84 | 20.10 | 22.61 | 25.12 | 28.26 | 31.40 | 35.17 | |
| 85 | | 3.34 | 4.00 | 4.67 | 5.34 | 6.01 | 6.67 | 7.34 | 8.01 | 9.34 | 10.68 | 12.01 | 13.34 | 14.68 | 16.68 | 18.68 | 20.02 | 21.35 | 24.02 | 26.69 | 30.03 | 33.36 | 37.37 | 40.04 |
| 90 | | 3.53 | 4.24 | 4.95 | 5.65 | 6.36 | 7.07 | 7.77 | 8.48 | 9.89 | 11.30 | 12.72 | 14.13 | 15.54 | 17.66 | 19.78 | 21.20 | 22.61 | 25.43 | 28.26 | 31.79 | 35.32 | 39.56 | 42.39 |
| 95 | | 3.73 | 4.47 | 5.22 | 5.97 | 6.71 | 7.46 | 8.20 | 8.95 | 10.44 | 11.93 | 13.42 | 14.92 | 16.41 | 18.64 | 20.88 | 22.37 | 23.86 | 26.85 | 29.83 | 33.56 | 37.29 | 41.76 | 44.74 |
| 100 | | 3.92 | 4.71 | 5.50 | 6.28 | 7.06 | 7.85 | 8.64 | 9.42 | 10.99 | 12.56 | 14.13 | 15.70 | 17.27 | 19.62 | 21.98 | 23.55 | 25.12 | 28.26 | 31.40 | 35.32 | 39.25 | 43.95 | 47.10 |
| 105 | | 4.12 | 4.95 | 5.77 | 6.59 | 7.42 | 8.24 | 9.07 | 9.89 | 11.54 | 13.19 | 14.84 | 16.48 | 18.13 | 20.61 | 23.08 | 24.73 | 26.38 | 29.67 | 32.97 | 37.09 | 41.21 | 46.16 | 49.46 |
| 110 | | 4.32 | 5.18 | 6.04 | 6.91 | 7.77 | 8.64 | 9.50 | 10.36 | 12.09 | 13.82 | 15.54 | 17.27 | 19.00 | 21.50 | 24.18 | 25.90 | 27.63 | 31.09 | 34.54 | 38.64 | 43.18 | 48.36 | 51.81 |
| 120 | | 4.71 | 5.65 | 6.59 | 7.54 | 8.48 | 9.42 | 10.36 | 11.30 | 13.19 | 15.07 | 16.96 | 18.84 | 20.72 | 23.56 | 26.38 | 28.30 | 30.14 | 33.91 | 37.68 | 42.39 | 47.10 | 52.75 | 56.52 |
| 125 | | | 5.89 | 6.87 | 7.85 | 8.83 | 9.81 | 10.79 | 11.78 | 13.74 | 15.70 | 17.66 | 19.62 | 21.58 | 24.53 | 27.48 | 29.44 | 31.40 | 35.32 | 39.25 | 44.16 | 49.06 | 54.95 | 58.88 |
| 130 | | | 6.12 | 7.14 | 8.16 | 9.18 | 10.20 | 11.23 | 12.25 | 14.29 | 16.33 | 18.37 | 20.41 | 22.45 | 25.51 | 28.57 | 30.62 | 32.66 | 36.74 | 40.82 | 45.92 | 51.02 | 57.15 | 61.23 |
| 140 | | | | 7.69 | 8.79 | 9.89 | 10.99 | 12.09 | 13.19 | 15.39 | 17.58 | 19.78 | 21.98 | 24.18 | 27.48 | 30.77 | 32.97 | 35.17 | 39.56 | 43.96 | 49.46 | 54.95 | 61.54 | 65.94 |
| 150 | | | | 8.24 | 9.42 | 10.60 | 11.78 | 12.95 | 14.13 | 16.48 | 18.84 | 21.20 | 23.55 | 25.90 | 29.44 | 32.97 | 35.32 | 37.68 | 42.39 | 47.10 | 52.99 | 58.86 | 65.94 | 70.65 |
| 160 | | | | 8.79 | 10.05 | 11.30 | 12.56 | 13.82 | 15.07 | 17.58 | 20.10 | 22.61 | 25.12 | 27.63 | 31.40 | 35.17 | 37.68 | 40.19 | 45.22 | 50.24 | 56.52 | 62.80 | 70.34 | 75.36 |
| 180 | | | | 9.89 | 11.30 | 12.72 | 14.13 | 15.54 | 16.96 | 19.78 | 22.61 | 25.43 | 28.26 | 31.09 | 35.32 | 39.56 | 42.39 | 45.22 | 50.87 | 56.52 | 63.58 | 70.65 | 79.13 | 84.78 |
| 200 | | | | 10.99 | 12.56 | 14.13 | 15.70 | 17.27 | 18.84 | 21.98 | 25.12 | 28.26 | 31.40 | 34.54 | 39.25 | 43.96 | 47.10 | 50.24 | 56.52 | 62.80 | 70.65 | 78.50 | 87.92 | 94.20 |

注:1. 表中的粗线用以划分厚钢的级别:
　　1 组——理论质量≤19kg/m;
　　2 组——理论质量>19kg/m。
　2. 表中的理论质量按密度 7.85g/cm³ 计算。

3)圆钢。圆钢是指截面为圆形的实心长条钢材,其规格以直径的毫米数表示。常用圆钢规格、尺寸及理论质量见表5-7。

表5-7　　　　　　　常用圆钢规格、尺寸及理论质量

| 圆钢公称直径 $d$ (mm) | 理论质量 (kg/m) | 圆钢公称直径 $d$ (mm) | 理论质量 (kg/m) |
| --- | --- | --- | --- |
| 5.5 | 0.186 | 28 | 4.83 |
| 6 | 0.222 | 29 | 5.18 |
| 6.5 | 0.260 | 30 | 5.55 |
| 7 | 0.302 | 31 | 5.92 |
| 8 | 0.395 | 32 | 6.31 |
| 9 | 0.499 | 33 | 6.71 |
| 10 | 0.617 | 34 | 7.13 |
| 11 | 0.746 | 35 | 7.55 |
| 12 | 0.886 | 36 | 7.99 |
| 13 | 1.040 | 38 | 8.90 |
| 14 | 1.210 | 40 | 9.86 |
| 15 | 1.390 | 42 | 10.90 |
| 16 | 1.580 | 45 | 12.50 |
| 17 | 1.780 | 48 | 14.20 |
| 18 | 2.000 | 50 | 15.40 |
| 19 | 2.230 | 55 | 18.60 |
| 20 | 2.470 | 56 | 19.30 |
| 21 | 2.720 | 58 | 20.70 |
| 22 | 2.980 | 60 | 22.20 |
| 23 | 3.260 | 63 | 24.50 |
| 24 | 3.550 | 65 | 26.00 |
| 25 | 3.850 | 68 | 28.50 |
| 26 | 4.170 | 70 | 30.20 |
| 27 | 4.490 | | |

注:表中钢的理论质量是按密度为 $7.85g/cm^3$ 计算。

(3)膨胀螺栓。固定风管支、吊、托架的膨胀螺栓规格见表5-8。

表5-8　　　　　　　　　膨胀螺栓规格表　　　　　　（单位：mm）

| 螺纹规格 $d$ | 螺柱总长 $L$ | 胀管 | | 被连接件厚度 $H$ | 钻孔 | |
|---|---|---|---|---|---|---|
| | | 外径 $D$ | 长度 $L_1$ | | 直径 | 深度 |
| M6 | 65,75,85 | 10 | 35 | L−55 | 10.5 | 35 |
| M8 | 80,90,100 | 12 | 45 | L−65 | 12.5 | 45 |
| M10 | 95,110,125,130 | 14 | 55 | L−75 | 14.5 | 55 |
| M12 | 110,130,150,200 | 18 | 65 | L−90 | 19.0 | 65 |
| M16 | 150,175,200,220,250,300 | 22 | 90 | L−120 | 23.0 | 90 |

### 四、定额工程量计算应用

**1. 风管板材用料计算**

每米风管所需板材的面积计算可采用下列公式：

板材面积$(m^2/m) = \pi D \times (1+$板材损耗率$)$

或　　板材面积$(m^2/m) = 2(A+B) \times (1+$板材损耗率$)$

式中　$D$——风管直径，m；

　　　$A$、$B$——风管边长，m。

每米风管所需板材的质量计算可采用下列公式：

板材质量$(kg/m) = \pi D \times (1+$板材损耗率$) \times$每平方米板材质量

或　　板材质量$(kg/m) = 2(A+B) \times (1+$板材损耗率$) \times$每平方米板材质量

式中　$D$——风管直径，m；

　　　$A$、$B$——风管边长，m。

(1)常用咬口连接圆形风管钢板用量计算。

1)常用咬口连接圆形风管钢板用量计算依据下列公式编制：

①每米风管钢板用量$(m^2/m) = 3.573D$。

②每米风管钢板用量$(kg/m) = 3.573D \times$每平方米钢板质量。

2)每平方米钢板质量：$3.925 kg/m^2 (\delta=0.5mm)$；$5.888 kg/m^2 (\delta=0.75mm)$；$7.85 kg/m^2 (\delta=1mm)$；$9.42 kg/m^2 (\delta=1.2mm)$。

3)钢板损耗率为13.8%。

4)常用咬口连接圆形风管钢板用量见表5-9。

表5-9　　　　常用咬口连接圆形风管钢板用量(含管件)

| 风管直径 (mm) | m²/m | 风管钢板用量(kg/m) | | | |
|---|---|---|---|---|---|
| | | 钢板厚度(mm) | | | |
| | | 0.50 | 0.75 | 1.00 | 1.20 |
| 110 | 0.393 | 1.54 | 2.31 | 3.09 | 3.70 |
| 115 | 0.411 | 1.61 | 2.42 | 3.23 | 3.87 |
| 120 | 0.429 | 1.68 | 2.53 | 3.37 | 4.04 |
| 130 | 0.465 | 1.83 | 2.74 | 3.65 | 4.38 |
| 140 | 0.500 | 1.96 | 2.94 | 3.93 | 4.71 |
| 150 | 0.536 | 2.10 | 3.16 | 4.21 | 5.05 |
| 160 | 0.572 | 2.25 | 3.37 | 4.49 | 5.39 |
| 165 | 0.590 | 2.32 | 3.47 | 4.63 | 5.56 |
| 175 | 0.625 | 2.45 | 3.68 | 4.91 | 5.89 |
| 180 | 0.643 | 2.52 | 3.79 | 5.05 | 6.06 |
| 195 | 0.697 | 2.74 | 4.10 | 5.47 | 6.57 |
| 200 | 0.715 | 2.81 | 4.21 | 5.61 | 6.74 |
| 215 | 0.768 | 3.01 | 4.52 | 6.03 | 7.23 |
| 220 | 0.786 | 3.09 | 4.63 | 6.17 | 7.40 |
| 235 | 0.840 | 3.30 | 4.95 | 6.59 | 7.91 |
| 250 | 0.893 | 3.51 | 5.26 | 7.01 | 8.41 |
| 265 | 0.947 | 3.72 | 5.58 | 7.43 | 8.92 |
| 280 | 1.001 | 3.93 | 5.89 | 7.86 | 9.43 |
| 285 | 1.018 | 4.00 | 5.99 | 7.99 | 9.59 |
| 295 | 1.054 | 4.14 | 6.21 | 8.27 | 9.93 |
| 320 | 1.143 | 4.49 | 6.73 | 8.97 | 10.77 |
| 325 | 1.161 | 4.56 | 6.84 | 9.11 | 10.94 |
| 360 | 1.286 | 5.05 | 7.57 | 10.10 | 12.11 |

续一

| 风管直径 (mm) | 风管钢板用量(kg/m) | | | | |
|---|---|---|---|---|---|
| | m²/m | 钢板厚度(mm) | | | |
| | | 0.50 | 0.75 | 1.00 | 1.20 |
| 375 | 1.340 | 5.26 | 7.89 | 10.52 | 12.62 |
| 395 | 1.411 | 5.54 | 8.31 | 11.08 | 13.29 |
| 400 | 1.429 | 5.61 | 8.41 | 11.22 | 13.46 |
| 440 | 1.572 | 6.17 | 9.26 | 12.34 | 14.81 |
| 450 | 1.608 | 6.31 | 9.47 | 12.62 | 15.15 |
| 495 | 1.769 | 6.94 | 10.42 | 13.89 | 16.66 |
| 500 | 1.787 | 7.01 | 10.52 | 14.03 | 16.83 |
| 545 | 1.947 | 7.64 | 11.46 | 15.28 | 18.34 |
| 560 | 2.001 | 7.85 | 11.78 | 15.71 | 18.85 |
| 595 | 2.126 | 8.34 | 12.52 | 16.69 | 20.03 |
| 600 | 2.144 | 8.42 | 12.62 | 16.83 | 20.20 |
| 625 | 2.233 | 8.76 | 13.15 | 17.53 | 21.03 |
| 630 | 2.251 | 8.84 | 13.25 | 17.67 | 21.20 |
| 660 | 2.358 | 9.26 | 13.88 | 18.51 | 22.21 |
| 695 | 2.483 | 9.75 | 14.62 | 19.49 | 23.39 |
| 700 | 2.501 | 9.82 | 14.73 | 19.63 | 23.56 |
| 770 | 2.751 | 10.80 | 16.20 | 21.60 | 25.91 |
| 775 | 2.769 | 10.87 | 16.30 | 21.74 | 26.08 |
| 795 | 2.841 | 11.15 | 16.73 | 22.30 | 26.76 |
| 800 | 2.858 | 11.22 | 16.83 | 22.44 | 26.92 |
| 825 | 2.948 | 11.57 | 17.36 | 23.14 | 27.77 |
| 855 | 3.055 | 11.99 | 17.99 | 23.98 | 28.78 |
| 880 | 3.144 | 12.34 | 18.51 | 24.68 | 29.62 |
| 885 | 3.162 | 12.41 | 18.62 | 24.82 | 29.79 |
| 900 | 3.216 | 12.62 | 18.94 | 25.25 | 30.29 |
| 945 | 3.376 | 13.25 | 19.88 | 26.50 | 31.80 |

续二

| 风管直径 (mm) | 风管钢板用量(kg/m) | | | | |
|---|---|---|---|---|---|
| | m²/m | 钢板厚度(mm) | | | |
| | | 0.50 | 0.75 | 1.00 | 1.20 |
| 985 | 3.519 | 13.81 | 20.72 | 27.62 | 33.15 |
| 995 | 3.555 | 13.95 | 20.93 | 27.91 | 33.49 |
| 1000 | 3.573 | 14.02 | 21.04 | 28.05 | 33.66 |
| 1025 | 3.662 | 14.37 | 21.56 | 28.75 | 34.50 |
| 1100 | 3.930 | 15.43 | 23.14 | 30.85 | 37.02 |
| 1120 | 4.002 | 15.71 | 23.56 | 31.42 | 37.70 |
| 1200 | 4.288 | 16.83 | 25.25 | 33.66 | 40.39 |
| 1250 | 4.466 | 17.53 | 26.30 | 35.06 | 42.07 |
| 1325 | 4.734 | 18.58 | 27.87 | 37.16 | 44.59 |
| 1400 | 5.002 | 19.63 | 29.45 | 39.27 | 47.12 |
| 1425 | 5.092 | 19.99 | 29.98 | 39.97 | 47.97 |
| 1540 | 5.502 | 21.60 | 32.40 | 43.19 | 51.83 |
| 1600 | 5.717 | 22.44 | 33.66 | 44.88 | 53.85 |
| 1800 | 6.431 | 25.24 | 37.87 | 50.48 | 60.58 |
| 2000 | 7.146 | 28.05 | 42.08 | 56.10 | 67.32 |

(2)咬口连接矩形风管钢板用量计算。

1)常用咬口连接矩形风管钢板用量计算依据下列公式编制：

①每米风管钢板用量$(m^2/m)=2.276(A+B)$。

②每米风管钢板用量$(kg/m)=2.276(A+B)\times$每平方米钢板质量。

2)每平方米钢板质量：$3.925kg/m^2(\delta=0.5mm)$；$5.888kg/m^2(\delta=0.75mm)$；$7.85kg/m^2(\delta=1mm)$；$9.42kg/m^2(\delta=1.2mm)$。

3)钢板损耗率为13.8%。

4)咬口连接矩形风管钢板用量见表5-10。

表 5-10　　　　　　　咬口连接矩形风管钢板用量(含管件)

| 风管规格<br>(mm) | m²/m | 风管钢板用量(kg/m) | | | |
|---|---|---|---|---|---|
| | | 钢板厚度(mm) | | | |
| | | 0.50 | 0.75 | 1.00 | 1.20 |
| 120×120 | 0.546 | 2.14 | 3.22 | 4.29 | 5.14 |
| 160×120 | 0.637 | 2.50 | 3.75 | 5.00 | 6.00 |
| 160×160 | 0.728 | 2.86 | 4.29 | 5.71 | 6.86 |
| 200×120 | 0.728 | 2.86 | 4.29 | 5.71 | 6.86 |
| 200×160 | 0.819 | 3.21 | 4.82 | 6.43 | 7.57 |
| 200×200 | 0.910 | 3.57 | 5.36 | 7.14 | 8.57 |
| 250×120 | 0.842 | 3.30 | 4.96 | 6.61 | 7.93 |
| 250×160 | 0.933 | 3.66 | 5.49 | 7.32 | 8.79 |
| 250×200 | 1.024 | 4.02 | 6.03 | 8.04 | 9.65 |
| 250×250 | 1.138 | 4.47 | 6.70 | 8.93 | 10.72 |
| 320×160 | 1.092 | 4.29 | 6.43 | 8.57 | 10.29 |
| 320×200 | 1.184 | 4.65 | 6.97 | 9.29 | 11.15 |
| 320×250 | 1.297 | 5.09 | 7.64 | 10.18 | 12.22 |
| 320×320 | 1.457 | 5.72 | 8.58 | 11.44 | 13.72 |
| 400×200 | 1.366 | 5.36 | 8.40 | 10.72 | 12.87 |
| 400×250 | 1.479 | 5.81 | 8.71 | 11.61 | 13.93 |
| 400×320 | 1.639 | 6.43 | 9.65 | 12.87 | 15.44 |
| 400×400 | 1.821 | 7.15 | 10.72 | 14.29 | 17.15 |
| 500×200 | 1.593 | 6.25 | 9.38 | 12.51 | 15.01 |
| 500×250 | 1.707 | 6.70 | 10.05 | 13.40 | 16.08 |
| 500×320 | 1.866 | 7.32 | 10.99 | 14.65 | 17.58 |
| 500×400 | 2.048 | 8.04 | 12.06 | 16.08 | 19.29 |
| 500×500 | 2.276 | 8.93 | 13.4 | 17.87 | 21.44 |
| 630×250 | 2.003 | 7.86 | 11.79 | 15.72 | 18.87 |
| 630×320 | 2.162 | 8.49 | 12.73 | 16.97 | 20.37 |
| 630×400 | 2.344 | 9.20 | 13.80 | 18.40 | 22.08 |

续表

| 风管规格<br>(mm) | m²/m | 风管钢板用量(kg/m) | | | |
|---|---|---|---|---|---|
| | | 钢板厚度(mm) | | | |
| | | 0.50 | 0.75 | 1.00 | 1.20 |
| 630×500 | 2.572 | 10.10 | 15.14 | 20.19 | 24.23 |
| 630×630 | 2.868 | 11.26 | 16.89 | 22.51 | 27.02 |
| 800×320 | 2.549 | 10.00 | 15.01 | 20.01 | 24.01 |
| 800×400 | 2.731 | 10.72 | 16.08 | 21.44 | 25.73 |
| 800×500 | 2.959 | 11.61 | 17.42 | 23.23 | 27.87 |
| 800×630 | 3.255 | 12.78 | 19.17 | 25.55 | 30.66 |
| 800×800 | 3.642 | 14.29 | 21.44 | 28.59 | 34.31 |
| 1000×320 | 3.004 | 11.93 | 17.69 | 23.58 | 28.30 |
| 1000×400 | 3.186 | 12.51 | 18.76 | 25.01 | 30.01 |
| 1000×500 | 3.414 | 13.40 | 20.10 | 26.80 | 32.16 |
| 1000×630 | 3.710 | 14.56 | 21.84 | 29.12 | 34.59 |
| 1000×800 | 4.097 | 16.08 | 24.12 | 32.16 | 38.69 |
| 1000×1000 | 4.552 | 17.87 | 26.80 | 35.73 | 42.88 |
| 1250×400 | 3.755 | 14.74 | 22.11 | 29.48 | 35.37 |
| 1250×500 | 3.983 | 15.63 | 23.45 | 31.27 | 37.52 |
| 1250×630 | 4.279 | 16.80 | 25.19 | 33.59 | 39.54 |
| 1250×800 | 4.666 | 18.31 | 27.47 | 36.63 | 43.95 |
| 1250×1000 | 5.121 | 20.10 | 30.15 | 40.20 | 48.24 |
| 1600×500 | 4.780 | 18.76 | 28.14 | 37.52 | 45.03 |
| 1600×630 | 5.075 | 19.92 | 29.88 | 39.84 | 47.81 |
| 1600×800 | 5.462 | 21.44 | 32.16 | 42.88 | 51.45 |
| 1600×1000 | 5.918 | 23.23 | 34.85 | 46.46 | 55.75 |
| 1600×1250 | 6.487 | 25.46 | 38.20 | 50.92 | 61.11 |
| 2000×800 | 6.373 | 25.01 | 37.52 | 50.03 | 60.03 |
| 2000×1000 | 6.828 | 26.80 | 40.20 | 53.60 | 64.32 |
| 2000×1250 | 7.397 | 29.03 | 43.55 | 58.07 | 69.68 |

(3)圆形焊接风管钢板用量计算。

1)圆形焊接风管钢板用量计算依据下列公式编制：

①每米风管钢板用量$(m^2/m)=3.391D$。

②每米风管钢板用量$(kg/m)=3.391D×$每平方米钢板质量。

2)每平方米钢板质量：$11.78kg/m^2(\delta=1.5mm)$；$15.7kg/m^2(\delta=2mm)$；$19.63kg/m^2(\delta=2.5mm)$；$23.55kg/m^2(\delta=3mm)$。

3)钢板损耗率为8%。

4)圆形焊接风管钢板用量见表5-11。

表5-11　　　　　　　　圆形焊接风管钢板用量

| 风管直径 (mm) | m²/m | 风管钢板用量(kg/m) | | | |
|---|---|---|---|---|---|
| | | 钢板厚度(mm) | | | |
| | | 1.5 | 2.0 | 2.5 | 3.0 |
| 110 | 0.373 | 4.394 | 5.856 | 7.322 | 8.784 |
| 115 | 0.390 | 4.594 | 6.123 | 7.656 | 9.185 |
| 130 | 0.441 | 5.195 | 6.924 | 8.657 | 10.386 |
| 140 | 0.475 | 5.596 | 7.458 | 9.324 | 11.186 |
| 150 | 0.509 | 5.996 | 7.991 | 9.992 | 11.987 |
| 165 | 0.560 | 6.597 | 8.792 | 10.993 | 13.188 |
| 175 | 0.593 | 6.986 | 9.310 | 11.641 | 13.965 |
| 195 | 0.661 | 7.787 | 10.378 | 12.975 | 15.567 |
| 215 | 0.729 | 8.588 | 11.445 | 14.310 | 17.168 |
| 235 | 0.797 | 9.389 | 12.513 | 15.645 | 18.769 |
| 265 | 0.899 | 10.590 | 14.114 | 17.647 | 21.171 |
| 280 | 0.949 | 11.179 | 14.899 | 18.629 | 22.349 |
| 285 | 0.966 | 11.379 | 15.166 | 18.963 | 22.749 |
| 295 | 1.000 | 11.780 | 15.700 | 19.630 | 23.55 |
| 320 | 1.085 | 12.781 | 17.035 | 21.299 | 25.552 |
| 325 | 1.102 | 12.982 | 17.301 | 21.632 | 25.952 |
| 375 | 1.272 | 14.984 | 19.970 | 24.969 | 29.956 |

续表

| 风管直径 (mm) | m²/m | 风管钢板用量(kg/m) | | | |
|---|---|---|---|---|---|
| | | 钢板厚度(mm) | | | |
| | | 1.5 | 2.0 | 2.5 | 3.0 |
| 395 | 1.339 | 15.773 | 21.022 | 26.285 | 31.533 |
| 440 | 1.492 | 17.576 | 23.424 | 29.288 | 35.137 |
| 495 | 1.679 | 19.779 | 26.360 | 32.959 | 39.540 |
| 545 | 1.848 | 21.769 | 29.014 | 36.276 | 43.520 |
| 595 | 2.018 | 23.772 | 31.683 | 39.613 | 47.524 |
| 600 | 2.035 | 23.972 | 31.950 | 39.947 | 47.924 |
| 625 | 2.119 | 24.962 | 33.268 | 41.596 | 49.902 |
| 660 | 2.238 | 26.364 | 35.137 | 43.932 | 52.705 |
| 695 | 2.357 | 27.765 | 37.005 | 46.268 | 55.507 |
| 770 | 2.611 | 30.758 | 40.993 | 51.254 | 61.489 |
| 775 | 2.628 | 30.958 | 41.260 | 51.588 | 61.889 |
| 795 | 2.696 | 31.759 | 42.327 | 52.922 | 63.491 |
| 825 | 2.798 | 32.960 | 43.929 | 54.925 | 65.893 |
| 855 | 2.899 | 34.150 | 45.514 | 56.907 | 68.271 |
| 880 | 2.984 | 35.152 | 46.849 | 58.576 | 70.273 |
| 885 | 3.001 | 35.352 | 47.116 | 58.910 | 70.674 |
| 945 | 3.204 | 37.743 | 50.303 | 62.895 | 75.454 |
| 985 | 3.340 | 39.345 | 52.438 | 65.564 | 78.657 |
| 995 | 3.374 | 39.746 | 52.972 | 66.232 | 79.458 |
| 1025 | 3.475 | 40.936 | 54.558 | 68.214 | 81.836 |
| 1100 | 3.730 | 43.939 | 48.561 | 73.220 | 87.842 |
| 1200 | 4.069 | 47.933 | 63.883 | 79.874 | 95.825 |
| 1250 | 4.239 | 49.935 | 66.552 | 83.212 | 99.828 |
| 1325 | 4.493 | 52.928 | 70.540 | 88.198 | 105.810 |
| 1425 | 4.832 | 56.921 | 75.862 | 94.852 | 113.794 |
| 1540 | 5.222 | 61.515 | 81.985 | 102.508 | 122.978 |

(4)矩形焊接风管钢板用量计算。

1)矩形焊接风管钢板用量计算依据下列公式编制：

①风管钢板用量$(m^2/m)=2.16(A+B)$。

②风管钢板用量$(kg/m)=2.16(A+B)×$每平方米钢板质量。

2)每平方米钢板质量：$11.78kg/m^2(\delta=1.5mm)$；$15.78kg/m^2(\delta=2mm)$；$19.63kg/m^2(\delta=2.5mm)$；$23.55kg/m^2(\delta=3mm)$。

3)钢板损耗率为8%。

4)矩形焊接风管钢板用量见表5-12。

表 5-12　　　　　　　　　矩形焊接风管钢板用量

| 风管规格 $A×B$ (mm) | 风管钢板用量(kg/m) | | | | |
|---|---|---|---|---|---|
| | $m^2/m$ | 钢板厚度(mm) | | | |
| | | 1.5 | 2.0 | 2.5 | 3.0 |
| 120×120 | 0.518 | 6.102 | 8.133 | 10.168 | 12.199 |
| 160×120 | 0.605 | 7.127 | 9.499 | 11.876 | 14.248 |
| 160×160 | 0.691 | 8.140 | 10.849 | 13.564 | 16.273 |
| 200×120 | 0.691 | 8.140 | 10.849 | 13.564 | 16.273 |
| 200×160 | 0.778 | 9.165 | 12.215 | 15.272 | 18.322 |
| 200×200 | 0.864 | 10.178 | 13.565 | 16.960 | 20.347 |
| 250×120 | 0.799 | 9.412 | 12.544 | 15.684 | 18.816 |
| 250×160 | 0.886 | 10.437 | 13.910 | 17.392 | 20.865 |
| 250×200 | 0.972 | 11.450 | 15.260 | 19.080 | 22.891 |
| 250×250 | 1.080 | 12.722 | 16.956 | 21.200 | 25.434 |
| 320×160 | 1.037 | 12.216 | 16.281 | 20.356 | 24.421 |
| 320×200 | 1.123 | 13.229 | 17.631 | 22.044 | 26.447 |
| 320×250 | 1.231 | 14.501 | 19.327 | 24.165 | 28.990 |
| 320×320 | 1.382 | 16.280 | 21.697 | 27.129 | 32.546 |
| 400×200 | 1.296 | 15.267 | 20.347 | 25.440 | 30.521 |
| 400×250 | 1.404 | 16.539 | 22.043 | 27.561 | 33.064 |
| 400×320 | 1.555 | 18.318 | 24.414 | 30.525 | 36.620 |

续一

| 风管规格<br>$A \times B$<br>(mm) | 风管钢板用量(kg/m) | | | | |
|---|---|---|---|---|---|
| | $m^2/m$ | 钢板厚度(mm) | | | |
| | | 1.5 | 2.0 | 2.5 | 3.0 |
| 400×400 | 1.728 | 20.356 | 27.130 | 33.921 | 40.694 |
| 500×200 | 1.512 | 17.811 | 23.738 | 29.681 | 35.608 |
| 500×250 | 1.620 | 19.084 | 25.434 | 31.801 | 38.151 |
| 500×320 | 1.771 | 20.862 | 27.805 | 74.765 | 41.707 |
| 500×400 | 1.944 | 22.900 | 30.521 | 38.161 | 45.781 |
| 500×500 | 2.160 | 25.445 | 33.912 | 42.401 | 50.868 |
| 630×250 | 1.901 | 22.394 | 29.846 | 37.317 | 44.769 |
| 630×320 | 2.052 | 24.173 | 32.216 | 40.281 | 48.325 |
| 630×400 | 2.225 | 26.211 | 34.933 | 43.677 | 52.399 |
| 630×500 | 2.441 | 28.755 | 38.324 | 47.917 | 57.486 |
| 630×630 | 2.722 | 32.065 | 42.735 | 53.433 | 64.103 |
| 800×320 | 2.419 | 28.496 | 37.978 | 47.485 | 56.967 |
| 800×400 | 2.592 | 30.534 | 40.694 | 50.881 | 61.042 |
| 800×500 | 2.808 | 33.078 | 44.086 | 55.121 | 66.128 |
| 800×630 | 3.089 | 36.388 | 48.497 | 60.637 | 72.746 |
| 800×800 | 3.456 | 40.712 | 54.259 | 67.841 | 81.389 |
| 1000×320 | 2.851 | 33.585 | 44.761 | 55.965 | 67.141 |
| 1000×400 | 3.024 | 35.623 | 47.477 | 59.361 | 71.215 |
| 1000×500 | 3.240 | 38.167 | 50.868 | 63.601 | 76.302 |
| 1000×630 | 3.521 | 41.477 | 55.280 | 69.117 | 82.920 |
| 1000×800 | 3.888 | 45.801 | 61.042 | 76.321 | 91.562 |
| 1000×1000 | 4.320 | 50.890 | 67.824 | 84.802 | 101.736 |
| 1250×400 | 3.564 | 41.984 | 55.955 | 69.961 | 83.932 |
| 1250×500 | 3.780 | 44.528 | 59.346 | 74.201 | 89.019 |
| 1250×630 | 4.061 | 47.839 | 63.758 | 79.717 | 95.637 |
| 1250×800 | 4.428 | 52.162 | 69.520 | 86.922 | 104.279 |

续二

| 风管规格<br>$A \times B$<br>(mm) | $m^2/m$ | 风管钢板用量(kg/m) | | | |
|---|---|---|---|---|---|
| | | 钢板厚度(mm) | | | |
| | | 1.5 | 2.0 | 2.5 | 3.0 |
| 1250×1000 | 4.860 | 57.251 | 76.302 | 95.402 | 114.453 |
| 1600×500 | 4.536 | 53.434 | 71.215 | 89.042 | 106.823 |
| 1600×630 | 4.817 | 56.744 | 75.627 | 94.558 | 113.440 |
| 1600×800 | 5.184 | 61.068 | 81.389 | 101.762 | 122.083 |
| 1600×1000 | 5.616 | 66.156 | 88.171 | 110.242 | 132.257 |
| 1600×1250 | 6.156 | 72.518 | 96.649 | 120.842 | 144.974 |
| 2000×800 | 6.048 | 71.245 | 94.954 | 118.722 | 142.430 |
| 2000×1000 | 6.480 | 76.334 | 101.736 | 127.202 | 152.604 |
| 2000×1250 | 7.020 | 82.696 | 110.214 | 137.803 | 165.320 |

**2. 风管制作安装辅材用量计算**

风管制作安装辅材用量计算可采用下列公式：

$$辅材用量 = \frac{风管展开面积}{10} \times 10m 风管辅材额定耗量$$

(1)钢材用量计算表。

1)10m 圆形风管钢材耗量计算表见表 5-13。

2)10m 矩形风管钢材耗量计算表见表 5-14。

表 5-13　　　　10m 圆形风管钢材耗量计算表　　　(单位：kg/10m)

| 风管直径<br>(mm) | 钢 材 名 称 | | | | | |
|---|---|---|---|---|---|---|
| | 角 钢 | | 圆 钢 | | 扁 钢 | 铁铆钉 |
| | <∟60 | >∟63 | φ5.5~φ9 | φ10~φ14 | <−59 | |
| 110 | 0.307 | — | 1.012 | — | 7.129 | — |
| 115 | 0.321 | — | 1.058 | — | 7.453 | — |
| 120 | 0.335 | — | 1.104 | — | 7.777 | — |
| 130 | 0.363 | — | 1.196 | — | 8.425 | — |
| 140 | 0.391 | — | 1.288 | — | 9.073 | — |
| 150 | 0.419 | — | 1.380 | — | 9.721 | — |

续一

| 风管直径 (mm) | 钢材名称 | | | | | 铁铆钉 |
|---|---|---|---|---|---|---|
| | 角钢 | | 圆钢 | | 扁钢 | |
| | <∟60 | >∟63 | φ5.5~φ9 | φ10~φ14 | <−59 | |
| 160 | 0.447 | — | 1.472 | — | 10.370 | — |
| 165 | 0.461 | — | 1.518 | — | 10.694 | — |
| 175 | 0.489 | — | 1.610 | — | 11.342 | — |
| 180 | 0.503 | — | 1.656 | — | 11.666 | — |
| 195 | 0.545 | — | 1.794 | — | 12.638 | — |
| 200 | 0.559 | — | 1.840 | — | 12.962 | — |
| 215 | 21.333 | — | 1.283 | — | 2.403 | 0.182 |
| 220 | 21.829 | — | 1.313 | — | 2.459 | 0.187 |
| 235 | 23.318 | — | 1.402 | — | 2.627 | 0.199 |
| 250 | 24.806 | — | 1.492 | — | 2.795 | 0.212 |
| 265 | 26.294 | — | 1.581 | — | 2.962 | 0.225 |
| 280 | 27.783 | — | 1.670 | — | 3.130 | 0.237 |
| 285 | 28.279 | — | 1.700 | — | 3.186 | 0.242 |
| 295 | 29.271 | — | 1.760 | — | 3.298 | 0.250 |
| 320 | 31.752 | — | 1.909 | — | 3.577 | 0.271 |
| 325 | 32.248 | — | 1.939 | — | 3.633 | 0.276 |
| 360 | 35.721 | — | 2.148 | — | 4.024 | 0.305 |
| 375 | 37.209 | — | 2.237 | — | 4.192 | 0.318 |
| 395 | 39.193 | — | 2.357 | — | 4.415 | 0.335 |
| 400 | 39.690 | — | 2.386 | — | 4.471 | 0.339 |
| 440 | 43.659 | — | 2.625 | — | 4.918 | 0.373 |
| 450 | 44.651 | — | 2.685 | — | 5.030 | 0.382 |
| 495 | 49.116 | — | 2.953 | — | 5.533 | 0.420 |
| 500 | 49.612 | — | 2.983 | — | 5.589 | 0.424 |
| 545 | 55.977 | 3.987 | 1.283 | 2.071 | 3.679 | 0.359 |
| 560 | 57.517 | 4.097 | 1.319 | 2.128 | 3.781 | 0.369 |

## 第五章 通风空调工程预算定额应用

续二

| 风管直径 (mm) | 钢材名称 | | | | | 铁铆钉 |
|---|---|---|---|---|---|---|
| | 角钢 | | 圆钢 | | 扁钢 | |
| | <∟60 | >∟63 | φ5.5～φ9 | φ10～φ14 | <—59 | |
| 595 | 61.112 | 4.353 | 1.401 | 2.261 | 4.017 | 0.392 |
| 600 | 61.626 | 4.390 | 1.413 | 2.280 | 4.051 | 0.396 |
| 625 | 64.193 | 4.573 | 1.472 | 2.375 | 4.219 | 0.412 |
| 630 | 64.707 | 4.609 | 1.484 | 2.394 | 4.253 | 0.415 |
| 660 | 67.788 | 4.829 | 1.554 | 2.508 | 4.456 | 0.435 |
| 695 | 71.383 | 5.085 | 1.637 | 2.641 | 4.692 | 0.458 |
| 700 | 71.897 | 5.121 | 1.649 | 2.660 | 4.726 | 0.462 |
| 770 | 79.086 | 5.633 | 1.813 | 2.926 | 5.198 | 0.508 |
| 775 | 79.600 | 5.670 | 1.825 | 2.945 | 5.232 | 0.511 |
| 795 | 81.654 | 5.816 | 1.872 | 3.021 | 5.367 | 0.524 |
| 800 | 82.168 | 5.823 | 1.884 | 3.040 | 5.401 | 0.528 |
| 825 | 84.735 | 6.036 | 1.943 | 3.135 | 5.570 | 0.544 |
| 855 | 87.817 | 6.256 | 2.014 | 3.248 | 5.772 | 0.564 |
| 880 | 90.384 | 6.438 | 2.072 | 3.343 | 5.941 | 0.580 |
| 885 | 90.898 | 6.475 | 2.084 | 3.362 | 5.975 | 0.584 |
| 900 | 92.438 | 6.585 | 2.120 | 3.419 | 6.076 | 0.593 |
| 945 | 97.060 | 6.914 | 2.225 | 3.590 | 6.380 | 0.623 |
| 985 | 101.169 | 7.206 | 2.320 | 3.742 | 6.650 | 0.650 |
| 995 | 102.196 | 7.280 | 2.343 | 3.780 | 6.717 | 0.656 |
| 1000 | 102.709 | 7.316 | 2.355 | 3.799 | 6.751 | 0.659 |
| 1025 | 105.277 | 7.499 | 2.414 | 3.894 | 6.920 | 0.676 |
| 1100 | 112.980 | 8.048 | 2.591 | 4.179 | 7.426 | 0.725 |
| 1120 | 115.035 | 8.194 | 2.638 | 4.255 | 7.561 | 0.739 |
| 1200 | 127.848 | 12.020 | 0.452 | 18.463 | 34.929 | 0.528 |
| 1250 | 133.175 | 12.521 | 0.471 | 19.233 | 36.385 | 0.550 |
| 1325 | 141.166 | 13.272 | 0.499 | 20.386 | 38.568 | 0.582 |

续三

| 风管直径 (mm) | 钢 材 名 称 ||||| 铁铆钉 |
|---|---|---|---|---|---|---|
| | 角 钢 || 圆 钢 || 扁 钢 | |
| | <∟60 | >∟63 | φ5.5~φ9 | φ10~φ14 | <—59 | |
| 1400 | 149.156 | 14.023 | 0.528 | 21.540 | 40.751 | 0.615 |
| 1425 | 151.820 | 14.274 | 0.537 | 21.925 | 41.479 | 0.626 |
| 1540 | 164.072 | 15.426 | 0.580 | 23.694 | 44.826 | 0.677 |
| 1600 | 170.464 | 16.027 | 0.603 | 24.618 | 46.572 | 0.703 |
| 1800 | 191.772 | 18.030 | 0.678 | 27.695 | 52.394 | 0.791 |
| 2000 | 213.080 | 20.033 | 0.754 | 30.772 | 58.216 | 0.879 |

表 5-14　　10m 矩形风管钢材耗量计算表　　（单位：kg/10m）

| 风管规格 $A\times B$ (mm) | 钢 材 名 称 ||||| 铁铆钉 |
|---|---|---|---|---|---|---|
| | 角 钢 || 圆 钢 || 扁 钢 | |
| | <∟60 | >∟63 | φ5.5~φ9 | φ10~φ14 | <—59 | |
| 120×120 | 19.402 | — | 0.648 | — | 1.032 | 0.206 |
| 160×120 | 22.635 | — | 0.756 | — | 1.204 | 0.241 |
| 160×160 | 25.869 | — | 0.864 | — | 1.376 | 0.275 |
| 200×120 | 25.869 | — | 0.864 | — | 1.376 | 0.275 |
| 200×160 | 29.102 | — | 0.972 | — | 1.548 | 0.310 |
| 200×200 | 32.336 | — | 1.080 | — | 1.720 | 0.344 |
| 250×120 | 29.911 | — | 0.999 | — | 1.591 | 0.318 |
| 250×160 | 29.241 | — | 1.583 | — | 1.091 | 0.197 |
| 250×200 | 32.094 | — | 1.737 | — | 1.197 | 0.216 |
| 250×250 | 35.660 | — | 1.930 | — | 1.330 | 0.240 |
| 320×160 | 34.234 | — | 1.853 | — | 1.277 | 0.230 |
| 320×200 | 37.086 | — | 2.007 | — | 1.383 | 0.250 |
| 320×250 | 40.652 | — | 2.200 | — | 1.516 | 0.274 |
| 320×320 | 45.645 | — | 2.470 | — | 1.702 | 0.307 |
| 400×200 | 42.792 | — | 2.316 | — | 1.596 | 0.288 |

续一

| 风管规格 $A \times B$ (mm) | 钢 材 名 称 ||||| 铁铆钉 |
|---|---|---|---|---|---|---|
| | 角 钢 || 圆 钢 || 扁 钢 | |
| | $<\llcorner 60$ | $>\llcorner 63$ | $\phi 5.5 \sim \phi 9$ | $\phi 10 \sim \phi 14$ | $<-59$ | |
| 400×250 | 46.358 | — | 2.509 | — | 1.729 | 0.312 |
| 400×320 | 51.350 | — | 2.779 | — | 1.915 | 0.346 |
| 400×400 | 57.056 | — | 3.088 | — | 2.128 | 0.384 |
| 500×200 | 49.924 | — | 2.702 | — | 1.862 | 0.336 |
| 500×250 | 53.490 | — | 2.895 | — | 1.995 | 0.360 |
| 500×320 | 58.482 | — | 3.165 | — | 2.181 | 0.394 |
| 500×400 | 64.188 | — | 3.474 | — | 2.394 | 0.432 |
| 500×500 | 71.320 | — | 3.860 | — | 2.660 | 0.480 |
| 630×250 | 62.762 | — | 3.397 | — | 2.341 | 0.422 |
| 630×320 | 67.754 | — | 3.667 | — | 2.527 | 0.456 |
| 630×400 | 72.182 | 0.330 | 3.069 | — | 2.307 | 0.453 |
| 630×500 | 79.190 | 0.362 | 3.367 | — | 2.531 | 0.497 |
| 630×630 | 88.301 | 0.403 | 3.755 | — | 2.822 | 0.554 |
| 800×320 | 78.490 | 0.358 | 3.338 | — | 2.509 | 0.493 |
| 800×400 | 84.096 | 0.384 | 3.576 | — | 2.688 | 0.528 |
| 800×500 | 91.104 | 0.416 | 3.874 | — | 2.912 | 0.572 |
| 800×630 | 100.214 | 0.458 | 4.261 | — | 3.203 | 0.629 |
| 800×800 | 112.128 | 0.512 | 4.768 | — | 3.584 | 0.704 |
| 1000×320 | 92.506 | 0.422 | 3.934 | — | 2.957 | 0.581 |
| 1000×400 | 98.112 | 0.448 | 4.172 | — | 3.136 | 0.616 |
| 1000×500 | 105.120 | 0.480 | 4.470 | — | 3.360 | 0.660 |
| 1000×630 | 114.230 | 0.522 | 4.857 | — | 3.651 | 0.717 |
| 1000×800 | 126.144 | 0.576 | 5.364 | — | 4.032 | 0.792 |
| 1000×1000 | 140.160 | 0.640 | 5.960 | — | 4.480 | 0.880 |
| 1250×400 | 115.632 | 0.528 | 4.917 | — | 3.696 | 0.726 |
| 1250×500 | 122.640 | 0.560 | 5.215 | — | 3.920 | 0.770 |

续二

| 风管规格 $A\times B$ (mm) | 钢 材 名 称 ||||| 铁铆钉 |
|---|---|---|---|---|---|---|
| | 角 钢 || 圆 钢 || 扁 钢 | |
| | <∟60 | >∟63 | φ5.5~φ9 | φ10~φ14 | <−59 | |
| 1250×630 | 131.750 | 0.602 | 5.602 | — | 4.211 | 0.827 |
| 1250×800 | 185.074 | 1.066 | 0.328 | 7.585 | 4.182 | 0.902 |
| 1250×1000 | 203.130 | 1.170 | 0.360 | 8.325 | 4.590 | 0.990 |
| 1600×500 | 189.588 | 1.092 | 0.336 | 7.770 | 4.284 | 0.924 |
| 1600×630 | 201.324 | 1.160 | 0.357 | 8.251 | 4.549 | 0.981 |
| 1600×800 | 216.672 | 1.248 | 0.384 | 8.880 | 4.896 | 1.056 |
| 1600×1000 | 234.728 | 1.352 | 0.416 | 9.620 | 5.304 | 1.144 |
| 1600×1250 | 257.298 | 1.482 | 0.456 | 10.545 | 5.814 | 1.254 |
| 2000×800 | 252.784 | 1.456 | 0.448 | 10.360 | 5.712 | 1.232 |
| 2000×1000 | 270.840 | 1.560 | 0.480 | 11.100 | 6.120 | 1.320 |
| 2000×1250 | 293.410 | 1.690 | 0.520 | 12.025 | 6.630 | 1.430 |

(2)垫料用量计算表。

1)10m 圆形风管垫料用量计算表见表 5-15。

2)10m 矩形风管垫料用量计算表见表 5-16。

表 5-15　　　　　10m 圆形风管垫料用量计算表　　　（单位:kg/10m）

| 风管直径 (mm) | 垫 料 品 种 |||| 
|---|---|---|---|---|
| | 石棉扭绳 | 橡胶板 | 泡沫塑料 | 闭孔乳胶海绵 |
| 110 | 0.090 | 0.360 | 0.045 | 0.180 |
| 115 | 0.094 | 0.376 | 0.047 | 0.188 |
| 120 | 0.098 | 0.392 | 0.049 | 0.196 |
| 130 | 0.106 | 0.424 | 0.053 | 0.212 |
| 140 | 0.114 | 0.456 | 0.057 | 0.228 |
| 150 | 0.122 | 0.488 | 0.061 | 0.244 |
| 160 | 0.131 | 0.524 | 0.066 | 0.262 |
| 165 | 0.135 | 0.540 | 0.068 | 0.270 |

第五章 通风空调工程预算定额应用

续一

| 风管直径<br>(mm) | 垫　料　品　种 | | | |
|---|---|---|---|---|
| | 石棉扭绳 | 橡胶板 | 泡沫塑料 | 闭孔乳胶海绵 |
| 175 | 0.143 | 0.572 | 0.072 | 0.286 |
| 180 | 0.147 | 0.588 | 0.074 | 0.294 |
| 195 | 0.159 | 0.636 | 0.080 | 0.318 |
| 200 | 0.163 | 0.652 | 0.082 | 0.330 |
| 215 | 0.155 | 0.620 | 0.080 | 0.310 |
| 220 | 0.159 | 0.636 | 0.080 | 0.318 |
| 235 | 0.170 | 0.680 | 0.090 | 0.340 |
| 250 | 0.181 | 0.724 | 0.091 | 0.362 |
| 265 | 0.191 | 0.764 | 0.096 | 0.382 |
| 280 | 0.202 | 0.808 | 0.101 | 0.404 |
| 285 | 0.206 | 0.824 | 0.103 | 0.412 |
| 295 | 0.213 | 0.852 | 0.107 | 0.426 |
| 320 | 0.231 | 0.924 | 0.116 | 0.462 |
| 325 | 0.235 | 0.940 | 0.118 | 0.470 |
| 360 | 0.260 | 1.040 | 0.130 | 0.520 |
| 375 | 0.271 | 1.084 | 0.136 | 0.542 |
| 395 | 0.285 | 1.140 | 0.143 | 0.570 |
| 400 | 0.289 | 1.156 | 0.145 | 0.578 |
| 440 | 0.318 | 1.272 | 0.159 | 0.636 |
| 450 | 0.325 | 1.300 | 0.163 | 0.650 |
| 495 | 0.357 | 1.428 | 0.179 | 0.714 |
| 500 | 0.361 | 1.444 | 0.181 | 0.722 |
| 545 | 0.308 | 1.232 | 0.154 | 0.616 |
| 560 | 0.317 | 1.268 | 0.159 | 0.634 |
| 595 | 0.336 | 1.344 | 0.168 | 0.672 |
| 600 | 0.339 | 1.356 | 0.170 | 0.678 |
| 625 | 0.353 | 1.412 | 0.177 | 0.706 |

续二

| 风管直径 (mm) | 垫料品种 | | | |
|---|---|---|---|---|
| | 石棉扭绳 | 橡胶板 | 泡沫塑料 | 闭孔乳胶海绵 |
| 630 | 0.356 | 1.424 | 0.178 | 0.712 |
| 660 | 0.373 | 1.492 | 0.187 | 0.746 |
| 695 | 0.393 | 1.572 | 0.197 | 0.786 |
| 700 | 0.396 | 1.584 | 0.198 | 0.792 |
| 770 | 0.435 | 1.740 | 0.218 | 0.870 |
| 775 | 0.438 | 1.752 | 0.219 | 0.876 |
| 795 | 0.449 | 1.796 | 0.225 | 0.898 |
| 800 | 0.452 | 1.808 | 0.226 | 0.904 |
| 825 | 0.466 | 1.864 | 0.233 | 0.932 |
| 855 | 0.483 | 1.932 | 0.242 | 0.966 |
| 880 | 0.497 | 1.988 | 0.249 | 0.994 |
| 885 | 0.500 | 2.000 | 0.250 | 1.000 |
| 900 | 0.509 | 2.036 | 0.255 | 1.018 |
| 945 | 0.534 | 2.136 | 0.267 | 1.068 |
| 985 | 0.557 | 2.228 | 0.279 | 1.114 |
| 995 | 0.562 | 2.248 | 0.281 | 1.124 |
| 1000 | 0.565 | 2.260 | 0.283 | 1.130 |
| 1025 | 0.579 | 2.316 | 0.290 | 1.158 |
| 1100 | 0.622 | 2.488 | 0.311 | 1.244 |
| 1120 | 0.633 | 2.532 | 0.317 | 1.266 |
| 1200 | 0.641 | 2.564 | 0.321 | 1.282 |
| 1250 | 0.667 | 2.668 | 0.334 | 1.334 |
| 1325 | 0.707 | 2.828 | 0.354 | 1.414 |
| 1400 | 0.747 | 2.988 | 0.374 | 1.494 |
| 1425 | 0.760 | 3.040 | 0.380 | 1.520 |
| 1540 | 0.822 | 3.288 | 0.411 | 1.644 |
| 1600 | 0.854 | 3.416 | 0.427 | 1.708 |
| 1800 | 0.961 | 3.844 | 0.481 | 1.922 |
| 2000 | 1.068 | 4.272 | 0.534 | 2.136 |

表 5-16　　　　　10m 矩形风管垫料用量计算表　　　（单位:kg/10m）

| 风管规格 $A \times B$(mm) | 垫料品种 | | | |
|---|---|---|---|---|
| | 石棉扭绳 | 橡胶板 | 泡沫塑料 | 闭孔乳胶海绵 |
| 120×120 | 0.163 | 0.652 | 0.082 | 0.326 |
| 160×120 | 0.190 | 0.760 | 0.095 | 0.380 |
| 160×160 | 0.218 | 0.872 | 0.109 | 0.436 |
| 200×120 | 0.218 | 0.872 | 0.109 | 0.436 |
| 200×160 | 0.245 | 0.980 | 0.123 | 0.490 |
| 200×200 | 0.272 | 1.088 | 0.136 | 0.544 |
| 250×120 | 0.252 | 1.008 | 0.126 | 0.504 |
| 250×160 | 0.197 | 0.788 | 0.099 | 0.394 |
| 250×200 | 0.216 | 0.864 | 0.108 | 0.432 |
| 250×250 | 0.240 | 0.960 | 0.120 | 0.480 |
| 320×160 | 0.230 | 0.920 | 0.115 | 0.460 |
| 320×200 | 0.250 | 1.000 | 0.125 | 0.500 |
| 320×250 | 0.274 | 1.096 | 0.137 | 0.548 |
| 320×320 | 0.307 | 1.228 | 0.154 | 0.614 |
| 400×200 | 0.288 | 1.152 | 0.144 | 0.576 |
| 400×250 | 0.312 | 1.248 | 0.156 | 0.624 |
| 400×320 | 0.346 | 1.384 | 0.173 | 0.692 |
| 400×400 | 0.384 | 1.536 | 0.192 | 0.768 |
| 500×200 | 0.336 | 1.344 | 0.168 | 0.672 |
| 500×250 | 0.360 | 1.440 | 0.180 | 0.720 |
| 500×320 | 0.394 | 1.576 | 0.197 | 0.788 |
| 500×400 | 0.432 | 1.728 | 0.216 | 0.864 |
| 500×500 | 0.480 | 1.920 | 0.240 | 0.960 |
| 630×250 | 0.422 | 1.688 | 0.211 | 0.844 |
| 630×320 | 0.456 | 1.824 | 0.228 | 0.912 |
| 630×400 | 0.350 | 1.400 | 0.175 | 0.700 |
| 630×500 | 0.384 | 1.536 | 0.192 | 0.768 |

续表

| 风管规格<br>$A \times B$(mm) | 垫 料 品 种 | | | |
|---|---|---|---|---|
| | 石棉扭绳 | 橡胶板 | 泡沫塑料 | 闭孔乳胶海绵 |
| 630×630 | 0.428 | 1.712 | 0.214 | 0.856 |
| 800×320 | 0.381 | 1.524 | 0.191 | 0.762 |
| 800×400 | 0.408 | 1.632 | 0.204 | 0.816 |
| 800×500 | 0.442 | 1.768 | 0.221 | 0.884 |
| 800×630 | 0.486 | 1.944 | 0.243 | 0.972 |
| 800×800 | 0.544 | 2.176 | 0.272 | 1.088 |
| 1000×320 | 0.449 | 1.796 | 0.225 | 0.898 |
| 1000×400 | 0.476 | 1.904 | 0.238 | 0.952 |
| 1000×500 | 0.510 | 2.040 | 0.255 | 1.020 |
| 1000×630 | 0.554 | 2.216 | 0.277 | 1.108 |
| 1000×800 | 0.612 | 2.448 | 0.306 | 1.224 |
| 1000×1000 | 0.680 | 2.720 | 0.340 | 1.360 |
| 1250×400 | 0.561 | 2.244 | 0.281 | 1.122 |
| 1250×500 | 0.595 | 2.380 | 0.298 | 1.190 |
| 1250×630 | 0.639 | 2.556 | 0.320 | 1.278 |
| 1250×800 | 0.656 | 2.624 | 0.328 | 1.312 |
| 1250×1000 | 0.720 | 2.880 | 0.360 | 1.440 |
| 1600×500 | 0.672 | 2.688 | 0.336 | 1.344 |
| 1600×630 | 0.714 | 2.856 | 0.357 | 1.428 |
| 1600×800 | 0.768 | 3.072 | 0.384 | 1.536 |
| 1600×1000 | 0.832 | 3.328 | 0.416 | 1.664 |
| 1600×1250 | 0.912 | 3.648 | 0.456 | 1.824 |
| 2000×800 | 0.896 | 3.584 | 0.448 | 1.792 |
| 2000×1000 | 0.960 | 3.840 | 0.480 | 1.920 |
| 2000×1250 | 1.040 | 4.160 | 0.520 | 2.080 |

(3)精制六角带帽螺栓、膨胀螺栓、电焊条耗量计算表。

1)10m圆形风管辅材耗量计算表见表5-17。

2)10m 矩形风管辅材耗量计算表见表 5-18。

表 5-17　　　　　　　10m 圆形风管辅材耗量计算表

| 风管直径 (mm) | 材　料　名　称 | | | |
|---|---|---|---|---|
| | 精制六角带帽螺栓(10 套) | | 膨胀螺栓(套) | 电焊条(kg) |
| | M6×75 以下 | M8×75 以下 | M12 | φ3.2 结 422 |
| 110 | 2.936 | — | 0.345 | 0.145 |
| 115 | 3.069 | — | 0.361 | 0.152 |
| 120 | 3.203 | — | 0.377 | 0.158 |
| 130 | 3.470 | — | 0.408 | 0.171 |
| 140 | 3.737 | — | 0.440 | 0.185 |
| 150 | 4.004 | — | 0.471 | 0.198 |
| 160 | 4.270 | — | 0.502 | 0.211 |
| 165 | 4.404 | — | 0.518 | 0.218 |
| 175 | 4.671 | — | 0.550 | 0.231 |
| 180 | 4.804 | — | 0.565 | 0.238 |
| 195 | 5.205 | — | 0.612 | 0.257 |
| 200 | 5.338 | — | 0.628 | 0.264 |
| 215 | 4.838 | — | 0.675 | 0.230 |
| 220 | 4.951 | — | 0.691 | 0.235 |
| 235 | 5.289 | — | 0.738 | 0.251 |
| 250 | 5.626 | — | 0.785 | 0.267 |
| 265 | 5.964 | — | 0.832 | 0.283 |
| 280 | 6.301 | — | 0.879 | 0.299 |
| 285 | 6.414 | — | 0.895 | 0.304 |
| 295 | 6.639 | — | 0.926 | 0.315 |
| 320 | 7.201 | — | 1.005 | 0.342 |
| 325 | 7.314 | — | 1.021 | 0.347 |
| 360 | 8.102 | — | 1.130 | 0.384 |
| 375 | 8.439 | — | 1.178 | 0.400 |
| 395 | 8.889 | — | 1.240 | 0.422 |

续一

| 风管直径 (mm) | 材料 名 称 | | | |
|---|---|---|---|---|
| | 精制六角带帽螺栓(10套) | | 膨胀螺栓(套) | 电焊条(kg) |
| | M6×75以下 | M8×75以下 | M12 | φ3.2 结422 |
| 400 | 9.002 | — | 1.256 | 0.427 |
| 440 | 9.902 | — | 1.382 | 0.470 |
| 450 | 10.127 | — | 1.413 | 0.480 |
| 495 | 11.140 | — | 1.554 | 0.528 |
| 500 | 11.252 | — | 1.570 | 0.534 |
| 545 | — | 8.813 | 1.283 | 0.257 |
| 560 | — | 9.056 | 1.319 | 0.264 |
| 595 | — | 9.622 | 1.401 | 0.280 |
| 600 | — | 9.703 | 1.413 | 0.283 |
| 625 | — | 10.107 | 1.472 | 0.294 |
| 630 | — | 10.188 | 1.484 | 0.297 |
| 660 | — | 10.673 | 1.554 | 0.311 |
| 695 | — | 11.239 | 1.637 | 0.327 |
| 700 | — | 11.320 | 1.649 | 0.330 |
| 770 | — | 12.452 | 1.813 | 0.363 |
| 775 | — | 12.533 | 1.825 | 0.365 |
| 795 | — | 12.856 | 1.872 | 0.374 |
| 800 | — | 12.937 | 1.884 | 0.377 |
| 825 | — | 13.341 | 1.943 | 0.389 |
| 855 | — | 13.826 | 2.014 | 0.403 |
| 880 | — | 14.230 | 2.072 | 0.414 |
| 885 | — | 14.311 | 2.084 | 0.417 |
| 900 | — | 14.554 | 2.120 | 0.424 |
| 945 | — | 15.282 | 2.225 | 0.445 |
| 985 | — | 15.928 | 2.320 | 0.464 |
| 995 | — | 16.090 | 2.343 | 0.469 |

续二

| 风管直径 (mm) | 材　料　名　称 | | | |
|---|---|---|---|---|
| | 精制六角带帽螺栓(10套) | | 膨胀螺栓(套) | 电焊条(kg) |
| | M6×75以下 | M8×75以下 | M12 | φ3.2 结422 |
| 1000 | — | 16.171 | 2.355 | 0.471 |
| 1025 | — | 16.575 | 2.414 | 0.483 |
| 1100 | — | 17.788 | 2.591 | 0.518 |
| 1120 | — | 18.112 | 2.638 | 0.528 |
| 1200 | — | 14.695 | 1.884 | 0.339 |
| 1250 | — | 15.308 | 1.963 | 0.353 |
| 1325 | — | 16.226 | 2.080 | 0.374 |
| 1400 | — | 17.144 | 2.198 | 0.396 |
| 1425 | — | 17.451 | 2.237 | 0.403 |
| 1540 | — | 18.859 | 2.418 | 0.435 |
| 1600 | — | 19.594 | 2.512 | 0.452 |
| 1800 | — | 22.043 | 2.826 | 0.509 |
| 2000 | — | 24.492 | 3.140 | 0.565 |

表 5-18　　10m 矩形风管辅材耗量计算表

| 风管规格 A×B (mm) | 材　料　名　称 | | | |
|---|---|---|---|---|
| | 精制六角带帽螺栓(10套) | | 膨胀螺栓(套) | 电焊条(kg) |
| | M6×75以下 | M8×75以下 | M12 | φ3.2 结422 |
| 120×120 | 8.112 | — | 0.480 | 1.075 |
| 160×120 | 9.464 | — | 0.560 | 1.254 |
| 160×160 | 10.816 | — | 0.640 | 1.434 |
| 200×120 | 10.816 | — | 0.640 | 1.434 |
| 200×160 | 12.168 | — | 0.720 | 1.613 |
| 200×200 | 13.520 | — | 0.800 | 1.792 |
| 250×120 | 12.506 | — | 0.740 | 1.658 |
| 250×160 | — | 7.421 | 0.615 | 0.869 |

续一

| 风管规格<br>$A \times B$<br>(mm) | 材 料 名 称 | | | |
|---|---|---|---|---|
| | 精制六角带帽螺栓(10套) | | 膨胀螺栓(套) | 电焊条(kg) |
| | M6×75 以下 | M8×75 以下 | M12 | φ3.2 结422 |
| 250×200 | — | 8.145 | 0.675 | 0.954 |
| 250×250 | — | 9.050 | 0.750 | 1.060 |
| 320×160 | — | 8.688 | 0.720 | 1.018 |
| 320×200 | — | 9.412 | 0.780 | 1.102 |
| 320×250 | — | 10.317 | 0.855 | 1.208 |
| 320×320 | — | 11.584 | 0.960 | 1.357 |
| 400×200 | — | 10.860 | 0.900 | 1.272 |
| 400×250 | — | 11.765 | 0.975 | 1.378 |
| 400×320 | — | 13.032 | 1.080 | 1.526 |
| 400×400 | — | 14.480 | 1.200 | 1.696 |
| 500×200 | — | 12.670 | 1.050 | 1.484 |
| 500×250 | — | 13.575 | 1.125 | 1.590 |
| 500×320 | — | 14.842 | 1.230 | 1.738 |
| 500×400 | — | 16.290 | 1.350 | 1.908 |
| 500×500 | — | 18.100 | 1.500 | 2.120 |
| 630×250 | — | 15.928 | 1.320 | 1.866 |
| 630×320 | — | 17.195 | 1.425 | 2.014 |
| 630×400 | — | 8.858 | 1.545 | 1.009 |
| 630×500 | — | 9.718 | 1.695 | 1.107 |
| 630×630 | — | 10.836 | 1.890 | 1.235 |
| 800×320 | — | 9.632 | 1.680 | 1.098 |
| 800×400 | — | 10.320 | 1.800 | 1.176 |
| 800×500 | — | 11.180 | 1.950 | 1.274 |
| 800×630 | — | 12.298 | 2.145 | 1.401 |
| 800×800 | — | 13.760 | 2.400 | 1.568 |
| 1000×320 | — | 11.352 | 1.980 | 1.294 |

续二

| 风管规格<br>$A \times B$<br>(mm) | 材 料 名 称 | | | |
|---|---|---|---|---|
| | 精制六角带帽螺栓(10套) | | 膨胀螺栓(套) | 电焊条(kg) |
| | M6×75以下 | M8×75以下 | M12 | $\phi$3.2 结422 |
| 1000×400 | — | 12.040 | 2.100 | 1.372 |
| 1000×500 | — | 12.900 | 2.250 | 1.470 |
| 1000×630 | — | 14.018 | 2.445 | 1.597 |
| 1000×800 | — | 15.480 | 2.700 | 1.794 |
| 1000×1000 | — | 17.200 | 3.000 | 1.960 |
| 1250×400 | — | 14.190 | 2.475 | 1.617 |
| 1250×500 | — | 15.050 | 2.625 | 1.715 |
| 1250×630 | — | 16.168 | 2.820 | 1.842 |
| 1250×800 | — | 13.735 | 2.050 | 1.394 |
| 1250×1000 | — | 15.075 | 2.250 | 1.530 |
| 1600×500 | — | 14.070 | 2.100 | 1.428 |
| 1600×630 | — | 14.941 | 2.230 | 1.516 |
| 1600×800 | — | 16.080 | 2.400 | 1.632 |
| 1600×1000 | — | 17.420 | 2.600 | 1.768 |
| 1600×1250 | — | 19.095 | 2.850 | 1.938 |
| 2000×800 | — | 18.760 | 2.800 | 1.904 |
| 2000×1000 | — | 20.100 | 3.000 | 2.040 |
| 2000×1250 | — | 21.775 | 3.250 | 2.210 |

### 五、制作安装技术

#### (一)薄钢板通风管道制作

**1. 风管系统类别划分**

风管系统按其系统的工作压力可分为低压系统、中压系统和高压系统。其类别划分应符合表5-19的规定。

表 5-19　　　　　　　　　　风管系统类别划分

| 系统类别 | 系统工作压力 $P$(Pa) | 密封要求 |
|---|---|---|
| 低压系统 | $P \leqslant 500$ | 接缝和接管连接处严密 |
| 中压系统 | $500 < P \leqslant 1500$ | 接缝和接管连接处增加密封措施 |
| 高压系统 | $P > 1500$ | 所有的拼接缝和接管连接处,均应采取密封措施 |

**2. 风管下料**

(1)绘制加工草图。在建筑物中测量与安装通风系统有关的建筑结构尺寸,通风管道预留孔洞的位置和尺寸,通风设备进出口位置、高度、尺寸等前提下,绘制出加工安装草图。

风管应按设计图纸要求的尺寸加工制作。为了便于与法兰配合,避免风管与法兰的尺寸产生误差,造成风管与法兰组装困难,风管的尺寸应以外径或外边长为准,这样可以提高风管和法兰的利用率。

板材厚度与风管直径或边长有关,设计图纸无明确说明时,可参照表 5-20~表 5-22。

表 5-20　　　　　　　钢板风管板材厚度　　　　　　　(单位:mm)

| 风管直径 $D$ 或长边尺寸 $b$ | 圆形风管 | 矩形风管 | | 除尘系统风管 |
|---|---|---|---|---|
| | | 中、低压系统 | 高压系统 | |
| $D(b) \leqslant 320$ | 0.50 | 0.50 | 0.75 | 1.50 |
| $320 < D(b) \leqslant 450$ | 0.60 | 0.60 | 0.75 | 1.50 |
| $450 < D(b) \leqslant 630$ | 0.750 | 0.60 | 0.75 | 2.00 |
| $630 < D(b) \leqslant 1000$ | 0.750 | 0.750 | 1.00 | 2.00 |
| $1000 < D(b) \leqslant 1250$ | 1.00 | 1.00 | 1.00 | 2.00 |
| $1250 < D(b) \leqslant 2000$ | 1.20 | 1.00 | 1.20 | 按设计 |
| $2000 < D(b) \leqslant 4000$ | 按设计 | 1.20 | 按设计 | |

注:1. 螺旋风管的钢板厚度可适当减小 10%~15%。
　　2. 排烟系统风管钢板厚度可按高压系统。
　　3. 特殊除尘系统风管钢板厚度应符合设计要求。
　　4. 不适用于地下人防和防火隔墙的预埋管。

## 第五章　通风空调工程预算定额应用

表 5-21　　　　　　　　　圆形风管直径 $D$　　　　　　（单位：mm）

| 基本系列 | 辅助系列 | 基本系列 | 辅助系列 |
|---|---|---|---|
| 100 | 80 | 500 | 480 |
|  | 90 | 560 | 530 |
| 120 | 110 | 630 | 600 |
| 140 | 130 | 700 | 670 |
| 160 | 150 | 900 | 850 |
| 180 | 170 | 800 | 750 |
| 200 | 190 | 1000 | 950 |
| 220 | 210 | 1120 | 1060 |
| 250 | 240 | 1250 | 1180 |
| 280 | 260 | 1400 | 1320 |
| 320 | 300 | 1600 | 1500 |
| 360 | 340 | 1800 | 1700 |
| 400 | 380 | 2000 | 1900 |
| 450 | 420 | — | — |

表 5-22　　　　　　　　　矩形风管边长　　　　　　　（单位：mm）

| 风管边长 | | | | | |
|---|---|---|---|---|---|
| 120 | 320 | 800 | 2000 | 4000 |
| 160 | 400 | 1000 | 2500 | — |
| 200 | 500 | 1250 | 3000 | — |
| 250 | 630 | 1600 | 3500 | — |

(2) 板材矫正。通风空调工程的风管制作采用的板材有时供应卷材，常采用钢板矫平机，用多辊反复弯曲来矫正钢板。一般平板的弯曲变形则用锤击的手工矫正法进行矫正。

(3) 画线。按风管的设计尺寸确定板材的厚度，选定弯管节数及接口方式。采用计算、展开法下料，划定剪切线，做出剪切印迹。

(4) 下料。板料上已做好展开图及清晰的留边尺寸下料边缘线的印迹，可进行下道剪切工序。使用手剪剪切钢板时，板料厚度小于 0.8mm，其余的一般都用机具剪切。

制作风管时，采用咬接或焊接取决于板材的厚度及材质，见表 5-23。在可能的情况下，应尽量采用咬接。因为咬接的口缝可以增加风管的强度，变形小，外形美观。风管采用焊接的特点是严密性好，但焊后往往容易变形，焊缝处容易锈蚀或氧化。

**表 5-23　　　　金属风管的咬接或焊接界限**

| 板　厚(mm) | 连接形式 |
| --- | --- |
| $\delta \leqslant 1.0$ | 咬　接 |
| $1.0 < \delta \leqslant 1.2$ | |
| $1.2 < \delta \leqslant 1.5$ | 焊　接 |
| $\delta > 1.5$ | |

### 3. 风管法兰制作

风管与风管或风管与配件、部件的连接，一般使用便于安装和维修的法兰连接。法兰能增加风管的强度，拆卸方便。

圆形法兰的螺孔、铆钉孔的数量及螺栓、铆钉的直径，见表 5-24。

**表 5-24　　　　圆形法兰螺孔、铆钉孔尺寸表**

| 序号 | 风管外径 $D$(mm) | 螺孔 $\phi_1$(mm) | 螺孔 $n_1$/个 | 铆孔 $\phi_2$(mm) | 铆孔 $n_2$(个) | 配用螺栓规格 | 配用铆钉规格 |
| --- | --- | --- | --- | --- | --- | --- | --- |
| 1 | 80~90 | 7.5 | 4 | — | — | M6×20 | — |
| 2 | 100~140 | 7.5 | 6 | — | — | M6×20 | — |
| 3 | 150~200 | 7.5 | 8 | — | — | M6×20 | — |
| 4 | 210~280 | 7.5 | 8 | 4.5 | 8 | M6×20 | $\phi 4 \times 8$ |
| 5 | 300~360 | 7.5 | 10 | 4.5 | 10 | M6×20 | $\phi 4 \times 8$ |
| 6 | 380~500 | 7.5 | 12 | 4.5 | 12 | M6×20 | $\phi 4 \times 8$ |
| 7 | 530~600 | 9.5 | 14 | 5.5 | 14 | M8×25 | $\phi 5 \times 10$ |
| 8 | 600~630 | 9.5 | 16 | 5.5 | 16 | M8×25 | $\phi 5 \times 10$ |
| 9 | 670~700 | 9.5 | 18 | 5.5 | 18 | M8×25 | $\phi 5 \times 10$ |
| 10 | 750~800 | 9.5 | 20 | 5.5 | 20 | M8×25 | $\phi 5 \times 10$ |
| 11 | 850~900 | 9.5 | 22 | 5.5 | 22 | M8×25 | $\phi 5 \times 10$ |
| 12 | 950~1000 | 9.5 | 24 | 5.5 | 24 | M8×25 | $\phi 5 \times 10$ |
| 13 | 1000~1120 | 9.5 | 26 | 5.5 | 26 | M8×25 | $\phi 5 \times 10$ |
| 14 | 1180~1250 | 9.5 | 28 | 5.5 | 28 | M8×25 | $\phi 5 \times 10$ |
| 15 | 1320~1400 | 9.5 | 32 | 5.5 | 32 | M8×25 | $\phi 5 \times 10$ |
| 16 | 1500~1600 | 9.5 | 36 | 5.5 | 36 | M8×25 | $\phi 5 \times 10$ |
| 17 | 1700~1800 | 9.5 | 40 | 5.5 | 40 | M8×25 | $\phi 5 \times 10$ |
| 18 | 1900~2000 | 9.5 | 44 | 5.5 | 44 | M8×25 | $\phi 5 \times 10$ |

法兰制作要求如下：

(1)风管法兰的焊缝应熔合良好、饱满，无假焊和孔洞；法兰平面度的允许偏差为2mm，同一批量加工的相同规格法兰的螺孔排列应一致，并具有互换性。

(2)风管与法兰采用铆接连接时，铆接应牢固，不应有脱铆和漏铆现象；翻边应平整、紧贴法兰，其宽度应一致，且应不小于6mm；咬缝与四角处不应有开裂与孔洞。

(3)风管与法兰采用焊接连接时，风管端面不得高于法兰接口平面。除尘系统的风管，宜采用内侧满焊、外侧间断焊形式。风管端面距法兰接口平面应不小于5mm。

当风管与法兰采用点焊固定连接时，焊点应熔合良好，间距不应大于100mm；法兰与风管应紧贴，不应有穿透的缝隙或孔洞。

**(二)薄钢板通风管道安装**

**1. 风管连接**

风管的连接长度，应按风管的壁厚、法兰与风管的连接方法、安装的结构部位和吊装方法等因素依据施工方案决定。为了安装方便，在条件允许的情况下，尽量在地面上进行连接，一般可接至10~12m长。在风管连接时不允许将可拆卸的接口处，装设在墙或楼板内。

(1)风管排列法兰连接。

1)垫料选用。用法兰连接的通风空调系统，其法兰垫料厚度为3~5mm，空气洁净系统的法兰垫料厚度不能小于5mm。注意垫料不能挤入风管内，以免增大空气流动的阻力，减少风管的有效面积，并形成涡流，增加风管内灰尘的集聚。

2)法兰连接。按设计要求确定装填垫料后，把两个法兰先对正，穿上几个螺栓并套上螺母，暂时不要紧固。然后用尖头圆钢塞进穿不上螺栓的螺孔中，把两个螺孔撬正，直到所有螺栓都穿上后，再把螺栓拧紧。为了避免螺栓滑扣，紧固螺栓时应按十字交叉，对称、均匀地拧紧。连接好的风管，应以两端法兰为准，拉线检查风管连接是否平直。

(2)风管排列无法兰连接。风管采用无法兰连接时，接口处应严密、牢固，矩形风管四角必须有定位及密封措施，风管连接的两平面应平直，不得错位和扭曲。螺旋风管一般采用无法兰连接。

风管无法兰连接的形式见表5-25和表5-26。

表 5-25　　　　矩形风管无法兰连接形式

| 无法兰连接形式 | | 附件板厚（mm） | 使用范围 |
|---|---|---|---|
| S形插条 | | ≥0.7 | 低压风管单独使用连接处必须有固定措施 |
| C形插条 | | ≥0.7 | 中、低压风管 |
| 立插条 | | ≥0.7 | 中、低压风管 |
| 立咬口 | | ≥0.7 | 中、低压风管 |
| 包边立咬口 | | ≥0.7 | 中、低压风管 |
| 薄钢板法兰插条 | | ≥1.0 | 中、低压风管 |
| 薄钢板法兰弹簧夹 | | ≥1.0 | 中、低压风管 |
| 直角形平插条 | | ≥0.7 | 低压风管 |
| 立联合角形插条 | | ≥0.8 | 低压风管 |

注：薄钢板法兰风管也可采用铆接法兰条连接的方法。

## 第五章 通风空调工程预算定额应用

表 5-26　　　　　　　　圆形风管无法兰连接形式

| 无法兰连接形式 | | 附件板厚(mm) | 接口要求 | 使用范围 |
|---|---|---|---|---|
| 承插连接 | | — | 插入深度大于或等于30mm,有密封要求 | 低压风管直径小于700mm |
| 带加强筋承插 | | — | 插入深度大于或等于20mm,有密封要求 | 中、低压风管 |
| 角钢加固承插 | | — | 插入深度大于或等于20mm,有密封要求 | 中、低压风管 |
| 芯管连接 | | ≥管板厚 | 插入深度大于或等于20mm,有密封要求 | 中、低压风管 |
| 立筋抱箍连接 | | ≥管板厚 | 翻边与楞筋匹配一致,紧固严密 | 中、低压风管 |
| 抱箍连接 | | ≥管板厚 | 对口尽量靠近不重叠,抱箍应居中 | 中低压风管宽度大于或等于100mm |

**2. 支、吊架安装**

风管的支架要根据现场支撑构件的具体情况和风管的质量,可用圆钢、扁钢、角钢等制作。大型风管构件也可以用槽钢制成。既要节约钢材,又要保证支架的强度,以防止变形。

(1)支、吊架制作。

1)支架的悬臂、吊架的吊铁采用角钢或槽钢制成;斜撑的材料为角钢;吊杆采用圆钢;扁铁用来制作抱箍。

2)支、吊架在制作前,首先要对型钢进行矫正,矫正的方法分冷矫正和热矫正两种。小型钢材一般采用冷矫正;较大的型钢须加热到900℃左右后进行热矫正。矫正的顺序应该先矫正扭曲,后矫正弯曲。

3)钢材切断和打孔,不应使用氧-乙炔切割。抱箍的圆弧应与风管圆弧一致。支架的焊缝必须饱满,以保证其具有足够的承载能力。

4)吊杆圆钢应根据风管安装标高适当截取。套螺纹不宜过长,螺纹末端不应超出托盘最低点。

5)风管支、吊架制作完毕后,应进行除锈,刷一遍防锈漆。

6)用于不锈钢、铝板风管的支架,抱箍应按设计要求做好防腐绝缘处理,防止电化学腐蚀。

(2)支架安装。采用打洞的方法将支架用 C10 混凝土填埋,如图 5-1 所示。所用固定风管的螺栓规格:如为圆形风管,$\phi \leqslant 800mm$ 时用 M8,$\phi > 800mm$ 时用 M10。风管下面的垫块,保温管垫泡沫塑料或软木块,非保温管可不垫;冷风管的垫块需采取防潮措施。当墙的厚度在 370mm 以下时,可采用打孔后用穿心螺栓固定的办法。

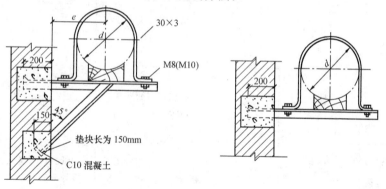

图 5-1 支架埋设

(3)吊架安装。风管敷设在楼板、屋面、桁架及梁下面并且距离墙较远时,一般都采用吊架来固定风管。

矩形风管的吊架由吊杆和托铁组成,圆形风管的吊架由吊杆和抱箍组成,如图 5-2 所示。当吊杆(拉杆)较长时,中间加装花篮螺钉,以便调节各杆段长度,便于施工、攻螺纹、紧固。

圆形风管的抱箍可按风管直径用扁钢制成。为了安装方便,抱箍做成两个半边。单吊杆长度较大时,为了避免风管摇晃,应该每隔两个单吊杆,中间加一个双吊杆。矩形风管的托铁一般用角钢制成,风管较重时也

## 第五章 通风空调工程预算定额应用

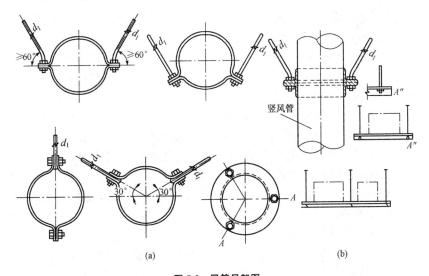

图 5-2 风管吊架图
(a)圆形风管吊架;(b)矩形风管吊架

可以采用槽钢。铁托上穿吊杆的螺孔距离,应比风管宽 60mm(每边 30mm),如果是保温风管时为 200mm(每边宽 100mm),一般都使用双吊杆固定。为了便于调节风管的标高,吊杆可分节,并且在端部套有长为 50~60mm 的螺纹。

吊杆要根据建筑物的实际情况,电焊或螺栓连接固定于楼板、钢筋混凝土梁或钢梁上。安装时,需根据风管的中心线找出吊杆的敷设位置,单吊杆就在风管的中心线上,双吊杆可按托铁的螺孔间距或风管中心线对称安装。在楼板上固定吊杆时,应尽量放在楼板缝中,如果位置不合适,可用手锤和尖錾打洞。当洞快打穿时,不要再过大用力,以免楼板的下表面被打掉一大片而影响土建的施工质量。

安装立管卡时,应先在卡子半圆弧的中点画好线,然后按风管位置和埋进墙的深度,先把最上面的一个卡子固定好,再用线坠在中点处吊线,下面的卡子可按吊线进行固定,这样可使风管安装周正垂直。

**3. 风管吊装与就位**

(1)风管安装前,先对安装好的支、吊(托)架进一步检查其位置是否正确,是否牢固可靠。根据施工方案确定的吊装方法(整体吊装或一节一节地吊装),按照先干管后支管的安装程序进行吊装。

(2)吊装前,应根据现场的具体情况,在梁、柱的节点上挂好滑车,穿上麻绳,牢固地捆扎好风管,然后就可以吊装。

(3)用绳索将风管捆绑结实。塑料风管、玻璃钢风管或复合材料风管需整体吊装时,绳索不得直接捆绑在风管上,应用长木板托住风管底部,四周应有软性材料作垫层。

(4)开始起吊,先慢慢拉紧起重绳,当风管离地面200~300mm时,应停止起吊,检查滑车的受力点和所绑扎的麻绳、绳扣是否牢固,风管的重心是否正确。当检查正常后,再继续起吊到安装高度,把风管放在支、吊架,并加以稳固后,方可解开绳扣。

(5)水平安装的风管,可以用吊架的调节螺栓或在支架上用调整垫块的方法来调整水平。风管安装就位后,可以用拉线、水平尺和吊线的方法来检查风管是否横平竖直。

(6)对于不便悬挂滑车或受固定地势限制,不能进行整体(即组合一定长度)吊装时,可将风管分节用麻绳拉到脚手架上,然后抬到支架上对正法兰逐节进行安装。

(7)风管地沟敷设时,在地沟内进行分段连接。地沟内不便操作时,可在沟边连接,用麻绳绑好风管,用人力慢慢将风管放到支架上。风管甩出地面或在穿楼层时甩头不小于200mm。敞口应做临时封堵。风管穿过基础时,应在浇灌基础前下好预埋套管,套管应牢固地固定在钢筋骨架上。

(8)特殊风管在安装就位中,输送易燃、易爆气体或在这种环境下的风管应设接地,并且尽量减少接口,当通过生活间或辅助间时不得设有接口。不锈钢与碳素钢支架间垫以非金属垫片;铝板风管支架、抱箍应镀锌;硬聚氯乙烯风管穿墙或楼板应设套管,长度大于20m设伸缩节;玻璃钢类风管树脂不得有破裂、脱落及分层,安装后不得扭曲;空气净化空调系统风管安装应严格按程序进行,不得颠倒。风管、静压箱及其他部件,在安装前内壁必须擦拭干净,做到无油污和浮尘,注意封堵临时端口;当安装或穿过围护结构时,接缝应密封,保持清洁、严密。

## 第三节 调节阀制作安装

一、定额说明

(1)调节阀制作:放样,下料,制作短管、阀板、法兰、零件,钻孔,铆焊,组合成型。

(2)调节阀安装：号孔，钻孔，对口，校正，制垫，垫垫，上螺栓，紧固，试动。

## 二、定额项目

**1. 调节阀制作**

调节阀制作预算定额编号为 9—44～9—65，包括以下项目：

(1)空气加热器上(旁)通阀 T101、T101—2。

(2)圆形瓣式启动阀 T301—5：30kg 以下、30kg 以上。

(3)圆形保湿蝶阀 T302—2：10kg 以下、10kg 以上。

(4)方、矩形保湿蝶阀 T302—4、T302—6：10kg 以下、10kg 以上。

(5)圆形蝶阀 T302—7：10kg 以下、10kg 以上。

(6)方、矩形蝶阀 T302—8、T302—9：15kg 以下、15kg 以上。

(7)圆形风管止回阀 T303—1：20kg 以下、20kg 以上。

(8)方形风管止回阀 T303—2：20kg 以下、20kg 以上。

(9)密闭式斜插板阀 T309：10kg 以下、10kg 以上。

(10)矩形风管三通调节阀制作安装 T310—1、T310—2。

(11)对开多叶调节阀 T311：30kg 以下、30kg 以上。

(12)风管防火阀：圆形、方形、矩形。

**2. 调节阀安装**

调节阀安装预算定额编号为 9—66～9—91，包括以下项目：

(1)空气加热器上通阀。

(2)空气加热器旁通阀。

(3)圆形瓣式启动阀，直径分别为 600mm、800mm、1000mm、1300mm 以内。

(4)风管蝶阀，周长分别为 800mm、1600mm、2400mm、3200mm、4000mm 以内。

(5)圆、方形风管止回阀，周长分别为 800mm、1200mm、2000mm、3200mm 以内。

(6)密闭式斜插板阀，直径分别为 140mm、280mm、340mm 以内。

(7)对开多叶调节阀，周长分别为 2800mm、4000mm、5200mm、6500mm 以内。

(8)风管防火阀，周长分别为 2200mm、3600mm、5400mm、8000mm 以内。

## 三、定额材料

**1. 定额中列项材料**

调节阀制作安装定额中列项的材料包括:普通钢板、角钢、扁钢、圆钢、热轧无缝钢管、焊接钢管、电焊条、精制六角带帽螺栓、精制六角螺母、铝蝶形螺母、杂毛毡、开口销、垫圈、铁铆钉、耐酸橡胶板、铝板、黄铜棒、弹簧垫圈、石棉橡胶板、水银开关、钢珠。

**2. 常用材料介绍**

(1)无缝钢管。

1)一般氨制冷管道,工作温度大于-50℃者,宜使用优质碳钢制无缝钢管;工作温度小于-50℃者,宜使用经过热处理的无缝钢管或低合金钢管。

2)输送介质为氟利昂制冷剂时,当公称直径大于或等于25mm时,采用无缝钢管。

3)输送流体用热轧无缝钢管规格见表5-27。

表5-27 输送流体用热轧无缝钢管常用规格

| 公称直径(mm) | 外径(mm) | 壁厚(mm) | 质量(kg/m) | 壁厚(mm) | 质量(kg/m) | 壁厚(mm) | 质量(kg/m) | 壁厚(mm) | 质量(kg/m) | 壁厚(mm) | 质量(kg/m) |
|---|---|---|---|---|---|---|---|---|---|---|---|
| 10 | 14 | 2 | 0.592 | 2.5 | 0.709 | 3 | 0.814 | — | — | — | — |
|  | 17 |  | 0.74 |  | 0.894 |  | 1.04 |  |  |  |  |
| 15 | 18 | 2.5 | 0.956 | 3 | 1.11 | 3.5 | 1.25 | 4 | 1.38 | — | — |
|  | 22 |  | 1.20 |  | 1.41 |  | 1.00 |  | 1.78 |  |  |
| 20 | 25 | 2.5 | 1.39 | 3 | 1.63 | 3.5 | 1.86 | 4 | 2.07 | — | — |
|  | 27 |  | 1.51 |  | 1.78 |  | 2.03 |  | 2.27 |  |  |
| 25 | 32 | 2.5 | 1.82 | 3 | 2.15 | 3.5 | 2.46 | 4 | 2.76 | 5 | 3.33 |
|  | 34 |  | 1.94 |  | 2.29 |  | 2.63 |  | 2.96 |  | 3.58 |
| 32 | 38 | 3 | 2.69 | 3.5 | 2.98 | 4 | 3.35 | 4.5 | 3.76 | 5.5 | 4.41 |
|  | 42 |  | 2.89 |  | 3.32 |  | 3.75 |  | 4.16 |  | 4.95 |
| 40 | 45 | 3 | 3.11 | 3.5 | 3.58 | 4 | 4.04 | 5 | 4.93 | 6 | 5.77 |
|  | 48 |  | 3.33 |  | 3.84 |  | 4.34 |  | 5.30 |  | 6.21 |
| 50 | 57 | 3 | 4.00 | 3.5 | 4.62 | 4 | 5.23 | 5.5 | 6.99 | 7 | 8.63 |
|  | 60 |  | 4.22 |  | 4.88 |  | 5.52 |  | 7.39 |  | 9.15 |

续表

| 公称直径(mm) | 外径(mm) | 壁厚(mm) | 质量(kg/m) | 壁厚(mm) | 质量(kg/m) | 壁厚(mm) | 质量(kg/m) | 壁厚(mm) | 质量(kg/m) | 壁厚(mm) | 质量(kg/m) |
|---|---|---|---|---|---|---|---|---|---|---|---|
| 65 | 76 | 3.5 | 6.23 | 4 | 7.10 | 4.5 | 7.93 | 7 | 11.91 | 8 | 13.84 |
| 80 | 89 | 3.5 | 7.33 | 4 | 8.38 | 5 | 10.36 | 7 | 14.16 | 10 | 19.48 |
| 100 | 108 | 4 | 10.26 | 4.5 | 11.41 | 6 | 15.09 | 9 | 21.97 | 12 | 28.41 |
| 100 | 114 | 4 | 10.35 | 4.5 | 12.15 | 6 | 15.98 | 9 | 23.30 | 12 | 30.18 |
| 125 | 133 | 4 | 12.73 | 4.5 | 14.26 | 5 | 15.78 | 7 | 21.75 | 10 | 30.33 |
| 125 | 140 | 4 | 15.04 | 4.5 | 16.05 | 5 | 22.96 | 7 | | 10 | 32.06 |
| 150 | 150 | 4.5 | 17.15 | 5 | 18.97 | 7 | 26.24 | 8 | 29.79 | 10 | 36.74 |
| 150 | 168 | 4.5 | 20.10 | 5 | 27.79 | 7 | 31.57 | 8 | | 10 | 38.96 |
| 200 | 219 | 6 | 31.54 | 8 | 41.63 | 10 | 51.54 | 12 | 61.62 | 15 | 75.46 |
| 250 | 273 | 7 | 45.92 | 9 | 53.59 | 12 | 77.24 | 15 | 95.43 | 18 | 113.19 |
| 300 | 325 | 8 | 62.54 | 11 | 85.18 | 14 | 107.37 | 17 | 129.12 | 21 | 157.43 |
| 350 | 377 | 9 | 89.69 | 12 | 108.01 | 15 | 133.90 | 20 | 176.07 | 24 | 208.92 |
| 400 | 426 | 9 | 92.55 | 10 | 102.59 | 13 | 132.40 | 17 | 171.46 | 22 | 319.18 |
| 450 | 480 | 9 | 104.50 | 12 | 127.22 | 15 | 172.00 | 19 | 216.60 | 24 | 268.88 |
| 500 | 530 | 9 | 105.50 | 12 | 153.21 | 16 | 202.30 | 21 | 263.57 | — | — |

(2)镀锌焊接钢管及焊接钢管。冷却水及盐水管道因其压力不高,故一般可采用镀锌焊接钢管或焊接钢管。镀锌焊接钢管规格及理论质量见表5-28。

表5-28　　　　低压流体输送用镀锌焊接钢管

| 公称直径 | | 外 径 | | 普通钢管 | | | 加厚钢管 | | |
|---|---|---|---|---|---|---|---|---|---|
| | | | | 壁 厚 | | 理论质量(kg/m) | 壁 厚 | | 理论质量(kg/m) |
| mm | in | 公称尺寸(mm) | 允许偏差 | 公称尺寸(mm) | 允许偏差(%) | | 公称尺寸(mm) | 允许偏差(%) | |
| 6 | 1/8 | 10.00 | ±0.5mm | 2.00 | +12 −15 | 0.39 | 2.5 | +12 −15 | 0.46 |
| 8 | 1/4 | 13.50 | | 2.25 | | 0.62 | 2.75 | | 0.73 |
| 10 | 3/8 | 17.00 | | | | 1.82 | | | 0.97 |

续表

| 公称直径 | | 外径 | | 普通钢管 | | | 加厚钢管 | | |
|---|---|---|---|---|---|---|---|---|---|
| | | | | 壁厚 | | | 壁厚 | | |
| mm | in | 公称尺寸(mm) | 允许偏差 | 公称尺寸(mm) | 允许偏差(%) | 理论质量(kg/m) | 公称尺寸(mm) | 允许偏差(%) | 理论质量(kg/m) |
| 15 | 1/2 | 21.30 | ±0.5mm | 2.75 | +12 −15 | 1.20 | 3.25 | +12 −15 | 1.45 |
| 20 | 3/4 | 26.80 | | 2.75 | | 1.63 | 3.50 | | 2.01 |
| 25 | 1 | 33.50 | | 3.25 | | 2.42 | 4.00 | | 2.91 |
| 32 | 1¼ | 42.30 | | 3.25 | | 3.13 | 4.00 | | 3.78 |
| 40 | 1½ | 43.00 | | 3.50 | | 3.34 | 4.25 | | 4.53 |
| 50 | 2 | 60.50 | | 3.50 | | 4.88 | 4.50 | | 6.16 |
| 65 | 2½ | 75.50 | | 3.75 | | 6.64 | 4.50 | | 7.88 |
| 80 | 3 | 88.50 | ±1% | 4.00 | | 8.34 | 4.75 | | 9.87 |
| 100 | 4 | 114.00 | | 4.00 | | 10.85 | 5.00 | | 13.44 |
| 125 | 5 | 140.00 | | 4.50 | | 15.04 | 5.50 | | 18.24 |
| 150 | 6 | 165.00 | | 4.50 | | 17.81 | 5.50 | | 21.63 |

(3)紫铜管。

1)输送介质为氟利昂制冷剂,当管子公称直径小于25mm时,应采用紫铜管。

2)紫铜管的内外表面应光滑、清洁,不应有针孔、裂纹、起皮、分层、粗糙拉道、夹渣、气泡等缺陷。管子端部应平整无毛刺。管子内外表面不得有超过外径和壁厚允许偏差的局部凹坑、划伤、压入物、碰伤等缺陷。

(4)六角头螺栓与六角螺母。

1)六角头螺栓。可分为粗制、半精制和精制三种,A级螺栓称为精制螺栓,B级螺栓称为半精制螺栓,C级螺栓通称为粗制螺栓。

2)六角螺母。可分为1型、2型及薄型三种,又可分为A、B、C三级。其中A级($D \leqslant 16mm$)和B级($D > 16mm$)螺母适用于表面比较光洁的设备或结构上;C级螺母用于表面较粗糙的设备或结构上。

(5)垫圈。垫圈分为小垫圈、平垫圈、大垫圈及特大垫圈四种,又可分为A、C两级,其中A级为精制垫圈,C级为粗制垫圈,与相应级别的螺栓、螺母配合使用。

### 四、定额工程量计算应用

调节阀制作安装定额工程量计算所需部件质量可参见表5-29。

# 第五章 通风空调工程预算定额应用

表5-29 调节阀制作安装部件标准质量表

| 名称 | 加热器上通阀 | | 空气加热器旁通阀 | | | | | | | |
|---|---|---|---|---|---|---|---|---|---|---|
| 图号 | T101-1 | | T101-2 | | | | | | | |
| 序号 | 尺寸 A×B (mm) | kg/个 | 尺寸 SRZ $\frac{D}{X}$ (mm) | kg/个 | 尺寸 SRZ $\frac{D}{X}$ (mm) | kg/个 | 尺寸 SRZ $\frac{D}{X}$ (mm) | kg/个 | 尺寸 SRZ $\frac{D}{X}$ (mm) | kg/个 |
| 1 | 650×250 | 13.00 | 5×5Z 1型 | 11.32 | 10×6Z 1型 | 18.14 | 10×7Z 1型 | 18.14 | 15×10Z 1型 | 25.09 |
| 2 | 1200×250 | 19.68 | 5×5Z 2型 | 13.98 | 10×6Z 2型 | 22.45 | 10×7Z 2型 | 22.45 | 15×10Z 2型 | 31.70 |
| 3 | 1100×300 | 19.71 | 5×5Z 3型 | 14.72 | 10×6Z 3型 | 22.73 | 10×7Z 3型 | 22.91 | 15×10Z 3型 | 30.74 |
| 4 | 1800×300 | 25.87 | 5×5Z 4型 | 18.20 | 10×6Z 4型 | 27.99 | 10×7Z 4型 | 27.99 | 15×10Z 4型 | 37.81 |
| 5 | 1200×400 | 23.16 | 10×5Z 1型 | 18.14 | 15×6Z 1型 | 25.09 | 15×7Z 1型 | 25.09 | 17×10Z 1型 | 28.65 |
| 6 | 1600×400 | 28.19 | 10×5Z 2型 | 22.45 | 15×6Z 2型 | 31.70 | 15×7Z 2型 | 31.70 | 17×10Z 2型 | 35.97 |
| 7 | 1800×400 | 33.78 | 10×5Z 3型 | 22.73 | 15×6Z 3型 | 30.74 | 15×7Z 3型 | 30.74 | 17×10Z 3型 | 35.10 |
| 8 | — | — | 10×5Z 4型 | 27.99 | 15×6Z 4型 | 37.81 | 15×7Z 4型 | 37.81 | 17×10Z 4型 | 42.86 |
| 9 | — | — | 6×6Z 1型 | 12.42 | 7×7Z 1型 | 13.95 | 17×7Z 1型 | 28.65 | 12×6Z 1型 | 21.64 |
| 10 | — | — | 6×6Z 2型 | 15.62 | 7×7Z 2型 | 17.48 | 17×7Z 2型 | 35.97 | 12×6Z 2型 | 26.73 |
| 11 | — | — | 6×6Z 3型 | 16.21 | 7×7Z 3型 | 19.95 | 17×7Z 3型 | 35.10 | 12×6Z 3型 | 26.61 |
| 12 | — | — | 6×6Z 4型 | 20.08 | 7×7Z 4型 | 22.07 | 17×7Z 4型 | 42.96 | 12×6Z 4型 | 32.61 |

续一

| 名称 | 圆形瓣式启动阀 | | | 圆形蝶阀（拉链式） | | | |
|---|---|---|---|---|---|---|---|
| 图号 | T301-5 | | | 非保温 T302-1 | | 保温 T302-2 | |
| 序号 | 尺寸 $\phi A_1$ (mm) | kg/个 | 尺寸 $\phi A_1$ (mm) | kg/个 | 尺寸 $D$ (mm) | kg/个 | 尺寸 $D$ (mm) | kg/个 |
| 1 | 400 | 15.06 | 900 | 54.80 | 200 | 3.63 | 200 | 3.85 |
| 2 | 420 | 16.02 | 910 | 53.25 | 220 | 3.93 | 220 | 4.17 |
| 3 | 450 | 17.59 | 1000 | 63.93 | 250 | 4.40 | 250 | 4.67 |
| 4 | 455 | 17.37 | 1004 | 65.48 | 280 | 4.90 | 280 | 5.22 |
| 5 | 500 | 20.23 | 1170 | 72.57 | 320 | 5.78 | 320 | 5.92 |
| 6 | 520 | 20.31 | 1200 | 82.68 | 360 | 6.53 | 360 | 6.68 |
| 7 | 550 | 22.23 | 1250 | 86.50 | 400 | 7.34 | 400 | 7.55 |
| 8 | 585 | 22.94 | 1300 | 89.16 | 450 | 8.37 | 450 | 8.51 |
| 9 | 600 | 29.67 | — | — | 500 | 13.22 | 500 | 11.32 |
| 10 | 620 | 28.35 | — | — | 560 | 16.07 | 560 | 13.78 |
| 11 | 650 | 30.21 | — | — | 630 | 18.55 | 630 | 15.65 |
| 12 | 715 | 35.37 | — | — | 700 | 22.54 | 700 | 19.32 |
| 13 | 750 | 38.29 | — | — | 800 | 26.62 | 800 | 22.49 |
| 14 | 780 | 41.55 | — | — | 900 | 32.91 | 900 | 28.12 |
| 15 | 800 | 42.38 | — | — | 1000 | 37.66 | 1000 | 31.77 |
| 16 | 840 | 44.21 | — | — | 1120 | 45.21 | 1120 | 38.42 |

## 第五章 通风空调工程预算定额应用

续二

| 名称 | 方形蝶阀(拉链式) | | | | 矩形蝶阀(拉链式) | | | | | | | |
|---|---|---|---|---|---|---|---|---|---|---|---|---|
| 图号 | 非保温 T302-3 | | 保 温 T302-4 | | 非保温 T302-5 | | | | 保 温 T302-6 | | | |
| 序号 | 尺寸 A×A (mm) | kg/个 | 尺寸 A×A (mm) | kg/个 | 尺寸 A×B (mm) | kg/个 | 尺寸 A×B (mm) | kg/个 | 尺寸 A×B (mm) | kg/个 | 尺寸 A×B (mm) | kg/个 |
| 1 | 120×120 | 3.04 | 120×120 | 3.20 | 200×250 | 5.17 | 200×250 | 17.44 | 200×250 | 5.33 | 320×630 | 15.55 |
| 2 | 160×160 | 3.78 | 160×160 | 3.97 | 200×320 | 5.85 | 200×320 | 22.43 | 200×320 | 6.03 | 320×800 | 20.07 |
| 3 | 200×200 | 4.54 | 200×200 | 4.78 | 200×400 | 6.68 | 200×400 | 15.74 | 200×400 | 6.87 | 400×500 | 13.95 |
| 4 | 250×250 | 5.68 | 250×250 | 5.86 | 200×500 | 9.74 | 200×500 | 19.27 | 200×500 | 9.96 | 400×630 | 17.09 |
| 5 | 320×320 | 7.25 | 320×320 | 7.44 | 250×320 | 6.45 | 250×320 | 24.58 | 250×320 | 6.64 | 400×800 | 21.91 |
| 6 | 400×400 | 10.07 | 400×400 | 10.28 | 250×400 | 7.31 | 250×400 | 21.58 | 250×400 | 7.51 | 500×630 | 18.97 |
| 7 | 500×500 | 19.14 | 500×500 | 16.70 | 250×500 | 10.58 | 250×500 | 27.40 | 250×500 | 10.81 | 500×800 | 24.20 |
| 8 | 630×630 | 27.08 | 630×630 | 23.63 | 250×630 | 13.29 | 250×630 | 30.87 | 250×630 | 13.53 | 630×800 | 27.14 |
| 9 | 800×800 | 37.75 | 800×800 | 32.67 | 320×400 | 12.46 | — | — | 320×400 | 11.19 | — | — |
| 10 | 1000×1000 | 49.55 | 1000×1000 | 42.42 | 320×500 | 14.18 | — | — | 320×500 | 12.64 | — | — |

续三

钢制蝶阀（手柄式）

| 名称 | 圆形 T302-7 | | | 方形 T302-8 | | | 矩形 T302-9 | | |
|---|---|---|---|---|---|---|---|---|---|
| 图号 | | | | | | | | | |
| 序号 | 尺寸 D (mm) | kg/个 | kg/个 | 尺寸 A×A (mm) | kg/个 | 尺寸 A×B (mm) | kg/个 | 尺寸 A×B (mm) | kg/个 |
| 1 | 100 | 1.95 | 7.94 | 120×120 | 2.87 | 200×250 | 4.98 | 320×630 | 17.11 |
| 2 | 120 | 2.24 | 8.86 | 160×160 | 3.61 | 200×320 | 5.66 | 320×800 | 22.10 |
| 3 | 140 | 2.52 | 10.65 | 200×200 | 4.37 | 200×400 | 6.49 | 400×500 | 15.41 |
| 4 | 160 | 2.81 | 13.08 | 250×250 | 5.51 | 200×500 | 9.55 | 400×630 | 18.94 |
| 5 | 180 | 3.12 | 14.80 | 320×320 | 7.08 | 250×320 | 6.26 | 400×800 | 24.25 |
| 6 | 200 | 3.43 | 18.51 | 400×400 | 9.90 | 250×400 | 7.12 | 500×630 | 21.23 |
| 7 | 220 | 3.72 | — | 500×500 | 17.70 | 250×500 | 10.39 | 500×800 | 27.07 |
| 8 | 250 | 4.22 | — | 630×630 | 25.31 | 250×630 | 13.10 | 630×800 | 30.54 |
| 9 | 280 | 6.22 | — | — | — | 320×400 | 12.13 | — | — |
| 10 | 320 | 7.06 | — | — | — | 320×500 | 13.85 | — | — |

（注：尺寸D列中 T302-7 对应数据为：360, 400, 450, 500, 560, 630）

## 第五章 通风空调工程预算定额应用

续四

| 名称 | 圆形风管止回阀 | | | | 方形风管止回阀 | | | | 密闭式斜插板阀 | | |
|---|---|---|---|---|---|---|---|---|---|---|---|
| 图号 | 垂直式T303-1 | | 水平式T303-1 | | 垂直式T303-2 | | 水平式T303-2 | | T309 | | |
| 序号 | 尺寸D (mm) | kg/个 | 尺寸D (mm) | kg/个 | 尺寸A×A (mm) | kg/个 | 尺寸A×A (mm) | kg/个 | 尺寸D (mm) | kg/个 | 尺寸D (mm) | kg/个 |
| 1 | 220 | 5.53 | 220 | 5.69 | 200×200 | 6.74 | 200×200 | 6.73 | 80 | 2.620 | 210 | 9.276 |
| 2 | 250 | 6.22 | 250 | 6.41 | 250×250 | 8.34 | 250×250 | 8.37 | 90 | 3.019 | 220 | 10.396 |
| 3 | 280 | 6.95 | 280 | 7.17 | 320×320 | 10.58 | 320×320 | 10.70 | 100 | 3.427 | 240 | 11.756 |
| 4 | 320 | 7.93 | 320 | 8.26 | 400×400 | 13.24 | 400×400 | 13.43 | 110 | 3.836 | 250 | 12.466 |
| 5 | 360 | 8.98 | 360 | 9.33 | 500×500 | 19.43 | 500×500 | 19.81 | 120 | 4.225 | 260 | 13.046 |
| 6 | 400 | 9.97 | 400 | 10.36 | 630×630 | 26.60 | 630×630 | 27.72 | 130 | 4.755 | 280 | 14.376 |
| 7 | 450 | 11.25 | 450 | 11.73 | 800×800 | 36.13 | 800×800 | 37.33 | 140 | 5.203 | 300 | 16.186 |
| 8 | 500 | 13.69 | 500 | 14.19 | — | — | — | — | 150 | 5.752 | 320 | 17.776 |
| 9 | 560 | 15.42 | 560 | 16.14 | — | — | — | — | 160 | 6.201 | 340 | 19.616 |
| 10 | 630 | 17.42 | 630 | 18.26 | — | — | — | — | 170 | 6.760 | — | — |
| 11 | 700 | 20.81 | 700 | 21.85 | — | — | — | — | 180 | 7.219 | — | — |
| 12 | 800 | 24.12 | 800 | 25.68 | — | — | — | — | 190 | 7.810 | — | — |
| 13 | 900 | 29.53 | 900 | 31.13 | — | — | — | — | 200 | 9.056 | — | — |

续五

| 名称 | 手动密闭式对开多叶阀 | | | | | | | |
|---|---|---|---|---|---|---|---|---|
| 图号 | T308—1 | | | | | | | |
| 序号 | 尺寸A×B (mm) | kg/个 | 尺寸A×B (mm) | kg/个 | 尺寸A×B (mm) | kg/个 | 尺寸A×B (mm) | kg/个 |
| 1 | 160×320 | 8.90 | 400×400 | 13.10 | 1000×500 | 25.90 | 1250×800 | 52.10 |
| 2 | 200×320 | 9.30 | 500×400 | 14.20 | 1250×500 | 31.60 | 1600×800 | 65.40 |
| 3 | 250×320 | 9.80 | 630×400 | 16.50 | 1600×500 | 50.80 | 2000×800 | 75.50 |
| 4 | 320×320 | 10.50 | 800×400 | 19.10 | 250×630 | 16.10 | 1000×1000 | 51.10 |
| 5 | 400×320 | 11.70 | 1000×400 | 22.40 | 630×630 | 22.80 | 1250×1000 | 61.40 |
| 6 | 500×320 | 12.70 | 1250×400 | 27.40 | 800×630 | 33.10 | 1600×1000 | 76.80 |
| 7 | 630×320 | 14.70 | 200×500 | 12.80 | 1000×630 | 37.90 | 2000×1000 | 88.10 |
| 8 | 800×320 | 17.30 | 250×500 | 13.40 | 1250×630 | 45.50 | 1600×1250 | 90.40 |
| 9 | 1000×320 | 20.20 | 500×500 | 16.70 | 1600×630 | 57.70 | 2000×1250 | 103.20 |
| 10 | 200×400 | 10.60 | 630×500 | 19.30 | 800×800 | 37.90 | — | — |
| 11 | 250×400 | 11.10 | 800×500 | 22.40 | 1000×800 | 43.10 | — | — |

续六

## 手动对开式多叶阀

图号 T308—2

| 序号 | 尺寸A×B (mm) | kg/个 | 尺寸A×B (mm) | kg/个 | 尺寸A×B (mm) | kg/个 | 尺寸A×B (mm) | kg/个 |
|---|---|---|---|---|---|---|---|---|
| 1 | 320×160 | 5.51 | 400×1000 | 15.42 | 630×250 | 9.80 | 800×1600 | 31.54 |
| 2 | 320×200 | 5.87 | 400×1250 | 18.05 | 630×320 | 10.57 | 800×2000 | 48.38 |
| 3 | 320×250 | 6.29 | 500×200 | 7.85 | 630×400 | 11.51 | 1000×800 | 23.91 |
| 4 | 320×320 | 6.90 | 500×250 | 8.27 | 630×500 | 12.63 | 1000×1000 | 28.31 |
| 5 | 320×800 | 10.99 | 500×320 | 9.02 | 630×630 | 14.07 | 1000×1250 | 30.17 |
| 6 | 320×1000 | 14.52 | 500×400 | 9.84 | 630×800 | 16.12 | 1000×1600 | 38.16 |
| 7 | 400×200 | 6.64 | 500×500 | 10.84 | 630×1000 | 19.83 | 1000×2000 | 57.73 |
| 8 | 400×250 | 7.13 | 500×800 | 13.98 | 630×1250 | 23.08 | 1250×1600 | 44.57 |
| 9 | 400×320 | 7.73 | 500×1000 | 17.45 | 630×1600 | 27.55 | 1250×2000 | 67.47 |
| 10 | 400×400 | 8.46 | 500×1250 | 20.27 | 800×800 | 18.86 | 1600×1600 | 52.45 |
| 11 | 400×800 | 12.17 | 500×1600 | 24.39 | 800×1250 | 26.50 | 1600×2000 | 78.23 |

## 五、制作安装技术

### 1. 蝶阀

蝶阀是通风系统中最常见的一种风阀。按断面形式不同,可分为圆形、方形和矩形三种;按调节方式,可分为手柄式和拉链式两类。其中手柄式蝶阀由短管、阀板和调节装置三部分组成,如图 5-3 所示。

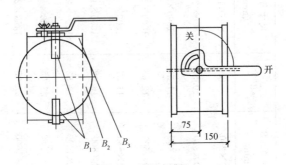

**图 5-3　手柄式蝶阀**
$B_1$—调节装置;$B_2$—阀板;$B_3$—短管

短管用厚 1.2～2mm 的钢板(最好与风管壁厚相同)制成,长度为 150mm。加工时穿轴的孔洞,应在展开时精确画线、钻孔,钻好后再卷圆焊接。短管两端为便于连接风管,应分别设置法兰。

阀板可用厚度为 1.5～2mm 的钢板制成,直径较大时,可用扁钢进行加固。阀板的直径应略小于风管直径,但不宜过小,以免漏风。

两个半轴用 $\phi 15$ 圆钢经锻打车削而成,较长的一根端部锉方并套螺纹,两根轴上分别钻有两个 $\phi 8.5$ 的孔洞。

手柄用 3mm 厚的钢板制成,其扇形部分开有 1/4 圆周弧形的月牙槽,圆弧中心开有和轴相配的方孔,使手柄可按需要位置开关或调节阀板位置。手柄通过焊在垫板上的螺栓和翼形螺母固定开关位置,垫板可焊在风管上固定。

组装蝶阀时,应先检查零件尺寸,然后把两根半轴穿入短管的轴孔,并放入阀板,用螺栓把阀板固定在两个半轴上,使阀板在短管中绕轴转动,在转动灵活无卡阻情况时,垫好垫圈。在短管外铆好螺栓的垫板和下垫板,再把手柄套入,并以螺帽或翼形螺帽固定。蝶阀轴应严格放平,阀门在轴上应转动灵活,手柄位置应能正确反映阀门的开或关。

## 2. 对开式多叶调节阀

对开式多叶调节阀分为手动式和电动式两种,如图 5-4 所示。通过手轮和蜗杆进行调节,设有启闭指示装置,在叶片的一端均用闭孔海绵橡胶板进行密封。这种调节阀一般装有 2~8 个叶片,每个叶片长轴端部装有摇柄,连接各摇柄的连动杆与调节手柄相连。操作手柄,各叶片就能同步开或合。调整完毕,拧紧蝶形螺母,就可以固定位置。

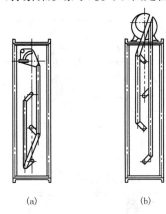

**图 5-4 对开式多叶调节阀**
(a)手动式阀门;(b)电动式阀门

在制作时,宜在原标准图基础上,增设法兰以加强刚性。

如果将调节手柄取消,把连动杆用连杆与电动执行机构相连,就构成电动式多叶调节阀,从而可以进行遥控和自动调节。

组装后,调节装置应准确、灵活、平稳。其叶片间距应均匀,关闭后叶片能互相贴合,搭接尺寸应一致。对于大截面的多叶调节风阀应加强叶片与轴的刚度,适宜分组调节。均应标明转动方向的标志。阀件均应进行防腐处理。

## 3. 三通调节阀

三通调节阀有手柄式和拉杆式两种,如图 5-5 所示。适用于矩形直通三通和裤衩管,不适用于直角三通。手柄式支管宽度 $A_1 = 130 \sim 400mm$,风管高度 $H$ 不大于 400mm;管内风速小于或等于 8m/s;阀叶长度 $L = 1.5 A_2$,阀叶用 $\delta = 0.8mm$ 厚的钢板制造。

在矩形斜三通或裤衩管内的分叉点,装有可以转动的阀板,转轴的端

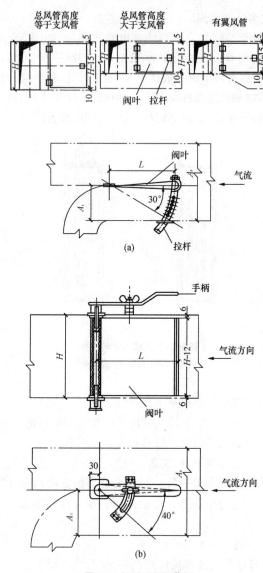

图 5-5　矩形三通调节阀
(a)拉杆式；(b)手柄式

部连接调节手柄。手柄转动，阀板也随之转动，从而调节支管空气的流量。调整完毕后拧紧蝶形螺母固定。

拉杆式支管宽度 $A_2=130\sim600\mathrm{mm}$,风管高度 $H$ 不大于 $600\mathrm{mm}$,阀叶长度 $L=2A_2$。在矩形三通或裤衩管内,将阀板用两块铰链连在分叉处;阀板另一端的中点,与弧形拉杆活动连接。推、拉弧形拉杆时,阀板绕三通分叉处转动,从而调节支管的空气流量。调整完毕后,用装在三通阀壁上的插销插入弧形拉杆的孔内定位。

制作时先用薄钢板在专用模具上加工阀板。阀板的尺寸应准确,以免安装后与风管碰擦,阀板应调节方便。加工组装的转轴和手柄(或拉杆)调节转动自如,与风管接合处应严密,按设计要求内外做防腐。手柄开关应标明调节角度。

**4. 防火阀**

防火阀按阀门关闭驱动方式分类可分为重力式防火阀、弹簧力驱动式防火阀(或称电磁式)、电机驱动式防火阀及气动驱动式防火阀四种。

其中重力式防火阀又可分矩形和圆形两种。矩形防火阀有单板式和多叶片式两种;圆形防火阀只有单板式一种。其构造如图 5-6~图 5-8 所示,由阀壳、阀板、转轴、托框、自锁机构、检查门、易熔片等组成。防火阀在通风、空调系统中,平时处于常开状态。阀门的阀板式叶片由易熔片将其悬吊成水平或水平偏下 5°状态。当火灾发生并且经防火阀流通的空气温度高于 70℃时,易熔片熔断,阀板或叶片靠重力自行下落,带动自锁簧片动作,使阀门关闭自锁,防止火焰通过管道蔓延。

防火阀是高层建筑通风空调系统不可缺少的部件。当发生火灾时可以切断气流,防止火灾蔓延。阀板开启与否,应有信号指示,并有打开与通风机连锁的接点,以使风机停止运转。

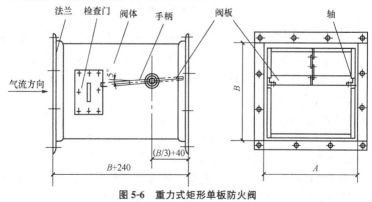

图 5-6 重力式矩形单板防火阀

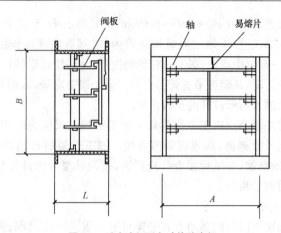

图 5-7　重力式矩形多叶片防火阀

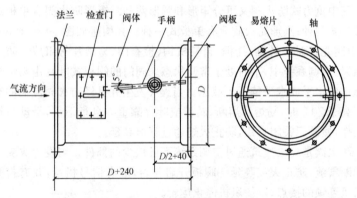

图 5-8　重力式圆形单板防火阀

防火阀的外壳钢板厚应不小于 2mm；转动部件在任何时候都应转动灵活，并应采用耐腐蚀的材料制作，如黄铜、青铜、不锈钢和镀锌铁件等金属材料；易熔件应为公安消防部门认可的正规产品；阀板关闭时应严密，能有效地阻隔气流。

**5. 止回阀**

在通风空调系统中，为防止通风机停止运转后气流倒流，常用止回阀。在正常情况下，通风机开动后，阀板在风压作用下会自动打开；通风机停止运转后，阀板自动关闭。适用于风管风速不小于 8m/s。阀板采用铝制，其重量轻，启闭灵活，能防火花，防爆。止回阀除根据管道形状不同

可分为圆形和矩形外,还可按照止回阀在风管的位置,分为垂直式和水平式。止回阀制作及安装要求如下:

(1)阀板用铝板加工,制作后的阀板应启闭灵活,关闭严密。

(2)阀板的转轴与铰链一般采用不易腐蚀的黄铜经机加工而成,加工精度应符合要求,转动必须灵活。

(3)水平安装的止回阀,在弯轴上安装可调坠锤,用来平衡和调节阀板的关启,应该平稳、可靠。止回阀的轴必须灵活,阀板关闭严密,铰链和转动轴应采用黄铜制作。

## 第四节 风口制作安装

### 一、定额说明

(1)风口制作:放样,下料,开孔,制作零件、外框、叶片、网框、调节板、拉杆、导风板、弯管、天圆地方、扩散管、法兰,钻孔,铆焊,组合成型。

(2)风口安装:对口,上螺栓,制垫、垫垫,找正,找平,固定,试动,调整。

### 二、定额项目

**1. 风口制作**

风口制作预算定额编号为 9—92~9—132,包括以下项目:

(1)带调节板活动百叶风口 T202—1:2kg 以下、2kg 以上。

(2)单层百叶风口 T202—2:2kg 以下、2kg 以上。

(3)双层百叶风口 T202—2:5kg 以下、5kg 以上。

(4)三层百叶风口 T202—3:7kg 以下、7kg 以上。

(5)连动百叶风口 T202—4:3kg 以下、3kg 以上。

(6)矩形风口 T203:5kg 以下、5kg 以上。

(7)矩形空气分布器 T206—1。

(8)风管插板风口制作安装 T208—1、2,周长分别为 660mm、840mm、1200mm、1680m 以内。

(9)旋转吹风口 T209—1。

(10)圆形直片散流器 CT211—1:6kg 以下、6kg 以上。

(11)方形直片散流器 CT211—2:5kg 以下、5kg 以上。

(12)流线型散流器 CT211—4。

(13)单面送吸风口 T212—1:10kg 以下、10kg 以上。

(14) 双面送吸风口 T212—2:10kg 以下、10kg 以上。
(15) 活动箅板式风口 T261:3kg 以下、3kg 以上。
(16) 网式风口 T262:2kg 以下、2kg 以上。
(17) 135 型单层百叶风口 CT263—1:5kg 以下、5kg 以上。
(18) 135 型双层百叶风口 CT263—2:10kg 以下、10kg 以上。
(19) 135 型带导流片百叶风口 CT263—3:10kg 以下、10kg 以上。
(20) 钢百叶窗 J718—1:0.5m² 以下、2m² 以下、4m² 以下。
(21) 活动金属百叶风口 J718—1。

**2. 风口安装**

风口安装预算定额编号为 9—133~9—165,包括以下项目:

(1) 百叶风口,周长分别为 900mm、1280mm、1800mm、2500mm、3300mm 以内。

(2) 矩形送风口,周长分别为 400mm、600mm、800mm 以内。

(3) 矩形空气分布器,周长分别为 1200mm、1500mm、2100mm 以内。

(4) 旋转吹风口,直径分别为 320mm、450mm 以内。

(5) 方形散流器,周长分别为 500mm、1000mm、2000mm 以内。

(6) 圆形、流线型散流器,直径分别为 200mm、360mm、500mm 以内。

(7) 送吸风口,周长分别为 1000mm、1600mm、2000mm 以内。

(8) 活动箅板式风口,周长分别为 1330mm、1910mm、2590mm 以内。

(9) 网式风口,周长分别为 900mm、1500mm、2000mm、2600mm 以内。

(10) 钢百叶窗,框内面积分别为 0.5mm、1.0mm、2.0mm、4.0mm 以内。

## 三、定额材料

**1. 定额中列项材料**

风口制作安装定额中列项的材料包括:镀锌钢板、普通钢板、气焊条、乙炔气、氧气、角钢、圆钢、扁钢、焊接钢管、电焊条、精制六角带帽螺栓、精制六角螺母、铝蝶形螺母、垫圈、铁铆钉、开口销、钢板网、合页、弹簧、钢珠、木螺钉、普碳方钢、聚酯乙烯泡沫塑料、弹簧垫圈、紫铜铆钉、镀锌铁丝、焊锡丝、盐酸、木柴、焦炭、铜蝶形螺母、橡胶板、石棉橡胶板、半圆头螺钉等。

**2. 常用材料介绍**

(1) 钢板网。钢板网分为大网和小网两类。网面长度大于 1m 的为大网,其代号为 DW;网面长度小于或等于 1m 的为小网,其代号为 XW。网孔呈菱形,其外表如图 5-9 所示,钢板网的规格见表 5-30。

## 第五章 通风空调工程预算定额应用

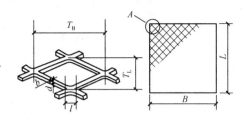

**图 5-9 钢板网的外形**

钢板网的规格表示方法为 $DW(XW) \times d \times T_L \times B \times L$，例如 $DW0.8 \times 10 \times 1800 \times 3600$。

表 5-30 钢板网规格 （单位：mm）

| 种类 | 板材厚 | 网格尺寸 | | | 节点宽 | 标准成品尺寸 | |
|---|---|---|---|---|---|---|---|
| | $d$ | 短节距 $T_L$ | 长节距 $T_B$ | 丝梗宽 $b$ | $l$ | 网面宽 $B$ | 网面长 $L$ |
| 大网 | 0.5 | 5 | 12.5 | 1.1 | 2～3 | 1000 | 2000 |
| | | 6 | 15 | | | 1800 | |
| | | 8 | 20 | | | 1800 | 3000 |
| | | 10 | 25 | | | 2000 | 3600、4000 |
| | | 12 | 30 | 1.2 | | | |
| | 0.8 | 10 | 25 | 1.1 | 3～5 | 1800 2000 | 3600 4000 |
| | | 12 | 30 | 1.2 | | | |
| | | 15 | 40 | 1.5 | | | |
| | 1.0 | 10 | 25 | 1.1 | | | |
| | | 12 | 30 | 1.2 | | | |
| | | 15 | 40 | 1.5 | | | |
| | 1.2 | 10 | 25 | 1.1 | | | |
| | | 12 | 30 | 1.2 | | | |
| | | 15 | 40 | 1.6 | | | |
| | | 18 | 50 | 1.8 | | | |

续表

| 种类 | 板材厚 $d$ | 网格尺寸 短节距 $T_L$ | 网格尺寸 长节距 $T_B$ | 网格尺寸 丝梗宽 $b$ | 节点宽 $l$ | 标准成品尺寸 网面宽 $B$ | 标准成品尺寸 网面长 $L$ |
|---|---|---|---|---|---|---|---|
| 小网 | 0.5 | 5 | 12.5 | 1.0 | 2.2 | 2000 | 1000 |
| | | 10 | 25 | | | 1800、2000 | |
| | | 13 | 25 | 0.6 | 3 | 2000、2500 | 600 |
| | | 13 | 25 | 1.0 | | 2000、2500 | 1000 |
| | 0.8 | 10 | 25 | 1.1 | | 1800、2000 | |
| | 1.0 | 10 | 25 | 1.1 | | — | |

(2) 聚氨酯泡沫塑料。聚氨酯泡沫塑料是以聚醚树脂与多亚甲基多苯基多异氰酸脂（PAPI）反应制得主要原料，再加入胶联剂（乙二氨聚醚）、催化剂（二月桂酸二丁基锡）、表面活性剂（硅油）和发泡剂（蒸馏水或氟利昂－11）等经发泡反应而制得的新型合成材料。聚氨酯泡沫塑料可以在专门的工厂中制造成硬质或非硬质的，也可以在施工现场喷涂成型或手工浇注成型。其主要技术性能见表 5-31。

表 5-31　　　　　　　聚氨酯泡沫塑料主要技术性能

| 技术指标 | 制　品 硬质 | 制　品 软质 |
|---|---|---|
| 堆积密度（kg/m³） | 30～50 | 30～42 |
| 压缩 10% 时抗压强度（MPa） | >0.2 | — |
| 常温导热系数[W/(m·h·K)] | 0.0366～0.0547 | 0.0233～0.0435 |
| 质量吸水率（%） | 0.2～0.3 | — |
| 体积吸水率（%） | 0.03 | — |
| 使用温度（℃） | －80～100 | －50～100 |
| 防火性 | 可燃，离火 2s 自熄 | |
| 化学稳定性 | 耐机油，20% 盐酸，45% 苛性钠侵蚀 24h 无变化 | |

硬质聚氨酯泡沫塑料是开孔结构，富有弹性，是较理想的过滤、防振、吸声材料。在通风空调工程中应用时应具备自熄性。所谓自熄性即加有阻燃剂，使其离开火源后 1～2s 内能自行熄灭。

(3)木螺钉。常用木螺钉规格见表 5-32。

表 5-32　　　　　　　　　木螺钉规格　　　　　　　　（单位:mm）

| 号　数 | 直　径 | 号　数 | 直　径 |
|---|---|---|---|
| 3 | 2.39 | 11 | 5.23 |
| 4 | 2.74 | 12 | 5.59 |
| 5 | 3.10 | 13 | 5.94 |
| 6 | 3.45 | 14 | 6.30 |
| 7 | 3.81 | 15 | 6.65 |
| 8 | 4.17 | 16 | 7.01 |
| 9 | 4.52 | 17 | 7.37 |
| 10 | 4.88 | 18 | 7.72 |

## 四、定额工程量计算应用

风口制作安装定额工程量计算所需部件质量可参见表 5-33。

表 5-33　　　　　　　　国际通风部件标准质量表

| 名称 | 带调节板活动百叶风口 | | 单层百叶风口 | | 双层百叶风口 | | 三层百叶风口 | |
|---|---|---|---|---|---|---|---|---|
| 图号 | T202-1 | | T202-2 | | T202-2 | | T202-3 | |
| 序号 | 尺寸 A×B (mm) | kg/个 | 尺寸 A×B (mm) | kg/个 | 尺寸 A×B (mm) | kg/个 | 尺寸 A×B (mm) | kg/个 |
| 1 | 300×150 | 1.45 | 200×150 | 0.88 | 200×150 | 1.73 | 250×180 | 3.66 |
| 2 | 350×175 | 1.79 | 300×150 | 1.19 | 300×150 | 2.52 | 290×180 | 4.22 |
| 3 | 450×225 | 2.47 | 300×185 | 1.40 | 300×185 | 2.85 | 330×210 | 5.14 |
| 4 | 500×250 | 2.94 | 330×240 | 1.70 | 330×240 | 3.48 | 370×210 | 5.84 |
| 5 | 600×300 | 3.60 | 400×240 | 1.94 | 400×240 | 4.46 | 410×250 | 6.41 |
| 6 | — | — | 470×285 | 2.48 | 470×285 | 5.66 | 450×280 | 8.01 |
| 7 | — | — | 530×330 | 3.05 | 530×330 | 7.22 | 490×320 | 9.04 |
| 8 | — | — | 550×375 | 3.59 | 550×375 | 8.01 | 570×320 | 10.10 |

| 名称 | 连动百叶风口 | | 矩形送风口 | | 矩形空气分布器 | |
|---|---|---|---|---|---|---|
| 图号 | T202-4 | | T203 | | T206-1 | |
| 序号 | 尺寸 A×B (mm) | kg/个 | 尺寸 C×H (mm) | kg/个 | 尺寸 A×B (mm) | kg/个 |
| 1 | 200×150 | 1.49 | 60×52 | 2.22 | 300×150 | 4.95 |
| 2 | 250×195 | 1.88 | 80×69 | 2.84 | 400×200 | 6.61 |

续一

| 名称 | 连动百叶风口 | | 矩形送风口 | | 矩形空气分布器 | |
|---|---|---|---|---|---|---|
| 图号 | T202-4 | | T203 | | T206-1 | |
| 序号 | 尺寸 $A \times B$ (mm) | kg/个 | 尺寸 $C \times H$ (mm) | kg/个 | 尺寸 $A \times B$ (mm) | kg/个 |
| 3 | 300×195 | 2.06 | 100×87 | 3.36 | 500×250 | 10.32 |
| 4 | 300×240 | 2.35 | 120×104 | 4.46 | 600×300 | 12.42 |
| 5 | 350×240 | 2.55 | 140×121 | 5.40 | 700×350 | 17.71 |
| 6 | 350×285 | 2.83 | 160×139 | 6.29 | — | — |
| 7 | 400×330 | 3.52 | 180×156 | 7.36 | — | — |
| 8 | 500×330 | 4.07 | 200×173 | 8.65 | — | — |
| 9 | 500×375 | 4.50 | — | — | — | — |

| 名称 | 风管插板式送吸风口 | | | | 旋转吹风口 | | 地上旋转吹风口 | |
|---|---|---|---|---|---|---|---|---|
| 图号 | 矩形 T208-1 | | 圆形 T208-2 | | T209-1 | | T209-2 | |
| 序号 | 尺寸 $B \times C$ (mm) | kg/个 | 尺寸 $B \times C$ (mm) | kg/个 | 尺寸 $D=A$ (mm) | kg/个 | 尺寸 $D=A$ (mm) | kg/个 |
| 1 | 200×120 | 0.88 | 160×80 | 0.62 | 250 | 10.09 | 250 | 13.20 |
| 2 | 240×160 | 1.20 | 180×90 | 0.68 | 280 | 11.76 | 280 | 15.49 |
| 3 | 320×240 | 1.95 | 200×100 | 0.79 | 320 | 14.67 | 320 | 18.92 |
| 4 | 400×320 | 2.96 | 220×110 | 0.90 | 360 | 17.86 | 360 | 22.82 |
| 5 | — | — | 240×120 | 1.01 | 400 | 20.68 | 400 | 26.25 |
| 6 | — | — | 280×140 | 1.27 | 450 | 25.21 | 450 | 31.77 |
| 7 | — | — | 320×160 | 1.50 | — | — | — | — |
| 8 | — | — | 360×180 | 1.79 | — | — | — | — |
| 9 | — | — | 400×200 | 2.10 | — | — | — | — |
| 10 | — | — | 440×220 | 2.39 | — | — | — | — |
| 11 | — | — | 500×250 | 2.94 | — | — | — | — |
| 12 | — | — | 560×280 | 3.53 | — | — | — | — |

| 名称 | 圆形直片散流器 | | 方形直片散流器 | | 流线型散流器 | |
|---|---|---|---|---|---|---|
| 图号 | CT211-1 | | CT211-2 | | CT211-4 | |
| 序号 | 尺寸 $\phi$ (mm) | kg/个 | 尺寸 $A \times A$ (mm) | kg/个 | 尺寸 $d$ (mm) | kg/个 |
| 1 | 120 | 3.01 | 120×120 | 2.34 | 160 | 3.97 |
| 2 | 140 | 3.29 | 160×160 | 2.73 | 200 | 5.45 |
| 3 | 180 | 4.39 | 200×200 | 3.91 | 250 | 7.94 |

## 第五章 通风空调工程预算定额应用

续二

| 名称 | 圆形直片散流器 | | 方形直片散流器 | | 流线型散流器 | |
|---|---|---|---|---|---|---|
| 图号 | CT211-1 | | CT211-2 | | CT211-4 | |
| 序号 | 尺寸 $\phi$ (mm) | kg/个 | 尺寸 $A \times A$ (mm) | kg/个 | 尺寸 $d$ (mm) | kg/个 |
| 4 | 220 | 5.02 | 250×250 | 5.29 | 320 | 10.28 |
| 5 | 250 | 5.54 | 320×320 | 7.43 | — | — |
| 6 | 280 | 7.42 | 400×400 | 8.89 | — | — |
| 7 | 320 | 8.22 | 500×500 | 12.23 | — | — |
| 8 | 360 | 9.04 | — | — | — | — |
| 9 | 400 | 10.88 | — | — | — | — |
| 10 | 450 | 11.98 | — | — | — | — |
| 11 | 500 | 13.07 | — | — | — | — |

| 名称 | 单面送吸风口 | | | | 双面送吸风口 | | | |
|---|---|---|---|---|---|---|---|---|
| 图号 | Ⅰ型 T212-1 | | Ⅱ型 T212-1 | | Ⅰ型 T212-2 | | Ⅱ型 T212-2 | |
| 序号 | 尺寸 $A \times A$ (mm) | kg/个 | 尺寸 $D$ (mm) | kg/个 | 尺寸 $A \times A$ (mm) | kg/个 | 尺寸 $D$ (mm) | kg/个 |
| 1 | 100×100 | | 100 | 1.37 | 100×100 | | 100 | 1.54 |
| 2 | 120×120 | 2.01 | 120 | 1.85 | 120×120 | 2.07 | 120 | 1.97 |
| 3 | 140×140 | | 140 | 2.23 | 140×140 | | 140 | 2.32 |
| 4 | 160×160 | 2.93 | 160 | 2.68 | 160×160 | 2.75 | 160 | 2.76 |
| 5 | 180×180 | | 180 | 3.14 | 180×180 | | 180 | 3.20 |
| 6 | 200×200 | 4.01 | 200 | 3.73 | 200×200 | 3.63 | 200 | 3.65 |
| 7 | 220×220 | | 220 | 5.51 | 220×220 | | 220 | 5.17 |
| 8 | 250×250 | 7.12 | 250 | 6.68 | 250×250 | 5.83 | 250 | 6.18 |
| 9 | 280×280 | | 280 | 8.08 | 280×280 | | 280 | 7.42 |
| 10 | 320×320 | 10.84 | 320 | 10.27 | 320×320 | 8.20 | 320 | 9.06 |
| 11 | 360×360 | | 360 | 12.52 | 360×360 | | 360 | 10.74 |
| 12 | 400×400 | 15.68 | 400 | 14.93 | 400×400 | 11.19 | 400 | 12.81 |
| 13 | 450×450 | | 450 | 18.20 | 450×450 | | 450 | 15.26 |
| 14 | 500×500 | 23.08 | 500 | 22.01 | 500×500 | 15.50 | 500 | 18.36 |

续三

| 名称 | 活动算板式风口 | | 网式风口 | | | |
|---|---|---|---|---|---|---|
| 图号 | T261 | | 三面 T262 | | 矩形 T262 | |
| 序号 | 尺寸 $A \times B$ (mm) | kg/个 | 尺寸 $A \times B$ (mm) | kg/个 | 尺寸 $A \times B$ (mm) | kg/个 |
| 1 | 235×200 | 1.06 | 250×200 | 5.27 | 200×150 | 0.56 |
| 2 | 325×200 | 1.39 | 300×200 | 5.95 | 250×200 | 0.73 |
| 3 | 415×200 | 1.73 | 400×200 | 7.95 | 350×250 | 0.99 |
| 4 | 415×250 | 1.97 | 500×250 | 10.97 | 450×300 | 1.27 |
| 5 | 505×250 | 2.36 | 600×250 | 13.03 | 550×350 | 1.81 |
| 6 | 595×250 | 2.71 | 620×300 | 14.19 | 600×400 | 2.05 |
| 7 | 535×300 | 2.80 | — | — | 700×450 | 2.44 |
| 8 | 655×300 | 3.35 | — | — | 800×500 | 2.83 |
| 9 | 775×300 | 3.70 | — | — | — | — |
| 10 | 655×400 | 4.08 | — | — | — | — |
| 11 | 775×400 | 4.75 | — | — | — | — |
| 12 | 895×400 | 5.42 | — | — | — | — |

## 五、制作安装技术

### 1. 风口基本规格与分类代号

(1) 风口基本规格用颈部尺寸(指与风管的接口尺寸)表示,见表 5-34 和表 5-35。

表 5-34　　　　　　圆形风口基本规格代号

| 直径 $D$(mm) | 100 | 120 | 140 | 160 | 180 | 200 | 220 | 250 | 280 |
|---|---|---|---|---|---|---|---|---|---|
| 规格代号 | 10 | 12 | 14 | 16 | 18 | 20 | 22 | 25 | 28 |
| 直径 $D$(mm) | 320 | 360 | 400 | 450 | 500 | 560 | 630 | 700 | 800 |
| 规格代号 | 32 | 36 | 40 | 45 | 50 | 56 | 63 | 70 | 80 |

表 5-35　　　　　　方形、矩形风口基本规格代号

| 高度 H (mm) | 宽度 W(mm) | | | | | | | | | |
|---|---|---|---|---|---|---|---|---|---|---|
| | 120 | 160 | 200 | 250 | 320 | 400 | 630 | 500 | 800 | 1000 | 1250 |
| 120 | 1212 | 1612 | 2012 | 2512 | 3212 | 4012 | 6312 | 5012 | 8012 | 10012 | |
| 160 | | 1616 | 2016 | 2516 | 3216 | 4016 | 6316 | 5016 | 8016 | 10016 | 12516 |
| 200 | | | 2020 | 2520 | 3220 | 4020 | 6320 | 5020 | 8020 | 10020 | 12520 |
| 250 | | | | 2525 | 3225 | 4025 | 6325 | 5025 | 8025 | 10025 | 12525 |
| 320 | | | | | 3232 | 4032 | 6332 | 5032 | 8032 | 10032 | 12532 |
| 400 | | | | | | 4040 | 6340 | 5040 | 8040 | 10040 | 12540 |
| 500 | | | | | | | 6350 | 5050 | 8050 | 10050 | 12550 |
| 630 | | | | | | | 6363 | | 8063 | 10063 | 12563 |

(2)散流器基本规格可按相等间距数 50mm、60mm、70mm 排列。

(3)型号表示法。

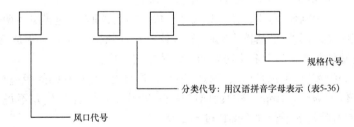

表 5-36　　　　　　　　分类代号表

| 序号 | 风口名称 | 分类代号 | 序号 | 风口名称 | 分类代号 |
|---|---|---|---|---|---|
| 1 | 单层百叶风口 | DB | 7 | 圆形喷口 | YP |
| 2 | 双层百叶风口 | SB | 8 | 矩形喷口 | JP |
| 3 | 圆形散流器 | YS | 9 | 球形喷口 | QP |
| 4 | 方形散流器 | FS | 10 | 条缝风口 | TF |
| 5 | 矩形散流器 | JS | 11 | 旋流风口 | YX |
| 6 | 圆盘形散流器 | PS | 12 | 孔板风口 | KB |

续表

| 序号 | 风口名称 | 分类代号 | 序号 | 风口名称 | 分类代号 |
|---|---|---|---|---|---|
| 13 | 网板风口 | WB | 16 | 箅孔风口 | BK |
| 14 | 椅子风口 | YZ | 17 | 格栅风口 | KS |
| 15 | 灯具风口 | DZ | | | |

**2. 风口制作**

送吸风口的形式有矩形、圆形插板式送吸风口,单层、多层百叶送风口,旋转吹风口,散流器等。

(1)双层百叶送风口。双层百叶送风口(图5-10),由外框、两组相互垂直的前叶片和后叶片组成。

1)外框制作:用钢板剪成板条,锉去毛刺,精确地钻出铆钉孔,再用扳边机将板条扳成角钢形状,拼成方框。然后检查外表面的平整度,与设计尺寸的允许偏差应不大于2mm;检查角方,要保证焊好后两对角线之差不大于3mm;最后将四角焊牢再检查一次。

2)叶片制作:将钢板按设计尺寸剪成所需的条形,通过模具将两边冲压成所需的圆棱,然后锉去毛刺,钻好铆钉孔,再把两头的耳环扳成直角。

3)油漆或烤漆等各类防腐均在组装之前完成。

4)组装时,不论是单层、双层,还是多层叶片,其叶片的间距应均匀,允许偏差为±0.1mm,轴的两端应同心,叶片中心线允许偏差不得超过3/1000,叶片的平行度不得超过4/1000。

5)将设计要求的叶片铆在外框上,要求叶片间距均匀,两端轴中心应在同一直线上,叶片与边框铆接松紧适宜,转动调节时应灵活,叶片平直,同边框不得有碰擦。图5-10中节点图Ⅰ—Ⅰ就是叶片与边框的铆接情况,6为铆钉(4×8),7为垫圈。

6)组装后,圆形风口必须做到圆弧度均匀,外形美观;矩形风口四角必须方正,表面平整、光滑。风口的转动调节机构灵活、可靠,定位后无松动迹象。风口表面无划痕、压伤与花斑,颜色一致,焊点光滑。

(2)插板式和箅板式风口。插板式风口常用于通风系统或要求不高的空调系统的送、回(吸)风口,借助插板改变风口净面积。箅板式风口常用于空调和通风系统的回(吸)风口,以调节螺栓调节孔口,改变风口的净面积。

## 第五章 通风空调工程预算定额应用

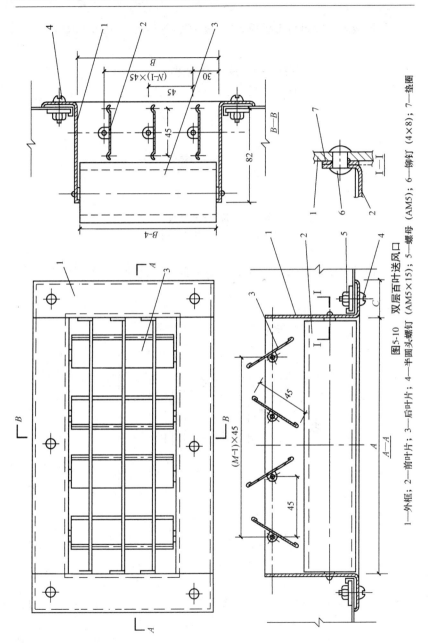

图5-10 双层百叶送风口
1—外框；2—前叶片；3—后叶片；4—半圆头螺钉（AM5×15）；5—螺母（AM5）；6—铆钉（4×8）；7—垫圈

1)插板式送吸风口由插板、导向板、挡板等组成,如图 5-11 所示。

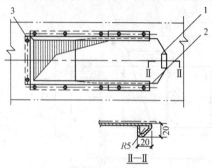

图 5-11　插板式送吸风口
1—插板;2—导向板;3—挡板

2)活动箅板式口风口是由外箅板、内箅板、连接框、调节螺栓等组成,如图 5-12 所示。

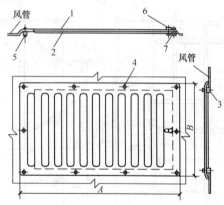

图 5-12　活动箅板式回风口
1—外箅板;2—内箅板;3—连接框;4—半圆头螺钉;
5—平头铆钉;6—滚花螺母;7—调节螺栓;
$A$—回风口长度;$B$—回风口宽度,按设计决定

3)插板式风口在调节插板时应平滑省力。制作的插板应平整、边缘光滑。在风口孔洞处的上边下边各设一根,上下两导向板应平行,在插板的尾端设置挡板并与插板吻合。导向板与插板均用铆钉固定在矩形或圆形风管上。插板尾端两角加工为 $R5$ 的圆弧;活动箅板式风口应注意孔口

的间距,制作时应严格控制孔口的位置,其偏差在1mm以内,并控制累计误差,使其上下两板孔口的间距一致,防止出现叠孔现象,影响风口的风量。

4)组装后的插板式及活动算板式风口,外形应美观,启闭自如、灵活,能达到完全开启和闭合的要求。

(3)孔板式风口。孔板式风口可分为全面孔板和局部孔板。孔板式风口由高效过滤器箱壳、静压箱和孔板组成,如图5-13所示。过滤器风口一般用铝或铝合金板制作。全面孔板的孔口速度为3m/s以上,送风(冷风)温差大于或等于30℃,单位面积送风量超过60m³/(m²·h),并且是均匀送风,孔板下方形成下送的垂直气流流型,适用于要求较高的空气洁净系统。孔板出口风速和送风温差较小时,孔板下方形成不稳定流型,适用于高精度空调系统。

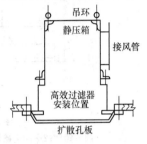

图5-13 孔板式风口

孔板的孔径一般为6mm,在加工孔板式风口时,为使孔口对称和美观并保证所需要的风量和气流流型,孔径与孔距应按设计要求进行加工,孔口的毛刺应锉平。对有折角的孔板式风口,其明露部分的焊缝应磨平、打光。

对铝或铝合金制作的过滤器风口,在制作后均需进行阳极氧化处理和抛光着色。其外表装饰面拼接的缝隙,应小于或等于0.15mm。组件加工中与过滤器接触的平面必须光滑、平整。

孔板加工前后应严格测量孔板的孔径、孔距及分布尺寸,应符合设计要求。

组装后的孔板式风口,在安装时用四根吊环吊于顶部,固定在楼板上或轻钢吊顶上均可。送风管一般接在孔板式风口的侧面,也可在静压箱的顶部接出。孔板均安装在下方。

(4)其他风口。

1)旋转式风口,由叶栅、壳体、钢球、压板、摇臂、定位螺栓等组成。

2)球形风口,由球形壳体、弧形阀板等组成。

(5)散流器。散流器用于空调系统和空气洁净系统,可分为直片型散流器和流线型散流器。直片型散流器形状有圆形和方形两种,内部装有调节环和扩散圈。调节环与扩散圈处于水平位置时,可产生气流垂直向下的垂直气流流型,可用于空气洁净系统。如调节环插入扩散圈内10mm左右时,使出口处的射流轴线与顶棚间的夹角 $α<50°$,形成贴附气流,可用于空调系统。圆形直片式散流器各部组成,如图 5-14 所示。

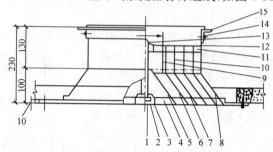

**图 5-14 圆形直片式散流器**

1—调节螺杆;2—固定螺母;3—调节座;4—扩散圈连杆;5—中心扩散圈;
6—有槽扩散圈;7—中间扩散圈;8—最外扩散圈;9—有轨调节环;10—调节环;
11—调节环连杆;12—调节螺母;13—开口销;14—半圆头铆钉;15—法兰

制作散流器时,圆形散流器应使调节环和扩散圈同轴,每层扩散圈周边的间距一致,圆弧均匀;方形散流器的边线平直,四角方正。

流线型散流器的叶片竖向距离,可根据要求的气流流型进行调整,适用于恒温恒湿空调系统的空气洁净系统。流线型散流器的叶片形状为曲线形,手工操作达不到要求的效果时,多采用模具冲压成型。其特点是散流片整体安装在圆筒中,并可整体拆卸。散流片的上面还装有整流片和风量调节阀。

方形散流器宜选用铝型材;圆形散流器宜选用铝型材或半硬铝合金板冲压成型。

# 第五节 风帽制作安装

## 一、定额说明

(1)风帽制作:放样、下料、咬口,制作法兰、零件,钻孔、铆焊、组装。
(2)风帽安装:安装、找正、找平,制垫、垫垫、上螺栓、固定。

## 二、定额项目

风帽制作安装预算定额编号为 9—166～9—178,包括以下项目：
(1)圆伞形风帽 T609:10kg 以下、50kg 以下、50kg 以上。
(2)锥形风帽 T610:25kg 以下、100kg 以下、100kg 以上。
(3)筒形风帽 T611:50kg 以下、100kg 以下、100kg 以上。
(4)筒形风帽滴水盘 T611:15kg 以下、15kg 以上。
(5)风帽筝绳。
(6)风帽冷水。

## 三、定额材料

风帽制作安装定额中列项的材料包括：普通钢板、角钢、扁钢、圆钢、电焊条、气焊条、乙炔气、氧气、橡胶板、精制六角带螺栓、垫圈、铁铆钉、镀锌钢板、焊接钢管、花篮螺栓、油灰。

## 四、定额工程量计算应用

风帽制作安装定额工程量计算所需部件质量可参见表 5-37。

表 5-37　　　　　　　　风帽制作安装部件标准质量表

| 名称 | 圆伞形风帽 | | 锥形风帽 | | 筒形风帽 | | 筒形风帽滴水盘 | |
|---|---|---|---|---|---|---|---|---|
| 图号 | T609 | | T610 | | T611 | | T611−1 | |
| 序号 | 尺寸 D (mm) | kg/个 | 尺寸 D (mm) | kg/个 | 尺寸 D (mm) | kg/个 | 尺寸 D (mm) | kg/个 |
| 1 | 200 | 3.17 | 200 | 11.23 | 200 | 8.93 | 200 | 4.16 |
| 2 | 220 | 3.59 | 220 | 12.86 | 280 | 14.74 | 280 | 5.66 |
| 3 | 250 | 4.28 | 250 | 15.17 | 400 | 26.54 | 400 | 7.14 |
| 4 | 280 | 5.09 | 280 | 17.93 | 500 | 53.68 | 500 | 12.97 |
| 5 | 320 | 6.27 | 320 | 21.96 | 630 | 78.75 | 630 | 16.03 |
| 6 | 360 | 7.66 | 360 | 26.28 | 700 | 94.00 | 700 | 18.48 |
| 7 | 400 | 9.03 | 400 | 31.27 | 800 | 103.75 | 800 | 26.24 |
| 8 | 450 | 11.79 | 450 | 40.71 | 900 | 159.54 | 900 | 29.64 |
| 9 | 500 | 13.97 | 500 | 48.26 | 1000 | 191.33 | 1000 | 33.33 |
| 10 | 560 | 16.92 | 560 | 58.63 | | | | |

续表

| 名称 | 圆伞形风帽 | | 锥形风帽 | | 筒形风帽 | | 筒形风帽滴水盘 | |
|---|---|---|---|---|---|---|---|---|
| 图号 | T609 | | T610 | | T611 | | T611-1 | |
| 序号 | 尺寸 $D$ (mm) | kg/个 | 尺寸 $D$ (mm) | kg/个 | 尺寸 $D$ (mm) | kg/个 | 尺寸 $D$ (mm) | kg/个 |
| 11 | 630 | 21.32 | 630 | 73.09 | | | | |
| 12 | 700 | 25.54 | 700 | 87.68 | | | | |
| 13 | 800 | 40.83 | 800 | 114.77 | | | | |
| 14 | 900 | 50.55 | 900 | 142.56 | | | | |
| 15 | 1000 | 60.62 | 1000 | 172.05 | | | | |
| 16 | 1120 | 75.51 | 1120 | 212.98 | | | | |
| 17 | 1250 | 92.40 | 1250 | 260.51 | | | | |

**五、制作安装技术**

风帽是装在排风系统的末端，利用风压的作用，加强排风能力的一种自然通风装置。同时，可以防止雨雪水流入风管内。

在排风系统中一般使用伞形风帽、锥形风帽和筒形风帽（图 5-15）向室外排出污浊空气。

伞形风帽适用于一般机械排风系统。伞形罩和倒伞形帽可按圆锥形展开咬口制成。当通风系统的室外风管厚度与 T609 所示风帽不同时，零件伞形罩和倒伞形帽可按室外风管厚度制作。伞形风帽按 T609 标准图所绘共有 17 个型号。支撑用扁钢制成，用以连接伞形帽。

圆筒为一圆形短管，规格小时，帽的两端可翻边卷铁丝加固。规格较大时，可用扁钢或角钢做箍进行加固。扩散管可按圆形大小头加工，一端用卷钢丝加固，一端铆上法兰，以便与风管连接。

锥形风帽适用于除尘系统。有 $D=200\sim1250$mm，共 17 个型号。制作方法主要按圆锥形展开下料组装。

锥形风帽制作时，锥形帽里的上伞形帽挑檐 10mm 的尺寸必须予以确保，并且下伞形帽与上伞形帽焊接时，焊缝与焊渣不许露至檐口边，严防雨水流下时，从该处流到下伞形帽并沿外壁淌下造成漏雨。组装后，内外锥体的中心线应重合,而且两锥体间的水平距离应均匀,连接缝应顺水,下部排水通畅。

筒形风帽比伞形风帽多了一个外圆筒,在室外风力作用下,风帽短管处形成空气稀薄现象,促使空气从竖管排至大气,风力越大,效率就越高,因而适用于自然排风系统。筒形风帽主要由伞形罩、外筒、扩散管和支撑四部分组成。有 $D=200\sim1000\text{mm}$,共 9 个型号。

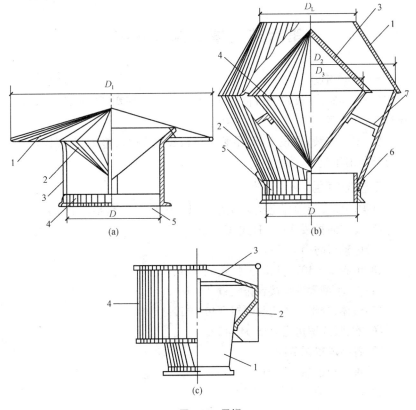

图 5-15 风帽
(a)伞形风帽
1—伞形帽;2—倒伞形帽;3—支撑;4—加固环;5—风管
(b)锥形风帽
1—上锥形帽;2—下锥形帽;3—上伞形帽;4—下伞形帽;5—连接管;6—外支撑;7—内支撑
(c)筒形风帽
1—扩散管;2—支撑;3—伞形罩;4—外筒

挡风圈也可按圆形大小头加工,大口可用卷边加固,小口可用手锤錾出5mm的直边和扩散管点焊固定。支撑用扁钢制成,用来连接扩散管、外筒和伞形帽。

风帽各部件加工完后,应刷好防锈底漆再进行装配。装配时,必须使风帽形状规整、尺寸准确,不歪斜,旋转风帽重心应平衡,所有部件应牢固。

## 第六节 罩类制作安装

### 一、定额说明

(1)罩类制作:放样、下料、卷圆、制作罩体、来回弯、零件、法兰、钻孔、铆焊、组合成型。

(2)罩类安装:埋设支架、吊装、对口、找正、制垫、垫垫、上螺栓,固定配重环及钢丝绳、试动调整。

### 二、定额项目

罩类制作安装预算定额编号为9-179~9-194,包括以下项目:

(1)皮带防护罩 T108:B式、C式。

(2)电动机防雨罩 T110。

(3)侧吸罩 T401-1、2:上吸式、下吸式。

(4)中、小型零件焊接台排气罩 T401-3。

(5)整体、分组式槽边侧吸罩 T403-1。

(6)吹、吸式槽边通风罩 94T459。

(7)各型风罩调节阀。

(8)条缝槽边抽风罩 86T414。

(9)泥心烘炉排气罩 T407-1。

(10)升降式回转排气罩 T409。

(11)上、下吸式圆形回转罩 T410:墙上、混凝土柱上、钢柱上。

(12)升降式排气罩 T412。

(13)手锻炉排气罩 T413。

### 三、定额材料

罩类制作安装定额中列项的材料包括:普通钢板、角钢、扁钢、镀锌铁丝网、电焊条、气焊条、乙炔气、氧气、精制六角带帽螺栓、精制六角螺栓、精制蝶形带帽螺栓、铁铆钉、圆钢、垫圈、石棉橡胶板、橡胶板、槽钢、焊接钢管、铜蝶形螺母、混凝土、开口销、钢丝绳、铸铁、石棉布。

### 四、定额工程量计算应用

罩类制作安装定额工程量计算所需部件质量可参见表 5-38。

表 5-38　　　　　　　　罩类制作安装部件标准质量表

| 名称 | 泥心烘炉排气罩 | | 升降式回转排气罩 | | 上吸式侧吸罩 | | 下吸式侧吸罩 | |
|---|---|---|---|---|---|---|---|---|
| 图号 | T407-1,2 | | T409 | | T401-1 | | T401-2 | |
| 序号 | 尺寸 | kg/个 | 尺寸 D (mm) | kg/个 | 尺寸 A×φ (mm) | kg/个 | 尺寸 A×φ (mm) | kg/个 |
| 1 | 6m² | 191.41 | 400 | 18.71 | 600×200 Ⅰ型 | 21.73 | 600×220 Ⅰ型 | 29.31 |
| 2 | 1.3m³ | 81.83 | 500 | 21.76 | 600×220 Ⅱ型 | 25.35 | 600×220 Ⅱ型 | 31.03 |
| 3 | | | 600 | 23.83 | 750×250 Ⅰ型 | 24.50 | 750×250 Ⅰ型 | 32.65 |
| 4 | | | | | 750×250 Ⅱ型 | 28.09 | 750×250 Ⅱ型 | 34.35 |
| 5 | | | | | 900×280 Ⅰ型 | 27.12 | 900×280 Ⅰ型 | 35.95 |
| 6 | | | | | 900×280 Ⅱ型 | 30.67 | 900×280 Ⅱ型 | 37.64 |

| 名称 | 中、小型零件焊接台排气罩 | | 整体槽边侧吸罩 | | 分组槽边侧吸罩 | | 分组侧吸罩调节阀 | |
|---|---|---|---|---|---|---|---|---|
| 图号 | T401-3 | | T403-1 | | T403-1 | | T403-1 | |
| 序号 | 尺寸 A×B (mm) | kg/个 | 尺寸 B×C (mm) | kg/个 | 尺寸 B×C (mm) | kg/个 | 尺寸 B×C (mm) | kg/个 |
| 1 | 小型零件台 300×200 | 8.30 | 120×500 | 19.13 | 300×120 | 14.70 | 300×120 | 8.89 |
| 2 | 小型零件台 400×250 | 9.58 | 150×600 | 24.06 | 370×120 | 17.49 | 370×120 | 10.21 |
| 3 | 小型零件台 500×320 | 11.14 | 120×500 | 24.17 | 450×120 | 20.46 | 450×120 | 11.72 |
| 4 | 中型零件台 | 25.27 | 150×600 | 31.18 | 550×120 | 23.46 | 550×120 | 13.58 |
| 5 | — | — | 200×700 | 35.47 | 650×120 | 26.83 | 650×120 | 15.48 |
| 6 | — | — | 150×600 | 35.72 | 300×140 | 15.52 | 300×140 | 9.19 |
| 7 | — | — | 200×700 | 42.19 | 370×140 | 18.41 | 370×140 | 10.57 |
| 8 | — | — | 150×600 | 41.48 | 450×140 | 21.39 | 450×140 | 12.11 |

续一

| 名称 | 中、小型零件焊接台排气罩 | | 整体槽边侧吸罩 | | 分组槽边侧吸罩 | | 分组侧吸罩调节阀 | |
|---|---|---|---|---|---|---|---|---|
| 图号 | T401－3 | | T403－1 | | T403－1 | | T403－1 | |
| 序号 | 尺寸 A×B (mm) | kg/个 | 尺寸 B×C (mm) | kg/个 | 尺寸 B×C (mm) | kg/个 | 尺寸 B×C (mm) | kg/个 |
| 9 | — | — | 200×700 | 49.43 | 550×140 | 24.60 | 550×140 | 14.03 |
| 10 | — | — | 200×600 | 50.36 | 650×140 | 27.86 | 650×140 | 15.96 |
| 11 | — | — | 200×700 | 59.47 | 300×160 | 16.18 | 300×160 | 9.69 |
| 12 | — | — | — | — | 370×160 | 19.10 | 370×160 | 11.16 |
| 13 | — | — | — | — | 450×160 | 22.06 | 450×160 | 12.72 |
| 14 | — | — | — | — | 550×160 | 25.37 | 550×160 | 14.68 |
| 15 | — | — | — | — | 650×160 | 28.59 | 650×160 | 16.66 |

| 名称 | 槽边吹风罩 | | 槽边吸风罩 | | | | | |
|---|---|---|---|---|---|---|---|---|
| 图号 | T403－2 | | T403－2 | | | | | |
| 序号 | 尺寸 B×C (mm) | kg/个 | 尺寸 B×C (mm) | kg/个 | 尺寸 B×C (mm) | kg/个 | 尺寸 B×C (mm) | kg/个 |
| 1 | 300×100 | 12.73 | 300×100 | 14.05 | 370×400 | 46.30 | 550×200 | 37.07 |
| 2 | 300×120 | 13.61 | 300×120 | 16.28 | 370×500 | 56.63 | 550×300 | 47.70 |
| 3 | 370×100 | 15.30 | 300×150 | 19.27 | 450×100 | 19.82 | 440×400 | 59.64 |
| 4 | 370×120 | 16.30 | 300×200 | 23.35 | 450×120 | 22.73 | 550×500 | 72.53 |
| 5 | 450×100 | 17.81 | 300×300 | 30.45 | 450×150 | 26.46 | 650×100 | 26.17 |
| 6 | 450×120 | 18.84 | 300×400 | 38.20 | 450×200 | 31.85 | 650×120 | 29.76 |
| 7 | 550×100 | 20.88 | 300×500 | 46.76 | 450×300 | 40.88 | 650×150 | 34.35 |
| 8 | 550×120 | 22.04 | 370×100 | 17.02 | 450×400 | 51.08 | 650×200 | 40.91 |
| 9 | 650×100 | 23.79 | 370×120 | 19.71 | 450×500 | 62.09 | 650×300 | 52.10 |
| 10 | 650×120 | 24.98 | 370×150 | 23.06 | 550×100 | 23.16 | 650×400 | 64.57 |
| 11 | — | — | 370×200 | 28.22 | 550×120 | 26.48 | 650×500 | 78.04 |
| 12 | — | — | 370×300 | 36.91 | 550×150 | 30.93 | | |

| 名称 | 槽边吸风罩调节阀 | | | | | | 槽边吹风罩调节阀 | |
|---|---|---|---|---|---|---|---|---|
| 图号 | T403－2 | | | | | | T403－2 | |
| 序号 | 尺寸 B×C (mm) | kg/个 | 尺寸 B×C (mm) | kg/个 | 尺寸 B×C (mm) | kg/个 | 尺寸 B×C (mm) | kg/个 |
| 1 | 300×100 | 8.43 | 370×400 | 16.86 | 550×200 | 15.77 | 300×100 | 8.43 |

## 第五章 通风空调工程预算定额应用

续二

| 名称 | 槽边吸风罩调节阀 | | | | | | 槽边吹风罩调节阀 | |
|---|---|---|---|---|---|---|---|---|
| 图号 | T403-2 | | | | | | T403-2 | |
| 序号 | 尺寸 $B \times C$ (mm) | kg/个 | 尺寸 $B \times C$ (mm) | kg/个 | 尺寸 $B \times C$ (mm) | kg/个 | 尺寸 $B \times C$ (mm) | kg/个 |
| 2 | 300×120 | 8.89 | 370×500 | 19.22 | 550×300 | 17.97 | 300×120 | 8.89 |
| 3 | 300×150 | 9.55 | 450×100 | 11.12 | 550×400 | 21.24 | 370×100 | 9.72 |
| 4 | 300×200 | 10.69 | 450×120 | 11.71 | 550×500 | 24.09 | 370×120 | 10.21 |
| 5 | 300×300 | 12.80 | 450×150 | 12.47 | 650×100 | 14.89 | 450×100 | 11.22 |
| 6 | 300×400 | 14.98 | 450×200 | 13.73 | 650×120 | 15.49 | 450×120 | 11.71 |
| 7 | 300×500 | 17.36 | 450×300 | 16.26 | 650×150 | 16.39 | 550×100 | 13.06 |
| 8 | 370×100 | 9.70 | 450×400 | 18.82 | 650×200 | 17.81 | 550×120 | 13.60 |
| 9 | 370×120 | 10.21 | 450×500 | 21.35 | 650×300 | 20.74 | 650×100 | 14.89 |
| 10 | 370×150 | 10.92 | 550×100 | 13.06 | 650×400 | 23.68 | 650×120 | 15.48 |
| 11 | 370×200 | 12.10 | 550×120 | 13.60 | 650×500 | 26.98 | — | — |
| 12 | 370×300 | 14.48 | 550×150 | 14.47 | — | — | — | — |

| 名称 | 条缝槽边抽风罩 | | | | | | | |
|---|---|---|---|---|---|---|---|---|
| 图号 | 单侧Ⅰ型 86T414 | | | | 单侧Ⅱ型 86T414 | | | |
| 序号 | 尺寸 $A \times E \times F$ (mm) | kg/个 | 尺寸 $A \times E \times F$ (mm) | kg/个 | 尺寸 $A \times E \times F$ (mm) | kg/个 | 尺寸 $A \times E \times F$ (mm) | kg/个 |
| 1 | 400×120×120 | 9.44 | 600×140×140 | 19.37 | 400×120×120 | 8.01 | 600×140×140 | 13.42 |
| 2 | 400×140×120 | 11.55 | 600×170×140 | 21.12 | 400×140×120 | 9.21 | 600×170×140 | 14.82 |
| 3 | 400×140×120 | 11.55 | 800×120×160 | 18.74 | 400×140×120 | 9.21 | 800×120×160 | 14.88 |
| 4 | 400×170×120 | 12.51 | 800×140×160 | 23.41 | 400×170×120 | 10.16 | 800×140×160 | 16.70 |
| 5 | 500×120×140 | 11.65 | 800×140×160 | 27.63 | 500×120×140 | 9.84 | 800×140×160 | 17.59 |
| 6 | 500×140×140 | 14.04 | 800×170×160 | 29.76 | 500×140×140 | 11.09 | 800×170×160 | 19.27 |
| 7 | 500×140×140 | 15.08 | 1000×120×180 | 23.51 | 500×140×140 | 11.41 | 1000×120×180 | 18.71 |
| 8 | 500×170×140 | 16.64 | 1000×140×180 | 28.96 | 500×170×140 | 12.67 | 1000×140×180 | 20.66 |
| 9 | 600×120×140 | 14.37 | 1000×160×180 | 33.90 | 600×120×140 | 11.44 | 1000×140×180 | 21.48 |
| 10 | 600×140×140 | 17.04 | 1000×170×180 | 38.09 | 600×140×140 | 12.78 | 1000×170×180 | 23.74 |

| 名称 | 条缝槽边抽风罩 | | | | | | | |
|---|---|---|---|---|---|---|---|---|
| 图号 | 双侧Ⅰ型 86T414 | | | | 双侧Ⅱ型、周边型 86T414 | | | |
| 序号 | 尺寸 $A \times B \times E$ (mm) | kg/个 | 尺寸 $A \times B \times E$ (mm) | kg/个 | 尺寸 $A \times B \times E$ (mm) | kg/个 | 尺寸 $A \times B \times E$ (mm) | kg/个 |
| 1 | 600×500×140 | 27.30 | 1200×600×140 | 59.73 | 600×500×140 | 36.97 | 1200×600×140 | 64.77 |

续三

| 名称 | 条缝槽边抽风罩 | | | | | | | |
|---|---|---|---|---|---|---|---|---|
| 图号 | 双侧Ⅰ型 86T414 | | | | 双侧Ⅱ型、周边型 86T414 | | | |
| 序号 | 尺寸 $A\times B\times E$ (mm) | kg/个 | 尺寸 $A\times B\times E$ (mm) | kg/个 | 尺寸 $A\times B\times E$ (mm) | kg/个 | 尺寸 $A\times B\times E$ (mm) | kg/个 |
| 2 | 600×600×140 | 30.54 | 1200×700×170 | 60.46 | 600×600×140 | 38.14 | 1200×700×170 | 75.95 |
| 3 | 600×700×170 | 36.42 | 1200×800×170 | 67.35 | 600×700×170 | 45.21 | 1200×800×170 | 79.01 |
| 4 | 800×500×140 | 38.07 | 1200×1000×200 | 82.78 | 800×500×140 | 46.62 | 1200×1000×200 | 92.74 |
| 5 | 800×600×140 | 39.23 | 1200×1200×200 | 76.92 | 800×600×140 | 47.80 | 1200×1200×200 | 101.26 |
| 6 | 800×700×170 | 44.05 | 1500×700×170 | 77.76 | 800×700×170 | 56.04 | 1500×700×170 | 88.43 |
| 7 | 800×800×170 | 45.12 | 1500×800×170 | 80.23 | 800×800×170 | 58.84 | 1500×800×170 | 91.02 |
| 8 | 1000×500×140 | 44.26 | 1500×1000×200 | 97.08 | 1000×500×140 | 59.11 | 1500×1000×200 | 107.34 |
| 9 | 1000×600×140 | 46.42 | 1500×1200×200 | 104.47 | 1000×600×140 | 60.05 | 1500×1200×200 | 116.16 |
| 10 | 1000×700×170 | 54.70 | 2000×700×170 | 102.93 | 1000×700×170 | 69.47 | 2000×700×170 | 95.57 |
| 11 | 1000×800×170 | 60.62 | 2000×800×170 | 110.97 | 1000×800×170 | 71.82 | 2000×800×170 | 101.68 |
| 12 | 1000×1000×200 | 70.41 | 2000×1000×200 | 123.82 | 1000×1000×200 | 84.66 | 2000×1000×200 | 118.64 |
| 13 | 1200×500×140 | 50.80 | 2000×1200×200 | 127.83 | 1200×500×140 | 63.83 | 2000×1200×200 | 125.46 |

| 名称 | 上吸式圆回转罩 | | 下吸式圆回转罩 | | 升降式排气罩 | | 手锻炉排气罩 | |
|---|---|---|---|---|---|---|---|---|
| 图号 | T410-1 (墙上、钢柱上) | | T410-2 (钢柱、混凝土柱上) | | T412 | | T413 | |
| 序号 | 尺寸 $D$ (mm) | kg/个 | 尺寸 $D$ (mm) | kg/个 | 尺寸 $\phi_0$ (mm) | kg/个 | 尺寸 $D$ (mm) | kg/个 |
| 1 | 320 | 189.11 | 320 | 214.16 | 400 | 72.23 | 400 | 116.00 |
| 2 | 400 | 215.94 | 400 | 259.78 | 600 | 104.00 | 450 | 118.00 |
| 3 | 450 | 241.74 | 450 | 265.75 | 800 | 131.00 | 500 | 120.00 |
| 4 | 560 | 335.15 | 560 | 338.37 | 1000 | 169.00 | 560 | 184.00 |
| 5 | 630 | 394.30 | 630 | 385.46 | 1200 | 204.00 | 630 | 188.00 |
| 6 | — | — | — | — | 1500 | 299.00 | 700 | 189.00 |
| 7 | — | — | — | — | 2000 | 449.00.00 | — | — |

## 五、制作安装技术

### 1. 罩类型

罩的类型很多根据生产工艺的要求,主要有以下几种基本类型:

# 第五章 通风空调工程预算定额应用

（1）密闭罩。密闭罩可分为带卷帘密闭罩和热过程密闭罩两种，如图 5-16 和图 5-17 所示。通常用来把生产有害物的局部地点完全密闭起来。

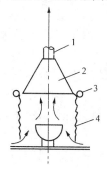

**图 5-16 带卷帘密闭罩**
1—烟道；2—伞形罩；3—卷绕装置；4—卷帘

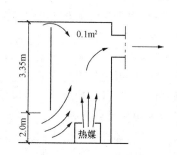

**图 5-17 热过程密闭罩**

（2）排气罩。排气罩外形如图 5-18 所示。外部排气罩应安装在有害物的附近。

制作排气罩应符合设计或全国通用标准图集的要求，根据不同的形式展开画线、下料后进行机械或手动加工成型。其各孔洞均采用冲制。连接件要选用与主料相同的标准件。各部件加工后，尺寸应准确，形状要规则，表面须平整光滑，外壳不得有尖锐的边缘，罩口应平整，连接处应牢固。对于带有回转或升降机构的排气罩，所有活动部件应动作灵活、操作方便。

## 2. 排气罩安装

排气罩的主要作用是排除设备中的余热、含尘气体、毒气、油烟等，使其不散发在工作区域

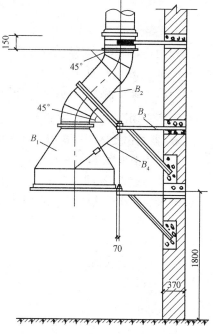

**图 5-18 排气罩**
$B_1$—圆回转罩；$B_2$—连接管；
$B_3$—支架；$B_4$—拉杆

内。其安装要求如下：

(1)各类吸尘罩、排气罩的安装位置应正确，牢固可靠，支架不得设置在影响操作的部位。

(2)用于排出蒸汽或其他潮湿气体的伞形排气罩，应在罩口内边采取排凝结液体的措施。

(3)罩子的安装高度对其实际效果影响很大，如果不按设计要求安装，将不能得到预期的效果。这一高度既要考虑不影响操作，又要考虑有效排除有害气体，其高度一般以罩的下口离设备上口小于或等于排气罩下口的边长最为合适。

(4)局部排气罩因体积较大，故应设置专用支、吊架，并要求支、吊架平整、牢固可靠。

## 第七节　消声器制作安装

### 一、定额说明

(1)消声器制作：放样、下料、钻孔，制作内外套管、木框架、法兰，铆焊、粘贴，填充消声材料，组合。

(2)消声器安装：组对、安装、找正、找平，制垫、垫垫、上螺栓、固定。

### 二、定额项目

消声器制作安装预算定额编号为 9－195～9－200，包括以下项目：

(1)片式消声器 T701－1。

(2)矿棉管式消声器 T701－2。

(3)聚酯泡沫管式消声器 T701－3。

(4)卡普隆纤维管式消声器 T701－4。

(5)弧形声流式消声器 T701－5。

(6)阻抗复合式消声器 T701－6。

### 三、定额材料

#### 1. 定额中列项材料

消声器制作安装定额中列项的材料包括：普通钢板、角钢、扁钢、聚酯乙烯泡沫塑料、玻璃丝、玻璃布、超细玻璃棉毡、人造革、卡普隆纤维、矿渣棉、过氯乙烯胶液、耐酸橡胶板、木材(方木)、泡钉、鞋钉、铁钉、木螺钉、铁铆钉、自攻螺钉、电焊条、精制六角带帽螺栓。

**2. 常用材料介绍**

(1)玻璃棉。玻璃棉具有质量密度小(超细玻璃棉小于或等于60kg/m³)、吸声、抗震性能好,富有弹性,不燃、不霉、不蛀、不腐蚀等优点。用它作为消声器填充料,不会因振动而产生收缩、沉积,以致上部产生空腔等影响吸声性能的现象。它的产品以无碱超细玻璃棉性能最佳,其纤维直径小于$4\mu m$,热导率为$0.033W/(m·K)$,质软,对人体无刺激,吸湿率为$0.2\%$,是较理想的吸声填充料。

(2)矿渣棉。矿棉是以矿渣或岩石为主要原料制成的一种棉状短纤维。以矿渣为主要原料的称为矿渣棉,以岩石为主要原料的称为岩棉,矿棉是两者的通称。

矿渣棉采用高炉矿渣掺入石灰石或白云石和碎青砖为原料在冲天炉或池窑中熔化(1400~1500℃),熔融物用喷吹或离心法使其纤维化,再加胶粘剂使之成型。矿渣棉与岩棉均具有较强的耐碱性,而不耐强酸,pH值为7~9。矿棉具有质轻、不燃、不腐、吸声性能好等优点;其缺点是整体性差,易沉积,并对人体皮肤有刺激性。

(3)玻璃纤维板。玻璃纤维板的吸声性能比超细玻璃棉差一些,但防潮性能好。因施工操作时有刺手感,故一般不常采用。

### 四、定额工程量计算应用

消声器制作安装定额工程量计算所需部件质量参见表5-39。

表5-39 消声器制作安装部件标准质量表

| 名称 | 片式消声器 | | 矿棉管式消声器 | | 聚酯泡沫管式消声器 | |
|---|---|---|---|---|---|---|
| 图号 | T701-1 | | T701-2 | | T701-3 | |
| 序号 | 尺寸A (mm) | kg/个 | 尺寸A×B (mm) | kg/个 | 尺寸A×B (mm) | kg/个 |
| 1 | 900 | 972 | 320×320 | 32.98 | 300×300 | 17 |
| 2 | 1300 | 1365 | 320×420 | 38.91 | 300×400 | 20 |
| 3 | 1700 | 1758 | 320×520 | 44.88 | 300×500 | 23 |
| 4 | 2500 | 2544 | 370×370 | 38.91 | 350×350 | 20 |
| 5 | — | — | 370×495 | 46.50 | 350×475 | 23 |

续表

| 名称 | 片式消声器 | | 矿棉管式消声器 | | 聚酯泡沫管式消声器 | |
|---|---|---|---|---|---|---|
| 图号 | T701-1 | | T701-2 | | T701-3 | |
| 序号 | 尺寸 A (mm) | kg/个 | 尺寸 A×B (mm) | kg/个 | 尺寸 A×B (mm) | kg/个 |
| 6 | — | — | 370×620 | 53.91 | 350×600 | 27 |
| 7 | — | — | 420×420 | 44.89 | 400×400 | 23 |
| 8 | — | — | 420×570 | 53.91 | 400×550 | 27 |
| 9 | — | — | 420×720 | 62.88 | 400×700 | 31 |
| 10 | — | — | — | — | — | — |

| 名称 | 卡普隆纤维管式消声器 | | 弧形声流式消声器 | | 阻抗复合式消声器 | |
|---|---|---|---|---|---|---|
| 图号 | T701-4 | | T701-5 | | T701-6 | |
| 序号 | 尺寸 A×B (mm) | kg/个 | 尺寸 A×B (mm) | kg/个 | 尺寸 A×B (mm) | kg/个 |
| 1 | 360×360 | 28.44 | 800×800 | 629 | 800×500 | 82.68 |
| 2 | 360×460 | 32.93 | 1200×800 | 874 | 800×600 | 96.08 |
| 3 | 360×560 | 37.83 | — | — | 1000×600 | 120.56 |
| 4 | 410×410 | 32.93 | — | — | 1000×800 | 134.62 |
| 5 | 410×535 | 39.04 | — | — | 1200×800 | 111.20 |
| 6 | 410×660 | 45.01 | — | — | 1200×1000 | 124.19 |
| 7 | 460×460 | 37.83 | — | — | 1500×1000 | 155.10 |
| 8 | 460×610 | 45.01 | — | — | 1500×1400 | 214.82 |
| 9 | 460×760 | 52.10 | — | — | 1800×1330 | 252.54 |
| 10 | — | — | — | — | 2000×1500 | 347.65 |

## 五、制作安装技术

### 1. 消声器壳体制作

首先要确认设计图纸所绘制的规格、型号或标准图号。因为消声器的种类和结构形式很多,按照消声原理的不同,基本分为四种类型:阻性消声器、共振性消声器、抗性消声器和宽频带复合式消声器。各种消声器都是在相对应的噪声频带范围内具有较好的消声效果,不是对所有的噪声频带都有消声效果的。因此,在制作安装消声器时,型号、尺寸必须符合设计要求。

阻性消声片(图 5-19)是用木筋制成木框(如设计要求用金属结构,则按设计要求加工),内填密度为 18 kg/m³ 的超细玻璃棉等吸声材料,外包玻璃布等覆面材料制成。在填充吸声材料时,应按设计的质量密度、厚度等要求铺放均匀,玻璃布平整牢固覆面层不得破损。装设吸声片时,与气流接触部分均用漆包钉。

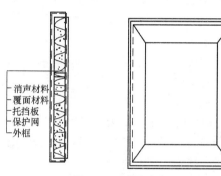

图 5-19 阻性消声片

消声器外壳采用的拼接方法与漏风量有直接关系。若采用自攻螺钉连接,则易漏风,必须采取密封措施;若采用咬接,不但增加强度,也可以减少漏风。所以,消声器的壳体应采用咬接较好。

在制作过程中,要注意有些形式的消声器是有方向要求的,故在制作完成后应在外壳上标明气流方向,以免安装时装错。

片式消声器的壳体,可用钢筋混凝土,也可用重砂浆砌体制成,壳的厚度按结构需要由设计决定。

### 2. 消声器框架制作

消声器的框架可用角钢框、木框和薄钢板等制作。如图 5-20 所示为管式消声器。无论用何种材料,都必须固定牢固,有些消声器如阻抗式、复合式、蜂窝式等在其迎风端还需装上导流板。

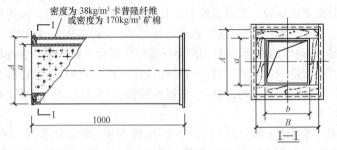

图 5-20　矿棉和卡普隆管式消声器

共振腔是共振性消声器的共振结构之一,每一个共振结构都具有一定的固有频率。由孔径、孔颈厚和共振腔(空腔)的组合所决定。对其他的消声器如复合式消声器、膨胀式消声器和迷宫式消声器等隔板尺寸也同样重要,所以必须按设计要求制作。

**3. 消声器单体安装**

在有较高消声要求的大型空调系统中,消声器的规格尺寸较大,一般做成单片,安装于处理室的消声段,如图5-21所示。消声片是有规则的排列,要保持片距的正确,才能达到较好的消声效果。上下两端装有固定消声片的框架,要求安装不能松动,以免发生噪声。

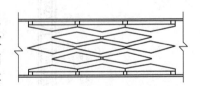

图 5-21　单体安装的消声器示意图

**4. 消声器制作要点**

(1)各膨胀室的缝隙要严密,膨胀室的内管和外壳间的隔断钢板要铆接牢固,以保证消声的效果。

(2)如无上述材料时,一般可用散装玻璃棉、玻璃丝、酚醛玻璃纤维板和矿棉等多孔吸声材料代替超细玻璃棉毡;玻璃纤维布可用麻布、麻袋布或工业白布等透声而又有一定强度的材料代用。

(3)共振性消声器(图 5-22)制作应按

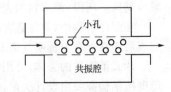

图 5-22　共振性消声器

设计要求加工。不能任意改变关键部分的尺寸。穿孔板的孔径和穿孔率应符合设计要求。穿孔板经冲(钻)孔后,应将孔口的毛刺锉平。共振腔的隔板尺寸应正确,隔板与壁板连接处应紧贴。

(4)阻抗复合式消声器的阻抗消声是靠阻性吸声片和抗式消声的内管截面突变、内外管之间膨胀室的作用所构成,它对低频及部分中频噪声有良好的消声作用。国家标准图中列有10种规格,其中1~4号消声器有三个膨胀室,5~10号消声器有两个膨胀室,其膨胀比即为消声器外形断面面积与气流通道有效面积的比值。膨胀比越大,则低频消声性能越好,但消声器的体积也越大,应合理选择。一般消声器的膨胀比为3~4之间。阻抗复合式消声器的构造如图5-23所示。图中所示的是4号消声器,其阻式吸声片有两条,其他型号则根据消声器的断面尺寸而增减。

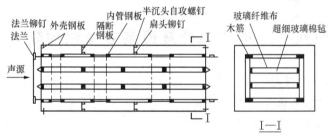

图5-23 阻抗复合式消声器的构造

**5. 消声器组装**

(1)弧形声流式消声器组装。

1)消声片的穿孔孔径和穿孔面积及穿孔的分布应严格按照设计图纸或T701-5标准图进行加工。其孔径为9mm,穿孔面积为22%,孔与孔的中心距离为12mm。为防止孔口的毛刺将玻璃纤维布擦破而使矿棉漏出,消声片钻孔或冲孔后,应将孔口上毛刺锉掉。

2)弧形片的弧度是否均匀,是直接影响消声性能的主要因素。为保持弧形片的弧度均匀,各号弧形片应分别采用模具冲压加工成形。

3)弧形声流式消声器除壳体外,其内部是由三种消声片组成,各片的间距是靠片与固定拉杆进行调整。为了保证片距相等,必须将固定拉杆的调节量按要求的片距调整。

(2)片式和管式消声器组装。

1)应根据设计要求和消声器的体积分别称量消声填料后,均匀填充。如消声填料比允许的密度大,则使频带声衰减量改变。消声填料的密度为:熟玻璃丝、矿棉为 170kg/m³;卡普隆纤维为 38kg/m³;聚氨酯泡沫塑料为 34kg/m³。消声片内的玻璃丝采用纺织玻璃丝布的下脚料(熟玻璃丝)填充。

2)消声片的填料覆面层在制作过程中如未拉紧,运输或安装时由于受外力的振动,在填料重度的影响下,会造成立式消声片的填料下坠,致使通风断面面积减小,阻力增大。这就需要在消声片覆面层拉紧后,在钉距加密的条件下装钉,并按 100mm×100mm 的间距用尼龙线分别将两面的覆面层拉紧,以保持消声片的厚度不变。

3)在冲、钻消声孔时,要求分布均匀,开孔的面积要符合设计图或标准图的要求,如果开孔面积不足时,应增加消声孔。

## 第八节 空调部件及设备支架制作安装

### 一、定额说明

**1. 定额内容**

(1)金属空调器壳体。
1)制作:放样,下料,调直,钻孔,制作箱体、水槽,焊接,组合,试装。
2)安装:就位,找平,找正,连接,固定,表面清理。
(2)挡水板。
1)制作:放样,下料,制作曲板、框架、底座,零件,钻孔,焊接,成型。
2)安装:找平,找正,上螺栓,固定。
(3)滤水器、溢水盘。
1)制作:放样,下料,配制零件,钻孔,焊接,上网,组合成型。
2)安装:找平,找正,焊接管道,固定。
(4)密闭门。
1)制作:放样,下料,制作门框、零件、开视孔,填料,铆焊,组装。
2)安装:找正,固定。
(5)设备支架。
1)制作:放样,下料,调直,钻孔,焊接,成型。
2)安装:测位,上螺栓,固定,打洞,埋支架。

## 2. 相关说明

(1)清洗槽、浸油槽、晾干架、LWP 滤尘器支架制作安装,执行设备支架项目。

(2)风机减振台座执行设备支架项目,定额中不包括减振器用量,应依设计图纸按实计算。

(3)玻璃挡水板执行钢板挡水板相应项目,其材料、机械均乘以系数 0.45,人工不变。

(4)保温钢板密闭门执行钢板密闭门项目,其材料乘以系数 0.5,机械乘以系数 0.45,人工不变。

## 二、定额项目

空调部件及设备支架制作安装定额编号为 9−201~9−212,包括以下项目:

(1)钢板密封门 T704−1:带视孔 800mm×500mm,不带视孔 1200mm×500mm。

(2)钢板挡水板 T704−9:

1)三折曲板:片距 30mm、片距 50mm。

2)六折曲板:片距 30mm、片距 50mm。

(3)滤水器 T704−11。

(4)溢水盘 T704−11。

(5)电加热器外壳。

(6)金属空调器壳体。

(7)设备支架 CG327:50kg 以下、50kg 以上。

## 三、定额材料

空调部件及设备支架制作安装定额中列项的材料包括:普通钢板、镀锌钢板、电焊条、角钢、扁钢、铁铆钉、蝶形带帽螺栓、精制六角螺栓、精制六角带帽螺栓、槽钢、圆钢、焊接钢管、平板玻璃、焊锡丝、木炭、盐酸、橡胶条(定型条)、热轧无缝钢管、乙炔气、氧气、耐酸橡胶板、垫圈、铜丝布。

## 四、定额工程量计算应用

空调部件及设备支架制作安装定额工程量计算所需部件质量可参见表 5-40。

表 5-40　空调部件及设备支架制作安装部件标准质量表

| 名称 | LWP 滤尘器支架 | | LWP 滤尘器安装(框架) | | | |
|---|---|---|---|---|---|---|
| 图号 | T521-1、5 | | 立式、匣式 T521-2 | | 人字式 T521-3 | |
| 序号 | 尺寸 (mm) | kg/个 | 尺寸 A×H (mm) | kg/个 | 尺寸 A×H (mm) | kg/个 |
| 1 | 清洗槽 | 53.11 | 528×588 | 8.99 | 1400×1100 | 49.25 |
| 2 | 油槽 | 33.70 | 528×1111 | 12.90 | 2100×1100 | 73.71 |
| 3 | 晾干架 Ⅰ型 | 59.02 | 528×1634 | 16.12 | 2800×1100 | 98.38 |
| 4 | 晾干架 Ⅱ型 | 83.95 | 528×2157 | 19.35 | 1400×1633 | 62.04 |
| 5 | 晾干架 Ⅲ型 | 105.32 | 1051×1111 | 22.03 | 2100×1633 | 92.85 |
| 6 | — | — | 1051×1634 | 26.07 | 2800×1633 | 123.81 |
| 7 | — | — | 1051×2157 | 31.32 | 1400×2156 | 73.57 |
| 8 | | | 1574×1634 | 33.01 | 210×2156 | 110.14 |
| 9 | | | 1574×2157 | 37.64 | 2800×2156 | 146.90 |
| 10 | | | 2108×2157 | 57.47 | 3500×2156 | 183.45 |
| 11 | | | 2642×2157 | 78.79 | 3500×2679 | 215.33 |
| 12 | | | | | | |
| 13 | | | | | | |
| 14 | | | | | | |
| 15 | | | | | | |

| 名称 | 风机减震台座 | | 滤水器及溢水盘 | | 风管检查孔 | |
|---|---|---|---|---|---|---|
| 图号 | CG327 | | T704-11 | | T614 | |
| 序号 | 尺寸 (mm) | kg/个 | 尺寸 DN (mm) | kg/个 | 尺寸 B×D (mm) | kg/个 |
| 1 | 2.8A | 25.20 | 滤水器 70Ⅰ型 | 11.11 | 270×230 | 1.68 |
| 2 | 3.2A | 28.60 | 滤水器 100Ⅱ型 | 13.68 | 370×340 | 2.89 |
| 3 | 3.6A | 30.40 | 滤水器 150Ⅲ型 | 17.56 | 520×480 | 4.95 |
| 4 | 4A | 34.00 | 溢水盘 150Ⅰ型 | 14.76 | — | — |
| 5 | 4.5A | 39.60 | 溢水盘 200Ⅱ型 | 21.69 | | |
| 6 | 5A | 47.80 | 溢水盘 250Ⅲ型 | 26.79 | | |
| 7 | 6C | 211.10 | — | | | |
| 8 | 6D | 188.80 | | | | |
| 9 | 8C | 291.30 | | | | |
| 10 | 8D | 310.10 | | | | |
| 11 | 10C | 399.50 | | | | |
| 12 | 10D | 310.10 | | | | |
| 13 | 12C | 600.30 | | | | |
| 14 | 12D | 415.70 | | | | |
| 15 | 16B | 693.50 | | | | |

### 五、制作安装技术

(1)密封门。密封门可分为带视孔密封门和不带视孔密封门,常用于净化风管和空气处理设备中。

(2)滤水器。滤水器可分为手动滤水器和电动滤水器,结构由转动轴系、进出水口、支架壳体、网芯系、电动减速机、排污口、电器柜等组成。滤水器具有如下优点:

1)外形尺寸小,便于现场的布置和安装。

2)滤水器进、出水口结构为上下分体式,不仅避免水压直接冲击滤网,也改变了传统滤网过滤时因杂物远离排污口,排污时需对几个过滤室逐一清洗,往往会造成卡堵现象。

3)网板材质及结构最大限度提高水流的过流面积,有效减少滤网水阻,保证运行可靠,不发生卡、堵、塞现象,大大延长了滤网使用寿命。

4)滤网采用2~8mm厚不锈钢板整体冲压成型,网芯能承受150kPa的差压而不变形、不损坏。具有工作寿命长、耐腐蚀、不生锈、表面光洁、不结垢的特性。

5)电动装置速度慢,运行平稳,通过差压控制器可进行正反转冲洗,具有清污效果强、排污耗水量少等特点。

(3)挡水板。挡水板是中央空调末端装置的一个重要部件,它与中央空调相配套,具有水气分离功能。

1)LMDS型挡水板是空调室的关键部件,在高低风速下均可使用。可采用玻璃钢材料或PVC材料,具有阻力小、质量小、强度高、耐腐蚀、耐老化、水气分离效果好、清洗方便、经久耐用等特点。

2)JS波型挡水板是以PVC树脂为主的PVC挡水板,保持挡水板适宜的刚性,抗冲击性,抗老化,耐腐蚀防火等优点。PVC挡水板可在25~90℃的环境中连续正常工作。

连续挤塑成形,成功地保持了挡水板的密度和精确的几何尺寸,可任意确定挡水板的长度。

## 第九节 通风空调设备安装

### 一、定额说明

**1. 工作内容**

(1)开箱检查设备、附件、底座螺栓。

(2)吊装、找平、找正、垫垫、灌浆、螺栓固定、装梯子。

**2. 相关说明**

(1)通风机安装项目内包括电动机安装,其安装形式包括 A、B、C 或 D 型,也适用不锈钢和塑料风机安装。

(2)设备安装项目的基价中不包括设备费和应配备的地脚螺栓价值。

(3)诱导器安装执行风机盘管安装项目。

(4)风机盘管的配管执行《给排水、采暖、燃气工程》相应项目。

### 二、定额项目

通风空调设备安装定额编号为 9-213~9-247,包括以下项目:

(1)空气加热器(冷却器)安装:100kg 以下、200kg 以下、400kg 以下。

(2)离心式通风机安装:4#、6#、8#、12#、16#、20#。

(3)轴流式通风机安装:5#、7#、10#、16#、20#。

(4)屋顶式通风机安装:3.6#、4.5#、6.3#。

(5)卫生间通风器安装。

(6)除尘设备安装:100kg 以下、500kg 以下、1000kg 以下、3000kg 以下。

(7)空调器安装:

1)吊顶式,质量分别为 0.15t、0.2t、0.4t 以内。

2)落地式,质量分别为 1.0t、1.5t、2.0t 以内。

3)墙上式,质量分别为 0.1t、0.15t、0.2t 以内。

4)窗式。

(8)风机盘管安装:吊顶式、落地式。

(9)分段组装式空调器安装(100kg)。

### 三、定额材料

通风空调设备安装定额中列项的材料包括:空气加热器(冷却器)、普通钢板、角钢、扁钢、精制六角带帽螺栓、电焊条、石棉橡胶条、离心式通风机、铸铁垫板、混凝土、煤油、黄干油、棉纱头、轴流式通风机、屋顶式通风机、卫生间通风器、除尘设备、空调器、精制蝶形带帽螺栓、风机盘管、圆钢、聚酯乙烯泡沫塑料、聚氯乙烯薄膜、精制六角螺母、垫圈等。

### 四、定额工程量计算应用

除尘设备定额工程量计算所需设备质量见表 5-41。

表 5-41 除尘设备质量表

| 名称 | CLG多管除尘器 | | CLS水膜除尘器 | | CLT/A 旋风式除尘器 | | | | | |
|---|---|---|---|---|---|---|---|---|---|---|
| 图号 | T501 | | T503 | | T505 | | | | | |
| 序号 | 型号 | kg/个 | 尺寸 φ(mm) | kg/个 | 尺寸 φ(mm) | | kg/个 | 尺寸 φ(mm) | | kg/个 |
| 1 | 9管 | 300 | 315 | 83 | 300 | 单筒 | 106 | 450 | 三筒 | 927 |
| 2 | 12管 | 400 | 443 | 110 | | 双筒 | 216 | | 四筒 | 1053 |
| 3 | 16管 | 500 | 570 | 190 | 350 | 单筒 | 132 | | 六筒 | 1749 |
| 4 | — | — | 634 | 227 | | 双筒 | 280 | 500 | 单筒 | 276 |
| 5 | — | — | 730 | 288 | | 三筒 | 540 | | 双筒 | 584 |
| 6 | — | — | 793 | 337 | | 四筒 | 615 | | 三筒 | 1160 |
| 7 | — | — | 888 | 398 | 400 | 单筒 | 175 | | 四筒 | 1320 |
| 8 | — | — | — | — | | 双筒 | 358 | | 六筒 | 2154 |
| 9 | | | | | | 三筒 | 688 | 550 | 单筒 | 339 |
| 10 | | | | | | 四筒 | 805 | | 双筒 | 718 |
| 11 | | | | | | 六筒 | 1428 | | 三筒 | 1394 |
| 12 | | | | | 450 | 单筒 | 213 | | 四筒 | 1603 |
| 13 | | | | | | 双筒 | 449 | | 六筒 | 2672 |

| 名称 | CLT/A 旋风式除尘器 | | XLP旋风除尘器 | | 卧式旋风水膜除尘器 | | | | |
|---|---|---|---|---|---|---|---|---|---|
| 图号 | T505 | | T513 | | CT531 | | | | |
| 序号 | 尺寸 φ(mm) | | kg/个 | 尺寸 φ(mm) | | kg/个 | 尺寸 φ(mm) | | kg/个 | 尺寸 L/型号 | kg/个 |
| 1 | 600 | 单筒 | 432 | 750 | 单筒 | 645 | 300 | A型 | 52 | 1420/1 | 193 |
| 2 | | 双筒 | 887 | | 双筒 | 1456 | | B型 | 46 | 1430/2 | 231 |
| 3 | | 三筒 | 1706 | | 三筒 | 2708 | 420 | A型 | 94 | 1680/3 | 310 |
| 4 | | 四筒 | 2059 | | 四筒 | 3626 | | B型 | 83 | 1980/4 | 405 |
| 5 | | 六筒 | 3524 | | 六筒 | 5577 | 540 | A型 | 151 | 檐板脱水 | 2285/5 | 503 |
| 6 | 650 | 单筒 | 500 | 800 | 单筒 | 878 | | B型 | 134 | 2620/6 | 621 |
| 7 | | 双筒 | 1062 | | 双筒 | 1915 | 700 | A型 | 252 | 3140/7 | 969 |

续一

| 名称 | CLT/A 旋风式除尘器 | | | XLP 旋风除尘器 | | | 卧式旋风水膜除尘器 | | | |
|---|---|---|---|---|---|---|---|---|---|---|
| 图号 | T505 | | | T513 | | | CT531 | | | |
| 序号 | 尺寸 $\phi$(mm) | | kg/个 | 尺寸 $\phi$(mm) | | kg/个 | 尺寸 $\phi$(mm) | | 尺寸 L/型号 | kg/个 |
| 8 | 650 | 三筒 | 2050 | 800 | 三筒 | 3356 | 700 | B型 | 222 | 檐板脱水 3850/8 | 1224 |
| 9 | | 四筒 | 2609 | | 四筒 | 4411 | 820 | A型 | 346 | 4155/9 | 1604 |
| 10 | | 六筒 | 4156 | | 六筒 | 6462 | | B型 | 309 | 4740/10 | 2481 |
| 11 | 700 | 单筒 | 564 | — | — | — | 940 | A型 | 450 | 5320/11 | 2926 |
| 12 | | 双筒 | 1244 | — | — | — | | B型 | 397 | 旋风脱水 3150/7 | 893 |
| 13 | | 三筒 | 2400 | — | — | — | 1060 | A型 | 601 | 3820/8 | 1125 |
| 14 | | 四筒 | 3189 | — | — | — | | B型 | 498 | 4235/9 | 1504 |
| 15 | | 六筒 | 4883 | — | — | — | — | — | — | 4760/10 | 2264 |
| 16 | | — | — | — | — | — | — | — | — | 5200/11 | 2636 |

| 名称 | CLK 扩散式除尘器 | | CCJ/A 机组式除尘器 | | MC 脉冲袋式除尘器 | |
|---|---|---|---|---|---|---|
| 图号 | CT533 | | CT534 | | CT536 | |
| 序号 | 尺寸 D(mm) | kg/个 | 型号 | kg/个 | 型号 | kg/个 |
| 1 | 150 | 31 | CCJ/A—5 | 791 | 24—Ⅰ | 904 |
| 2 | 200 | 49 | CCJ/A—7 | 956 | 36—Ⅰ | 1172 |
| 3 | 250 | 71 | CCJ/A—10 | 1196 | 48—Ⅰ | 1328 |
| 4 | 300 | 98 | CCJ/A—14 | 2426 | 60—Ⅰ | 1633 |
| 5 | 350 | 136 | CCJ/A—20 | 3277 | 72—Ⅰ | 1850 |
| 6 | 400 | 214 | CCJ/A—30 | 3954 | 84—Ⅰ | 2106 |
| 7 | 450 | 266 | CCJ/A—40 | 4989 | 96—Ⅰ | 2264 |
| 8 | 500 | 330 | CCJ/A—60 | 6764 | 120—Ⅰ | 2702 |
| 9 | 600 | 583 | — | — | — | — |
| 10 | 700 | 780 | — | — | — | — |

| 名称 | XCX 型旋风除尘器 | | XNX 型旋风式除尘器 | | XP 型旋风除尘器 | |
|---|---|---|---|---|---|---|
| 图号 | CT537 | | CT538 | | T501 | |
| 序号 | 尺寸 $\phi$(mm) | kg/个 | 尺寸 $\phi$(mm) | kg/个 | 尺寸 $\phi$(mm) | kg/个 |
| 1 | 200 | 20 | 400 | 62 | 200 | 20 |
| 2 | 300 | 36 | 500 | 95 | 300 | 39 |
| 3 | 400 | 63 | 600 | 135 | 400 | 66 |
| 4 | 500 | 97 | 700 | 180 | 500 | 102 |
| 5 | 600 | 139 | 800 | 230 | 600 | 141 |

## 第五章  通风空调工程预算定额应用

续二

| 名称 | XCX型旋风除尘器 | | XNX型旋风式除尘器 | | XP型旋风除尘器 | |
|---|---|---|---|---|---|---|
| 图号 | CT537 | | CT538 | | T501 | |
| 序号 | 尺寸$\phi$(mm) | kg/个 | 尺寸$\phi$(mm) | kg/个 | 尺寸$\phi$(mm) | kg/个 |
| 6 | 700 | 184 | 900 | 288 | 700 | 193 |
| 7 | 800 | 234 | 1000 | 456 | 800 | 250 |
| 8 | 900 | 292 | 1100 | 546 | 900 | 307 |
| 9 | 1000 | 464 | 1200 | 646 | 1000 | 379 |
| 10 | 1100 | 555 | — | — | — | — |
| 11 | 1200 | 653 | — | — | — | — |
| 12 | 1300 | 761 | — | — | — | — |

注:1. 除尘器均不包括支架质量。

2. 除尘器中分X型、Y型或Ⅰ型、Ⅱ型者,其质量按同一型号计算,不再细分。

### 五、通风空调设备

#### 1. 通风机

(1)离心式通风机。

1)名称及型号介绍如下:

①名称代号:在名称的前面冠以用途的字样,也可省略不写。可按表5-42中的规定采用汉字,也可用汉语拼音字头的简写。

表5-42     汉语拼音字头的简写

| 用途 | 代号 | | | 用途 | 代号 | | |
|---|---|---|---|---|---|---|---|
| | 汉字 | 汉语拼音 | 简写 | | 汉字 | 汉语拼音 | 简写 |
| 排尘通风 | 排尘 | CHEN | C | 矿井通风 | 矿井 | KUANG | K |
| 输送煤粉 | 煤粉 | MEI | M | 电站锅炉引风 | 引风 | YIN | Y |
| 防腐蚀 | 防腐 | FU | F | 电站锅炉通风 | 锅炉 | GUO | G |
| 工业炉吹风 | 工业炉 | LU | L | 冷却塔通风 | 冷却 | LENG | LE |
| 耐高温 | 耐温 | WEN | W | 一般通风换气 | 通风 | TONG | T |
| 防爆炸 | 防爆 | BAO | B | 特殊风机 | 特殊 | TE | TE |

②型号:由基本型号和变型(或派生)型号组成,共分三组,每组用阿拉伯数字表示,中间用横线隔开,表示内容如下:

第一组表示通风压力系数乘 10 后再按四舍五入进位,取一位数;第二组表示通风机比转数化整后的整数值;第三组表示通风机进口吸入形式(表 5-43)及设计的顺序号。

表 5-43　　　　　　　　通风机进口吸入形式代号

| 代　号 | 0 | 1 | 2 |
|---|---|---|---|
| 通风机进口吸入形式 | 双侧吸入 | 单侧吸入 | 二级串联吸入 |

③机号:用通风机叶轮尺寸的分米数,尾数四舍五入。在前冠以符号"No"表示。

④传动方式:传动方式共有 6 种,如图 5-24 所示,其结构及特点见表 5-44。

表 5-44　　　　　　　　　　基本结构形式

| 形式 | A 型 | B 型 | C 型 |
|---|---|---|---|
| 结构 |  |  |  |
| 特点 | 叶轮装在电机轴上 | 叶轮悬臂,皮带轮在两轴承中间 | 中轮悬臂,皮带轮悬臂 |
| 形式 | D 型 | E 型 | F 型 |
| 结构 |  |  |  |
| 特点 | 叶轮悬臂,联轴器直联传动 | 叶轮在两轴承中间,皮带轮悬臂传动 | 叶轮在两轴承中间,联轴器直联传动 |

2)风机的形式。风机的叶轮有左旋转和右旋转两种形式,即从电动机一端正视,叶轮按顺时针方向旋转,称为右旋转风机,以"右"表示;按逆时针旋转,称为左旋转风机,以"左"表示。

风机的出口位置,以机壳的出口角度表示。上海市某风机厂出品的T4-72型风机№3～6在出厂时均做成一种形式,使用单位根据要求再安装成需要位置。№3～4.5出风口位置调整范围0°～225°,间隔是45°,如图5-25所示。№5～6出风口位置调整范围0°～225°,间隔是22.5°。№3～6的传动方式为A式传动,№7～12出风口位置制成固定的三种:0°、90°、180°,不能调整,传动方式为C式传动。№10～12的双进风式均制成出风口位置固定的三种:0°、90°、180°,传动方式为E式传动。

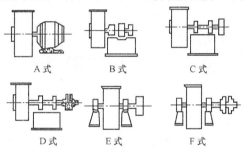

图5-24 离心式通风机的6种传动方式

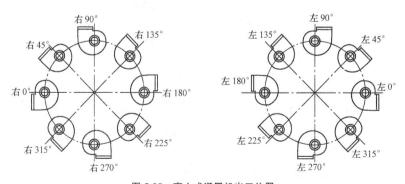

图5-25 离心式通风机出口位置

8个出风口位置的表示方法和原有代号见表5-45。基本进风口位置为5个:0°、45°、90°、135°、180°,特殊用途例外。如为不进气室的风机,则进风口位置可不表示。

表 5-45　离心式通风机出风口位置表示方法及原有代号

| 基本出风口位置 | 表示方法 | 右 0° | 右 45° | 右 90° | 右 135° | 右 180° | 右 225° | 右 270° | (右 315°) |
|---|---|---|---|---|---|---|---|---|---|
| | 原有代号 | 017 | 018 | 011 | 012 | 013 | 014 | 015 | 016 |
| | 表示方法 | 左 0° | 左 45° | 左 90° | 左 135° | 左 180° | 左 225° | 左 270° | (左 315°) |
| | 原有代号 | 027 | 028 | 021 | 022 | 023 | 024 | 025 | 026 |
| 补充出风口位置 | | 15° | 60° | 105° | 150° | 195° | (240°) | (285°) | (330°) |
| | | 30° | 75° | 125° | 165° | 210° | (255°) | (300°) | (345°) |

3)压力等级分类如下:

①低压。$H_g \leqslant 0.98$kPa。

②中压。$0.98\text{kPa} < H_g \leqslant 2.94\text{kPa}$。

③高压。$H_g > 2.94$kPa。

4)用途及适用范围。离心通风机可作为一般通风换气用,其使用条件如下:

①应用场所:作为一般工厂及大型建筑物的室内通风换气,既可用于输入气体,也可用于输出气体。

②输送气体种类:空气和其他不自燃的、对人体无害的、对钢材料无腐蚀性的气体。

③气体内的杂质:气体内不许有黏性物质,所含的尘土及硬质颗粒物不大于 150mg/m³。

④输送气体温度:不得超过 80℃。

(2)轴流式通风机。轴流式通风机主要由带叶片的轴、圆筒形外壳、支座及电动机构成。

叶轮的叶片大都用钢板模压而成,以一定的角度用电焊固定在轴套上,轴套用键与电机相连接。一般叶片数量多,短而阔,产生的风压较高;反之风压就较低。

圆筒形的外壳用钢板制成,两端设有角钢法兰,便于与风管连接。有时在进气口不接风管时,加有流线型圆锥进气口,以减少阻力。

风机支座常用钢板、型钢制作,以便设置电动机并便于安装。

1)名称及型号介绍如下:

①名称:名称前可冠以各种用途字样,见表 5-46(一般省略不写)。

②型号:由基本型号与变型(或派生)型号组成,分两组,中间用横线

隔开,表示内容如下:

基本型号 — 变型(或派生)型号

基本型号表示风机的毂比乘以 100 的值和翼形代号(表 5-46)及设计顺序号;变型(或派生)型号表示风机叶轮级数和设计的次序号(指结构上的更改次数)。

表 5-46　　轴流式通风机机翼形式代号

| 代号 | 机翼形式 | 代号 | 机翼形式 |
|---|---|---|---|
| A | 机翼型扭曲叶片 | G | 对称半机翼型扭曲叶片 |
| B | 机翼型非扭曲叶片 | H | 对称半机翼型非扭曲叶片 |
| C | 对称机翼型扭曲叶片 | K | 等厚板型扭曲叶片 |
| D | 对称机翼型非扭曲叶片 | L | 等厚板型非扭曲叶片 |
| E | 半机翼型扭曲叶片 | M | 对称等厚板型扭曲叶片 |
| F | 半机翼型非扭曲叶片 | N | 对称等厚板型非扭曲叶片 |

③机号:以叶轮直径毫米数表示,前冠以符号"No"。

2)传动方式。一般通用通风换气轴流通风机的传动方式为 A 式直联传动。对于大型的轴流通风机或是生产需要将电动机安装在机壳外面的轴流通风机,可采用引出式皮带传动、引出式联轴器传动或长轴式联轴器传动。

3)风口位置。有进风口与出风口,用出(入)若干角度表示,如图 5-26 所示。如无进风口和出风口位置,则在型号中不表示。

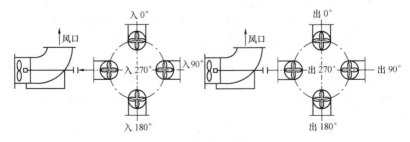

图 5-26　轴流风机进出口位置

4)压力等级。

低压:$H_g < 490$Pa。

高压：$H_g \geqslant 490\text{Pa}$。

**2. 除尘器**

(1)旋风除尘器。旋风除尘器的工作原理是利用含尘气流进入除尘器后所形成的离心力作用净化空气的，含尘气体在旋风除尘器内是沿切线方向进入，并沿螺旋线向下运动，使尘粒从气流中分离出来集中到锥体底部，而净化了的空气反向上部由中间管排出。灰尘的离心力越大，除尘效率就越高。

工程中常用的除尘器有以下几种：

1)XLP/A型、XLP/B型旋风除尘器。带旁路，利于较细粉尘分离，分3.0～10.6共7种规格。

旋风除尘器根据安装风机前后位置的不同，又各分为X型（吸入式）和Y型（压入式）。其中X型是在除尘器本体上增加了出口蜗壳。对于除尘器，根据入口蜗壳旋转方向不同又分为N型（左回旋）和S型（右回旋）。

2)CLT/A型旋风除尘器。CLT/A型旋风除尘器分单筒、双筒、三筒、四筒、六筒五种组合。

CTL/A型旋风除尘器为立式离心旋风除尘器。适用于捕集气体中含有密度和颗粒较大的、干燥的非纤维粉尘。

CTL/A型旋风除尘器每一组合有两种出风形式：Ⅰ型（水平出风）；Ⅱ型（上部出风）。

双筒组合者可有两种进风形式：正中进风和旁侧进风。双筒旁侧进风可成顺时针或逆时针旋转。

单筒和三筒组合只有旁侧进风，但可成顺时针或逆时针旋转。

四筒和六筒组合只有正中进风。

3)XCX型旋风除尘器。XCX型旋风除尘器为高效旋风除尘器，主要由蜗壳、螺旋形斜底板、锥体和具有减阻器的芯管组成，如图5-27所示。这种除尘器有 $\phi 200$、$\phi 300$、$\phi 400$、$\phi 500$、$\phi 600$、$\phi 700$、$\phi 800$、$\phi 900$、$\phi 1000$、$\phi 1100$、$\phi 1200$、$\phi 1300$ 共12种规格。

除尘器的芯管末端装有减阻器，可以减小除尘器的阻力，但除尘效率亦有所降低。使用中如要求提高除尘效率可不装减阻器。这种除尘器适用于一般工业通风除尘、工业尾气中贵重物料的回收，以及含尘浓度较高的场合。

4)XNX 型旋风除尘器。XNX 型旋风除尘器为卧式安装的高效旋风除尘器，主要由蜗壳、螺旋形斜底板、牛角形锥体和具有减阻器的芯管组成，如图 5-28 所示。

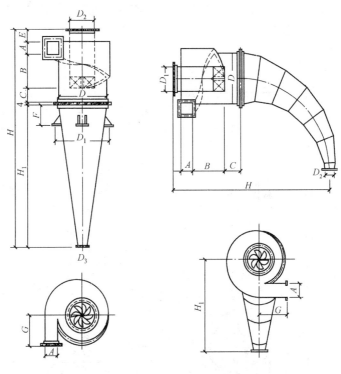

图 5-27　XCX 型旋风除尘器　　图 5-28　XNX 型旋风除尘器

XNX 型除尘器工作条件为：含尘浓度不大于 $50g/m^3$，粉尘粒径不大于 1mm，除尘器的进口流速不小于 18m/s。

除尘器的芯管末端装有减阻器，可以减少除尘器的阻力，但除尘效率有所降低，使用中如要求提高效率可不安装减阻器。

XNX 旋风除尘器有 $\phi400$、$\phi500$、$\phi600$、$\phi700$、$\phi800$、$\phi900$、$\phi1000$、$\phi1100$、$\phi1200$ 共 9 种规格。其适用于一般工业通风除尘、工业尾气中贵重物料的回收，以及含尘浓度较高的场合。在加适当的内衬后可用于磨损较大或有腐蚀性的场合，但不适用于黏结性粉尘。

5)XP 型旋风除尘器。XP 型旋风除尘器为旁路式旋风除尘器（X—

旋风、P—旁路),适用于一般工业通风除尘、工业尾气中物料的回收。这种除尘器有 $\phi 200$、$\phi 300$、$\phi 400$、$\phi 500$、$\phi 600$、$\phi 700$、$\phi 800$、$\phi 900$、$\phi 1000$ 共 9 种规格。XP 型旋风除尘器结构尺寸如图 5-29 所示。

6)扩散式除尘器。扩散式除尘器是旋风除尘器的一种,它呈上小下大的扩散形倒锥体,如图 5-30 所示。它是利用周边排尘的原理来提高除尘效率的。

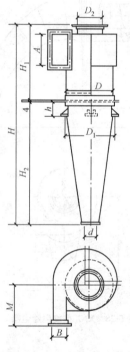

图 5-29 XP 型旋风除尘器

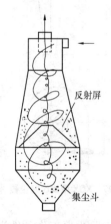

图 5-30 扩散式除尘器

在倒锥体中,设有一个圆锥形反射屏,中间还有一小透气孔,由于反射屏的作用使进入筒体的气流大部分向上反射,少量气体随尘粒一起进入集尘斗,这样就可防止二次气流将已经分离下来的粉尘重新卷起而被带走,从而提高了除尘效率。

(2)双级涡旋除尘器。双级涡旋除尘器具有两级除尘的作用,由惯性分离器和 C 型旋风除尘器两级组成,如图 5-31 所示。

含尘气流以较高的流速由切向进入惯性分离器,在分离器内形成强烈的旋转运动,粉尘在离心力的作用下向蜗壳外壁集积,由分流口随同10%～20%的气流进入第二级旋风除尘器。

双级涡旋除尘器有以下规格：

1)处理烟气量6500m³/h,配用于2t/h锅炉。

2)处理烟气量13000m³/h,配用于4t/h锅炉。

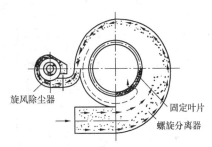

图5-31 双级涡旋除尘器示意图

3)处理烟气量18000m³/h,配用于6.5t/h锅炉。

4)处理烟气量30000m³/h,配用于10t/h锅炉。

（3）过滤式除尘器。过滤式除尘器是利用过滤材料对尘粒的拦截与尘粒对过滤材料的惯性碰撞等原理实现分离的。袋式除尘器是一种高效过滤式除尘器。含尘气体经过除尘器的滤料时,粉尘被阻留在滤料上。

袋式除尘器的滤袋是用棉、毛、丝等天然纤维,尼龙、涤纶等合成纤维和玻璃纤维、聚四氟乙烯等无机纤维编织成的。选用滤料时,必须考虑含尘气体的温度、湿度、粉尘粒径、含尘浓度等。性能良好的滤料应具备耐温、耐腐、耐磨、效率高、阻力低、使用期长和成本低等特点。并且还要考虑滤料的表面结构,表面光滑的滤料容尘量小,清灰方便,适用于含尘浓度低,有黏性的粉尘,采用的过滤风速不宜太高。表面起毛的容尘量大,粉尘能深入滤料内部,可采用较高的过滤风速,但必须及时清灰。

（4）湿式除尘器。湿式除尘器是利用水与含尘空气接触的过程,通过洗涤使尘粒相互凝聚而达到空气净化的目的。通风工程中常用的湿式除尘器有以下几种：

1)CLS水膜除尘器。CLS水膜除尘器有两种形式,X型用于通风机前,Y型用于通风机后,如图5-32所示。其规格有$\phi$315、$\phi$443、$\phi$570、$\phi$634、$\phi$730、$\phi$793、$\phi$888共7种。

CLS水膜除尘器适用于清除空气中不起水化作用的粉尘,当含量小于2000mg/m³时,可直接采用,当大于2000mg/m³时,可作为第二级除尘。

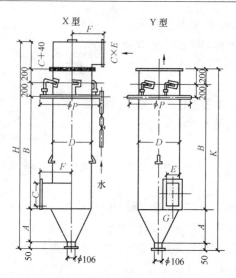

图 5-32　CLS 型水膜除尘器

2) CCJ/A 型除尘机组。CCJ/A 型除尘机组有几种不同形式的排泥浆方法，CCJ/A 为锥漏斗排泥浆的冲激式除尘机组。这种除尘机组的除尘原理如图 5-33 所示，含尘气体由入口进入除尘器，气流转弯向下冲击于水面，部分较大的尘粒落于水中。当含尘气体以 18～35m/s 的速度通过上、下叶片间的 S 形通道时，激起大量的水花，使水气充分接触，绝大部分微细的尘粒粘混入水中，使含尘气体得到充分的净化，经由 S 形通道后，由于离心力的作用，获得尘粒的水又返回漏斗。净化后的气体由分雾室挡水板除掉水滴后经净气出口和通风机排出除尘机组。泥浆则由漏斗的排浆阀连续或定期排出。新水则由供水管路补充。

机组内的水位由溢流箱控制，当水位高出溢流箱的溢流堰时，水便流进水封并由溢流管排出，设在溢流箱盖上的水位自动控制装置能保证水面在 3～10mm 的范围内变动，从而保证机组稳定的高效率和节约用水。

CCJ/A 型除尘机组适用于净化非纤维性、无腐蚀性的温度不高于 300℃ 的含尘气体，冶金、煤炭、化工、铸造、发电、建筑材料及耐火材料等工业。

3) 卧式旋风水膜除尘器。卧式旋风水膜除尘器又名旋筒式水膜除尘器，适用于非黏固性及非纤维性灰尘的除尘。

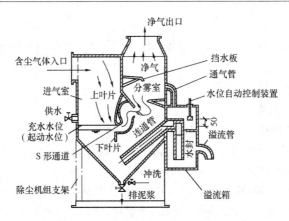

图 5-33 CCJ/A 型除尘机组结构及工作原理示意图

(5)CLG 型多管除尘器。CLG 型多管除尘器分别由 9、12、16 个 $\phi150$ 的小旋风体组合成三种型号,是用于净化工业排气设备,供净化空气和烟气中的干燥而细小(颗粒度为 $10\mu m$ 以上)的灰尘作中等净化之用。其适用于各种非黏结性的或弱黏结性的灰尘。非黏结性灰尘,如矾土灰尘、炉渣灰尘、干燥煤粉灰尘等;弱黏结性灰尘,如焦炭灰尘,带未烬的挥发性的煤灰、干磷灰石等。

除尘器进口处的烟气温度要求不超过 400℃,最大允许工作压力为 $\pm 250mmH_2O(2.5kPa)$,含尘气体的最大含尘量为 $30g/m^3$。

除尘器的净化效率视其使用场所的灰尘性质、浓度而异,为 50%~90%。

(6)电除尘器。电除尘器主要由电晕极、集尘极、气流分布极和振打清灰装置等构成。

空气中由于摩擦、辐射等原因,含有少量的自由离子(带正电及负电的原子)。电除尘器的电晕极接高压直流电源的负极,集尘极接高压正极。含尘空气通过电除尘器时,大量灰尘通过电离作用获得负电,最后沉积在正电极上。

# 第十节　净化通风管道及部件制作安装

## 一、定额说明

**1. 工作内容**

（1）风管制作：放样，下料，折方，轧口，咬口，制作直管、管件、法兰、吊托支架，钻孔，铆焊，上法兰，组对，口缝外表面涂密封胶，风管内表面清洗，风管两端封口。

（2）风管安装：找标高，找平，找正，配合预留孔洞，打支架墙洞，埋设支吊架，风管就位、组装、制垫、垫垫、上螺栓、紧固，风管内表面清洗、管口封闭、法兰口涂密封胶。

（3）部件制作：放样，下料，零件、法兰、预留预埋，钻孔，铆焊，制作，组装，擦洗。

（4）部件安装：测位，找平，找正，制垫，垫垫，上螺栓，清洗。

（5）高、中、低效过滤器，净化工作台、风淋室安装：开箱，检查，配合钻孔，垫垫，口缝涂密封胶，试装，正式安装。

**2. 相关说明**

（1）净化通风管道制作安装项目中，包括弯头、三通、变径管、天圆地方等管件及法兰、加固框和吊托支架，不包括过跨风管落地支架。落地支架执行设备支架项目。

（2）净化风管项目中的板材，如设计厚度不同者可以换算，人工、机械不变。

（3）圆形风管执行本定额矩形风管相应项目。

（4）风管涂密封胶是按全部口缝外表面涂抹考虑的，如设计要求口缝不涂抹而只在法兰处涂抹者，每 $10m^2$ 风管应减去密封胶 1.5kg 和人工 0.37 工日。

（5）过滤器安装项目中包括试装，如设计不要求试装者，其人工、材料、机械不变。

（6）风管及部件项目中，型钢未包括镀锌费，如设计要求镀锌时，另加镀锌费。

（7）铝制孔板风口需电化处理时，另加电化费。

（8）低效过滤器：M－A 型、WL 型、LWP 型等系列。

中效过滤器:ZKL 型、YB 型、M 型、ZX－1 型等系列。

高效过滤器:GB 型、GS 型、JX－20 型等系列。

净化工作台:XHK 型、BZK 型、SXP 型、SZP 型、SZX 型、SW 型、SZ 型、SXZ 型、TJ 型、CJ 型等系列。

(9)洁净室安装以质量计算,执行"分段组装式空调器安装"项目。

(10)定额按空气洁净度 100000 级编制的。

## 二、定额项目

净化通风管道及部件制作安装定额编号为 9－248～9－261,包括以下项目:

(1)镀锌薄钢板矩形风管(咬口),周长分别为 800mm 以下、2000mm 以下、4000mm 以下、4000mm 以上。

(2)静压箱。

(3)铝制孔板风口(100kg)。

(4)过滤器框架(100kg)。

(5)高效过滤器安装。

(6)中、低效过滤器安装。

(7)净化工作台安装。

(8)风淋室安装,质量分别为 0.5t、1.0t、2.0t、3.0t 以内。

## 三、定额材料

净化通风管道及部件制作安装定装中列项的材料包括:优质镀锌钢板,铝板,铝焊丝,铝焊粉,乙炔气,氧气,镀锌木螺钉,角钢,槽钢,圆钢,电焊条,镀锌六角带帽螺栓,镀锌螺栓,铝蝶形螺母,镀锌铆钉,闭孔乳胶海绵,401 胶,密封胶,洗涤剂,白布,酒精,木材(方木),白绸,聚氯乙烯薄膜,打包带,打包铁卡子,高效过滤器,中低效过滤器,净化工作台,风淋室等。

## 四、定额工程量计算应用

### 1. 净化通风管道钢板用量计算

(1)净化风管钢板用量计算表依据下列公式编制:

1)每米风管钢板用量$(m^2/m)=2.298(A+B)$。

2)每米风管钢板用量$(kg/m)=2.298(A+B)×$每平方米钢板质量。

式中,$A$、$B$ 为风管边长。

(2) 每平方米钢板质量:3.925kg/m²($\delta=0.5$mm);5.888kg/m²($\delta=0.75$mm);7.85kg/m²($\delta=1$mm);9.42kg/m²($\delta=1.2$mm)。

(3) 钢板损耗率为14.9%。

(4) 净化风管钢板用量见表5-47。

表5-47 净化风管钢板用量

| 风管规格 (mm) | 风管钢板用量(kg/m) | | | | |
|---|---|---|---|---|---|
| | m²/m | 钢板厚度(mm) | | | |
| | | 0.50 | 0.75 | 1.00 | 1.20 |
| 120×120 | 0.552 | 2.17 | 3.25 | 4.33 | 5.20 |
| 160×120 | 0.643 | 2.52 | 3.79 | 5.05 | 6.06 |
| 160×160 | 0.735 | 2.88 | 4.33 | 5.77 | 6.92 |
| 200×120 | 0.735 | 2.88 | 4.33 | 5.77 | 6.92 |
| 200×160 | 0.827 | 3.25 | 4.87 | 6.49 | 7.79 |
| 200×200 | 0.919 | 3.61 | 5.41 | 7.21 | 8.66 |
| 250×120 | 0.850 | 3.34 | 5.00 | 6.67 | 8.01 |
| 250×160 | 0.942 | 3.70 | 5.55 | 7.39 | 8.87 |
| 250×200 | 1.034 | 4.06 | 6.09 | 8.12 | 9.74 |
| 250×250 | 1.149 | 4.51 | 6.77 | 9.02 | 10.82 |
| 320×160 | 1.103 | 4.33 | 6.49 | 8.66 | 10.39 |
| 320×200 | 1.195 | 4.69 | 7.04 | 9.38 | 11.26 |
| 320×250 | 1.310 | 5.14 | 7.71 | 10.28 | 12.34 |
| 320×320 | 1.471 | 5.77 | 8.66 | 11.55 | 13.86 |
| 400×200 | 1.379 | 5.41 | 8.12 | 10.83 | 12.99 |
| 400×250 | 1.494 | 5.86 | 8.80 | 11.73 | 14.07 |
| 400×320 | 1.655 | 6.50 | 9.74 | 12.99 | 15.59 |
| 400×400 | 1.838 | 7.21 | 10.82 | 14.43 | 17.31 |
| 500×200 | 1.609 | 6.32 | 9.47 | 12.63 | 15.16 |
| 500×250 | 1.724 | 6.77 | 10.15 | 13.53 | 16.24 |
| 500×320 | 1.884 | 7.39 | 11.09 | 14.79 | 17.75 |
| 500×400 | 2.068 | 8.12 | 12.18 | 16.23 | 19.48 |

续表

| 风管规格 (mm) | 风管钢板用量(kg/m) | | | | |
|---|---|---|---|---|---|
| | m²/m | 钢板厚度(mm) | | | |
| | | 0.50 | 0.75 | 1.00 | 1.20 |
| 500×500 | 2.298 | 9.02 | 13.53 | 18.04 | 21.65 |
| 630×250 | 2.022 | 7.94 | 11.91 | 15.87 | 19.05 |
| 630×320 | 2.183 | 8.57 | 12.85 | 17.14 | 20.56 |
| 630×400 | 2.370 | 9.30 | 13.95 | 18.60 | 22.33 |
| 630×500 | 2.597 | 10.19 | 15.29 | 20.39 | 24.46 |
| 630×630 | 2.895 | 11.36 | 17.05 | 22.73 | 27.27 |
| 800×320 | 2.574 | 10.10 | 15.16 | 20.21 | 24.25 |
| 800×400 | 2.758 | 10.83 | 16.24 | 21.65 | 25.98 |
| 800×500 | 2.987 | 11.72 | 17.59 | 23.45 | 28.14 |
| 800×630 | 3.286 | 12.90 | 19.35 | 25.80 | 30.95 |
| 800×800 | 3.677 | 14.43 | 21.65 | 28.86 | 34.64 |
| 1000×320 | 3.033 | 11.90 | 17.86 | 23.81 | 28.57 |
| 1000×400 | 3.217 | 12.63 | 18.94 | 25.25 | 30.30 |
| 1000×500 | 3.447 | 13.53 | 20.30 | 27.06 | 32.47 |
| 1000×630 | 3.746 | 14.70 | 22.06 | 29.41 | 35.29 |
| 1000×800 | 4.136 | 16.23 | 24.35 | 32.47 | 38.96 |
| 1000×1000 | 4.596 | 18.04 | 27.06 | 36.08 | 43.29 |
| 1250×400 | 3.792 | 14.88 | 22.33 | 29.77 | 35.72 |
| 1250×500 | 4.022 | 15.79 | 23.68 | 31.57 | 37.89 |
| 1250×630 | 4.320 | 16.96 | 25.44 | 33.91 | 40.69 |
| 1250×800 | 4.711 | 18.49 | 27.74 | 36.98 | 44.38 |
| 1250×1000 | 5.171 | 20.30 | 30.45 | 40.59 | 48.71 |
| 1600×500 | 4.826 | 18.94 | 28.42 | 37.88 | 45.46 |
| 1600×630 | 5.125 | 20.12 | 30.18 | 40.23 | 48.28 |
| 1600×800 | 5.515 | 21.65 | 32.47 | 43.29 | 51.95 |
| 1600×1000 | 5.975 | 23.45 | 35.18 | 46.90 | 56.28 |
| 1600×1250 | 6.549 | 25.70 | 38.56 | 51.41 | 61.69 |
| 2000×800 | 6.434 | 25.25 | 37.88 | 50.51 | 60.61 |
| 2000×1000 | 6.894 | 27.06 | 40.59 | 54.12 | 64.94 |
| 2000×1250 | 7.469 | 29.32 | 43.98 | 58.63 | 70.36 |

## 2. 净化通风管道辅材用量计算

净化通风管道辅材用量计算见表 5-48。

表 5-48 净化通风管道辅材用量计算表 （单位：kg/10m）

| 风管规格<br>$A \times B$<br>(mm) | 角 钢<br>＜∟60 | 圆 钢<br>$\phi10 \sim \phi14$ | 电 焊 条<br>$\phi3.2$ 结422 | 镀锌六角带帽螺栓<br>M8×75 以下<br>（10 套） |
|---|---|---|---|---|
| 120×120 | 27.706 | 0.672 | 1.075 | 10.128 |
| 160×120 | 32.323 | 0.784 | 1.254 | 11.816 |
| 160×160 | 36.941 | 0.896 | 1.434 | 13.504 |
| 200×120 | 36.941 | 0.896 | 1.434 | 13.504 |
| 200×160 | 41.558 | 1.064 | 1.613 | 15.192 |
| 200×200 | 46.176 | 1.120 | 1.792 | 16.880 |
| 250×120 | 42.713 | 1.036 | 1.658 | 15.614 |
| 250×160 | 47.314 | 1.205 | 1.009 | 9.758 |
| 250×200 | 51.930 | 1.323 | 1.107 | 10.710 |
| 250×250 | 57.720 | 1.470 | 1.230 | 11.900 |
| 320×160 | 55.392 | 1.411 | 1.181 | 11.424 |
| 320×200 | 60.008 | 1.529 | 1.279 | 12.376 |
| 320×250 | 65.778 | 1.676 | 1.402 | 13.566 |
| 320×320 | 73.856 | 1.882 | 1.574 | 15.232 |
| 400×200 | 69.240 | 1.764 | 1.476 | 14.280 |
| 400×250 | 75.010 | 1.911 | 1.599 | 15.470 |
| 400×320 | 83.088 | 2.117 | 1.771 | 17.136 |
| 400×400 | 92.320 | 2.352 | 1.968 | 19.040 |
| 500×200 | 80.780 | 2.058 | 1.722 | 16.660 |
| 500×250 | 86.550 | 2.205 | 1.845 | 17.850 |
| 500×320 | 94.628 | 2.411 | 2.017 | 19.516 |
| 500×400 | 103.860 | 2.646 | 2.214 | 21.420 |
| 500×500 | 115.440 | 2.940 | 2.460 | 23.800 |
| 630×250 | 101.552 | 2.587 | 2.165 | 20.944 |
| 630×320 | 109.668 | 2.793 | 2.337 | 22.610 |

续表

| 风管规格<br>$A \times B$<br>(mm) | 角 钢<br>$<\llcorner 60$ | 圆 钢<br>$\phi 10 \sim \phi 14$ | 电 焊 条<br>$\phi 3.2$ 结422 | 镀锌六角带帽螺栓<br>M8×75 以下<br>(10套) |
|---|---|---|---|---|
| 630×400 | 129.409 | 4.120 | 1.030 | 11.124 |
| 630×500 | 141.973 | 4.520 | 1.130 | 12.204 |
| 630×630 | 158.306 | 5.040 | 1.260 | 13.608 |
| 800×320 | 140.717 | 4.480 | 1.120 | 12.096 |
| 800×400 | 150.768 | 4.800 | 1.200 | 12.960 |
| 800×500 | 163.332 | 5.200 | 1.300 | 14.040 |
| 800×630 | 179.665 | 5.720 | 1.430 | 15.444 |
| 800×800 | 201.024 | 6.400 | 1.600 | 17.280 |
| 1000×320 | 165.845 | 5.280 | 1.320 | 14.256 |
| 1000×400 | 175.896 | 5.600 | 1.400 | 15.120 |
| 1000×500 | 188.460 | 6.000 | 1.500 | 16.200 |
| 1000×630 | 204.793 | 6.250 | 1.630 | 17.604 |
| 1000×800 | 226.152 | 7.200 | 1.800 | 19.440 |
| 1000×1000 | 251.280 | 8.000 | 2.000 | 21.600 |
| 1250×400 | 207.306 | 6.600 | 1.650 | 17.820 |
| 1250×500 | 219.870 | 7.000 | 1.750 | 18.900 |
| 1250×630 | 236.203 | 7.520 | 1.880 | 20.304 |
| 1250×800 | 257.562 | 10.373 | 1.312 | 17.630 |
| 1250×1000 | 282.690 | 11.385 | 1.440 | 19.350 |
| 1600×500 | 263.844 | 10.626 | 1.376 | 18.060 |
| 1600×630 | 280.177 | 11.284 | 1.427 | 19.178 |
| 1600×800 | 301.536 | 12.144 | 1.536 | 20.640 |
| 1600×1000 | 326.664 | 13.156 | 1.664 | 22.360 |
| 1600×1250 | 358.074 | 14.421 | 1.824 | 24.510 |
| 2000×800 | 351.792 | 14.168 | 1.792 | 24.080 |
| 2000×1000 | 376.920 | 15.180 | 1.920 | 25.800 |
| 2000×1250 | 408.330 | 16.445 | 2.080 | 27.950 |

**五、制作安装技术**

**1. 风管咬口形式及咬口宽度**

净化风管式配件常用咬口形式及咬口宽度见表5-49。

表 5-49　　　　　净化风管咬口形式及咬口宽度

| 名称 | 形式 | 咬口宽度(mm) | | |
|---|---|---|---|---|
| | | 板厚 0.5~0.7 | 板厚 0.7~0.9 | 板厚 1.0~1.2 |
| 联合咬口 | | 8~9 | 9~10 | 10~11 |
| 转角咬口 | | 6~7 | 7~8 | 8~9 |
| 按扣式咬口 | | 12 | 12 | 12 |
| 单咬口 | | 6~8 | 8~10 | 10~12 |

**2. 净化风管咬口要求**

(1)净化系统薄钢板风管的咬口形式,如设计无特殊要求,一般采用咬口缝隙较小的单咬口、转角咬口及联合角咬口较好。按扣式咬口漏风量较大,如采用,必须做好密封处理。

(2)在风管和部件制作过程中,为了风管折边咬口,特别是联合角咬口的方便,在接近风管或部件的端部及三通的分支处局部不咬口的方便,致使漏风量过大。因此,净化系统的风管在制作过程中,施工人员应认真操作,对风管的咬口缝必须达到连续、紧密、宽度均匀,无孔洞、半咬口及胀裂等现象。

(3)风管的咬口缝、铆钉孔及风管翻边的四个角,必须用密封胶进行密封。风管翻边的四个角,如孔洞较大,用密封胶难以封闭,必须用焊锡焊牢。密封胶应采用对金属不腐蚀、流动性好、固化快、富于弹性及遇到潮湿不易脱落的产品。在涂抹密封胶时,为保证密封胶与金属薄板黏结的牢固,涂抹前必须将密封处的油污擦洗干净。

**3. 空气过滤器安装**

(1)粗效、中效过滤器安装。粗效过滤器按使用的不同滤料有聚氨酯泡沫塑料过滤器、无纺布过滤器、金属网格浸油过滤器、自动浸油过滤器等。安装应考虑便于拆卸和更换滤料,并使过滤器与框架、框架与空调器之间保持严密。

金属网格浸油过滤器常采用 LWP 型过滤器。安装前应用热碱水将过滤器表面黏附物清洗干净,晾干后再浸以 12 号或 20 号机油。安装时应将空调器内外清扫干净,并注意过滤器的方向,将大孔径金属网格朝向迎风面,以提高过滤效率。

自动浸油过滤器安装时应清除过滤器表面黏附物,并注意装配的转动方向,使传动机构灵活。过滤器与框架或并列安装的过滤器之间应进行封闭,防止从缝隙中将污染的空气带入系统中,而形成空气短路的现象,从而降低过滤效果。

自动卷绕式过滤器安装前应检查框架是否平整,过滤器支架上所有接触滤材表面处不能有破角、毛边、破口等。滤料应松紧适当,上下箱应平行,保证滤料可靠运行。滤料安装要规整,防止自动运行时偏离轨道。多台并列安装的过滤器,共用一套控制设备时,压差信号来自过滤器前后的平均压差值,这就要求过滤器的高度、卷材轴直径以及所用的滤料规格等有关技术条件一致,以保证过滤器的同步运行。特别注意的是电路开关必须调整到相同的位置,避免其中一台早的报警,而使其他过滤器的滤料也中途更换。

中效过滤器的安装方法与粗效过滤器相同,它一般安装在空调器内或特制的过滤器箱内。安装时应严密,并便于拆卸和更换。

(2)高效过滤器安装。

1)安装高效过滤器应注意以下几个方面:

①按出厂标志竖向搬运和存放,防止剧烈振动和碰撞。

②安装前必须检查过滤器的质量,确认无损坏,方能安装。

③安装时发现安装用的过滤器框架尺寸不对或不平整,为了保证连接严密,只能修改框架,使其符合安装要求。不得修改过滤器,更不能发生因为框架不平整而强行连接,致使过滤器的木框损裂。

④过滤器的框架之间必须进行密封处理,一般采用闭孔海绵橡胶板或氯丁橡胶板密封垫,也有的不用密封垫,而用硅橡胶涂抹密封。密封垫料厚度为 6~8mm,定位粘贴在过滤器边框上,安装后的压缩率应大于 50%。密封垫的拼接方法采用榫形或梯形。若用硅橡胶密封时,涂抹前应先清除过滤器和框架上的粉尘,再饱满均匀地涂抹硅橡胶。

另外,高效过滤器的保护网(扩散板)在安装前应擦拭干净。

⑤高效过滤器的安装条件:洁净空调系统必须全部安装完毕,调试合格,

并运转一段时间,吹净系统内的浮尘。洁净室房间全面清扫后方能安装。

⑥对空气洁净度有严格要求的空调系统,在送风口前常用高效过滤器来清除空气中的微尘。为了延长使用寿命,高效过滤器一般都与低效和中效(中效过滤器是一种填充纤维滤料的过滤器,其滤料一般为直径小于或等于 18μm 的玻璃纤维)过滤器串联使用。

⑦高效过滤器密封垫的漏风,是造成过滤总效率下降的主要原因之一。密封效果的好坏与密封垫材料的种类、表面状况、断面大小、拼接方式、安装的好坏、框架端面加工精度和粗糙度等都有密切关系。实验资料证明:带有表皮的海绵密封垫的泄漏量比无表皮的海绵密封垫泄漏量要大很多。

2)安装准备工作。为防止高效过滤器受到污染,开箱检查准备安装时,必须在空气洁净系统安装完毕,空调器、高效过滤器箱、风管内及洁净房间经过清扫、空调系统各单体设备试运转后与风管内吹出的灰尘量稳定后才能进行。

安装前,要检查过滤器框架或边口端面的平直性,端面平整度的允许偏差,应不大于 1mm。如端面平整度超过允许偏差时,只允许修改或调整过滤器安装的框架端面,不允许修改过滤器本身的外框,否则将会损坏过滤器中的滤料或密封部分,降低过滤效果。

3)安装方法。高效过滤器安装时,应保证气流方向与外框上箭头标志方向一致。用波纹板组装的高效过滤器竖向安装时,波纹板必须垂直地面,不得反向。

高效过滤器与组装高效过滤器的框架,其密封一般采用顶紧法和压紧法两种。对于洁净度要求严格的百级、十级洁净系统,有的采用刀架式高效过滤器液槽密封装置。

# 第十一节　不锈钢板通风管道及部件制作安装

## 一、定额说明

### 1. 工作内容

(1)不锈钢风管制作:放样,下料,卷圆,折方,制作管件,组对焊接,试漏,清洗焊口。

(2)不锈钢风管安装:找标高,清理墙洞,风管就位,组对焊接,试漏,清洗焊口,固定。

(3)部件制作:下料,平料,开孔,钻孔,组对,铆焊,攻丝,清洗焊口,组装固定,试动,短管,零件、试漏。

(4)部件安装:制垫、垫垫,找平,找正,组对,固定,试动。

**2. 相关说明**

(1)矩形风管执行全统定额圆形风管相应项目。

(2)不锈钢吊托支架执行全统定额相应项目。

(3)风管凡以电焊考虑的项目,如需使用手工氩弧焊者,其人工乘以系数 1.238,材料乘以系数 1.163,机械乘以系数 1.673。

(4)风管制作安装项目中包括管件,但不包括法兰和吊托支架;法兰和吊托支架应单独列项计算,执行相应项目。

(5)风管项目中的板材如设计要求厚度不同者,可以换算,人工、机械不变。

## 二、定额项目

不锈钢板通风管道及部件制作安装定额编号为 9-262~9-270,包括以下项目:

(1)不锈钢板圆形风管(电焊),直径×壁厚:200mm 以下×2mm,400mm 以下×2mm,560mm 以下×2mm,700mm 以下×3mm,700mm 以上×3mm。

(2)风口。

(3)圆形法兰(手工氩弧焊、电焊):5kg 以下,5kg 以上。

(4)吊托支架。

## 三、定额材料

**1. 定额中列项材料**

不锈钢板通风管道及部件制作安装定额中列项材料包括:不锈钢板、不锈钢焊条、不锈钢电焊条、铁砂布、沥青油毡、硝酸、煤油、钢锯条、钢板、白垩粉、棉纱头、不锈钢丝网、不锈钢扁钢、角钢、扁钢、不锈钢氩弧焊丝、不锈钢六角带帽螺栓、不锈钢垫圈、乙炔气、氧气、氩气、耐酸橡胶板等。

**2. 常用材料介绍**

(1)不锈钢板。不锈钢板表面光洁,有较高的塑性、韧性和机械强度,耐酸碱性气体、溶液和其他介质的腐蚀。不锈钢的耐腐蚀性主要取决于它的合金成分(铬、镍、钛、硅、铝等合金成分)和内部的组织结构。常用奥氏体型不锈钢牌号及化学成分见表 5-50。

表 5-50　奥氏体型不锈钢牌号及其化学成分

| 序号 | 统一数字代号 | 新牌号 | 旧牌号 | 化学成分(质量分数)(%) | | | | | | | | | |
|---|---|---|---|---|---|---|---|---|---|---|---|---|---|
| | | | | C | Si | Mn | P | S | Ni | Cr | Mo | Cu | N | 其他元素 |
| 1 | S35350 | 12Cr17Mn6Ni5N | 1Cr17Mn6Ni5N | 0.15 | 1.00 | 5.50~7.50 | 0.050 | 0.030 | 3.50~5.50 | 16.00~18.00 | — | — | 0.05~0.25 | — |
| 2 | S35950 | 10Cr17Mn9Ni4N | | 0.12 | 0.80 | 8.00~10.50 | 0.035 | 0.025 | 3.50~4.50 | 16.00~18.00 | — | — | 0.15~0.25 | — |
| 3 | S35450 | 12Cr18Mn9Ni5N | 1Cr18Mn8Ni5N | 0.15 | 1.00 | 7.50~10.00 | 0.050 | 0.030 | 4.00~6.00 | 17.00~19.00 | — | 0.05~0.25 | — | — |
| 4 | S35020 | 20Cr13Mn9Ni4 | 2Cr13Mn9Ni4 | 0.15~0.25 | 0.80 | 8.00~10.00 | 0.035 | 0.025 | 3.70~5.00 | 12.00~14.00 | — | — | — | — |
| 5 | S35550 | 20Cr15Mn15Ni2N | 2Cr15Mn15Ni2N | 0.15~0.25 | 1.00 | 14.00~16.00 | 0.050 | 0.030 | 1.50~3.00 | 14.00~16.00 | — | — | 0.15~0.30 | — |
| 6 | S35650 | 53Cr21Mn9Ni4N[a] | 5Cr21Mn9Ni4N[a] | 0.48~0.58 | 0.35 | 8.00~10.00 | 0.040 | 0.030 | 3.25~4.50 | 20.00~22.00 | — | — | 0.35~0.50 | — |
| 7 | S35750 | 26Cr18Mn12Si2N[a] | 3Cr18Mn12Si2N[a] | 0.22~0.30 | 1.40~2.20 | 10.50~12.50 | 0.050 | 0.030 | — | 17.00~19.00 | — | — | 0.22~0.33 | — |
| 8 | S35850 | 22Cr20Mn10Ni2Si2N[a] | 2Cr20Mn9Ni2Si2N[a] | 0.17~0.26 | 1.80~11.00 | 0.050 | 0.030 | 2.000~3.000 | 18.00~21.00 | — | — | 0.20~0.30 | — | — |
| 9 | S30110 | 12Cr17Ni7 | 1Cr17Ni7 | 0.15 | 1.00 | 2.00 | 0.045 | 0.030 | 6.00~8.00 | 16.00~18.00 | — | — | 0.10 | — |
| 10 | S30103 | 022Cr17Ni7 | | 0.03 | 1.00 | 2.00 | 0.450 | 0.030 | 5.00~8.00 | 16.00~18.00 | — | — | 0.20 | — |

# 第五章 通风空调工程预算定额应用

续一

| 序号 | 统一数字代号 | 新牌号 | 旧牌号 | 化学成分(质量分数)(%) | | | | | | | | | |
|---|---|---|---|---|---|---|---|---|---|---|---|---|---|
| | | | | C | Si | Mn | P | S | Ni | Cr | Mo | Cu | N | 其他元素 |
| 11 | S30153 | 022Cr17Ni7N | | 0.03 | 1.00 | 2.00 | 0.045 | 0.030 | 5.00~8.00 | 16.00~18.00 | — | — | 0.07~0.20 | — |
| 12 | S30220 | 17Cr18Ni9 | 2Cr18Ni9 | 0.13~0.21 | 1.00 | 2.00 | 0.035 | 0.025 | 8.00~10.50 | 17.00~19.00 | — | — | — | — |
| 13 | S30210 | 12Cr18Ni9[a] | 1Cr18Ni9[a] | 0.15 | 1.00 | 2.00 | 0.045 | 0.030 | 8.00~10.00 | 17.00~19.00 | — | — | 0.10 | — |
| 14 | S30240 | 12Cr18Ni9Si3[a] | 1Cr18Ni9Si3[a] | 0.15 | 2.00~3.00 | 2.00 | 0.045 | 0.030 | 8.00~10.00 | 17.00~19.00 | — | — | 0.10 | — |
| 15 | S30317 | Y12Cr18Ni9 | Y1Cr18Ni9 | 0.15 | 1.00 | 2.00 | 0.200 | ≥0.150 | 8.00~10.00 | 17.00~19.00 | (0.60) | — | — | — |
| 16 | S30327 | Y12Cr18Ni9Se | Y1Cr18Ni9Se | 0.15 | 1.00 | 2.00 | 0.200 | 0.060 | 8.00~10.00 | 17.00~19.00 | — | — | — | Se≥0.15 |
| 17 | S30408 | 06Cr19Ni10[a] | 0Cr18Ni9[a] | 0.08 | 1.00 | 2.00 | 0.045 | 0.030 | 8.00~11.00 | 18.00~20.00 | — | — | — | — |
| 18 | S30403 | 022Cr19Ni10 | 00Cr19Ni10 | 0.03 | 1.00 | 2.00 | 0.045 | 0.030 | 8.00~12.00 | 18.00~20.00 | — | — | — | — |
| 19 | S30409 | 07Cr19Ni10 | | 0.04~0.10 | 1.00 | 2.00 | 0.045 | 0.030 | 8.00~11.00 | 18.00~20.00 | — | — | — | — |
| 20 | S30450 | 05Cr19Ni10Si2CeN | | 0.04~0.06 | 1.00~2.00 | 0.80 | 0.045 | 0.030 | 9.00~10.00 | 18.00~19.00 | — | — | 0.12~0.18 | Ce0.03~0.08 |

续二

| 序号 | 统一数字代号 | 新牌号 | 旧牌号 | 化学成分(质量分数)(%) | | | | | | | | | |
|---|---|---|---|---|---|---|---|---|---|---|---|---|---|
| | | | | C | Si | Mn | P | S | Ni | Cr | Mo | Cu | N | 其他元素 |
| 21 | S30480 | 06Cr18Ni9Cu2 | 0Cr18Ni9Cu2 | 0.08 | 1.00 | 2.00 | 0.045 | 0.030 | 8.00~10.50 | 17.00~19.00 | — | 1.00~3.00 | — | — |
| 22 | S30488 | 06Cr18Ni9Cu3 | 0Cr18Ni9Cu3 | 0.08 | 1.00 | 2.00 | 0.045 | 0.030 | 8.50~10.50 | 17.00~19.00 | — | 3.00~4.00 | — | — |
| 23 | S30458 | 06Cr19Ni10N | 0Cr19Ni9N | 0.08 | 1.00 | 2.00 | 0.045 | 0.030 | 8.00~11.00 | 18.00~20.00 | — | — | 0.10~0.16 | — |
| 24 | S30478 | 06Cr19Ni9NbN | 0Cr19Ni10NbN | 0.08 | 1.00 | 2.50 | 0.045 | 0.030 | 7.50~10.50 | 18.00~20.00 | — | — | 0.15~0.30 | Nb 0.15 |
| 25 | S30453 | 022Cr19Ni10N | 00Cr18Ni10N | 0.030 | 1.00 | 2.00 | 0.045 | 0.030 | 8.00~11.00 | 18.00~20.00 | — | — | 0.10~0.16 | — |
| 26 | S30510 | 10Cr18Ni12 | 1Cr18Ni12 | 0.12 | 1.00 | 2.00 | 0.045 | 0.030 | 10.50~13.00 | 17.00~19.00 | — | — | — | — |
| 27 | S30508 | 06Cr18Ni12 | 0Cr18Ni12 | 0.08 | 1.00 | 2.00 | 0.045 | 0.030 | 11.00~13.50 | 16.50~19.00 | — | — | — | — |
| 28 | S30608 | 06Cr16Ni1 | 0Cr16Ni18 | 0.08 | 1.00 | 2.00 | 0.045 | 0.030 | 17.00~19.00 | 15.00~17.00 | — | — | — | — |
| 29 | S30808 | 06Cr20Ni1 | | 0.08 | 1.00 | 2.00 | 0.045 | 0.030 | 10.00~12.00 | 19.00~21.00 | — | — | — | — |
| 30 | S30850 | 22Cr21Ni12N[a] | 2Cr21Ni12N[a] | 0.15~0.28 | 0.75~1.25 | 1.00~1.60 | 0.040 | 0.030 | 10.50~12.50 | 20.00~22.00 | — | — | 0.15~0.30 | — |

# 第五章 通风空调工程预算定额应用

续三

| 序号 | 统一数字代号 | 新牌号 | 旧牌号 | 化学成分(质量分数)(%) | | | | | | | | | |
|---|---|---|---|---|---|---|---|---|---|---|---|---|---|
| | | | | C | Si | Mn | P | S | Ni | Cr | Mo | Cu | N | 其他元素 |
| 31 | S30920 | 16Cr23Ni13[a] | 2Cr23Ni13[a] | 0.20 | 1.00 | 2.00 | 0.040 | 0.030 | 12.00~15.00 | 22.00~24.00 | — | — | — | — |
| 32 | S30908 | 06Cr23Ni13[a] | 0Cr23Ni13[a] | 0.08 | 1.00 | 2.00 | 0.045 | 0.030 | 12.00~15.00 | 22.00~24.00 | — | — | — | — |
| 33 | S31010 | 11Cr23Ni18 | 1Cr23Ni18 | 0.18 | 1.00 | 2.00 | 0.035 | 0.025 | 17.00~20.00 | 22.00~25.00 | — | — | — | — |
| 34 | S31020 | 20Cr25Ni20[a] | 2Cr25Ni20[a] | 0.25 | 1.50 | 2.00 | 0.040 | 0.030 | 19.00~22.00 | 24.00~26.00 | — | — | — | — |
| 35 | S31008 | 06Cr25Ni20[a] | 0Cr25N20 | 0.08 | 1.50 | 2.00 | 0.045 | 0.030 | 19.00~22.00 | 24.00~26.00 | — | — | — | — |
| 36 | S31053 | 022Cr25N22Mo2N | | 0.03 | 0.40 | 2.00 | 0.030 | 0.015 | 21.00~23.00 | 24.00~26.00 | 2.00~3.00 | — | 0.10~0.16 | — |
| 37 | S31252 | 015Cr20Ni18Mo6CuN | | 0.02 | 0.80 | 1.00 | 0.030 | 0.010 | 17.50~18.50 | 19.50~20.50 | 6.00~6.50 | 0.50~1.00 | 0.18~0.22 | — |
| 38 | S31608 | 06Cr17Ni12Mo2[a] | 0Cr17Ni12Mo2 | 0.08 | 1.00 | 2.00 | 0.045 | 0.030 | 10.00~14.00 | 16.00~18.00 | 2.00~3.00 | — | — | — |
| 39 | S31603 | 022Cr17Ni12Mo2 | 00Cr17Ni14Mo2 | 0.030 | 1.00 | 2.00 | 0.450 | 0.030 | 10.00~14.00 | 16.00~18.00 | 2.00~3.00 | — | — | — |
| 40 | S31609 | 0Cr17Ni12Mo2[a] | 1Cr17Ni12Mo2[a] | 0.04~0.10 | 1.00 | 2.00 | 0.0450 | 0.030 | 10.00~14.00 | 16.00~18.00 | 2.00~3.00 | — | — | — |

续四

| 序号 | 统一数字代号 | 新牌号 | 旧牌号 | 化学成分(质量分数)(%) | | | | | | | | | |
|---|---|---|---|---|---|---|---|---|---|---|---|---|---|
| | | | | C | Si | Mn | P | S | Ni | Cr | Mo | Cu | N | 其他元素 |
| 41 | S31668 | 06Cr17Ni12Mo2Ti[a] | 0C1Ni12Mo3T[a] | 0.08 | 1.00 | 2.00 | 0.045 | 0.030 | 10.00~14.00 | 16.00~18.00 | 2.00~3.00 | — | — | Ti≥5C |
| 42 | S31678 | 06Cr17Ni12Mo2Nb | | 0.08 | 1.00 | 2.00 | 0.045 | 0.030 | 10.00~14.00 | 16.00~18.00 | 2.00~3.00 | — | 0.10 | Nb 10C~1.10 |
| 43 | S31658 | 06Cr17Ni12Mo2N | 0Cr17Ni12Mo2N | 0.08 | 1.00 | 2.00 | 0.045 | 0.030 | 10.00~13.00 | 16.00~18.00 | 2.00~3.00 | — | 0.10~0.16 | — |
| 44 | S31653 | 022Cr17Ni12Mo2N | 00Cr17Ni13Mo2N | 0.030 | 1.00 | 2.00 | 0.045 | 0.030 | 10.00~13.00 | 16.00~18.00 | 2.00~3.00 | — | 0.10~0.16 | — |
| 45 | S31688 | 06Cr18Ni12Mo2Cu2 | 0Cr18Ni12Mo2Cu2 | 0.08 | 1.00 | 2.00 | 0.045 | 0.030 | 10.00~14.00 | 17.00~19.00 | 1.20~2.75 | 1.00~2.50 | — | — |
| 46 | S31683 | 022Cr18Ni14Mo2Cu2 | 00Cr18Ni14Mo2Cu2 | 0.030 | 1.00 | 2.00 | 0.045 | 0.030 | 12.00~16.00 | 17.00~19.00 | 1.20~2.75 | 1.00~2.50 | — | — |
| 47 | S31693 | 022Cr18Ni15Mo3N | 00Cr18Ni15Mo3N | 0.030 | 1.00 | 2.00 | 0.025 | 0.010 | 14.00~16.00 | 17.00~19.00 | 2.35~4.20 | 0.50 | 0.10~0.20 | — |
| 48 | S31782 | 015Cr21Ni26Mo5Cu2 | | 0.020 | 1.00 | 2.00 | 0.045 | 0.035 | 23.00~28.00 | 19.00~23.00 | 4.00~5.00 | 1.00~2.00 | 0.10 | — |
| 49 | S31708 | 06Cr19Ni13Mo3 | 0Cr19Ni13Mo3 | 0.08 | 1.00 | 2.00 | 0.045 | 0.030 | 11.00~15.00 | 18.00~20.00 | 3.00~4.00 | — | — | — |

第五章　通风空调工程预算定额应用

续五

| 序号 | 统一数字代号 | 新牌号 | 旧牌号 | 化学成分(质量分数)(%) | | | | | | | | | |
|---|---|---|---|---|---|---|---|---|---|---|---|---|---|
| | | | | C | Si | Mn | P | S | Ni | Cr | Mo | Cu | N | 其他元素 |
| 50 | S31703 | 022Cr19Ni13Mo3[a] | 00Cr19Ni13Mo3[a] | 0.030 | 1.00 | 2.00 | 0.045 | 0.030 | 11.00~15.00 | 18.00~20.00 | 3.00~4.00 | — | — | — |
| 51 | S31793 | 022Cr18Ni14Mo3 | | 0.030 | 1.00 | 2.00 | 0.025 | 0.010 | 13.00~15.00 | 17.00~19.00 | 2.25~3.50 | 0.50 | — | — |
| 52 | S31794 | 03Cr18Ni16Mo5 | 0Cr18Ni16Mo5 | 0.04 | 1.00 | 2.50 | 0.045 | 0.030 | 15.00~17.00 | 16.00~19.00 | 4.00~6.00 | — | — | — |
| 53 | S31723 | 022Cr19Ni16Mo5N | | 0.03 | 1.00 | 2.00 | 0.045 | 0.030 | 13.50~17.50 | 17.00~20.00 | 4.00~5.00 | — | 0.10~0.20 | — |
| 54 | S31753 | 022Cr19Ni13Mo4N | | 0.03 | 1.00 | 2.00 | 0.045 | 0.030 | 11.00~15.00 | 18.00~20.00 | 3.00~4.00 | — | 0.10~0.22 | — |
| 55 | S32168 | 06Cr18Ni11Ti[a] | 0Cr18Ni10Ti[a] | 0.08 | 1.00 | 2.00 | 0.045 | 0.030 | 9.00~12.00 | 17.00~19.00 | — | — | — | Ti 5C~0.70 |
| 56 | S32169 | 07Cr19Ni11Ti | 1Cr18Ni11Ti | 0.04~0.10 | 0.75 | 2.00 | 0.030 | 0.030 | 9.00~13.00 | 17.00~20.00 | — | — | — | Ti 4C~0.60 |
| 57 | S32590 | 45Cr14Ni14W2Mo[a] | 4Cr14Ni14W2Mo[a] | 0.40~0.50 | 0.80 | 0.70 | 0.040 | 0.030 | 13.00~15.00 | 13.00~15.00 | 0.25~0.40 | 0.30~0.60 | — | W 2.00~2.75 |
| 58 | S32652 | 015Cr24Ni22Mo8Mn3CuN | | 0.02 | 0.50 | 2.00~4.00 | 0.030 | 0.005 | 21.00~23.00 | 24.00~25.00 | 7.00~8.00 | — | 0.45~0.55 | — |

续六

| 序号 | 统一数字代号 | 新牌号 | 旧牌号 | 化学成分（质量分数）（%） | | | | | | | | | | |
|---|---|---|---|---|---|---|---|---|---|---|---|---|---|---|
| | | | | C | Si | Mn | P | S | Ni | Cr | Mo | Cu | N | 其他元素 |
| 59 | S32720 | 24Cr18Ni8W2[a] | 2Cr18Ni8W2[a] | 0.21~0.28 | 0.30~0.80 | 0.70 | 0.030 | 0.025 | 7.50~8.50 | 17.00~19.00 | — | — | — | W 2.00~2.50 |
| 60 | S33010 | 12Cr16Ni35[a] | | 0.15 | 1.50 | 2.00 | 0.040 | 0.030 | 33.00~37.00 | 14.00~17.00 | — | — | — | — |
| 61 | S24553 | 022Cr24Ni17Mo5Mn6NbN | | 0.03 | 1.00 | 5.00~7.00 | 0.030 | 0.010 | 16.00~18.00 | 23.00~25.00 | 4.00~5.00 | — | 0.40~0.60 | Nb 0.10 |
| 62 | S34778 | 06Cr18Ni11Nb[a] | 0Cr18Ni11Nb[a] | 0.08 | 1.00 | 2.00 | 0.045 | 0.030 | 9.00~12.00 | 17.00~19.00 | — | — | — | Nb 10C~1.10 |
| 63 | S34779 | 07Cr19Ni11Nb[a] | 1Cr19Ni11Nb | 0.04~0.10 | 1.00 | 2.00 | 0.045 | 0.030 | 9.00~12.00 | 17.00~19.00 | — | — | — | Nb 8C~1.10 |
| 64 | S38148 | 06Cr18Ni13Si4[a,b] | 0Cr18Ni13Si4[a,b] | 0.08 | 3.00~5.00 | 2.00 | 0.045 | 0.030 | 11.50~15.00 | 15.00~20.00 | — | — | — | — |
| 65 | S38240 | 16Cr20Ni14Si2[a] | 1Cr20Ni14Si2[a] | 0.20 | 1.50~2.50 | 1.50 | 0.040 | 0.030 | 12.00~15.00 | 19.00~22.00 | — | — | — | — |
| 66 | S38340 | 16Cr25Ni20Si2[a] | 1Cr25Ni20Si2[a] | 0.20 | 1.50~2.40 | 1.50 | 0.040 | 0.030 | 18.00~21.00 | 24.00~27.00 | — | — | — | — |

注：表中所列成分除明标范围或最小值外，其余均为最大值。括号内值为允许添加的最大值。
a. 耐热钢或可作耐热钢使用。
b. 必要时，可添加上表以外的合金元素。

不锈钢与其他金属长期接触,会产生电化学反应,从而腐蚀不锈钢板。

不锈钢在冷加工的过程中,经过弯曲、锤击会引起内应力,造成不均匀的变形。弯曲和敲打的次数越多,引起的内应力也就越大,使板材的韧性降低,强度增加,变硬变脆。这就是所谓不锈钢的冷作硬化倾向。

不锈钢加热到450~850℃之间缓慢冷却会使钢质变坏、硬化而产生表面裂纹,在加工时要特别注意。

不锈钢板主要用于食品、医药、化工、电子仪表专业的工业通风系统和有较高净化要求的送风系统。印染行业为排除含有水蒸气的排风系统,也使用不锈钢板来加工风管。

不锈钢板用热轧或冷轧方法制成。冷轧钢板的厚度尺寸为0.5~4mm。高、中、低压系统不锈钢板风管板材厚度见表5-51。

表5-51　　　　高、中、低压系统不锈钢板风管板材厚度　　　　(单位:mm)

| 风管直径或长边尺寸 $b$ | 不锈钢板厚度 | 风管直径或长边尺寸 $b$ | 不锈钢板厚度 |
| --- | --- | --- | --- |
| $b \leqslant 500$ | 0.5 | $1120 < b \leqslant 2000$ | 1.0 |
| $500 < b \leqslant 1120$ | 0.75 | $2000 < b \leqslant 4000$ | 1.2 |

(2)不锈钢焊条。

1)型号编制方法。字母"E"表示焊条,"E"后面的数字表示熔敷金属化学成分分类代号,如有特殊要求的化学成分,该化学成分用元素符号表示,并放在数字的后面。短划"-"后面的两位数字表示焊条药皮类型、焊接位置及焊接电流种类。

焊条型号举例如下:

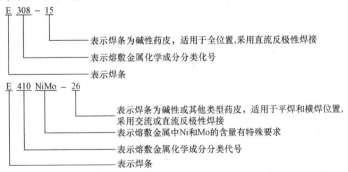

2)焊条型号。焊条根据熔敷金属的化学成分、药皮类型、焊接位置及焊接电流种类划分型号,见表5-52、表5-53。

表 5-52　熔敷金属化学成分　(单位：%)

| 化学成分<br>焊条型号 | C | Cr | Ni | Mo | Mn | Si | P | S | Cu | 其他 |
|---|---|---|---|---|---|---|---|---|---|---|
| E209-XX | 0.60 | 20.5~24.0 | 9.5~12.0 | 1.50~3.00 | 4.00~7.00 | 0.90 | 0.04 | 0.030 | 0.75 | N:0.10~0.30<br>V:0.10~0.30 |
| E219-XX | | 19.0~21.5 | 5.5~7.0 | | 8.00~10.00 | 1.00 | | | | |
| E240-XX | | 17.0~19.0 | 4.0~6.0 | 0.75 | 10.50~13.50 | | | | | N:0.10~0.30 |
| E307-XX | 0.04~0.14 | 18.0~21.5 | 9.0~10.7 | 0.50~1.50 | 3.30~4.75 | | | | | |
| E308-XX | 0.08 | 18.0~21.0 | 9.0~11.0 | 0.75 | 0.50~2.50 | 0.90 | | | | — |
| E308H-XX | 0.04~0.08 | | | | | | | | | |
| E308L-XX | 0.04 | | | | | | | | | |
| E308Mo-XX | 0.08 | | | 2.00~3.00 | | | | | | |
| E308MoL-XX | 0.04 | | | | | | | | | |
| E309-XX | 0.15 | 22.0~25.0 | 12.0~14.0 | 0.75 | | | | | | |
| E309L-XX | 0.04 | | | | | | | | | |
| E309Nb-XX | 0.12 | | | 2.00~3.00 | | | | | | Nb:0.70~1.00 |
| E309Mo-XX | | | | | | | | | | |
| E309MoL-XX | 0.04 | | | 0.75 | 1.00~2.50 | 0.75 | 0.03 | | | — |
| E310-XX | 0.08~0.20 | 25.0~28.0 | 20.0~22.5 | | | | | | | |
| E310H-XX | 0.35~0.45 | | | | | | | | | |
| E310Nb-XX | 0.12 | | 20.0~22.0 | | | | | | | Nb:0.70~1.00 |
| E310Mo-XX | | | | 2.00~3.00 | | | | | | — |

# 第五章 通风空调工程预算定额应用

续一

| 化学成分<br>焊条型号 | C | Cr | Ni | Mo | Mn | Si | P | S | Cu | 其他 |
|---|---|---|---|---|---|---|---|---|---|---|
| E312-XX | 0.15 | 28.0~32.0 | 8.0~10.5 | 0.75 | | | 0.040 | 0.030 | 0.75 | — |
| E316-XX | 0.08 | 17.0~20.0 | 11.0~14.0 | 2.00~3.00 | 0.5~2.5 | 0.90 | | | | |
| E316H-XX | 0.04~0.08 | | | | | | | | | |
| E316L-XX | 0.04 | | | | | | | | | |
| E317-XX | 0.08 | 18.0~21.0 | 12.0~14.0 | 3.00~4.00 | | | 0.035 | | 2.00 | |
| E317L-XX | 0.04 | | | | | | | | | |
| E317MoCu-XX | 0.08 | | | 2.00~2.50 | | | 0.040 | 0.015 | 0.75 | Nb:6×C~1.00 |
| E317MoCuL-XX | 0.04 | | | | | 0.60 | 0.035 | | 0.50 | V:0.30~0.70 |
| E318-XX | 0.08 | 17.0~20.0 | 17.0~20.0 | 2.00~3.00 | | 0.30 | 0.040 | | | Nb:8×C~1.00 |
| E318V-XX | 0.07 | | | | 1.5~2.5 | 0.90 | | | | |
| E320-XX | 0.03 | 19.0~21.0 | 19.0~21.0 | 2.00~3.00 | 1.0~2.5 | | 0.020 | 0.040 | 3.00~4.00 | Nb:8×C~0.40 |
| E320LR-XX | 0.18~0.25 | 14.0~17.0 | 33.0~37.0 | 0.75 | | 0.90 | 0.040 | | | — |
| E330-XX | 0.35~0.45 | | | | 3.5 | 0.70 | 0.035 | 0.035 | | |
| E330H-XX | 0.20 | 15.0~17.0 | 9.0~11.0 | 2.00~3.00 | | | | | 0.03 | Nb:1.00~2.00<br>W:2.00~3.00 |
| E330MoMn<br>WNB-XX | 0.08 | | | 0.75 | | | | | | Nb:8×C~1.00 |
| E347-XX | | | | | | | | | | |
| E349-XX | 0.13 | 18.0~21.0 | 8.0~10.0 | 0.35~0.65 | 0.5~2.5 | 0.90 | 0.040 | 0.040 | | Nb:0.75~1.20<br>V:0.10~0.30<br>Ti:0.15<br>W:1.25~1.75 |

续二

| 化学成分<br>焊条型号 | C | Cr | Ni | Mo | Mn | Si | P | S | Cu | 其他 |
|---|---|---|---|---|---|---|---|---|---|---|
| E383-XX | 0.03 | 26.5~29.0 | 30.00~33.00 | 3.20~4.20 | 0.50~2.50 | 0.90 | 0.020 | 0.020 | 0.60~1.50 | |
| E385-XX | | 19.5~21.5 | 24.00~26.00 | 4.20~5.20 | 1.00~2.50 | 0.75 | 0.030 | | 1.20~2.00 | |
| E410-XX | 0.12 | 11.0~13.5 | 0.70 | | | | | | | |
| E410NiMo-XX | 0.06 | 11.0~12.5 | 4.00~5.00 | 0.40~0.70 | 1.00 | 0.90 | 0.040 | 0.030 | 0.75 | |
| E430-XX | 0.10 | 15.0~18.0 | 0.60 | 0.75 | | | | | | |
| E502-XX | | 4.0~6.0 | 0.40 | 0.45~0.65 | | | | | | |
| E505-XX | | 8.0~10.5 | | 0.85~1.20 | | | | | | |
| E630-XX | 0.05 | 16.00~16.75 | 4.50~5.00 | 0.75 | 0.25~0.75 | 0.75 | 0.030 | 0.030 | 3.25~4.00 | Nb:0.15~0.30 |
| E16-8-2-XX | 0.10 | 14.5~16.5 | 7.50~9.50 | 1.00~2.00 | 0.50~2.50 | 0.60 | | | 0.75 | |
| E16-25MoN-XX | 0.12 | 14.0~18.0 | 22.00~27.00 | 5.00~7.00 | | 0.90 | 0.035 | | 0.50 | N≥0.10 |
| E7Cr-XX | 0.10 | 6.0~8.0 | 0.40 | 0.45~0.65 | 1.00 | | 0.040 | | 0.75 | |
| E5MoV-XX | 0.12 | 4.5~6.0 | — | 0.40~0.70 | 0.50~0.90 | 0.50 | | | | V:0.10~0.35 |
| E9Mo-XX | 0.15 | 8.5~10.0 | | 0.70~1.00 | | | | | 0.50 | |
| E11MoVNi-XX | | 9.5~11.5 | 0.60~0.90 | 0.60~0.90 | 0.50~1.00 | | 0.035 | | | V:0.20~0.40 |
| E11MoVNiW-XX | 0.19 | 9.5~12.0 | 0.40~1.10 | 0.80~1.00 | | | | | | V:0.20~0.40<br>W:0.40~0.70 |
| E2209-XX | 0.04 | 21.5~23.5 | 8.50~10.50 | 2.50~3.50 | 0.50~2.00 | 0.90 | 0.040 | | 0.75 | N:0.08~0.20 |
| E2553-XX | 0.06 | 24.0~27.0 | 6.50~8.50 | 2.90~3.90 | 0.50~1.50 | 1.00 | | | 1.50~2.50 | N:0.10~0.25 |

注:1. 表中单值均为最大值。
2. 当对表中给出的元素进行化学分析还存在其他元素时,这些元素的总量不得超过0.5%(铁除外)。
3. 焊条型号中的字母L表示碳含量较低,H表示碳含量较高,R表示碳、磷、硅含量较低。
4. 后缀-XX表示-15,-16,-17,-25或-26。

表 5-53　　　　　　　　焊接电流及焊接位置

| 焊条型号 | 焊接电流 | 焊接位置 |
|---|---|---|
| EXXX(X)—15 | 直流反接 | 全位置 |
| EXXX(X)—25 | | 平焊、横焊 |
| EXXX(X)—16 | 交流或直流反接 | 全位置 |
| EXXX(X)—17 | | |
| EXXX(X)—26 | | 平焊、横焊 |

注：直径等于和大于 5.0mm 焊条不推荐全位置焊接。

## 四、定额工程量计算应用

(1)不锈钢风管板材用量计算表依据如下公式编制：

1)每米风管钢板用量$(m^2/m)=3.391D$。

2)每米风管钢板用量$(kg/m)=3.391D×$每平方米钢板质量。

(2)每平方米不锈钢板质量：$15.7kg/m^2(\delta=2mm)$；$23.55kg/m^2(\delta=3mm)$。

(3)板材损耗率为 8%。

(4)不锈钢风管板材用量见表 5-54。

表 5-54　　　　　　　不锈钢风管钢板用量(焊接)

| 风管直径 (mm) | 风管钢板用量 | | 钢板厚度(mm) |
|---|---|---|---|
| | m²/m | kg/m | |
| 100 | 0.339 | 5.32 | |
| 110 | 0.373 | 5.86 | |
| 115 | 0.390 | 6.12 | |
| 120 | 0.407 | 6.39 | |
| 130 | 0.441 | 6.92 | |
| 140 | 0.475 | 7.46 | 2 |
| 150 | 0.509 | 7.99 | |
| 160 | 0.543 | 8.53 | |
| 165 | 0.560 | 8.79 | |
| 175 | 0.593 | 9.31 | |

续一

| 风管直径 (mm) | 风管钢板用量 | | 钢板厚度(mm) |
|---|---|---|---|
| | m²/m | kg/m | |
| 180 | 0.610 | 9.58 | |
| 195 | 0.661 | 10.38 | |
| 200 | 0.678 | 10.64 | |
| 215 | 0.729 | 11.45 | |
| 220 | 0.746 | 11.71 | |
| 235 | 0.797 | 12.51 | |
| 250 | 0.848 | 13.31 | |
| 265 | 0.899 | 14.11 | |
| 280 | 0.949 | 14.90 | |
| 285 | 0.966 | 15.17 | |
| 295 | 1.000 | 15.70 | 2 |
| 320 | 1.085 | 17.03 | |
| 325 | 1.102 | 17.30 | |
| 360 | 1.221 | 19.17 | |
| 375 | 1.272 | 19.97 | |
| 395 | 1.339 | 21.02 | |
| 400 | 1.356 | 21.29 | |
| 440 | 1.492 | 23.42 | |
| 450 | 1.526 | 23.96 | |
| 495 | 1.679 | 26.36 | |
| 500 | 1.696 | 26.63 | |
| 545 | 1.848 | 43.52 | |
| 560 | 1.899 | 44.72 | |
| 595 | 2.018 | 47.52 | 3 |
| 600 | 2.035 | 47.92 | |
| 625 | 2.119 | 49.90 | |
| 630 | 2.136 | 50.30 | |

续二

| 风管直径 (mm) | 风管钢板用量 | | 钢板厚度(mm) |
|---|---|---|---|
| | m²/m | kg/m | |
| 660 | 2.238 | 52.70 | |
| 695 | 2.357 | 55.51 | |
| 700 | 2.374 | 55.91 | |
| 770 | 2.611 | 61.49 | |
| 775 | 2.628 | 61.89 | |
| 795 | 2.696 | 63.49 | |
| 800 | 2.713 | 63.89 | |
| 825 | 2.798 | 65.89 | |
| 855 | 2.899 | 68.27 | |
| 880 | 2.984 | 70.27 | |
| 885 | 3.001 | 70.67 | |
| 900 | 3.052 | 71.87 | |
| 945 | 3.204 | 75.45 | |
| 985 | 3.340 | 78.66 | 3 |
| 995 | 3.374 | 79.46 | |
| 1000 | 3.391 | 79.86 | |
| 1025 | 3.476 | 81.86 | |
| 1100 | 3.730 | 87.84 | |
| 1120 | 3.798 | 89.44 | |
| 1200 | 4.069 | 95.82 | |
| 1250 | 4.239 | 99.83 | |
| 1325 | 4.493 | 105.81 | |
| 1400 | 4.747 | 111.79 | |
| 1425 | 4.832 | 113.79 | |
| 1540 | 5.222 | 122.98 | |
| 1600 | 5.426 | 127.78 | |
| 1800 | 6.104 | 143.75 | |
| 2000 | 6.782 | 159.72 | |

## 五、制作安装技术

### 1. 不锈钢板风管制作

不锈钢表面的钝化膜是保护材料本身不受腐蚀的屏障,钝化膜一旦局部破坏,就会由此点先形成腐蚀坑,逐步向内发展,甚至腐蚀穿整个截面。因此在加工过程中,必须保护其表面的钝化膜。在制作不锈钢风管、配件和部件时要采取下述措施:

(1)加工场地(平台)应铺设木板或橡胶板,工作前要把板上的铁屑、铁锈等杂物清扫干净。

(2)画线时,不要用锋利的金属划针在不锈钢板表面画辅助线和冲眼,应先用其他材料做好样板,再到不锈钢板上套材下料。

(3)由于不锈钢板的强度和韧性较高,而一般加工机械的工作能力都是按普通钢板设计制造的,因此,采用机械加工时,不要使机械超载工作,防止机械过度磨损或损坏。剪切不锈钢板时,应仔细调整好上、下刀刃的间隙,刀刃间的间隙一般为板材厚度的 0.04 倍。

(4)制作不锈钢风管,当板厚大于 1mm 时采用焊接;当板厚等于或小于 1mm 时采用咬口连接。

(5)手工咬口时,要用木制或不锈钢、铜质的手工工具,不要用普通钢质工具。用机械加工应清除机台上的铁屑、铁锈等杂物。制作咬口应该一次成功,如反复拍制将导致加工困难,甚至产生破裂。

(6)采用焊接时,一般用氩弧焊或电弧焊,而不采用气焊。因为气焊对板材的热影响区域大,受热时间长,破坏不锈钢的耐腐蚀性,使板材产生较大的局部变形。焊接前,可用汽油、丙酮将焊缝处的油污清洗干净,以防焊缝出现气孔、砂眼。

用氩弧焊焊接不锈钢,加热集中,热影响区域小,局部变形小。同时氩气保护了熔化的金属,因而焊缝具有较高的强度和耐腐蚀性。

用电弧焊焊接不锈钢板时,一般应在焊缝的两侧表面涂白垩粉,以免焊渣飞溅物黏附在表面上。焊接后,应清除焊渣和飞溅物,然后用 10% 的硝酸溶液酸洗,再用热水冲洗干净。

(7)制作配件、部件在不锈钢上钻孔时,必须使用高速钢钻头,钻头的顶尖角度在 118°～122° 之间。切削速度不宜太快,约为钻削普通钢速度的一半。速度太快,容易烧坏钻头。

钻孔时要先对准样冲眼中心,并在不锈钢下垫上硬实的物件,然后施加压力,让钻头切削而不在不锈钢表面旋转摩擦。不然,将使不锈钢表面硬化,加大钻削的困难。

(8)不锈钢风管的法兰应采用不锈钢板制作,如果条件不许可,采用普通碳素钢法兰代用时,必须采取有效的防腐蚀措施,如在法兰上喷涂防锈底漆和绝缘漆等。风管与法兰作翻边连接。

(9)不锈钢板风管与配件的表面,不得有划伤等缺陷;加工和堆放应避免与碳素钢材料接触。不锈钢板可以用喷砂方法消除表面的划痕、擦伤,使表面产生新的钝化膜,提高不锈钢板的防腐蚀性能。

**2. 风管焊接**

(1)风管焊缝形式。

1)对接焊接:用于板材的拼接或横向缝及纵向闭合缝,如图 5-34(a)、(b)所示。

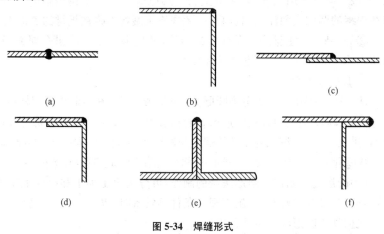

图 5-34 焊缝形式

2)搭接焊缝:用于矩形风管或管件的纵向闭合缝或矩形风管的弯头、三通的转角缝等,如图 5-34(c)、(d)所示。一般搭接量为 10mm,焊接前先画好搭接线,焊接时按线点焊好,再用小锤使焊缝密合后再进行连续焊接。

3)翻边焊缝:用于无法兰连接及圆管、弯头的闭合缝。当板材较薄用气焊时使用,如图 5-34(e)、(f)所示。

4)角焊缝:用于矩形风管或管件的纵向闭合缝或矩形弯头、三通的转向缝,圆形、矩形风管封头闭合缝,如图 5-34(c)、(d)、(f)所示。

(2) 风管焊接规定。

1) 碳钢板风管焊接规定如下：

①碳钢板风管宜采用直流焊机焊接。如果采用交流电焊机焊接时，则须加振动器，以减少激磁并使电弧稳定。因为焊接钢板时，电弧不稳定，可导致焊缝质量恶化。

②施焊前要清除焊接端口处的污物、油迹、锈蚀；采用点焊或连续焊缝时，还需清除氧化物。对口应保持最少的缝隙，手工点焊定位处的焊瘤应及时清除。焊后及时清除焊缝及其附近区域的电极熔渣与残留的焊丝。

2) 不锈钢风管焊接规定如下：

①焊接前，应将焊缝区域的油脂、污物清除干净，以防止焊缝出现气孔、砂眼。清洗可用汽油、丙酮等进行。用电弧焊焊接不锈钢板时，一般应在焊缝的两侧表面涂上白灰粉，以免焊渣飞溅物黏附在板材的表面上。

②焊接后，应注意清除焊缝处的熔渣，并用铜丝刷子刷出金属光泽，再用10%硝酸溶液酸洗，随后用热水清洗。

**3. 风管法兰制作**

法兰按风管断面形状，分为圆形法兰和矩形法兰。法兰制作所用材料规格应根据圆形风管的直径或矩形风管的长边边长来确定。法兰上螺栓及铆钉的间距中、低压系统风管法兰的螺栓与铆钉孔的孔距不得大于150mm；高压系统风管不得大于100mm。矩形风管法兰的四角部位应设有螺孔。

(1) 圆形法兰制作。圆形法兰的制作，可分为手工加工和机械加工两种，目前多采用机械加工。施工现场条件不具备时，也可采用手工加工。

机械加工圆形法兰有两种方法：

1) 用不锈钢板以等离子切割机割制成型。

2) 热摵法：把加热后的不锈钢板用机械摵制。最好用电炉加热，加热温度可控制在1100~1200℃。要注意防止低于800℃使不锈钢板硬化产生表面裂纹。摵好后不能自然冷却，应重新加热至1100~1200℃在冷水中迅速冷却。这是为了防止不锈钢产生晶间腐蚀。

(2) 矩形法兰制作。矩形法兰制作工艺比较简单，它是由四块角钢拼成。画线下料时，应注意焊接后法兰的内边尺寸不能小于风管的外边尺寸，并应达到允许的偏差值。角钢切断和打孔严禁使用氧-乙炔切割，可用断料机或手工锯。角钢断口要平整，磨掉两端毛刺，并在平台上进行焊接。法兰的角度应在点焊后进行测量和调整,使两个对角线长度相等。法兰螺孔位置必须准确,保证风管安装顺利进行。

矩形不锈钢法兰制作,是将不锈钢板冲剪成条状,按上述要求制作。

## 第十二节　铝板通风管道及部件制作安装

### 一、定额说明

**1. 工作内容**

(1)铝板风管制作:放样,下料,卷圆,折方,制作管件,组对焊接,试漏,清洗焊口。

(2)铝板风管安装:找标高,清理墙洞,风管就位,组对焊接,试漏,清洗焊口,固定。

(3)部件制作:下料,平料,开孔,钻孔,组对,焊铆,攻丝,清洗焊口,组装固定,试动,短管,零件,试漏。

(4)部件安装:制垫,垫垫,找平,找正,组对,固定,试动。

**2. 相关说明**

(1)风管凡以电焊考虑的项目,如需使用手工氩弧焊者,其人工乘以系数 1.154,材料乘以系数 0.852,机械乘以系数 9.242。

(2)风管制作安装项目中包括管件,但不包括法兰和吊托支架;法兰和吊托支架应单独列项计算,执行相应项目。

(3)风管项目中的板材如设计要求厚度不同者,可以换算,人工、机械不变。

### 二、定额项目

铝板通风管道及部件制作安装定额编号为 9-271~9-290,包括以下项目:

(1)铝板圆形风管(气焊),直径×壁厚:200mm 以下×2mm,400mm 以下×2mm,630mm 以下×2mm,700mm 以下×2mm,200mm 以下×3mm,400mm 以下×3mm,630mm 以下×3mm,700mm 以下×3mm。

(2)铝板矩形风管(气焊),周长×壁厚:800mm 以下×2mm,1600mm 以下×2mm,2000mm 以下×2mm,800mm 以下×3mm,1800mm 以下×3mm,2400mm 以下×3mm。

(3)圆伞形风帽。

(4)圆形法兰(气焊、气工氩弧焊):3kg以下,3kg以上。
(5)矩形法兰(气焊、手工氩弧焊):3kg以下,3kg以上。

## 三、定额材料

### 1. 定额中列项材料

铝板通风管道及部件制作安装定额中列项的材料包括:铝板、铝焊丝、铝焊粉、乙炔气、氧气、钢锯条、煤油、烧碱、酒精、铁砂布、沥青油毡、棉纱头、白垩粉、钢板、氩气、铝六角带帽螺栓、耐酸橡胶板、铝垫圈、橡胶板等。

### 2. 常用材料介绍

(1)铝板。铝板质轻,表面光洁、色泽美观,具有良好的可塑性,对浓硝酸、醋酸、稀硫酸有一定的抗腐蚀能力,但容易被盐酸和碱类腐蚀。铝板在空气中和氧接触时,表面生成一层氧化铝薄膜。常用于防爆通风系统的风管与部件以及排放含有大量水蒸气的排风或车间内含有大量水蒸气的送风系统。铝板不能与其他金属长期接触,以免产生电化学腐蚀。铝板及铝合金板规格见表5-55。

表5-55 铝板及铝合金板规格

| 厚 度(mm) | 0.3 | 0.4 | 0.5 | 0.6 | 0.7 | 0.8 | 0.9 | 1.0 | 1.2 | 1.5 | 1.8 | 2.0 |
|---|---|---|---|---|---|---|---|---|---|---|---|---|
| 理论质量(kg/m$^2$) | 0.84 | 1.12 | 1.40 | 1.68 | 1.96 | 2.24 | 2.52 | 2.80 | 3.36 | 4.20 | 5.04 | 5.60 |
| 宽 度(mm) | 400,600,800,1000,1200,1500,1600,1800,2000,2200,2400,2500 ||||||||||||
| 长 度(mm) | 2000,2500,3000,3500,4000,4500,5000,5500,6000,7000,8000,9000,10000 ||||||||||||

中、低压系统铝板风管板材厚度见表5-56。

表5-56 中、低压系统铝板风管板材厚度 (单位:mm)

| 风管直径或长边尺寸$b$ | 铝板厚度 |
|---|---|
| $b \leqslant 320$ | 1.0 |
| $320 < b \leqslant 630$ | 1.5 |
| $630 < b \leqslant 2000$ | 2.0 |
| $2000 < b \leqslant 4000$ | 按设计 |

(2)铝焊丝。
1)型号编制方法。焊丝型号由3部分组成,第1部分为字母"SAl",

表示铝及铝合金焊丝;第 2 部分为四位数字,表示焊丝型号;第 3 部分为可选部分,表示化学成分代号。

完整焊丝型号示例如下:

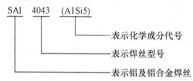

2)焊丝牌号与化学成分。铝焊丝新旧牌号对照及焊丝化学成分见表 5-57。

表 5-57　　焊丝牌号与化学成分

| 焊丝型号 | 化学成分代号 | 旧型号 GB/T 10859—1989 | 化学成分(质量分数)(%) | | | | |
|---|---|---|---|---|---|---|---|
| | | | Si | Fe | Cu | Mn | Mg |
| SAl 1070 | Al 99.7 | SAl—2 | 0.20 | 0.25 | 0.04 | 0.03 | 0.03 |
| SAl 1080A | Al 99.8(A) | — | 0.15 | 0.15 | 0.03 | 0.02 | 0.02 |
| SAl 1118 | Al 99.88 | — | 0.06 | 0.06 | 0.005 | 0.01 | 0.01 |
| SAl 1100 | Al 99.0Cu | — | Si+Fe 0.95 | | 0.05~0.20 | | — |
| SAl 1200 | Al 99.0 | SAl—1 | Si+Fe 1.00 | | 0.05 | 0.05 | |
| SAl 1450 | Al 99.5Ti | SAl—3 (相当于丝 301) | 0.25 | 0.40 | 0.05 | | 0.05 |

化学成分(质量分数)(%)

| Cr | Zn | Ga、V | Ti | Zr | Al | Be | 其他元素 | |
|---|---|---|---|---|---|---|---|---|
| | | | | | | | 单个 | 合计 |
| — | 0.04 | V 0.05 | 0.03 | — | 99.70 | 0.0003 | 0.03 | — |
| | 0.06 | Ga 0.03 | 0.02 | | 99.80 | | 0.02 | |
| | 0.03 | Ga 0.03 V 0.05 | 0.01 | | 99.88 | | 0.01 | |
| | 0.10 | — | — | | 99.00 | | 0.05 | 0.15 |
| | | | 0.05 | | | | | |
| | 0.07 | | 0.10~0.20 | | 99.50 | | 0.03 | — |

## 四、定额工程量计算应用

### 1. 风管铝板用量

(1) 风管铝板用量计算表依据下列公式编制：

1) 每米风管铝板用量$(m^2/m) = 3.391D$。

2) 每米风管铝板用量$(kg/m) = 3.391D \times$ 每平方米铝板质量。

式中，$D$ 为风管直径。

(2) 每平方米铝板质量：$5.6 kg/m^2 (\delta=2mm)$；$8.4 kg/m^2 (\delta=3mm)$。

(3) 铝板损耗率为 8%。

(4) 风管铝板用量见表 5-58。

表 5-58 风管铝板用量

| 风管直径 (mm) | 风管铝板用量(kg/m) | | |
|---|---|---|---|
| | $m^2/m$ | 铝板厚度(mm) | |
| | | 2 | 3 |
| 100 | 0.339 | 1.90 | 2.85 |
| 110 | 0.373 | 2.09 | 3.31 |
| 115 | 0.390 | 2.18 | 3.28 |
| 120 | 0.407 | 2.28 | 3.42 |
| 130 | 0.441 | 2.47 | 3.70 |
| 140 | 0.475 | 2.66 | 3.99 |
| 150 | 0.509 | 2.85 | 4.28 |
| 160 | 0.543 | 3.04 | 4.56 |
| 165 | 0.560 | 3.14 | 4.70 |
| 175 | 0.593 | 3.32 | 4.98 |
| 180 | 0.610 | 3.42 | 5.12 |
| 195 | 0.661 | 3.70 | 5.55 |
| 200 | 0.678 | 3.80 | 5.70 |
| 215 | 0.729 | 4.08 | 6.12 |
| 220 | 0.746 | 4.18 | 6.27 |
| 235 | 0.797 | 4.46 | 6.69 |
| 250 | 0.848 | 4.75 | 7.12 |

续一

| 风管直径 (mm) | 风管铝板用量(kg/m) | | |
|---|---|---|---|
| | m²/m | 铝板厚度(mm) | |
| | | 2 | 3 |
| 265 | 0.899 | 5.03 | 7.55 |
| 280 | 0.949 | 5.31 | 7.97 |
| 285 | 0.966 | 5.41 | 8.11 |
| 295 | 1.000 | 5.60 | 8.40 |
| 320 | 1.085 | 6.08 | 9.11 |
| 325 | 1.102 | 6.17 | 9.26 |
| 360 | 1.221 | 6.84 | 10.26 |
| 375 | 1.272 | 7.12 | 10.68 |
| 395 | 1.339 | 7.50 | 11.25 |
| 400 | 1.356 | 7.59 | 11.39 |
| 440 | 1.492 | 8.36 | 12.53 |
| 450 | 1.526 | 8.55 | 12.82 |
| 495 | 1.679 | 9.40 | 14.10 |
| 500 | 1.696 | 9.50 | 14.25 |
| 545 | 1.848 | 10.35 | 15.52 |
| 560 | 1.899 | 10.63 | 15.95 |
| 595 | 2.018 | 11.30 | 16.95 |
| 600 | 2.035 | 11.40 | 17.09 |
| 625 | 2.119 | 11.87 | 17.80 |
| 630 | 2.136 | 11.96 | 17.94 |
| 660 | 2.238 | 12.53 | 18.80 |
| 695 | 2.357 | 13.20 | 19.80 |
| 700 | 2.374 | 13.29 | 19.94 |
| 770 | 2.611 | 14.62 | 21.93 |
| 775 | 2.628 | 14.72 | 22.08 |
| 795 | 2.696 | 15.10 | 22.65 |

续二

| 风管直径 (mm) | 风管铝板用量(kg/m) | | |
|---|---|---|---|
| | $m^2/m$ | 铝板厚度(mm) | |
| | | 2 | 3 |
| 800 | 2.713 | 15.19 | 22.79 |
| 825 | 2.798 | 15.67 | 23.50 |
| 855 | 2.899 | 16.23 | 24.35 |
| 880 | 2.984 | 16.71 | 25.07 |
| 885 | 3.001 | 16.81 | 25.21 |
| 900 | 3.052 | 17.09 | 25.64 |
| 945 | 3.204 | 17.94 | 26.91 |
| 985 | 3.340 | 18.70 | 28.06 |
| 995 | 3.374 | 18.89 | 28.34 |
| 1000 | 3.391 | 18.99 | 28.48 |
| 1025 | 3.476 | 19.47 | 29.20 |
| 1100 | 3.730 | 20.89 | 31.33 |
| 1120 | 3.798 | 21.27 | 31.90 |
| 1200 | 4.069 | 22.79 | 34.18 |
| 1250 | 4.239 | 23.74 | 35.61 |
| 1325 | 4.493 | 25.16 | 37.74 |
| 1400 | 4.747 | 26.58 | 39.87 |
| 1425 | 4.832 | 27.06 | 40.59 |
| 1540 | 5.222 | 29.24 | 43.86 |
| 1600 | 5.426 | 30.39 | 45.58 |
| 1800 | 6.104 | 34.18 | 51.27 |
| 2000 | 6.782 | 37.98 | 56.97 |

**2. 铝板矩形风管铝板用量**

(1)铝板矩形风管铝板用量计算表依据下列公式编制：

1)铝板用量$(m^2/m)=2.16(A+B)$。

2)铝板用量$(kg/m)=2.16(A+B)×$每平方米铝板质量。

式中，$A$、$B$ 为风管边长。

(2)每平方米铝板质量：$5.6 \text{kg/m}^2 (\delta=2\text{mm})$；$8.4 \text{kg/m}^2 (\delta=3\text{mm})$。

(3)铝板损耗率为 8%。

(4)铝板矩形风管铝板用量见表 5-59。

表 5-59　　　　　　　　　铝板矩形风管铝板用量

| 风管规格<br>(mm) | m²/m | 铝板用量(kg/m) | |
|---|---|---|---|
| | | 铝板厚度(mm) | |
| | | 2 | 3 |
| 120×120 | 0.518 | 2.90 | 4.35 |
| 160×120 | 0.605 | 3.39 | 5.08 |
| 160×160 | 0.691 | 3.87 | 5.80 |
| 200×120 | 0.691 | 3.87 | 5.80 |
| 200×160 | 0.778 | 4.36 | 6.54 |
| 200×200 | 0.864 | 4.84 | 7.26 |
| 250×120 | 0.799 | 4.47 | 6.71 |
| 250×160 | 0.886 | 4.96 | 7.44 |
| 250×200 | 0.972 | 5.44 | 8.16 |
| 250×250 | 1.080 | 6.05 | 9.07 |
| 320×160 | 1.037 | 5.81 | 8.71 |
| 320×200 | 1.123 | 6.29 | 9.43 |
| 320×250 | 1.231 | 6.89 | 10.34 |
| 320×320 | 1.382 | 7.74 | 11.61 |
| 400×200 | 1.296 | 7.26 | 10.89 |
| 400×250 | 1.404 | 7.86 | 11.79 |
| 400×320 | 1.555 | 8.71 | 13.06 |
| 400×400 | 1.728 | 9.68 | 14.52 |
| 500×200 | 1.512 | 8.47 | 12.70 |
| 500×250 | 1.620 | 9.07 | 13.61 |
| 500×320 | 1.771 | 9.92 | 14.88 |
| 500×400 | 1.944 | 10.89 | 16.33 |
| 500×500 | 2.160 | 12.10 | 18.14 |
| 630×250 | 1.901 | 10.65 | 15.97 |

续表

| 风管规格 (mm) | 铝板用量(kg/m) | | |
|---|---|---|---|
| | m²/m | 铝板厚度(mm) | |
| | | 2 | 3 |
| 630×320 | 2.052 | 11.49 | 17.24 |
| 630×400 | 2.225 | 12.46 | 18.69 |
| 630×500 | 2.441 | 13.67 | 20.50 |
| 800×320 | 2.419 | 13.55 | 20.32 |
| 800×400 | 2.592 | 14.52 | 21.77 |

## 3. 铝板圆伞形风帽

铝板圆伞形风帽标准质量见表 5-60。

表 5-60　　铝板圆伞形风帽标准质量表

| 名称 | 铝板圆伞形风帽 | | 名称 | 铝板圆伞形风帽 | |
|---|---|---|---|---|---|
| 图号 | T609 | | 图号 | T609 | |
| 序号 | 尺寸 D (mm) | kg/个 | 序号 | 尺寸 D (mm) | kg/个 |
| 1 | 200 | 1.12 | 10 | 560 | 6.09 |
| 2 | 220 | 1.27 | 11 | 630 | 7.68 |
| 3 | 250 | 1.53 | 12 | 700 | 9.22 |
| 4 | 280 | 1.82 | 13 | 800 | 14.74 |
| 5 | 320 | 2.25 | 14 | 900 | 18.27 |
| 6 | 360 | 2.75 | 15 | 1000 | 21.92 |
| 7 | 400 | 3.25 | 16 | 1120 | 27.33 |
| 8 | 450 | 4.22 | 17 | 1250 | 33.46 |
| 9 | 500 | 5.01 | | | |

### 五、制作安装技术

**1. 铝板风管制作**

通风工程中常用的是纯铝板和经过退火处理的铝合金板。铝和空气中的氧接触可在其表面形成氧化铝薄膜,能防止外部的腐蚀。铝有较好的抗化学腐蚀性能,能抵抗硝酸的腐蚀,但易被盐酸和碱类所腐蚀。

(1)加工场地(平台):为防止砂石及其他杂物对铝板表面造成硬伤,在加工的地面上须预先铺一层橡胶板,并且要随时清除各种废金属屑、边角料、焊条头子等杂物。

(2)所用的加工机械要清洁。如卷板机辊轴上不能有加工碳钢板时黏附上的氧化皮和铁屑等。

(3)铝板壁厚小于或等于 1.5mm 时,可采用咬接;大于 1.5mm 时,可采用气焊或氩弧焊焊接。

(4)铝板风管焊接。

1)铝板风管在焊接前,焊口必须脱脂及清除氧化膜。可以使用不锈钢丝刷。清除后在 2~3h 内必须进行焊接。清除后还须进行脱脂处理。脱脂使用航空汽油、工业酒精、四氯化碳等清洗剂和木屑进行清洗。

2)在对口的过程中,要使焊口达到最小间隙,以避免焊接时产生透烧现象。

(5)铝板法兰制作:铝板法兰用扁铝或角铝制作。如果要用角钢代替铝板法兰时,应做好绝缘防腐处理,防止铝板风管与碳素钢法兰接触后产生电化学腐蚀,降低铝板风管的使用寿命。一般是在角钢法兰表面镀锌或喷涂绝缘漆。

**2. 铝板风管安装**

(1)铝板风管法兰的连接应采用镀锌螺栓,并在法兰两侧垫以镀锌垫圈,防止铝法兰被螺栓刺伤。

(2)铝板风管的支架、抱箍应镀锌或按设计要求进行防腐处理。

(3)铝板风管采用角钢型法兰,应翻边连接,并用铝铆钉固定。采用角钢法兰,其用料规格应符合相关规定,并应根据设计要求进行防腐处理。

# 第十三节　塑料通风管道及部件制作安装

## 一、定额说明

**1. 工作内容**

(1)塑料风管制作：放样，锯切，坡口，加热成型，制作法兰、管件，钻孔，组合焊接。

(2)塑料风管安装：就位，制垫，垫垫，法兰连接，找正，找平，固定。

**2. 相关说明**

(1)风管项目规格表示的直径为内径，周长为内周长。

(2)风管制作安装项目中包括管件、法兰、加固框，但不包括吊托支架。吊托支架执行相应项目。

(3)风管制作安装项目中的主体——板材(指每 $10m^2$ 定额用量为 $11.6m^2$ 者)，如设计要求厚度不同者，可以换算，人工、机械不变。

(4)项目中的法兰垫料，如设计要求使用品种不同者，可以换算，但人工不变。

(5)塑料通风管道胎具材料摊销费的计算方法。塑料风管管件制作的胎具摊销材料费，未包括在定额内的，按以下规定另行计算：

1)风管工程量在 $30m^2$ 以上的，每 $10m^2$ 风管的胎具摊销木材为 $0.06m^3$，按地区预算价格计算胎具材料摊销费。

2)风管工程量在 $30m^2$ 以下的，每 $10m^2$ 风管的胎具摊销木材为 $0.09m^3$，按地区预算价格计算胎具材料摊销费。

## 二、定额项目

塑料通风管道及部件制作安装定额编号为 9-291～9-331，包括以下项目：

(1)塑料圆形风管，直径×壁厚：300mm 以下×3mm，630mm 以下×4mm，1000mm 以下×5mm，2000mm 以下×6mm。

(2)塑料矩形风管，周长×壁厚：1300mm 以下×3mm，2000mm 以下×4mm，3200mm 以下×5mm，4500mm 以下×6mm，6500 以下×8mm。

(3)楔形空气分布器 T231-1。

1)网格式：5kg 以下、5kg 以上。

2)活动百叶式：10kg 以下、10kg 以上。

(4)圆形空气分布器 T234-3:10kg 以下、10kg 以上。
(5)矩形空气分布器 T231-2。
(6)直片式散流器 T235-1:10kg 以下、10kg 以上。
(7)插板式风口 T236-1:圆形、矩形。
(8)蝶阀 T354-1:圆形,方,矩形。
(9)插板阀 T351-1、T355:圆形,方,矩形。
(10)槽边侧吸罩 T451-1:分组式、整体式。
(11)槽边风罩 T451-2:吸、吹。
(12)条缝槽边抽风罩 94T415:周边、单侧、双侧。
(13)各型风罩调节阀。
(14)圆伞形风帽 T654-1。
(15)锥形风帽 T654-2:20kg 以下、40kg 以下、40kg 以上。
(16)筒形风帽 T654-3:20kg 以下、40kg 以下、40kg 以上。
(17)柔性接口及伸缩节:无法兰、有法兰。

## 三、定额材料

**1. 定额中列项材料**

塑料通风管道及部件制作安装定额中列项的材料包括:硬聚氯乙烯板、硬聚氯乙烯焊条、精制六角带帽螺栓、垫圈、硬聚氯乙烯棒、开口销、软聚氯乙烯板、铝蝶形螺母、耐酸橡胶板、软聚氯乙烯焊条等。

**2. 常用材料介绍**

(1)硬聚氯乙烯塑料板。硬聚氯乙烯具有良好的耐酸、耐碱性能,并具有较高的弹性,在通风工程中常用于输送有腐蚀性气体通风系统的风管和部件。

硬聚氯乙烯塑料板是由聚氯乙烯树脂掺入稳定剂和少许增塑剂加热制成的。它具有良好的耐腐蚀性,在各种酸类、碱类和盐类的作用下,本身不会产生化学变化,具有化学稳定性。但在强氧化剂如浓硝酸、发烟硫酸和芳香族碳水化合物的作用下是不稳定的。

硬聚氯乙烯塑料具有较高的强度和弹性,但热稳定性较差。被加热到100~150℃时,可成柔软状态;加热到190~200℃时,就成韧性流动状态,在不大的压力下,就能使聚氯乙烯分子相互结合。

硬聚氯乙烯板材的表面应平整,不得含有气泡、裂缝;板材的厚度要均匀,无离层等现象。

硬聚氯乙烯塑料板品种和规格见表 5-61。

表 5-61　　　　硬聚氯乙烯塑料板品种和规格

| 品种 | 硬聚氯乙烯建筑塑料制品的规格(mm) |
|---|---|
| 硬聚氯乙烯塑料装饰板 | 厚度:2±0.3,2.5±0.3,3±0.3,3.5±0.35,4±0.4,4.5±0.45,5±0.5,6±0.6,7±0.7, |
| 硬聚氯乙烯塑料地板砖 | 8±0.8,9±0.9,10±1.0,12±1.0,14±1.1,15±1.2,16±1.3,18±1.4,20±1.5, |
| 硬聚氯乙烯塑料板 | 22±1.6,24±1.3,25±1.8,28±2.0,30±2.1,32±1.9,35±2.1,38±2.3,40±2.4 |
| 高冲击强度硬聚氯乙烯板 | 宽度:≥700<br>长度:≥1200 |

(2) 塑料焊条。聚氯乙烯焊条是由聚氯乙烯树脂、增塑剂、稳定剂等混合后挤压而成的实心条状制品,有硬、软两种聚氯乙烯焊条,分别焊接硬聚氯乙烯板风管及部件和焊接软聚氯乙烯板的衬里、地板等。聚氯乙烯塑料焊接所用的焊条有灰色和本色两种,并有单焊条和双焊条之分。其规格见表 5-62。

塑料焊条应符合下列要求:
1) 焊条外表应光滑,不允许有凸出物和其他杂质。
2) 焊条在 15℃进行 180°弯曲时,不应断裂,但允许弯曲处发白。
3) 焊条应具有均匀紧密的结构,不允许有气孔。

塑料焊条应储存在不受阳光直接照射的清洁库房内,在搬运和使用过程中均应防止日晒雨淋。

表 5-62　　　　塑料焊条规格

| 直径(mm) | | 长度(mm) | 单焊条近似质量(kg/根) | 适用焊件厚度(mm) |
|---|---|---|---|---|
| 单焊条 | 双焊条 | | | |
| 2.0 | 2.0 | ≥500 | ≥0.24 | 2~5 |
| 2.5 | 2.5 | ≥500 | ≥0.37 | 6~15 |
| 3.0 | 3.0 | ≥500 | ≥0.53 | 10~20 |
| 3.5 | — | ≥500 | ≥0.72 | — |
| 4.0 | — | ≥500 | ≥0.94 | — |

### 四、定额工程量计算应用

**1. 塑料风管板材用量**

(1)塑料风管板材用量计算表依据下列公式编制：

1)塑料板用量$(m^2/m) = 3.642D$。

2)塑料板用量$(kg/m) = 3.642D \times$每平方米塑料板质量。

(2)每平方米塑料板质量按硬质聚氯乙烯板取值，具体数值为$4.44kg/m^2(\delta=3mm)$；$5.92kg/m^2(\delta=4mm)$；$7.4kg/m^2(\delta=5mm)$；$8.88kg/m^2(\delta=6mm)$；$11.84kg/m^2(\delta=8mm)$。

(3)塑料板损耗率为16%。

(4)塑料风管板材用量见表5-63。

表5-63　　　　　　　　塑料风管板材用量

| 风管直径(mm) | 板材用量 | | 板材厚度(mm) |
|---|---|---|---|
| | $m^2/m$ | kg/m | |
| 100 | 0.364 | 1.62 | 3 |
| 110 | 0.401 | 1.78 | 3 |
| 115 | 0.419 | 1.86 | 3 |
| 120 | 0.437 | 1.94 | 3 |
| 130 | 0.473 | 2.10 | 3 |
| 140 | 0.510 | 2.26 | 3 |
| 150 | 0.546 | 2.42 | 3 |
| 160 | 0.583 | 2.59 | 3 |
| 165 | 0.601 | 2.67 | 3 |
| 175 | 0.637 | 2.83 | 3 |
| 180 | 0.656 | 2.91 | 3 |
| 195 | 0.710 | 3.15 | 3 |
| 200 | 0.728 | 3.23 | 3 |
| 215 | 0.783 | 3.48 | 3 |
| 220 | 0.801 | 3.56 | 3 |
| 235 | 0.856 | 3.80 | 3 |

续一

| 风管直径(mm) | 板材用量 | | 板材厚度(mm) |
| --- | --- | --- | --- |
| | m²/m | kg/m | |
| 250 | 0.911 | 4.04 | 3 |
| 265 | 0.965 | 4.28 | 3 |
| 280 | 1.020 | 4.53 | 3 |
| 285 | 1.038 | 4.61 | 3 |
| 295 | 1.074 | 4.77 | 3 |
| 320 | 1.165 | 6.90 | 4 |
| 325 | 1.184 | 7.01 | 4 |
| 360 | 1.311 | 7.76 | 4 |
| 375 | 1.366 | 8.09 | 4 |
| 395 | 1.439 | 8.52 | 4 |
| 400 | 1.457 | 8.63 | 4 |
| 440 | 1.602 | 9.48 | 4 |
| 450 | 1.639 | 9.70 | 4 |
| 495 | 1.803 | 10.67 | 4 |
| 500 | 1.821 | 10.78 | 4 |
| 545 | 1.985 | 11.75 | 4 |
| 560 | 2.040 | 12.08 | 4 |
| 595 | 2.167 | 12.83 | 4 |
| 600 | 2.185 | 12.94 | 4 |
| 625 | 2.276 | 13.47 | 4 |
| 630 | 2.294 | 13.58 | 4 |
| 660 | 2.404 | 17.79 | 5 |
| 695 | 2.531 | 18.73 | 5 |
| 700 | 2.549 | 18.86 | 5 |
| 770 | 2.804 | 20.75 | 5 |
| 775 | 2.823 | 20.89 | 5 |
| 795 | 2.895 | 21.42 | 5 |

续二

| 风管直径(mm) | 板材用量 m²/m | 板材用量 kg/m | 板材厚度(mm) |
|---|---|---|---|
| 800 | 2.914 | 21.56 | 5 |
| 825 | 3.005 | 22.24 | 5 |
| 855 | 3.114 | 23.04 | 5 |
| 880 | 3.205 | 23.72 | 5 |
| 885 | 3.223 | 23.85 | 5 |
| 900 | 3.278 | 24.26 | 5 |
| 945 | 3.442 | 25.47 | 5 |
| 985 | 3.587 | 26.54 | 5 |
| 995 | 3.624 | 26.82 | 5 |
| 1000 | 3.642 | 26.95 | 5 |
| 1025 | 3.733 | 33.15 | 6 |
| 1100 | 4.006 | 35.57 | 6 |
| 1120 | 4.079 | 36.22 | 6 |
| 1200 | 4.370 | 38.81 | 6 |
| 1250 | 4.553 | 40.43 | 6 |
| 1325 | 4.826 | 42.85 | 6 |
| 1400 | 5.099 | 45.28 | 6 |
| 1425 | 5.190 | 46.09 | 6 |
| 1540 | 5.609 | 49.81 | 6 |
| 1600 | 5.827 | 51.74 | 6 |
| 1800 | 6.556 | 58.22 | 6 |
| 2000 | 7.284 | 64.68 | 6 |

## 2. 塑料矩形风管板材用量

(1)塑料矩形风管板材用量计算表依据下列公式编制：

1)塑料板用量$(m^2/m)=2.32(A+B)$。

2)塑料板用量$(kg/m)=2.32(A+B)\times$每平方米塑料板质量。

式中，$A$、$B$为风管边长。

(2)每平方米塑料板质量按硬质聚乙烯板取值，具体数值为 $4.44 kg/m^2 (\delta=3mm)$；$5.92 kg/m^2 (\delta=4mm)$；$7.4 kg/m^2 (\delta=5mm)$；

$8.88 kg/m^2 (\delta=6mm); 11.84 kg/m^2 (\delta=8mm)$。

(3) 塑料板损耗率为 16%。

(4) 塑料矩形风管板材用量见表 5-64。

表 5-64　　　　　　　塑料矩形风管板材用量

| 风管规格(mm) | 板材用量 | | 板材厚度(mm) |
|---|---|---|---|
| | m²/m | kg/m | |
| 120×120 | 0.557 | 2.47 | 3 |
| 160×120 | 0.650 | 2.89 | 3 |
| 160×160 | 0.742 | 3.29 | 3 |
| 200×120 | 0.742 | 3.29 | 3 |
| 200×160 | 0.835 | 3.71 | 3 |
| 200×200 | 0.928 | 4.12 | 3 |
| 250×120 | 0.858 | 3.81 | 3 |
| 250×160 | 0.951 | 4.22 | 3 |
| 250×200 | 1.044 | 4.64 | 3 |
| 250×250 | 1.160 | 5.15 | 3 |
| 320×160 | 1.114 | 4.95 | 3 |
| 320×200 | 1.206 | 5.35 | 3 |
| 320×250 | 1.322 | 5.87 | 3 |
| 320×320 | 1.485 | 6.59 | 3 |
| 400×200 | 1.392 | 6.18 | 3 |
| 400×250 | 1.508 | 6.70 | 3 |
| 400×320 | 1.670 | 9.89 | 3 |
| 400×400 | 1.856 | 10.99 | 4 |
| 500×200 | 1.624 | 9.61 | 4 |
| 500×250 | 1.740 | 10.30 | 4 |
| 500×320 | 1.902 | 11.26 | 4 |
| 500×400 | 2.088 | 12.36 | 4 |
| 500×500 | 2.320 | 13.73 | 4 |
| 630×250 | 2.042 | 12.09 | 4 |
| 630×320 | 2.204 | 13.05 | 4 |
| 630×400 | 2.390 | 17.69 | 6 |
| 630×500 | 2.622 | 19.40 | 5 |

续表

| 风管规格(mm) | 板材用量 m²/m | 板材用量 kg/m | 板材厚度(mm) |
|---|---|---|---|
| 630×630 | 2.923 | 21.63 | 5 |
| 800×320 | 2.598 | 19.23 | 5 |
| 800×400 | 2.784 | 20.60 | 5 |
| 800×500 | 3.016 | 22.32 | 5 |
| 800×630 | 3.318 | 24.55 | 5 |
| 800×800 | 3.712 | 27.47 | 5 |
| 1000×320 | 3.062 | 22.66 | 5 |
| 1000×400 | 3.248 | 24.04 | 5 |
| 1000×500 | 3.480 | 25.75 | 5 |
| 1000×630 | 3.782 | 33.58 | 6 |
| 1000×800 | 4.176 | 37.08 | 6 |
| 1000×1000 | 4.640 | 41.20 | 6 |
| 1250×400 | 3.828 | 33.99 | 6 |
| 1250×500 | 4.060 | 36.05 | 6 |
| 1250×630 | 4.362 | 38.73 | 6 |
| 1250×800 | 4.756 | 42.23 | 6 |
| 1250×1000 | 5.220 | 46.35 | 6 |
| 1600×500 | 4.872 | 43.26 | 6 |
| 1600×630 | 5.174 | 45.95 | 6 |
| 1600×800 | 5.568 | 65.93 | 8 |
| 1600×1000 | 6.032 | 71.42 | 8 |
| 1600×1250 | 6.612 | 78.29 | 8 |
| 2000×800 | 6.496 | 76.91 | 8 |
| 2000×1000 | 6.960 | 82.41 | 8 |
| 2000×1250 | 7.540 | 89.27 | 8 |

### 3. 部件标准质量表

塑料通风管道及部件制作安装定额工程量计算所需部件质量见表5-65。

表 5-65　　塑料通风管道及部件标准质量表

| 名称 | 塑料直片散流器 | | 塑料插板式侧面风口 | | | | | | 塑料风机插板阀 | |
|---|---|---|---|---|---|---|---|---|---|---|
| 图号 | T235-1 | | Ⅰ型圆形 T236-1 | | Ⅰ型方形 T236-1 | | Ⅱ型 T236-1 | | T351-1 | |
| 序号 | 尺寸 $D$ (mm) | kg/个 | 尺寸 $A \times B$ (mm) | kg/个 | 尺寸 $A \times B$ (mm) | kg/个 | 尺寸 $A \times B_1$ (mm) | kg/个 | 尺寸 $D$ (mm) | kg/个 |
| 1 | 160 | 1.97 | 160×80 | 0.33 | 200×120 | 0.42 | 360×188 | 1.93 | 195 | 2.01 |
| 2 | 200 | 2.62 | 180×90 | 0.37 | 240×160 | 0.54 | 400×208 | 2.22 | 228 | 2.42 |
| 3 | 250 | 3.41 | 200×100 | 0.41 | 320×140 | 1.03 | 440×228 | 2.51 | 260 | 2.87 |
| 4 | 320 | 4.46 | 220×110 | 0.46 | 400×320 | 1.64 | 500×258 | 3.00 | 292 | 3.34 |
| 5 | 400 | 9.34 | 240×120 | 0.51 | — | — | 560×288 | 3.53 | 325 | 4.99 |
| 6 | 450 | 10.51 | 280×140 | 0.61 | — | — | — | — | 390 | 6.62 |
| 7 | 500 | 11.67 | 320×160 | 0.78 | — | — | — | — | 455 | 8.05 |
| 8 | 560 | 13.31 | 360×180 | 1.12 | — | — | — | — | 520 | 10.11 |
| 9 | — | — | 400×200 | 1.33 | | | | | | |
| 10 | — | — | 440×220 | 1.52 | | | | | | |
| 11 | — | — | 500×250 | 1.81 | | | | | | |
| 12 | — | — | 560×280 | 2.12 | | | | | | |

| 名称 | 塑料空气分布器 | | | | | | | |
|---|---|---|---|---|---|---|---|---|
| 图号 | 网格式 T231-1 | | 活动百叶式 T231-1 | | 矩形 T231-2 | | 圆形 T234-3 | |
| 序号 | 尺寸 $A_1 \times H$ (mm) | kg/个 | 尺寸 $A_1 \times H$ (mm) | kg/个 | 尺寸 $A \times H$ (mm) | kg/个 | 尺寸 $D$ (mm) | kg/个 |
| 1 | 250×385 | 1.90 | 250×385 | 2.79 | 300×450 | 2.89 | 160 | 2.62 |
| 2 | 300×480 | 2.52 | 300×480 | 4.19 | 400×600 | 4.54 | 200 | 3.09 |
| 3 | 350×580 | 3.33 | 350×580 | 5.62 | 500×710 | 6.84 | 250 | 5.26 |
| 4 | 450×770 | 6.15 | 450×770 | 11.10 | 600×900 | 10.33 | 320 | 7.29 |
| 5 | 500×870 | 7.64 | 500×870 | 14.16 | 700×1000 | 12.91 | 400 | 12.04 |
| 6 | 550×965 | 8.92 | 550×965 | 16.47 | — | — | 450 | 15.47 |

| 名称 | 塑料蝶阀(手柄式) | | | | 塑料蝶阀(拉链式) | | | |
|---|---|---|---|---|---|---|---|---|
| 图号 | 圆形 T354-1 | | 方形 T354-1 | | 圆形 T354-2 | | 方形 T354-2 | |
| 序号 | 尺寸 $D$ (mm) | kg/个 | 尺寸 $A \times A$ (mm) | kg/个 | 尺寸 $D$ (mm) | kg/个 | 尺寸 $A \times A$ (mm) | kg/个 |
| 1 | 100 | 0.86 | 120×120 | 1.13 | 200 | 1.75 | 200×200 | 2.13 |
| 2 | 120 | 0.97 | 160×160 | 1.49 | 220 | 1.89 | 250×250 | 2.78 |
| 3 | 140 | 1.09 | 200×200 | 2.15 | 250 | 2.26 | 320×320 | 4.36 |
| 4 | 160 | 1.25 | 250×250 | 2.87 | 280 | 2.66 | 400×400 | 7.09 |

## 第五章 通风空调工程预算定额应用

续一

| 名称 | 塑料蝶阀(手柄式) | | | | 塑料蝶阀(拉链式) | | | |
|---|---|---|---|---|---|---|---|---|
| 图号 | 圆形 T354−1 | | 方形 T354−1 | | 圆形 T354−2 | | 方形 T354−2 | |
| 序号 | 尺寸 $D$ (mm) | kg/个 | 尺寸 $A\times A$ (mm) | kg/个 | 尺寸 $D$ (mm) | kg/个 | 尺寸 $A\times A$ (mm) | kg/个 |
| 5 | 180 | 1.41 | 320×320 | 4.48 | 320 | 3.22 | 500×500 | 10.72 |
| 6 | 200 | 1.78 | 400×400 | 7.21 | 360 | 4.81 | 630×630 | 17.40 |
| 7 | 220 | 1.98 | 500×500 | 10.84 | 400 | 5.71 | — | — |
| 8 | 250 | 2.35 | — | — | 450 | 7.17 | — | — |
| 9 | 280 | 2.75 | — | — | 500 | 8.54 | — | — |
| 10 | 320 | 3.31 | — | — | 560 | 11.41 | — | — |
| 11 | 360 | 4.93 | — | — | 630 | 13.91 | — | — |
| 12 | 400 | 5.83 | — | — | — | — | — | — |
| 13 | 450 | 7.29 | — | — | — | — | — | — |
| 14 | 500 | 8.66 | — | — | — | — | — | — |

| 名称 | 塑料插板阀 | | | | 塑料整体槽边罩 | | 塑料分组槽边罩 | |
|---|---|---|---|---|---|---|---|---|
| 图号 | 圆形 T355−1 | | 方形 T355−2 | | T451−1 | | T451−1 | |
| 序号 | 尺寸 $D$ (mm) | kg/个 | 尺寸 $A\times A$ (mm) | kg/个 | 尺寸 $B\times C$ (mm) | kg/个 | 尺寸 $B\times C$ (mm) | kg/个 |
| 1 | 200 | 2.85 | 200×200 | 3.39 | 120×500 | 6.50 | 300×120 | 5.00 |
| 2 | 220 | 3.14 | 250×250 | 4.27 | 150×600 | 8.11 | 370×120 | 5.93 |
| 3 | 250 | 3.64 | 320×320 | 7.51 | 120×500 | 8.29 | 450×120 | 7.02 |
| 4 | 280 | 4.83 | 400×400 | 11.11 | 150×600 | 10.25 | 550×120 | 8.13 |
| 5 | 320 | 6.44 | 500×500 | 17.48 | 200×700 | 12.14 | 650×120 | 9.19 |
| 6 | 360 | 8.23 | 630×630 | 25.59 | 150×600 | 12.39 | 300×140 | 5.20 |
| 7 | 400 | 9.12 | — | — | 200×700 | 14.44 | 370×140 | 6.32 |
| 8 | 450 | 11.83 | — | — | 150×600 | 14.34 | 450×140 | 7.14 |
| 9 | 500 | 15.33 | — | — | 200×700 | 17.12 | 550×140 | 8.51 |
| 10 | 560 | 18.64 | — | — | 200×600 | 17.15 | 650×140 | 9.59 |
| 11 | 630 | 21.97 | — | — | 200×700 | 20.58 | 300×160 | 5.47 |
| 12 | — | — | — | — | — | — | 370×160 | 6.58 |
| 13 | — | — | — | — | — | — | 450×160 | 7.59 |
| 14 | — | — | — | — | — | — | 550×160 | 8.88 |
| 15 | — | — | — | — | — | — | 650×160 | 9.93 |

续二

| 名称 | 塑料分组罩调节阀 | | 塑料槽边吹风罩 | | 塑料槽边吸风罩 | | | |
|---|---|---|---|---|---|---|---|---|
| 图号 | T451-1 | | T451-2 | | T451-2 | | | |
| 序号 | 尺寸 B×C (mm) | kg/个 | 尺寸 B×C (mm) | kg/个 | 尺寸 B×C (mm) | kg/个 | 尺寸 B×C (mm) | kg/个 |
| 1 | 300×120 | 3.09 | 300×100 | 4.41 | 300×100 | 4.89 | 450×120 | 7.93 |
| 2 | 370×120 | 3.50 | 300×120 | 4.70 | 300×120 | 5.68 | 450×150 | 9.26 |
| 3 | 450×120 | 3.96 | 370×100 | 5.30 | 300×150 | 6.72 | 400×200 | 11.15 |
| 4 | 550×120 | 4.63 | 370×120 | 5.63 | 300×200 | 8.17 | 450×300 | 14.35 |
| 5 | 650×120 | 5.20 | 450×100 | 6.16 | 300×300 | 10.64 | 450×400 | 17.94 |
| 6 | 300×140 | 3.25 | 450×120 | 6.52 | 300×400 | 13.42 | 450×500 | 21.86 |
| 7 | 370×140 | 3.66 | 550×100 | 7.23 | 300×500 | 16.46 | 550×100 | 8.03 |
| 8 | 450×140 | 4.20 | 550×120 | 7.61 | 370×100 | 5.92 | 550×120 | 9.23 |
| 9 | 550×140 | 4.82 | 650×100 | 8.22 | 370×120 | 6.88 | 550×150 | 10.79 |
| 10 | 650×140 | 5.41 | 650×120 | 8.64 | 370×150 | 8.07 | 550×200 | 12.98 |
| 11 | 300×160 | 3.39 | — | — | 370×200 | 9.90 | 550×300 | 16.72 |
| 12 | 370×160 | 3.81 | | | 370×300 | 12.90 | — | — |
| 13 | 450×160 | 4.31 | | | 370×400 | 16.28 | | |
| 14 | 550×160 | 4.99 | | | 370×500 | 19.62 | | |
| 15 | 650×160 | 5.60 | | | 450×100 | 6.89 | | |

| 名称 | 塑料槽边吸风罩 | | 塑料槽边吸风罩调节阀 | | | | | |
|---|---|---|---|---|---|---|---|---|
| 图号 | T451-2 | | T451-2 | | | | | |
| 序号 | 尺寸 B×C (mm) | kg/个 | 尺寸 B×C (mm) | kg/个 | 尺寸 B×C (mm) | kg/个 | 尺寸 B×C (mm) | kg/个 |
| 1 | 550×400 | 20.95 | 300×100 | 2.96 | 370×400 | 5.64 | 550×200 | 5.37 |
| 2 | 550×500 | 25.51 | 300×120 | 3.09 | 370×500 | 6.38 | 550×300 | 6.21 |
| 3 | 650×100 | 9.08 | 300×150 | 3.33 | 450×100 | 3.82 | 550×400 | 7.11 |
| 4 | 650×120 | 10.37 | 300×200 | 3.66 | 450×120 | 4.00 | 550×500 | 7.99 |
| 5 | 650×150 | 12.00 | 300×300 | 4.37 | 450×150 | 4.23 | 650×100 | 5.02 |
| 6 | 650×200 | 14.31 | 300×400 | 5.10 | 450×200 | 4.64 | 650×120 | 5.25 |
| 7 | 650×300 | 18.24 | 300×500 | 5.81 | 450×300 | 5.43 | 650×150 | 5.54 |
| 8 | 650×400 | 22.66 | 370×100 | 3.35 | 450×400 | 6.22 | 650×200 | 5.99 |
| 9 | 650×500 | 27.44 | 370×120 | 3.50 | 450×500 | 7.07 | 650×300 | 6.91 |
| 10 | — | — | 370×150 | 3.76 | 550×100 | 4.46 | 650×400 | 7.88 |
| 11 | — | — | 370×200 | 4.16 | 550×120 | 4.64 | 650×500 | 8.83 |
| 12 | — | — | 370×300 | 4.86 | 550×150 | 4.91 | — | — |

续三

| 名称 | 塑料槽边吹风罩调节阀 | | 塑料条缝槽边排风罩 | | | | | |
|---|---|---|---|---|---|---|---|---|
| 图号 | T451-2 | | 单侧A型 94T415 | | | | 单侧B型 94T415 | |
| 序号 | 尺寸 $B \times C$ (mm) | kg/个 | 尺寸 $A \times E \times F$ (mm) | kg/个 | 尺寸 $A \times E \times F$ (mm) | kg/个 | 尺寸 $A \times E \times F$ (mm) | kg/个 | 尺寸 $A \times E \times F$ (mm) | kg/个 |

| 序号 | 尺寸 $B \times C$ (mm) | kg/个 | 尺寸 $A \times E \times F$ (mm) | kg/个 | 尺寸 $A \times E \times F$ (mm) | kg/个 | 尺寸 $A \times E \times F$ (mm) | kg/个 | 尺寸 $A \times E \times F$ (mm) | kg/个 |
|---|---|---|---|---|---|---|---|---|---|---|
| 1 | 300×100 | 2.96 | 400×120×120 | 2.63 | 600×140×140 | 5.36 | 400×120×120 | 2.24 | 600×140×140 | 3.74 |
| 2 | 300×120 | 3.09 | 400×140×120 | 3.22 | 600×170×140 | 5.84 | 400×140×120 | 2.58 | 600×170×140 | 4.14 |
| 3 | 370×100 | 3.35 | 400×140×120 | 3.22 | 800×120×160 | 5.84 | 400×140×120 | 2.58 | 800×120×160 | 4.12 |
| 4 | 370×120 | 3.50 | 400×170×120 | 3.48 | 800×140×160 | 6.46 | 400×170×120 | 2.84 | 800×140×160 | 4.64 |
| 5 | 450×100 | 3.82 | 500×120×140 | 3.23 | 800×140×160 | 7.62 | 500×120×140 | 2.74 | 800×140×160 | 4.90 |
| 6 | 450×120 | 4.08 | 500×140×140 | 3.89 | 800×170×160 | 8.21 | 500×140×140 | 3.09 | 800×170×160 | 5.36 |
| 7 | 550×100 | 4.46 | 500×140×140 | 4.15 | 1000×120×180 | 6.46 | 500×140×140 | 3.19 | 1000×120×180 | 5.16 |
| 8 | 550×120 | 4.62 | 500×170×140 | 4.61 | 1000×140×180 | 7.97 | 500×170×140 | 3.53 | 1000×140×180 | 5.71 |
| 9 | 650×100 | 5.02 | 600×120×140 | 3.98 | 1000×140×180 | 9.33 | 600×120×140 | 3.24 | 1000×140×180 | 5.96 |
| 10 | 650×120 | 5.22 | 600×140×140 | 4.72 | 1000×170×180 | 10.48 | 600×140×140 | 3.56 | 1000×170×180 | 6.59 |

| 名称 | 塑料圆伞形风帽 | | 塑料锥形风帽 | | 塑料筒形风帽 | |
|---|---|---|---|---|---|---|
| 图号 | T654-1 | | T654-2 | | T654-3 | |
| 序号 | 尺寸 $D$ (mm) | kg/个 | 尺寸 $D$ (mm) | kg/个 | 尺寸 $D$ (mm) | kg/个 |
| 1 | 200 | 2.28 | 200 | 4.97 | 200 | 5.03 |
| 2 | 220 | 2.64 | 220 | 5.74 | 220 | 5.98 |
| 3 | 250 | 3.41 | 250 | 7.02 | 250 | 7.87 |
| 4 | 280 | 4.20 | 280 | 9.78 | 280 | 9.61 |
| 5 | 320 | 5.89 | 320 | 12.17 | 320 | 12.23 |
| 6 | 360 | 7.79 | 360 | 15.18 | 360 | 17.18 |
| 7 | 400 | 9.24 | 400 | 18.55 | 400 | 22.57 |
| 8 | 450 | 12.77 | 450 | 22.37 | 450 | 28.15 |
| 9 | 500 | 16.25 | 500 | 27.69 | 500 | 37.72 |
| 10 | 560 | 19.44 | 560 | 35.90 | 560 | 49.50 |
| 11 | 630 | 26.87 | 630 | 53.17 | 630 | 61.96 |
| 12 | 700 | 36.58 | 700 | 64.89 | 700 | 82.21 |

续四

| 名称 | 塑料圆伞形风帽 | | 塑料锥形风帽 | | 塑料筒形风帽 | |
|---|---|---|---|---|---|---|
| 图号 | T654-1 | | T654-2 | | T654-3 | |
| 序号 | 尺寸D (mm) | kg/个 | 尺寸D (mm) | kg/个 | 尺寸D (mm) | kg/个 |
| 13 | 800 | 45.59 | 800 | 82.55 | 800 | 105.45 |
| 14 | 900 | 57.98 | 900 | 102.86 | 900 | 132.04 |
| 15 | — | — | — | — | — | — |
| 16 | — | — | — | — | — | — |
| 17 | — | — | — | — | — | — |

注:片式消声器包括外壳及密闭门质量。

### 五、制作安装技术

**1. 硬聚氯乙烯风管的成型**

由于硬聚氯乙烯板属于热塑性塑料,故可利用其热态下的可塑性,将已切割好的塑料板加热到80~160℃。当塑料板处于柔软可塑状态时,按所需的形式进行整形,再将其冷却后即可形成整形后的固体状态,即热加工成各种规格的风管和各种形状的配件及管件。

加热聚氯乙烯塑料板可用电加热(电热箱和塑料板折方用管式电加热器等)、蒸汽加热和空气加热等方法,也可用油漆加热槽和热水加热槽。

(1)圆形风管加热成型。先使电热箱的温度保持在130~150℃左右,待温度稳定后,把需加热的板材放入箱内加热。要使板材整个表面均匀受热。加热时间和板材的厚度有关,应按表5-66进行温度控制。

表5-66　　　　　塑料板加热时间

| 板材厚度(mm) | 2~4 | 5~6 | 8~10 | 11~15 |
|---|---|---|---|---|
| 加热时间(min) | 3~7 | 7~10 | 10~14 | 15~24 |

1)当塑料板材加热到柔软状态后,从烘箱内取出,把它放到垫有帆布的木模中卷成圆筒,待完全冷却后,将成型的塑料筒取出,再焊接成风管。

2)用铁圆筒作外模卷制。从电热箱中取出柔软的塑料板,立即塞入铁制的外模(圆筒)中,待整形和冷却硬化后可取出。铁制的外模可用厚度为1.5~2.5mm铁板制作,其内径可大于塑料风管的外径,一般以2~3mm为宜,其长度可略小于塑料风管的长度,一般为10~20mm。为了防止塞入时外模端部损伤塑料板,可将外模适当翻边并打磨光洁。

3)在工地也有用简易成型机替代手工作业。成型机是通过帆布缠卷在手摇成型轮上调整其外径,从而可卷制出各种不同直径的塑料圆形风管。

把加热至柔软状的塑料板,直接搁置于木板工作台面上,再摇动成型轮,塑料板则随帆布卷入轮中,压制后成圆形。然后,用压缩空气急骤冷却,就可取下成型的圆形风管。加工一根风管只需 3min,较大地提高了工效。

(2)矩形风管成型。矩形风管四角可采用四块板料焊接成型或者采用搣角成型,但前者强度较低。在采用搣角成型时,纵向焊缝必须设在距搣角大于 80mm 处,如图 5-35 所示,能提高风管强度。

(3)中、低压系统硬聚氯乙烯风管板材厚度可参见表 5-67 和表 5-68。

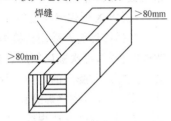

图 5-35 搣角矩形风管示意图

表 5-67　　　　中、低压系统硬聚氯乙烯圆形风管板材厚度　　　　(单位:mm)

| 风管直径 $D$ | 板材厚度 |
| --- | --- |
| $D \leqslant 320$ | 3.0 |
| $320 < D \leqslant 630$ | 4.0 |
| $630 < D \leqslant 1000$ | 5.0 |
| $1000 < D \leqslant 2000$ | 6.0 |

表 5-68　　　　中、低压系统硬聚氯乙烯矩形风管板材厚度　　　　(单位:mm)

| 风管长边尺寸 $b$ | 板材厚度 |
| --- | --- |
| $b \leqslant 320$ | 3.0 |
| $320 < b \leqslant 500$ | 4.0 |
| $500 < b \leqslant 800$ | 5.0 |
| $800 < b \leqslant 1250$ | 6.0 |
| $1250 < b \leqslant 2000$ | 8.0 |

**2. 塑料焊接**

塑料焊接是硬聚氯乙烯塑料风管及配件在制作时的主要连接方法。它是根据聚氯乙烯塑料加热到 180~200℃ 时,塑料就具有可塑性和黏附性的性质来进行的。

(1) 焊缝的形式及断面的影响。焊缝形式应随风管、部件的结构特点及便于焊接来进行选择。

1) 对接焊缝。这种焊缝的机械强度为最高,其他焊缝形式只在不能用对接焊缝时采用。

对接焊缝可以采用 V 形断面和 X 形断面。X 形断面在同样焊缝张角及板厚时,焊条用的最少,因而比较经济。X 形断面的热应力分布也较均匀,所以 X 形焊缝强度较 V 形焊缝强度好。

2) 搭接焊缝。采用搭接焊缝时,由于焊条在板材表面上,而用层压法制成的板材,再次被局部加热到压制温度以上时,由于板材内应力作用,会产生分层和膨胀的趋向,因而薄片间的黏合度就被破坏,相应地降低焊缝强度。所以,搭接焊缝和下面的填角焊缝一般很少单独使用,大多用作辅助焊缝以加强其他焊缝的气密性,或构件加固时使用。

3) 填角焊缝。同上所述。

4) 对角焊缝。用于两板的直角合缝处。在矩形风管的四角处要避免用这种焊缝。

5) 机械热对挤压焊接。机械热对挤压焊接是由气压传动、机械传动、电加热等部分组成。这种焊接不用焊条,而且抗拉、抗弯强度比手工焊接高,适用于集中加工场所。其焊接的工序如图 5-36 所示。

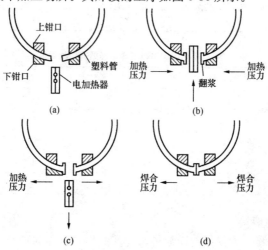

图 5-36 热对挤压焊接工序图
(a)准备;(b)加热;(c)撤去电加热器;(d)焊合

### 3. 塑料风管法兰盘制作

圆形法兰盘制作的方法，是将塑料板锯成条状板，并在内圆侧开出坡口后，放到电热烘箱内加热，取出后在圆形胎具上搣成圆形法兰，趁热压平冷却后进行焊接和钻孔。

矩形法兰制作方法，是将塑料板锯成条形板，并开好坡口后在平板上焊接而成。

圆形法兰盘的加工尺寸见表 5-69；矩形法兰盘的加工尺寸见表 5-70。

表 5-69　　　　　　　　硬聚氯乙烯板圆形风管法兰

| 风管直径 (mm) | 法兰材料规格 | | | 连接螺栓(mm) |
|---|---|---|---|---|
| | 宽×厚(mm×mm) | 孔 径(mm) | 孔 数(个) | |
| 100～160 | 35×6 | 7.5 | 6 | M6×30 |
| 180 | 35×6 | 7.5 | 8 | M6×30 |
| 200～220 | 35×8 | 7.5 | 8 | M6×35 |
| 240～320 | 35×8 | 7.5 | 10 | M6×35 |
| 340～400 | 35×8 | 9.5 | 14 | M8×35 |
| 420～450 | 35×10 | 9.5 | 14 | M8×40 |
| 480～500 | 35×10 | 9.5 | 18 | M8×40 |
| 530～630 | 35×10 | 9.5 | 18 | M8×40 |
| 670～800 | 40×10 | 11.5 | 24 | M10×40 |
| 850～900 | 45×12 | 11.5 | 24 | M10×45 |
| 1000～1250 | 45×12 | 11.5 | 30 | M10×45 |
| 1320～1400 | 45×12 | 11.5 | 38 | M10×45 |
| 1500～1600 | 50×15 | 11.5 | 38 | M10×50 |
| 1700～2000 | 60×15 | 11.5 | 48 | M10×50 |

表 5-70　　　　　　　　硬聚氯乙烯板矩形风管法兰

| 风管长边尺寸 (mm) | 法兰材料规格 | | | 连接螺栓(mm) |
|---|---|---|---|---|
| | 宽×厚(mm×mm) | 孔 径(mm) | 孔 数(个) | |
| 120～160 | 35×6 | 7.5 | 3 | M6×30 |
| 200～250 | 35×8 | 7.5 | 4 | M6×35 |
| 320 | 35×8 | 7.5 | 5 | M6×35 |

续表

| 风管长边尺寸(mm) | 法兰材料规格 | | | 连接螺栓(mm) |
|---|---|---|---|---|
| | 宽×厚(mm×mm) | 孔 径(mm) | 孔 数(个) | |
| 400 | 35×8 | 9.5 | 5 | M8×35 |
| 500 | 35×10 | 9.5 | 6 | M8×40 |
| 630 | 40×10 | 9.5 | 7 | M8×40 |
| 800 | 40×10 | 11.5 | 9 | M10×40 |
| 1000 | 45×12 | 11.5 | 10 | M10×45 |
| 1250 | 45×12 | 11.5 | 12 | M10×45 |
| 1600 | 50×15 | 11.5 | 15 | M10×50 |
| 2000 | 60×18 | 11.5 | 18 | M10×60 |

**4. 塑料风管的组配和加固**

为避免腐蚀介质对风管法兰金属螺栓的腐蚀和自法兰间隙中泄漏，管道安装尽量采用无法兰连接。加工制作好的风管应根据安装和运输条件，将短风管组配成3m左右的长风管。风管组配采取焊接方式。风管的纵缝必须交错，交错的距离应大于60mm。圆形风管管径小于500mm，矩形风管大边长度小于400mm，其焊缝形式可采用对接焊缝；圆形风管管径大于560mm，矩形风管大于500mm，应采用硬套管或软套管连接，风管与套管再进行搭接焊接。

为了增加风管的强度，应按图5-37和表5-71所示的方法进行加固。

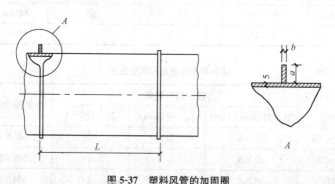

图 5-37 塑料风管的加固圈

表 5-71　　　　　　　　塑料风管加固圈尺寸　　　　　　（单位：mm）

| 圆形 | | | | 矩形 | | | |
|---|---|---|---|---|---|---|---|
| 风管直径 | 管壁厚度 | 加固圈 | | 风管大边长度 | 管壁厚度 | 加固圈 | |
| | | 规格 a×b | 间距 L | | | 规格 a×b | 间距 L |
| 100～320 | 3 | — | — | 120～320 | 3 | — | — |
| 360～500 | 4 | — | — | 400 | 4 | — | — |
| 560～630 | 4 | 40×8 | ～800 | 500 | 4 | 35×8 | ～800 |
| 700～800 | 5 | 40×8 | ～800 | 630～800 | 5 | 40×8 | ～800 |
| 900～1000 | 5 | 45×10 | ～800 | 1000 | 6 | 45×10 | ～400 |
| 1120～1400 | 6 | 45×10 | ～800 | 1250 | 6 | 45×10 | ～400 |
| 1600 | 6 | 50×12 | ～400 | 1600 | 8 | 50×12 | ～400 |
| 1800～2000 | 6 | 60×12 | ～400 | 2000 | 8 | 60×15 | ～400 |

(1)当风管直径或边长大于500mm时，连接处加三角支撑，支撑间距为300～400mm。连接法兰的两个三角支撑应对称，使其受力均匀。

(2)矩形风管四角应焊接成形，边长大于或等于630mm和撅角成形边长大于或等于800mm的风管、管段长度大于1200mm时，应采取加固措施。可用与法兰同规格的加固框或加固筋，用焊接固定。

## 第十四节　玻璃钢风管与复合型风管制作安装

### 一、定额说明

**1. 工作内容**

(1)玻璃钢通风管道及部件安装工作内容包括：

1)风管：找标高、打支架墙洞、配合预留孔洞、吊托支架制作及埋设、风管配合修补，粘接、组装就位、找平、找正、制垫、垫垫、上螺栓、紧固。

2)部件：组对、组装、部位、找正、制垫、垫垫、上螺栓、紧固。

(2)复合型风管制作安装工作内容包括：

1)复合型风管制作：放样、切割、开槽、成型、粘合、制作管件、钻孔、组合。

2)复合型风管安装：就位、制垫、垫垫、连接、找正、找平、固定。

**2. 相关说明**

(1)玻璃钢通风管道及部件安装：

1)玻璃钢通风管道安装项目中，包括弯头、三通、变径管、天圆地方等管件的安装及法兰、加固框和吊托架的制作安装,不包括过跨风管落地支架。落地支架执行设备支架项目。

2)全统定额玻璃钢风管及管件按计算工程量加损耗外加工订做,其价值按实际价格;风管修补应由加工单位负责,其费用按实际价格发生,计算在主材费内。

3)定额内未考虑预留铁件的制作和埋高,如果设计要求用膨胀螺栓安装吊托支架者,膨胀螺栓可按实际调整,其余不变。

(2)复合型风管制作安装:

1)风管项目规格表示的直径为内径,周长为内周长。

2)风管制作安装项目中包括管件、法兰、加固框、吊托支架。

## 二、定额项目

### 1. 玻璃钢通风管道及部件安装

玻璃钢通风管道及部件安装定额编号为 9-332~9-353,包括以下项目:

(1)玻璃钢通风管道安装:

1)玻璃钢圆形风管($\delta=4mm$ 以内),直径分别为 200mm 以下、500mm 以下、1120mm 以下、1120mm 以下。

2)玻璃钢矩形风管($\delta=4mm$ 以内),周长分别为 800mm 以下、2000mm 以下、4000mm 以下、4000mm 以上。

3)玻璃钢圆形风管($\delta=4mm$ 以外),直径分别为 200mm 以下、500mm 以下、1120mm 以下、1120mm 以上。

4)玻璃钢矩形风管($\delta=4mm$ 以外),周长分别为 800mm 以下、2000mm 以下、4000mm 以下、4000mm 以上。

(2)玻璃钢通风管道部件安装:

1)圆伞形风帽:10kg 以下、10kg 以上。

2)锥形风帽:25kg 以下、25kg 以上。

3)筒形风帽:50kg 以下、50kg 以上。

### 2. 复合型风管制作安装

复合型风管制作安装定额编号为 9-354~9-362,包括以下项目:

(1)复合型矩形风管,周长分别为 1300mm 以下、2000mm 以下、3200mm 以下、4500mm 以下、6500mm 以下。

(2)复合型圆形风管,直径分别为 300mm 以下、630mm 以下、

1000mm 以下、2000mm 以下。

### 三、定额材料

**1. 定额中列项材料**

(1)玻璃钢通风管道及部件安装定额中列项的材料包括：玻璃钢风管、角钢、扁钢、圆钢、电焊条、精制六角带帽螺栓、橡胶板、氧气、乙炔气、玻璃钢管道部件等。

(2)复合型风管制作安装定额中列项的材料包括：复合型板材、热敏铝箔胶带、角钢、圆钢、镀锌钢板、膨胀螺栓、精制六角螺母、垫圈、自攻螺钉等。

**2. 常用材料介绍**

(1)玻璃钢风管。玻璃钢是一种新型建筑材料，玻璃钢风管及配件一般均用模具成型，模具用木板或薄钢板制作。圆形或矩形风管成型使用内模，内模通常是做成空心的，并且可以拆卸，便于脱模。内模的外径或外边长等于风管的内径或内边长尺寸，并采用手工涂敷法成型。

1)玻璃钢风管板材厚度应符合表 5-72 和表 5-73 的规定。

表 5-72　　　　中、低压系统有机玻璃钢风管板材厚度　　　（单位：mm）

| 圆形风管直径 $D$ 或矩形风管长边尺寸 $b$ | 壁　厚 |
|---|---|
| $D(b) \leqslant 200$ | 2.5 |
| $200 < D(b) \leqslant 400$ | 3.2 |
| $400 < D(b) \leqslant 630$ | 4.0 |
| $630 < D(b) \leqslant 1000$ | 4.8 |
| $1000 < D(b) \leqslant 2000$ | 6.2 |

表 5-73　　　　中、低压系统无机玻璃钢风管板材厚度　　　（单位：mm）

| 圆形风管直径 $D$ 或矩形风管长边尺寸 $b$ | 壁　厚 |
|---|---|
| $D(b) \leqslant 300$ | 2.5～3.5 |
| $300 < D(b) \leqslant 500$ | 3.5～4.5 |
| $500 < D(b) \leqslant 1000$ | 4.5～5.5 |
| $1000 < D(b) \leqslant 1500$ | 5.5～6.5 |
| $1500 < D(b) \leqslant 2000$ | 6.5～7.5 |
| $D(b) > 2000$ | 7.5～8.5 |

2)风管用 1:1 经纬线的玻璃布增强,树脂的质量含量为 50%~60%。圆形风管的壁厚可取小值。玻璃布厚度与层数应符合表 5-74 的规定。

表 5-74　　中、低压系统无机玻璃钢风管玻璃纤维布厚度与层数　　(单位:mm)

| 圆形风管直径 $D$ 或矩形风管长边尺寸 $b$ | 风管管体玻璃纤维布厚度 | | 风管法兰玻璃纤维布厚度 | |
|---|---|---|---|---|
| | 0.3 | 0.4 | 0.3 | 0.4 |
| | 玻璃布层数 | | | |
| $D(b) \leqslant 300$ | 5 | 4 | 8 | 7 |
| $300 < D(b) \leqslant 500$ | 7 | 5 | 10 | 8 |
| $500 < D(b) \leqslant 1000$ | 8 | 6 | 13 | 9 |
| $1000 < D(b) \leqslant 1500$ | 9 | 7 | 14 | 10 |
| $1500 < D(b) \leqslant 2000$ | 12 | 8 | 16 | 14 |
| $D(b) > 2000$ | 14 | 9 | 20 | 16 |

玻璃钢风管法兰规格应符合表 5-75 的规定。(螺栓间距按 60mm 考虑。)

表 5-75　　　　　　玻璃钢法兰规格　　　　　　(单位:mm)

| 圆形风管外径或矩形风管大边长 | 规格(宽×厚) | 螺栓规格 |
|---|---|---|
| ≤400 | 30×4 | M8×25 |
| 420~1000 | 40×6 | M8×30 |
| 1060~2000 | 50×8 | M10×35 |

(2)复合钢板。为了保护普通钢板免遭锈蚀,可用电镀、粘贴和喷涂等方法,在钢板的表面罩上一层防护"外衣",形成复合钢板。

常用于复合风管制作的复合钢板有塑料复合钢板。

塑料复合钢板是在 Q215A、Q235A 钢板上覆以厚度为 0.2~0.4mm 的软质或半硬质聚氯乙烯塑料膜,可以耐酸、碱、油及醇类的侵蚀,用于通风、排风管道及其他部件。塑料复合钢板分单面覆层和双面覆层两种。它具有普通薄钢板所具有的切断、弯曲、钻孔、铆接、咬合及折边等加工性能。在 10～60℃可以长期使用,短期使用可耐温 120℃。塑料复合钢板规格见表 5-76。

表 5-76　　　　　　　　塑料复合钢板的规格　　　　　（单位:mm）

| 厚　度 | 宽　度 | 长　度 |
|---|---|---|
| 0.35、0.4、0.5、0.6、0.7 | 450 | 1800 |
|  | 500 | 2000 |
| 0.8、1.0、1.5、2.0 | 1000 | 2000 |

## 四、制作安装技术

### 1. 玻璃钢风管制作

(1)在玻璃钢风管制作过程中,法兰须提前制作好。预制好的法兰必须先固定在风管木模中,并使法兰与木模保持垂直,在木模铺覆玻璃布和涂刷树脂胶料时与法兰进行粘贴,待风管固化后脱模。

(2)风管脱模后,必须放在铺设平整的场地存放,不得使法兰受力或风管本体受力不均匀,造成法兰的不平整。

(3)树脂配方必须严格遵守,在操作过程中对于树脂、增韧剂、固化剂、填料、稀释剂要按配方的比例认真称量,防止在称量过程中出现差错。

(4)在玻璃纤维生产过程中,把玻璃拉成单丝后,必须浸涂浸润剂,才能制成玻璃布。浸润剂主要有石蜡型浸润剂及醋酸乙烯型浸润剂两种。前者用于有捻玻璃纤维制品;后者用于加工无捻粗纱及无捻粗纱布等。制作玻璃钢风管如用有捻玻璃布时,制作前必须对玻璃布进行脱蜡处理。如用无捻玻璃布时,则不需脱蜡处理,但必须烘干后使用。

(5)玻璃钢风管和配件的壁厚应符合表 5-77 的规定。

表 5-77　　　　　　　　玻璃钢管与配件的壁厚　　　　　（单位:mm）

| 圆形风管直径或矩形风管大边 | 壁厚 |
|---|---|
| ≤200 | 1.0～1.5 |
| 250～400 | 1.5～2.0 |
| 500～630 | 2.0～2.5 |
| 800～1000 | 2.5～3.0 |
| 1250～2000 | 3.0～3.5 |

**2. 塑料复合钢板风管制作**

(1)加工塑料复合钢板风管时,一般只能采用咬口连接,不能用焊接,以免烧熔钢板表面的塑料层。

(2)放线画线时不要使用锋利的金属划针,咬口的机械不要有尖锐的棱边,以免轧出伤痕。

(3)发现有损伤的地方,应另行刷漆保护。

# 第六章 通风空调工程预决算编制与审查

## 第一节 通风空调工程设计概算编制与审查

### 一、设计概算的内容及作用

**1. 设计概算的内容**

设计概算是初步设计概算的简称,是指在初步设计或扩大初步设计阶段,由设计单位根据初步设计图纸、定额、指标、其他工程费用定额等,对工程投资进行的概略计算,这是初步设计文件的重要组成部分,是确定工程设计阶段的投资依据,经过批准的设计概算是控制工程建设投资的最高限额。设计概算分为三级概算,即单位工程概算、单项工程综合概算、建设项目总概算。其编制内容及相互关系如图6-1所示。

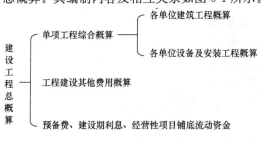

图6-1 设计概算的编制内容及相互关系

**2. 设计概算的作用**

(1)设计概算是确定建设项目、各单项工程及各单位工程投资的依据。按照规定报请有关部门或单位批准的初步设计及总概算,一经批准即作为建设项目静态总投资的最高限额,不得任意突破,必须突破时须报原审批部门(单位)批准。

(2)设计概算是编制投资计划的依据。计划部门根据批准的设计概算编制建设项目年固定资产投资计划,并严格控制投资计划的实施。如果建设项目实际投资数额超过了总概算,那么必须在原设计单位和建设单位共同提出追加投资的申请报告基础上,经上级计划部门审核批准后,方能追加投资。

(3)设计概算是进行拨款和贷款的依据。建设银行根据批准的设计概算和年度投资计划,进行拨款和贷款,并严格实行监督控制。对超出概算的部分,未经计划部门批准,建设银行不得追加拨款和贷款。

(4)设计概算是实行投资包干的依据。在进行概算包干时,单项工程综合概算及建设项目总概算是投资包干指标商定和确定的基础,尤其经上级主管部门批准的设计概算或修正概算,是主管单位和包干单位签订包干合同,控制包干数额的依据。

(5)设计概算是考核设计方案的经济合理性和控制施工图预算的依据。设计单位根据设计概算进行技术经济分析和多方案评价,以提高设计质量和经济效果。同时,保证施工图预算在设计概算的范围内。

(6)设计概算是进行各种施工准备、设备供应指标、加工订货及落实各项技术经济责任制的依据。

(7)设计概算是控制项目投资,考核建设成本,提高项目实施阶段工程管理和经济核算水平的必要手段。

## 二、设计概算的编制

### (一)编制依据

(1)批准的可行性研究报告。
(2)设计工程量。
(3)项目涉及的概算指标或定额。
(4)国家、行业和地方政府有关法律、法规或规定。
(5)资金筹措方式。
(6)正常的施工组织设计。
(7)项目涉及的设备、材料供应及价格。
(8)项目的管理(含监理)、施工条件。
(9)项目所在地区有关的气候、水文、地质、地貌等自然条件。
(10)项目所在地区有关的经济、人文等社会条件。
(11)项目的技术复杂程度,以及新技术、专利使用情况等。
(12)有关文件、合同、协议等。

### (二)设计概算文件组成

(1)三级编制(总概算、综合概算、单位工程概算)形式设计概算文件

的组成:

1)封面、签署页及目录。

2)编制说明。

3)总概算表。

4)其他费用表。

5)综合概算表。

6)单位工程概算表。

7)附件:补充单位估价表。

(2)二级编制(总概算、单位工程概算)形式设计概算文件的组成:

1)封面、签署页及目录。

2)编制说明。

3)总概算表。

4)其他费用表。

5)单位工程概算表。

6)附件:补充单位估价表。

**(三)建设项目总概算及单项工程综合概算的编制**

(1)概算编制说明应包括以下主要内容:

1)项目概况:简述建设项目的建设地点、设计规模、建设性质(新建、扩建或改建)、工程类别、建设期(年限)、主要工程内容、主要工程量、主要工艺设备及数量等。

2)主要技术经济指标:项目概算总投资(有引进的给出所需外汇额度)及主要分项投资、主要技术经济指标(主要单位工程投资指标)等。

3)资金来源:按资金来源不同渠道分别说明,发生资产租赁的说明租赁方式及租金。

4)编制依据,参见"(一)编制依据"。

5)其他需要说明的问题。

6)总说明附表。

①建筑、安装工程工程费用计算程序表。

②引进设备、材料清单及从属费用计算表。

③具体建设项目概算要求的其他附表及附件。

(2)总概算表。概算总投资由工程费用、其他费用、预备费及应列入项目概算总投资中的几项费用组成:

第一部分　工程费用；
第二部分　其他费用；
第三部分　预备费；
第四部分　应列入项目概算总投资中的几项费用：
①建设期利息。
②固定资产投资方向调节税。
③铺底流动资金。

(3)第一部分　工程费用。按单项工程综合概算组成编制，采用二级编制的按单位工程概算组成编制。

1)市政民用建设项目一般排列顺序：主体建(构)筑物、辅助建(构)筑物、配套系统。

2)工业建设项目一般排列顺序：主要工艺生产装置、辅助工艺生产装置、公用工程、总图运输、生产管理服务性工程、生活福利工程、厂外工程。

(4)第二部分　其他费用。一般按其他费用概算顺序列项，具体见下述"(四)其他费用、预备费、专项费用概算编制"。

(5)第三部分　预备费。包括基本预备费和价差预备费，具体见下述"(四)其他费用、预备费、专项费用概算编制"。

(6)第四部分　应列入项目概算总投资中的几项费用。一般包括建设期利息、铺底流动资金、固定资产投资方向调节税(暂停征收)等，具体见下述"(四)其他费用、预备费、专项费用概算编制"。

(7)综合概算以单项工程所属的单位工程概算为基础，采用"综合概算表"进行编制，分别按各单位工程概算汇总成若干个单项工程综合概算。

(8)对单一的、具有独立性的单项工程建设项目，按二级编制形式编制，直接编制总概算。

**(四)其他费用、预备费、专项费用概算编制**

(1)一般建设项目其他费用包括建设用地费、建设管理费、勘察设计费、可行性研究费、环境影响评价费、劳动安全卫生评价费、场地准备及临时设施费、工程保险费、联合试运转费、生产准备及开办费、特殊设备安全监督检验费、市政公用设施建设及绿化补偿费、引进技术和引进设备材料其他费、专利及专有技术使用费、研究试验费等。

1)建设管理费。
①以建设投资中的工程费用为基数乘以建设管理费费率计算。

建设管理费＝工程费用×建设管理费费率

②工程监理是受建设单位委托的工程建设技术服务，属建设管理范畴。如采用监理，建设单位部分管理工作量会转移至监理单位。监理费应根据委托的监理工作范围和监理深度在监理合同中商定或按当地或所属行业部门有关规定计算。

③如建设管理采用工程总承包方式，其总包管理费由建设单位与总包单位根据总包工作范围在合同中商定，从建设管理费中支出。

④改、扩建项目的建设管理费费率应比新建项目适当降低。

⑤建设项目建成后，应及时组织验收，移交生产或使用。已超过批准的试运行期，并已符合验收条件但未及时办理竣工验收手续的建设项目，视同项目已交付生产，其费用不得从基建投资中支付，所实现的收入作为生产经营收入，不再作为基建收入。

2) 建设用地费。

①根据征用建设用地面积、临时用地面积，按建设项目所在省、市、自治区人民政府制定颁发的土地征用补偿费、安置补助费标准和耕地占用税、城镇土地使用税标准计算。

②建设用地上的建（构）筑物如需迁建，其迁建补偿费应按迁建补偿协议计列或按新建同类工程造价计算。

③建设项目采用"长租短付"方式租用土地使用权，在建设期间支付的租地费用计入建设用地费，在生产经营期间支付的土地使用费应进入营运成本中核算。

3) 可行性研究费。

①依据前期研究委托合同计列，或参照《国家计委关于印发〈建设项目前期工作咨询收费暂行规定〉的通知》（计投资[1999]1283号）规定计算。

②编制预可行性研究报告参照编制项目建议书收费标准并可适当调增。

4) 研究试验费。

①按照研究试验内容和要求进行编制。

②研究试验费不包括以下项目：

a. 应由科技三项费用（即新产品试制费、中间试验费和重要科学研究补助费）开支的项目。

b. 应在建筑安装费用中列支的施工企业对建筑材料、构件和建筑物进行一般鉴定、检查所发生的费用及技术革新的研究试验费。

c. 应由勘察设计费或工程费用中开支的项目。

5) 勘察设计费。依据勘察设计委托合同计列，或参照原国家计委、建设部《关于发布〈工程勘察设计收费管理规定〉的通知》(计价格[2002]10号)规定计算。

6) 环境影响评价及验收费、水土保持评价及验收费、劳动安全卫生评价及验收费。环境影响评价及验收费依据委托合同计列，或按照原国家计委、国家环境保护总局《关于规范环境影响咨询收费有关问题的通知》(计价格[2002]125号)规定及建设项目所在省、市、自治区环境保护部门有关规定计算；水土保持评价及验收费、劳动安全卫生评价及验收费依据委托合同，以及按照国家和建设项目所在省、市、自治区劳动和国土资源等行政部门规定的标准计算。

7) 职业病危害评价费等。依据职业病危害评价、地震安全性评价、地质灾害评价委托合同计列，或按照建设项目所在省、市、自治区有关行政部门规定的标准计算。

8) 场地准备及临时设施费。

①场地准备及临时设施费应尽量与永久性工程统一考虑。建设场地的大型土石方工程应进入工程费用中的总图运输费用中。

②新建项目的场地准备和临时设施费应根据实际工程量估算，或按工程费用的比例计算。改、扩建项目一般只计拆除清理费。

场地准备及临时设施费＝工程费用×费率＋拆除清理费

③发生拆除清理费时，可按新建同类工程造价或主材费、设备费的比例计算。凡可回收材料的拆除工程采用以料抵工方式冲抵拆除清理费。

④此项费用不包括已列入建筑安装工程费用中的施工单位临时设施费用。

9) 引进技术和引进设备其他费。

①引进项目图纸资料翻译复制费：根据引进项目的具体情况计列或按引进货价(FOB)的比例估列；引进项目发生备品备件测绘费时按具体情况估列。

②出国人员费用：依据合同或协议规定的出国人次、期限以及相应的费用标准计算。生活费按照财政部、外交部规定的现行标准计算；旅费按

照中国民航公布的票价计算。

③来华人员费用：依据引进合同或协议有关条款及来华技术人员派遣计划进行计算。来华人员接待费用可按每人次费用指标计算。引进合同价款中已包括的费用内容不得重复计算。

④银行担保及承诺费：应按担保或承诺协议计取。投资估算和概算编制时，可以担保金额或承诺金额为基数乘以费率计算。

⑤引进设备材料的国外运输费、国外运输保险费、关税、增值税、外贸手续费、银行财务费、国内运杂费、引进设备材料国内检验费等，按照引进货价(FOB 或 CIF)计算后进入相应的设备、材料费中。

⑥单独引进软件，不计关税只计增值税。

10）工程保险费。

①不投保的工程不计取此项费用。

②不同的建设项目可根据工程特点选择投保险种，根据投保合同计列保险费用。编制投资估算和概算时可按工程费用的比例估算。

③不包括已列入施工企业管理费中的施工管理用财产、车辆保险费。

11）联合试运转费。

①不发生试运转或试运转收入大于(或等于)费用支出的工程，不列此项费用。

②当联合试运转收入小于试运转支出时，联合试运转费＝联合试运转费用支出－联合试运转收入。

③联合试运转费不包括由设备安装工程费用开支的调试与试车费用，以及在试运转中暴露出来的因施工原因或设备缺陷等发生的处理费用。

④试运行期按照以下规定确定：引进国外设备项目按建设合同中规定的试运行期执行；国内一般性建设项目试运行期原则上按照批准的设计文件所规定的期限执行。个别行业的建设项目试运行期需要超过规定试运行期的，应报项目设计文件审批机关批准。试运行期一经确定，各建设单位应严格按规定执行，不得擅自缩短或延长。

12）特殊设备安全监督检验费。按照建设项目所在省、市、自治区安全监察部门的规定标准计算。无具体规定的，在编制投资估算和概算时可按受检设备现场安装费的比例估算。

13）市政公用设施费。按工程所在地人民政府规定标准计列；不发生或按规定免征项目不计算。

14) 专利及专有技术使用费。

① 按专利使用许可协议和专有技术使用合同的规定计列。

② 专有技术的界定应以省、部级鉴定批准为依据。

③ 项目投资中只计需要在建设期支付的专利及专有技术使用费。协议或合同规定在生产支付的使用费应在生产成本中核算。

④ 一次性支付的商标权、商誉及特许经营权费按协议或合同规定计列。协议或合同规定在生产期支付的商标权或特许经营权费应在生产成本中核算。

⑤ 为项目配套的专用设施投资，包括专用铁路线、专用公路、专用通信设施、变送电站、地下管道、专用码头等，如由项目建设单位负责投资但产权不归属本单位的，应作无形资产处理。

15) 生产准备及开办费。

① 新建项目按设计定员为基数计算，改、扩建项目按新增设计定员为基数计算：

生产准备费 = 设计定员 × 生产准备费用指标(元/人)

② 可采用综合的生产准备费用指标进行计算，也可以按费用内容的分类指标计算。

(2) 引进工程其他费用中的国外技术人员现场服务费、出国人员旅费和生活费折合人民币列入，用人民币支付的其他几项费用直接列入其他费用中。

(3) 预备费包括基本预备费和价差预备费，基本预备费以总概算第一部分"工程费用"和第二部分"其他费用"之和为基数的百分比计算；价差预备费一般按下式计算：

$$P = \sum_{t=1}^{n} I_t [(1+f)^m (1+f)^{0.5} (1+f)^{t-1} - 1]$$

式中　$P$——价差预备费；

　　　$n$——建设期(年)数；

　　　$I_t$——建设期第 $t$ 年的投资；

　　　$f$——投资价格指数；

　　　$t$——建设期第 $t$ 年；

　　　$m$——建设前年数(从编制概算到开工建设年数)。

(4) 应列入项目概算总投资中的几项费用：

1)建设期利息:根据不同资金来源及利率分别计算。

$$Q = \sum_{j=1}^{n}(P_{j-1} + A_j/2)i$$

式中　$Q$——建设期利息;
　　　$P_{j-1}$——建设期第 $j-1$ 年末贷款累计金额与利息累计金额之和;
　　　$A_j$——建设期第 $j$ 年贷款金额;
　　　$i$——贷款年利率;
　　　$n$——建设期年数。

2)铺底流动资金按国家或行业有关规定计算。

3)固定资产投资方向调节税(暂停征收)。

**(五)单位工程概算的编制**

(1)单位工程概算是编制单项工程综合概算(或项目总概算)的依据,单位工程概算项目根据单项工程中所属的每个单体按专业分别编制。

(2)单位工程概算一般分建筑工程、设备及安装工程两大类。建筑工程单位工程概算按下述(3)的要求编制;设备及安装工程单位工程概算按下述(4)的要求编制。

(3)建筑工程单位工程概算。

1)建筑工程概算费用内容及组成见建标[2013]44号《建筑安装工程费用项目组成》。

2)建筑工程概算要采用"建筑工程概算表"编制,按构成单位工程的主要分部分项工程编制,根据初步设计工程量按工程所在省、市、自治区颁发的概算定额(指标)或行业概算定额(指标),以及工程费用定额计算。

3)对于通用结构建筑可采用"造价指标"编制概算;对于特殊或重要的建(构)筑物,必须按构成单位工程的主要分部分项工程编制,必要时结合施工组织设计进行详细计算。

(4)设备及安装工程单位工程概算。

1)设备及安装工程单位工程概算费用由设备购置费和安装工程费组成。

2)设备购置费。

　　定型或成套设备费＝设备出厂价格＋运输费＋采购保管费

引进设备费用分外币和人民币两种支付方式。外币部分按美元或其他国际主要流通货币计算。

非标准设备原价有多种不同的计算方法,如综合单价法、成本计算估

价法、系列设备插入估价法、分部组合估价法、定额估价法等。一般采用不同种类设备综合单价法计算,计算公式为:

$$设备费 = \sum 综合单价(元/吨) \times 设备单重(吨)$$

工、器具及生产家具购置费一般以设备购置费为计算基数,按照部门或行业规定的工、器具及生产家具费率计算。

3)安装工程费用。安装工程费用内容组成,以及工程费用计算方法见建标[2013]44号《建筑安装工程费用项目组成》。其中,辅助材料费按概算定额(指标)计算,主要材料费以消耗量按工程所在地当年预算价格(或市场价)计算。

4)引进材料费用计算方法与引进设备费用计算方法相同。

5)设备及安装工程概算采用"设备及安装工程概算表"形式,按构成单位工程的主要分部分项工程编制,要根据初步设计工程量按工程所在省、市、自治区颁发的概算定额(指标)或行业概算定额(指标),以及工程费用定额计算。

6)概算编制深度可参照《建设工程工程量清单计价规范》(GB 50500—2013)深度执行。

(5)当概算定额或指标不能满足概算编制要求时,应编制"补充单位估价表"。

(六)调整概算的编制

(1)设计概算批准后一般不得调整。由于特殊原因需要调整概算时,由建设单位调查分析变更原因,报主管部门审批同意后,由原设计单位核实编制、调整概算,并按有关审批程序报批。

(2)调整概算的原因。

1)超出原设计范围的重大变更。

2)超出基本预备费规定范围内不可抗拒的重大自然灾害引起的工程变动和费用增加。

3)超出工程造价调整预备费的国家重大政策性的调整。

(3)影响工程概算的主要因素已经清楚,工程量完成了一定量后方可进行调整,一个工程只允许调整一次概算。

(4)调整概算编制深度与要求、文件组成及表格形式同原设计概算,调整概算还应对工程概算调整的原因做详尽分析说明,所调整的内容在调整概算总说明中要逐项与原批准概算对比,并编制调整前后概算对比表,分析主要变更原因。

(5)在上报调整概算时,应同时提供有关文件和调整依据。

**(七)设计概算文件的编制程序和质量控制**

(1)设计概算文件编制的有关单位应当一起制定编制原则、方法,以及确定合理的概算投资水平,对设计概算的编制质量、投资水平负责。

(2)项目设计负责人和概算负责人对全部设计概算的质量负责;概算文件编制人员应参与设计方案的讨论;设计人员要树立以经济效益为中心的观念,严格按照批准的工程内容及投资额度设计,提出满足概算文件编制深度的技术资料;概算文件编制人员对投资的合理性负责。

(3)概算文件需要经编制单位自审,建设单位(项目业主)复审,工程造价主管部门审批。

(4)概算文件的编制与审查人员必须具有国家注册造价工程师资格,或者具有省、市(行业)颁发的造价员资格证,并根据工程项目大小按持证专业承担相应的编审工作。

(5)各造价协会(或者行业)、造价主管部门可根据所主管的工程特点制定概算编制质量的管理办法,并对编制人员采取相应的措施进行考核。

### 三、设计概算的审查

**1. 设计概算审查的内容**

(1)审查设计概算的编制依据。包括国家综合部门的文件,国务院主管部门和各省、市、自治区根据国家规定或授权制定的各种规定与办法,以及建设项目的设计文件等重点审查。

1)审查编制依据的合法性。采用的各种编制依据必须经过国家或授权机关的批准,符合国家的编制规定,未经批准的不能采用。也不能强调情况特殊,擅自提高概算定额、指标或费用标准。

2)审查编制依据的时效性。各种依据,如定额、指标、价格、取费标准等,都应根据国家有关部门的现行规定进行,注意有无调整和新的规定。有的虽然颁发时间较长,但不能全部适用;有的应按有关部门的调整系数执行。

3)审查编制依据的适用范围。各种编制依据都有规定的适用范围,如各主管部门规定的各种专业定额及其取费标准,只适用于该部门的专业工程;各地区规定的各种定额及其取费标准,只适用于该地区的范围内。特别是地区的材料预算价格区域性更强,如某市有该市区的材料预算价格,又编制了郊区内一个矿区的材料预算价格,如在该市的矿区建设时,其概算采用的材料预算价格,则应用矿区的价格,而不能采用该市的价格。

(2)审查设计概算的编制深度。

1)审查编制说明。审查编制说明可以检查概算的编制方法、深度和编制依据等重大原则问题。

2)审查概算编制深度。一般大中型项目的设计概算,应有完整的编制说明和"三级概算"(即总概算表、单项工程综合概算表、单位工程概算表),并按有关规定的深度进行编制。审查是否有符合规定的"三级概算",各级概算的编制、校对、审核是否按规定签署。

3)审查概算的编制范围。审查概算编制范围和具体内容是否与主管部门批准的建设项目范围及具体工程内容一致;审查分期建设项目的建筑范围及具体工程内容有无重复交叉,是否重复计算或漏算;审查其他费用所列的项目是否都符合规定,静态投资、动态投资和经营性项目铺底流动资金是否分部列出等。

(3)审查建设规模、标准。审查概算的投资规模、生产能力、设计标准、建设用地、建筑面积、主要设备、配套工程、设计定员等是否符合原批准可行性研究报告或立项批文的标准。如概算总投资超过原批准投资估算10%以上,应进一步审查超估算的原因。

(4)审查设备规格、数量和配置。工业建设项目设备投资比重大,一般占总投资的30%～50%,要认真审查。审查所选用的设备规格、台数是否与生产规模一致,材质、自动化程度有无提高标准,引进设备是否配套、合理,备用设备台数是否适当,消防、环保设备是否计算等。还要重点审查价格是否合理、是否符合有关规定,如国产设备应按当时询价资料或有关部门发布的出厂价、信息价,引进设备应依据询价或合同价编制概算。

(5)审查工程费。建筑安装工程投资是随工程量增加而增加的,要认真审查。要根据初步设计图纸、概算定额及工程量计算规则、专业设备材料表、建(构)筑物和总图运输一览表进行审查,有无多算、重算、漏算。

(6)审查计价指标。审查建筑工程采用工程所在地区的计价定额、费用定额、价格指数和有关人工、材料、机械台班单价是否符合现行规定;审查安装工程所采用的专业部门或地区定额是否符合工程所在地区的市场价格水平,概算指标调整系数、主材价格、人工、机械台班和辅材调整系数是否按当地最新规定执行;审查引进设备安装费率或计取标准、部分行业专业设备安装费率是否按有关规定计算等。

(7)审查其他费用。工程建设其他费用投资约占项目总投资的25%以上,必须认真逐项审查。审查费用项目是否按国家统一规定计列,具体费率或计取标准、部分行业专业设备安装费率是否按有关规定计算等。

**2. 设计概算审查的方法**

(1)对比分析法。对比分析法主要是通过建设规模、标准与立项批文对比;工程数量与设计图纸对比;综合范围、内容与编制方法、规定对比;各项取费与规定标准对比;材料、人工单价与市场住处对比;引进设备、技术投资与报价要求对比;技术经济指标与同类工程对比等。通过以上对比,容易发现设计概算存在的主要问题和偏差。

(2)查询核实法。查询核实法是对一些关键设备和设施、重要装置、引进工程图纸不全、难以核算的较大投资进行多方查询核对,逐项落实的方法。主要设备的市场价向设备供应部门或招标代理公司查询核实;重要生产装置、设施向同类企业(工程)查询了解;引进设备价格及有关税费向进出口公司调查落实;复杂的建安工程向同类工程的建设、承包、施工单位征求意见;深度不够或不清楚的问题直接向原概算编制人员、设计者询问清楚。

(3)联合会审法。联合会审前,可先采取多种形式分头审查,包括设计单位自审,主管、建设、承包单位初审,工程造价咨询公司评审,邀请同行专家预审,审批部门复审等,经层层审查把关后,由有关单位和专家进行联合会审。在会审会上,由设计单位介绍概算编制情况及有关问题,各有关单位、专家汇报初审和预审意见。然后进行认真分析,讨论,结合对各专业技术方案的审查意见所产生的投资增减,逐一核实原概算出现的问题。经过充分协商,认真听取设计单位意见后,实事求是地处理、调整。通过以上复审后,对审查中发现的问题和偏差,按照单项、单位工程的顺序,先按设备费、安装费、建筑费和工程建设其他费用分类整理;然后按照静态投资部分、动态投资部分和铺底流动资金三大类,汇总核增或核减的项目及其投资额;最后将具体审核数据,按照"原编"、"审核结果"、"增减投资"、"增减幅度"四栏列表,并按照原总概算表汇总顺序,将增减项目逐一列出,相应调整所属项目投资合计数,再依次汇总审核后的总投资及增减投资额。对于差错较多、问题较大或不能满足要求的,责成按会审意见修改返工后,重新报批;对于无重大原则问题,深度基本满足要求,投资增减不多的,当场核定概算投资额,并提交审批部门复核后,正式下达审批概算。

**3. 设计概算审查的步骤**

设计概算审查是一项复杂而细致的技术经济工作,审查人员既应懂得有关专业技术知识,又应具有熟练编制概算的能力,一般情况下可按如下步骤进行:

(1)概算审查的准备。概算审查的准备工作包括了解设计概算的内容组成、编制依据和方法;了解建设规模、设计能力和工艺流程;熟悉设计图纸和说明书;掌握概算费用的构成和有关技术经济指标;明确概算各种表格的内涵;收集概算定额、概算指标、取费标准等有关规定的文件资料等。

(2)进行概算审查。根据审查的主要内容,分别对设计概算的编制依据、单位工程设计概算、综合概算、总概算进行逐级审查。

(3)进行技术经济对比分析。利用规定的概算定额或指标以及有关技术经济指标与设计概算进行分析对比,根据设计和概算列明的工程性质、结构类型、建设条件、费用构成、投资比例、占地面积、生产规模、设备数量、造价指标、劳动定员等与国内外同类型工程规模进行对比分析,从大的方面找出和同类型工程的距离,为审查提供线索。

(4)研究、定案、调整概算。对概算审查中出现的问题要在对比分析、找出差距的基础上深入现场进行实际调查研究。了解设计是否经济合理、概算编制依据是否符合现行规定和施工现场实际、有无扩大规模、多估投资或预留缺口等情况,并及时核实概算投资。对于当地没有同类型的项目而不能进行对比分析时,可向国内同类型企业进行调查,收集资料,作为审查的参考。经过会审决定的定案问题应及时调整概算,并经原批准单位下发文件。

# 第二节 通风空调工程施工图预算编制与审查

## 一、施工图预算的内容及作用

施工图预算是由设计单位以施工图为依据,根据预算定额、费用标准以及工程所在地地区的人工、材料、施工机械设备台班的预算价格编制的,是确定建筑工程、安装工程预算造价的文件。

施工图预算的作用主要体现在以下几个方面：
(1)施工图预算是工程实行招标、投标的重要依据。
(2)施工图预算是签订建设工程施工合同的重要依据。
(3)施工图预算是办理工程财务拨款、工程贷款和工程结算的依据。
(4)施工图预算是施工单位进行人工和材料准备、编制施工进度计划、控制工程成本的依据。
(5)施工图预算是落实或调整年度进度计划和投资计划的依据。
(6)施工图预算是施工企业降低工程成本、实行经济核算的依据。

## 二、施工图预算文件的组成

**1. 三级预算编制形式的工程预算文件组成**
(1)封面、签署页及目录。
(2)编制说明包括：工程概况、主要技术经济指标、编制依据、工程费用计算表(建筑、设备、安装工程费用计算方法和其他费用计取的说明)、其他有关说明的问题。
(3)总预算表。
(4)综合预算表。
(5)单位工程预算表。
(6)附件。

**2. 二级预算编制形式的工程预算文件组成**
(1)封面、签署页及目录。
(2)编制说明包括：工程概况、主要技术经济指标、编制依据、工程费用计算表(建筑、设备、安装工程费用计算方法和其他费用计取的说明)、其他有关说明的问题。
(3)总预算表。
(4)单位工程预算表。
(5)附件。

## 三、施工图预算的编制依据

(1)国家、行业、地方政府发布的计价依据、有关法律法规或规定。
(2)建设项目有关文件、合同、协议等。
(3)批准的设计概算。
(4)批准的施工图设计图纸及相关标准图集和规范。

(5)相应预算定额和地区单位估价表。
(6)合理的施工组织设计和施工方案等文件。
(7)项目有关的设备、材料供应合同、价格及相关说明书。
(8)项目所在地区有关的气候、水文、地质地貌等的自然条件。
(9)项目的技术复杂程度,以及新技术、专利使用情况等。
(10)项目所在地区有关的经济、人文等社会条件。

### 四、施工图预算的编制方法

建设项目施工图预算由总预算、综合预算和单位工程预算组成。

施工图预算总投资包含建筑工程费、设备及工器具购置费、安装工程费、工程建设其他费用、预备费、建设期贷款利息、固定资产投资方向调节税及铺底流动资金。

**1. 总预算编制**

建设项目总预算由综合预算汇总而成。

总预算造价由组成该建设项目的各个单项工程综合预算以及经计算的工程建设其他费、预备费、建设期贷款利息、固定资产投资方向调节税汇总而成。

施工图总预算应控制在已批准的设计总概算投资范围以内。

**2. 综合预算编制**

综合预算由组成本单项工程的各单位工程预算汇总而成。

综合预算造价由组成该单项工程的各个单位工程预算造价汇总而成。

**3. 单位工程预算编制**

单位工程预算包括建筑工程预算和设备安装工程预算。

单位工程预算的编制应根据施工图设计文件、预算定额(或综合单价)以及人工、材料和施工机械台班等价格资料进行编制。其主要编制方法有单价法和实物量法。

(1)单价法。分为定额单价法和工程量清单单价法。

1)定额单价法使用事先编制好的分项工程的单位估价表来编制施工图预算的方法。

2)工程量清单单价法是指根据招标人按照国家统一的工程量计算规则提供工程数量,采用综合单价的形式计算工程造价的方法。

(2)实物量法。是依据施工图纸和预算定额的项目划分及工程量计算规则,先计算出分部分项工程量,然后套用预算定额(实物量定额)来编制施工图预算的方法。

**4. 建筑工程预算编制**

建筑工程预算费用内容及组成,应符合《建筑安装工程费用项目组成》(建标[2013]44号)的有关规定。

建筑工程预算按构成单位工程本部分项工程编制,根据设计施工图纸计算各分部分项工程量,按工程所在省(自治区、直辖市)或行业颁发的预算定额或单位估价表,以及建筑安装工程费用定额进行编制。

**5. 安装工程预算编制**

安装工程预算费用组成应符合《建筑安装工程费用项目组成》(建标[2013]44号)的有关规定。

安装工程预算按构成单位工程的分部分项工程编制,根据设计施工图计算各分部分项工程工程量,按工程所在省(自治区、直辖市)或行业颁发的预算定额或单位估价表,以及建筑安装工程费用定额进行编制。

**6. 设备及工、器具购置费组成**

设备购置费由设备原价和设备运杂费构成;工、器具购置费一般以设备购置费为计算基数,按照规定的费率计算。

进口设备原价即该设备的抵岸价,引进设备费用分外币和人民币两种支付方式,外币部分按美元或其他国际主要流通货币计算。

国产标准设备原价即其出厂价,国产非标准设备原价有多种不同的计算方法,如综合单价法、成本计算估价法、系列设备插入估价法、分部组合估价法、定额估价法等。

工、器具及生产家具购置费,是指按项目初步设计要求,保证初期正常生产必须购置的没有达到固定资产标准的设备、仪器、生产家具和备品备件的购置费用。

**7. 工程建设其他费用、预备费等**

工程建设其他费用、预备费及应列入建设项目施工图总预算中的几项费用的计算方法与计算顺序,应参照"本章 第一节 二、(四)其他费用、预备费、专项费用概算编制"的相关内容编制。

**8. 调整预算的编制**

工程预算批准后,一般情况下不得调整。由于重大设计变更、政策性调整及不可抗力等原因造成的可以调整。

调整预算编制深度与要求、文件组成及表格形式同原施工图预算。调整预算还应对工程预算调整的原因做详尽分析说明，所调整的内容调整预算总说明中要逐项与原批准预算对比，并编制调整前后预算对比表参见《建设项目施工图预算编审规程》(CECA/GC 5—2010)附录B，分析主要变更原因。在上报调整预算时，应同时提供有关文件和调整依据。需要进行分部工程、单位工程，人工、材料等分析的参见《建设项目施工图预算编审规程》(CECA/GC 5—2010)附录B。

### 五、施工图预算审查

施工图预算文件的审查，应当委托具有相应资质的工程造价咨询机构进行。从事建设工程施工图预算审查的人员，应具备相应的执业（从业）资格，需在施工图预算审查文件上签署注册造价工程师执业资格专用章或造价员从业资格专用章，并出具施工图预算审查意见报告，报告要加盖工程造价咨询企业的公章和资质专用章。

**(一)施工图预算审查的作用**

(1)对降低工程造价具有现实意义。

(2)有利于节约工程建设资金。

(3)有利于发挥领导层、银行的监督作用。

(4)有利于积累和分析各项技术经济指标。

(5)有利于加强固定资产投资管理，节约建设资金。

(6)有利于施工承包合同价的合理确定和控制。因为，施工图预算，对于招标的工程，它是编制标底的依据；对于不宜招标工程，它是合同价款结算的基础。

**(二)施工图预算审查的内容**

审查施工图预算的重点是：工程量计算是否准确；分部、分项单价套用是否正确；各项取费标准是否符合现行规定等方面。

(1)审查定额或单价的套用。具体审查内容包括：

1)预算中所列各分项工程单价是否与预算定额的预算单价相符；其名称、规格、计量单位和所包括的工程内容是否与预算定额一致。

2)有单价换算时应审查换算的分项工程是否符合定额规定及换算是否正确。

3)使用补充定额和单位计价表时应审查补充定额是否符合编制原

则、单位计价表计算是否正确。

(2)审查其他有关费用。其他有关费用包括的内容各地不同,具体审查时应注意是否符合当地规定和定额的要求。

1)是否按本项目的工程性质计取费用、有无高套取费标准。

2)间接费的计取基础是否符合规定。

3)预算外调增的材料差价是否计取分部分项工程费、措施费,有关费用是否做了相应调整。

4)有无将不需安装的设备计取在安装工程的间接费中。

5)有无巧立名目、乱摊费用的情况。利润和税金的审查,重点应放在计取基础和费率是否符合当地有关部门的现行规定、有无多算或重算方面。

**(三)施工图预算审查的步骤**

(1)做好审查前的准备工作。

1)熟悉施工图纸。施工图纸是编制预算分项工程数量的重要依据,必须全面熟悉了解。一是核对所有的图纸,清点无误后,依次识读;二是参加技术交底,解决图纸中的疑难问题,直至完全掌握图纸。

2)了解预算包括的范围。根据预算编制说明,了解预算包括的工程内容。例如,配套设施、室外管线、道路以及会审图纸后的设计变更等。

3)弄清编制预算采用的单位工程估价表。任何单位估价表或预算定额都有一定的适用范围。根据工程性质,搜集熟悉相应的单价、定额资料,特别是市场材料单价和取费标准等。

(2)选择合适的审查方法,按相应内容审查。由于工程规模、繁简程度不同,施工企业情况也不同,所编工程预算繁简和质量也不同,因此,需针对情况选择相应的审查方法进行审核。

(3)综合整理审查资料,编制调整预算。经过审查,如发现有差错,需要进行增加或核减的,经与编制单位逐项核实,统一意见后,修正原施工图预算,汇总核增减量。

**(四)施工图预算审查的方法**

(1)逐项审查法。逐项审查法又称全面审查法,即按定额顺序或施工顺序,对各分项工程中的工程细目逐项全面详细审查的一种方法。其优点是全面、细致,审查质量高、效果好;缺点是工作量大,时间较长。这种方法适合于一些工程量较小、工艺比较简单的工程。

(2)标准预算审查法。标准预算审查法就是对利用标准图纸或通用图纸施工的工程，先集中力量编制标准预算，以此为准来审查工程预算的一种方法。按标准设计图纸或通用图纸施工的工程，一般上部结构和做法相同，只是根据现场施工条件或地质情况不同，仅对基础部分做局部改变。凡这样的工程，以标准预算为准，对局部修改部分单独审查即可，不需逐一详细审查。该方法的优点是时间短、效果好、易定案；缺点是适用范围小，仅适用于采用标准图纸的工程。

(3)分组计算审查法。分组计算审查法就是把预算中有关项目按类别划分若干组，利用同组中的一组数据审查分项工程量的一种方法。这种方法首先将若干分部分项工程按相邻且有一定内在联系的项目进行编组，利用同组分项工程间具有相同或相近计算基数的关系，审查一个分项工程数量，由此判断同组中其他几个分项工程的准确程度。该方法特点是审查速度快、工作量小。

(4)对比审查法。对比审查法是当工程条件相同时，用已完工程的预算或未完但已经过审查修正的工程预算对比审查拟建工程的同类工程预算的一种方法。

(5)"筛选"审查法。"筛选法"是能较快发现问题的一种方法。建筑工程虽面积和高度不同，但其各分部分项工程的单位建筑面积指标变化却不大。将这样的分部分项工程加以汇集、优选，找出其单位建筑面积工程量、单价、用工的基本数值，归纳为工程量、价格、用工三个单方基本指标，并注明基本指标的适用范围。这些基本指标用来筛分各分部分项工程，对不符合条件的应进行详细审查，若审查对象的预算标准与基本指标的标准不符，就应对其进行调整。"筛选法"的优点是简单易懂，便于掌握，审查速度快，便于发现问题。但问题出现的原因尚需继续审查。该方法适用于审查住宅工程或不具备全面审查条件的工程。

(6)重点审查法。重点审查法就是抓住工程预算中的重点进行审核的方法。审查的重点一般是工程量大或者造价较高的各种工程、补充定额、计取的各项费用(计取基础、取费标准)等。重点审查法的优点是突出重点、审查时间短、效果好。

## 第三节 竣工结算及工程决算的编制与审查

### 一、竣工结算的编制与审查

#### (一)工程价款的主要结算方式

我国现行工程价款结算根据不同情况,可采取多种方式。

**1. 按月结算**

实行旬末或月中预支,月终结算,竣工后清算的方法。跨年度竣工的工程,在年终进行工程盘点,办理年度结算。我国现行建筑安装工程价款结算中,相当一部分是实行这种按月结算。

**2. 竣工后一次结算**

建设项目或单项工程全部建筑安装工程建设期在 12 个月以内,或者工程承包合同价值在 100 万元以下的,可以实行工程价款每月月中预支,竣工后一次结算。

**3. 分段结算**

即当年开工,当年不能竣工的单项工程或单位工程按照工程形象进度,划分不同阶段进行结算。分段结算可以按月预支工程款。分段的划分标准,由各部门、自治区、直辖市、计划单列市规定。

**4. 目标结款方式**

即在工程合同中,将承包工程的内容分解成不同的控制界面,以业主验收控制界面作为支付工程价款的前提条件。也就是说,将合同中的工程内容分解成不同的验收单元,当承包商完成单元工程内容并经业主(或其委托人)验收后,业主支付构成单元工程内容的工程价款。目标结款方式下,承包商要想获得工程价款,必须按照合同约定的质量标准完成界面内的工程内容;要想尽早获得工程价款,承包商必须充分发挥自己组织实施能力,在保证质量前提下,加快施工进度。这意味着承包商拖延工期时,则业主推迟付款,增加承包商的财务费用、运营成本,降低承包商的收益,客观上使承包商因延迟工期而遭受损失。同样,当承包商积极组织施工,提前完成控制界面内的工程内容,则承包商可提前获得工程价款,增加承包收益,客观上承包商因提前工期而增加了有效利润。同时,因承包商在界面内质量达不到合同约定的标准而业主不予验收,承包商也会因此而遭受损失。可见,目标结款方式实质上是运用合同手段、财务手段对工程的完成进行主动控制。目标结款方式中,对控制界面的设定应明确描述,便于量化和质量控制,同时要适应项目资金的供应周期和支付频率。

**5. 结算双方约定的其他结算方式**

施工企业在采用按月结算工程价款方式时,要先取得各月实际完成的工程数量,并计算出已完工程造价。实际完成的工程数量,由施工单位根据有关资料计算,并编制"已完工程月报表",然后按照发包单位编制"已完工程月报表",将各个发包单位的本月已完工程造价汇总反映。再根据"已完工程月报表"编制"工程价款结算账单",与"已完工程月报表"一起,分送发包单位和经办银行,据以办理结算。施工企业在采用分段结算工程价款方式时,要在合同中规定工程部位完工的月份,根据已完工程部位的工程数量计算已完工程造价,按发包单位编制"已完工程月报表"和"工程价款结算账单"。对于工期较短、能在年度内竣工的单项工程或小型建设项目,可在工程竣工后编制"工程价款结算账单",按合同中工程造价一次结算。"工程价款结算账单"是办理工程价款结算的依据。工程价款结算账单中所列应收工程款应与随同附送的"已完工程月报表"中的工程造价相符,"工程价款结算账单"除了列明应收工程款外,还应列明应扣预收工程款、预收备料款、发包单位供给材料价款等应扣款项,算出本月实收工程款。为了保证工程按期收尾竣工,工程在施工期间,不论工程长短,其结算工程款,一般不得超过承包工程价值的95%,结算双方可以在5%的幅度内协商确定尾款比例,并在工程承包合同中订明。施工企业如已向发包单位出具履约保函或有其他保证的,可以不留工程尾款。

**(二)竣工结算编制依据**

(1)国家有关法律、法规、规章制度和相关的司法解释。

(2)国务院建设行政主管部门以及各省、自治区、直辖市和有关部门发布的工程造价计价标准、计价办法、有关规定与相关解释。

(3)施工发承包合同、专业分包合同及补充合同,有关材料、设备采购合同。

(4)招投标文件,包括招标答疑文件、投标承诺、中标报价书及其组成内容。

(5)工程竣工图或施工图、施工图会审记录,经批准的施工组织设计,以及设计变更、工程洽商和相关会议纪要。

(6)经批准的开、竣工报告或停、复工报告。
(7)建设工程工程量清单计价规范或工程预算定额、费用定额及价格信息、调价规定等。
(8)工程预算书。
(9)影响工程造价的相关资料。
(10)结算编制委托合同。

**(三)竣工结算编制要求**

(1)竣工结算一般经过发包人或有关单位验收合格且点交后方可进行。

(2)竣工结算应以施工发承包合同为基础,按合同约定的工程价款调整方式对原合同价款进行调整。

(3)竣工结算应核查设计变更、工程洽商等工程资料的合法性、有效性、真实性和完整性。对有疑义的工程实体项目,应视现场条件和实际需要核查隐蔽工程。

(4)建设项目由多个单项工程或单位工程构成的,应按建设项目划分标准的规定,将各单项工程或单位工程竣工结算汇总,编制相应的工程结算书,并撰写编制说明。

(5)实行分阶段结算的工程,应将各阶段工程结算汇总,编制工程结算书,并撰写编制说明。

(6)实行专业分包结算的工程,应将各专业分包结算汇总在相应的单位工程或单项工程结算内,并撰写编制说明。

(7)竣工结算编制应采用书面形式,有电子文本要求的应一并报送与书面形式内容一致的电子版本。

(8)竣工结算应严格按工程结算编制程序进行编制,做到程序化、规范化,结算资料必须完整。

**(四)竣工结算编制程序**

(1)竣工结算应按准备、编制和定稿三个工作阶段进行,并实行编制人、校对人和审核人分别署名盖章确认的内部审核制度。

(2)结算编制准备阶段。

1)搜集与工程结算编制相关的原始资料。

2)熟悉工程结算资料内容,进行分类、归纳、整理。

3)召集相关单位或部门的有关人员参加工程结算预备会议,对结算内容和结算资料进行核对与充实完善。

4)搜集建设期内影响合同价格的法律和政策性文件。

(3)结算编制阶段。

1)根据竣工图及施工图以及施工组织设计进行现场踏勘,对需要调整的工程项目进行观察、对照、必要的现场实测和计算,做好书面或影像记录。

2)按既定的工程量计算规则计算需调整的分部分项、施工措施或其他项目工程量。

3)按招投标文件、施工发承包合同规定的计价原则和计价办法对分部分项、施工措施或其他项目进行计价。

4)对于工程量清单或定额缺项以及采用新材料、新设备、新工艺的,应根据施工过程中的合理消耗和市场价格,编制综合单价或单位估价分析表。

5)工程索赔应按合同约定的索赔处理原则、程序和计算方法,提出索赔费用,经发包人确认后作为结算依据。

6)汇总计算工程费用,包括编制分部分项工程费、施工措施项目费、其他项目费、零星工作项目费等表格,初步确定工程结算价格。

7)编写编制说明。

8)计算主要技术经济指标。

9)提交结算编制的初步成果文件待校对、审核。

(4)结算编制定稿阶段。

1)由结算编制受托人单位的部门负责人对初步成果文件进行检查、校对。

2)由结算编制受托人单位的主管负责人审核批准。

3)在合同约定的期限内,向委托人提交经编制人、校对人、审核人和受托人单位盖章确认的正式的结算编制文件。

(五)竣工结算编制方法

(1)竣工结算的编制应区分施工发承包合同类型,采用相应的编制方法。

1)采用总价合同的,应在合同价基础上对设计变更、工程洽商以及工程索赔等合同约定可以调整的内容进行调整。

2)采用单价合同的,应计算或核定竣工图或施工图以内的各个分部分项工程量，依据合同约定的方式确定分部分项工程项目价格，并对设计变更、工程洽商、施工措施以及工程索赔等内容进行调整。

3）采用成本加酬金合同的，应依据合同约定的方法计算各个分部分项工程以及设计变更、工程洽商、施工措施等内容的工程成本，并计算酬金及有关税费。

(2)竣工结算中涉及工程单价调整时，应当遵循以下原则：

1）合同中已有适用于变更工程、新增工程单价的，按已有的单价结算。

2）合同中有类似变更工程、新增工程单价的，可以参照类似单价作为结算依据。

3）合同中没有适用或类似变更工程、新增工程单价的，结算编制受托人可商洽承包人或发包人提出适当的价格，经对方确认后作为结算依据。

(3)竣工结算编制中涉及的工程单价应按合同要求分别采用综合单价或工料单价。工程量清单计价的工程项目应采用综合单价；定额计价的工程项目可采用工料单价。

**(六)竣工结算审查**

**1. 竣工结算审查依据**

(1)工程结算审查委托合同和完整、有效的工程结算文件。

(2)工程结算审查依据主要有以下几个方面：

1）建设期内影响合同价格的法律、法规和规范性文件。

2）工程结算审查委托合同。

3）完整、有效的工程结算书。

4）施工发承包合同、专业分包合同及补充合同，有关材料、设备采购合同。

5）与工程结算编制相关的国务院建设行政主管部门以及各省、自治区、直辖市和有关部门发布的建设工程造价计价标准、计价方法、计价定额、价格信息、相关规定等计价依据。

6）招标文件、投标文件。

7）工程竣工图或施工图、经批准的施工组织设计、设计变更、工程洽商、索赔与现场签证，以及相关的会议纪要。

8）工程材料及设备中标价、认价单。

9）双方确认追加(减)的工程价款。

10)经批准的开、竣工报告或停、复工报告。

11)工程结算审查的其他专项规定。

12)影响工程造价的其他相关资料。

**2. 竣工结算审查要求**

(1)严禁采取抽样审查、重点审查、分析对比审查和经验审查的方法,避免审查疏漏现象发生。

(2)应审查结算文件和与结算有关的资料的完整性和符合性。

(3)按施工发承包合同约定的计价标准或计价方法进行审查。

(4)对合同未作约定或约定不明的,可参照签订合同时当地建设行政主管部门发布的计价标准进行审查。

(5)对工程结算内多计、重列的项目应予以扣减;对少计、漏项的项目应予以调增。

(6)对工程结算与设计图纸或事实不符的内容,应在掌握工程事实和真实情况的基础上进行调整。工程造价咨询单位在工程结算审查时发现的工程结算与设计图纸或与事实不符的内容应约请各方履行完善的确认手续。

(7)对由总承包人分包的工程结算,其内容与总承包合同主要条款不相符的,应按总承包合同约定的原则进行审查。

(8)竣工结算审查文件应采用书面形式,有电子文本要求的应采用与书面形式内容一致的电子版本。

(9)竣工审查的编制人、校对人和审核人不得由同一人担任。

(10)竣工结算审查受托人与被审查项目的发承包双方有利害关系,可能影响公正的,应予以回避。

**3. 竣工结算审查程序**

(1)工程结算审查应按准备、审查和审定三个工作阶段进行,并实行编制人、校对人和审核人分别署名盖章确认的内部审核制度。

(2)结算审查准备阶段。

1)审查工程结算手续的完备性、资料内容的完整性,对不符合要求的应退回限时补正。

2)审查计价依据及资料与工程结算的相关性、有效性。

3)熟悉招投标文件、工程发承包合同、主要材料设备采购合同及相关文件。

4)熟悉竣工图纸或施工图纸、施工组织设计、工程状况,以及设计变更、工程洽商和工程索赔情况等。

(3)结算审查阶段。

1)审查结算项目范围、内容与合同约定的项目范围、内容的一致性。

2)审查工程量计算准确性、工程量计算规则与计价规范或定额保持一致性。

3)审查结算单价时应严格执行合同约定或现行的计价原则、方法。对于清单或定额缺项以及采用新材料、新工艺的,应根据施工过程中的合理消耗和市场价格审核结算单价。

4)审查变更身份证凭据的真实性、合法性、有效性,核准变更工程费用。

5)审查索赔是否依据合同约定的索赔处理原则、程序和计算方法以及索赔费用的真实性、合法性、准确性。

6)审查取费标准时,应严格执行合同约定的费用定额标准及有关规定,并审查取费依据的时效性、相符性。

7)编制与结算相对应的结算审查对比表。

(4)结算审定阶段。

1)工程结算审查初稿编制完成后,应召开由结算编制人、结算审查委托人及结算审查受托人共同参加的会议,听取意见,并进行合理的调整。

2)由结算审查受托人单位的部门负责人对结算审查的初步成果文件进行检查、校对。

3)由结算审查受托人单位的主管负责人审核批准。

4)发承包双方代表人和审查人应分别在"结算审定签署表"上签认并加盖公章。

5)对结算审查结论有分歧的,应在出具结算审查报告前,至少组织两次协调会;凡不能共同签认的,审查受托人可适时结束审查工作,并做出必要说明。

6)在合同约定的期限内,向委托人提交经结算审查编制人、校对人、审核人和受托人单位盖章确认的正式的结算审查报告。

**4. 竣工结算审查方法**

(1)竣工结算的审查应依据施工发承包合同约定的结算方法进行,根据施工发承包合同类型,采用不同的审查方法。本节审查方法主要适用于采用单价合同的工程量清单单价法编制竣工结算的审查。

(2)审查工程结算,除合同约定的方法外,对分部分项工程费用的审查应按照规定。

(3)竣工结算审查时,对原招标工程量清单描述不清或项目特征发生变化,以及变更工程、新增工程中的综合单价应按下列方法确定:

1)合同中已有使用的综合单价,应按已有的综合单价确定。

2)合同中有类似的综合单价,可参照类似的综合单价确定。

3)合同中没有适用或类似的综合单价,由承包人提出综合单价,经发包人确认后执行。

(4)竣工结算审查中设计措施项目费用的调整时,措施项目费应依据合同约定的项目和金额计算,发生变更、新增的措施项目,以发承包双方合同约定的计价方式计算,其中措施项目清单中的安全文明措施费用应审查是否按国家或省级、行业建设主管部门的规定计算。施工合同中未约定措施项目费结算方法时,审查措施项目费按以下方法审查:

1)审查与分部分项实体消耗相关的措施项目,应随该分部分项工程的实体工程量的变化是否依据双方确定的工程量、合同约定的综合单价进行结算。

2)审查独立性的措施项目是否按合同价中相应的措施项目费用进行结算。

3)审查与整个建设项目相关的综合取定的措施项目费用是否参照投标报价的取费基数及费率进行结算。

(5)竣工结算审查中涉及其他项目费用的调整时,按下列方法确定:

1)审查计日工是否按发包人实际签证的数量、投标时的计日工单价,以及确认的事项进行结算。

2)审查暂估价中的材料单价是否按发承包双方最终确认价在分部分项工程费中对相应综合单件进行调整,计入相应分部分项工程费用。

3)对专业工程结算价的审查应按中标价或发包人、承包人与分包人最终确定的分包工程价进行结算。

4)审查总承包服务费是否依据合同约定的结算方式进行结算,以总价形式的固定总承包服务费不予调整,以费率形式确定的总包服务费,应按专业分包工程中标价或发包人、承包人与分包人最终确定的分包工程价为基数和总承包单位的投标费率计算总承包服务费。

5)审查计算金额是否按合同约定计算实际发生的费用,并分别列入相应的分部分项工程费、措施项目费中。

(6)投标工程量清单的漏项、设计变更、工程洽商等费用应依据施工图,以及发承包双方签证资料确认的数量和合同约定的计价方式进行结算,其费用列入相应的分部分项工程费或措施项目费中。

(7)竣工结算审查中设计索赔费用的计算时,应依据发承包双发确认的索赔事项和合同约定的计价方式进行结算,其费用列入相应的分部分项工程费或措施项目费中。

(8)竣工结算审查中设计规费和税金时的计算时,应按国家、省级或行业建设主管部门的规定计算并调整。

## 二、工程决算的编制

### (一)工程决算的概念

工程决算是建设工程经济效益的全面反映,是项目法人核定各类新增资产价值、办理其交付使用的依据。一方面,竣工决算能够正确反映建设工程的实际造价和投资结果;另一方面,可以通过竣工决算与概算、预算的对比分析,考核投资控制的工作成效,总结经验教训,积累技术经济方面的基础资料,提高未来建设工程的投资效益。

### (二)工程决算的作用

(1)工程决算是综合、全面地反映竣工项目建设成果及财务情况的总结性文件,它采用货币指标、实物数量、建设工期和种种技术经济指标综合,全面地反映建设项目自开始建设到竣工为止的全部建设成果和财物状况。

(2)工程决算是办理交付使用资产的依据,也是竣工验收报告的重要组成部分。建设单位与使用单位在办理交付资产的验收交接手续时,通过竣工决算反映了交付使用资产的全部价值,包括固定资产、流动资产、无形资产和递延资产的价值。同时,它还详细提供了交付使用资产的名称、规格、数量、型号和价值等明细资料,是使用单位确定各项新增资产价值并登记入账的依据。

(3)工程决算是分析和检查设计概算的执行情况、考核投资效果的依据。竣工决算反映了竣工项目计划、实际的建设规模、建设工期以及设计和实际的生产能力,反映了概算总投资和实际的建设成本,同时,还反映了所达到的主要技术经济指标。通过对这些指标计划数、概算数与实际数进行对比分析,不仅可以全面掌握建设项目计划和概算执行情况,而且可以考核建设项目投资效果,为今后制订基建计划,降低建设成本,提高投资效果提供必要的资料。

### (三)工程决算的编制

#### 1. 工程决算的内容

工程决算是建设工程从筹建到竣工投产全过程中发生的所有实际支出,包括设备及工器具购置费、建筑安装工程费和其他费用等。竣工决算由竣工财务决算报表、竣工财务决算说明书、竣工工程平面示意图、工程造价比较分析四部分组成。其中,竣工财务决算报表和竣工财务决算说明书属于竣工财务决算的内容。竣工财务决算是竣工决算的组成部分,是正确核定新增资产价值、反映竣工项目建设成果的文件,是办理固定资产交付使用手续的依据。

(1)竣工财务决算说明书。竣工财务决算说明书主要反映竣工工程建设成果和经验,是对竣工决算报表进行分析和补充说明的文件,是全面考核分析工程投资与造价的书面总结,其内容主要包括:

1)建设项目概况,对工程总的评价。一般从进度、质量、安全和造价、施工方面进行分析说明。进度方面主要说明开工和竣工时间,对照合理工期和要求工期分析是提前还是延期;质量方面主要根据竣工验收委员会或相当一级质量监督部门的验收评定等级、合格率和优良品率;安全方面主要根据劳动工资和施工部门的记录,对有无设备和人身事故进行说明;造价方面主要对照概算造价,说明节约还是超支,用金额和百分率进行分析说明。

2)资金来源及运用等财务分析。主要包括工程价款结算、会计账务的处理、财产物资情况及债权债务的清偿情况。

3)基本建设收入、投资包干结余、竣工结余资金的上交分配情况。通过对基本建设投资包干情况的分析,说明投资包干数、实际支用数和节约额、投资包干节余的有机构成和包干节余的分配情况。

4)各项经济技术指标的分析。概算执行情况分析,根据实际投资完成额与概算进行对比分析;新增生产能力的效益分析,说明支付使用财产占总投资额的比例、占支付使用财产的比例,不增加固定资产的造价占投资总额的比例,分析有机构成和成果。

5)工程建设的经验、项目管理和财务管理工作以及竣工财务决算中有待解决的问题。

6)需要说明的其他事项。

(2)竣工财务决算报表。建设项目竣工财务决算报表要根据大、中型建设项目和小型建设项目分别制定。大、中型建设项目竣工决算报表包括:建设项目竣工财务决算审批表,大、中型建设项目概况表,大、中型建设项目竣工财务决算表,大、中型建设项目交付使用资产总表;小型建设项目竣工财务决算报表包括:建设项目竣工财务决算审批表,竣工财务决算总表,建设项目交付使用资产明细表。

**2. 工程决算的编制依据**

(1)经批准的可行性研究报告及其投资估算。

(2)经批准的初步设计或扩大初步设计及其概算或修正概算。

(3)经批准的施工图设计及其施工图预算。

(4)设计交底或图纸会审纪要。

(5)招标投标的标底、承包合同、工程结算资料。

(6)施工记录或施工签证单,以及其他施工中发生的费用记录,如索赔报告与记录、停(交)工报告等。

(7)竣工图及各种竣工验收资料。

(8)历年基建资料、历年财务决算及批复文件。

(9)设备、材料调价文件和调价记录。

(10)有关财务核算制度、办法和其他有关资料、文件等。

**3. 工程决算的编制步骤**

(1)收集、整理、分析原始资料。从建设工程开始就按编制依据的要求,收集、清点、整理有关资料,主要包括建设工程档案资料,如设计文件、施工记录、上级批文、概(预)算文件、工程结算的归集整理,财务处理、财产物资的盘点核实及债权债务的清偿,做到账账、账证、账实、账表相符。对各种设备、材料、工具、器具等要逐项盘点核实并填列清单,妥善保管,或按照国家有关规定处理,不准任意侵占和挪用。

(2)对照、核实工程变动情况,重新核实各单位工程、单项工程造价。将竣工资料与原设计图纸进行查对、核实,必要时可实地测量,确认实际变更情况;根据经审定的施工单位竣工结算等原始资料,按照有关规定对原概(预)算进行增减调整,重新核定工程造价。

(3)将审定后的待摊投资、设备工器具投资、建筑安装工程投资、工程建设其他投资严格划分和核定后,分别计入相应的建设成本栏目内。

(4)编制竣工财务决算说明书,力求内容全面、简明扼要、文字流畅、说明问题。

(5)填报竣工财务决算报表。

(6)做好工程造价对比分析。

(7)清理、装订好竣工图。

(8)按国家规定上报、审批、存档。

# 第七章 通风空调工程工程量清单编制

## 第一节 工程量清单计价概述

### 一、实行工程量清单计价的目的和意义

(1)实行工程量清单计价是深化工程造价管理改革,推进建设市场化的重要途径。长期以来,工程预算定额是我国承发包计价、定价的主要依据。现预算定额中规定的消耗量和有关施工措施性费用是按社会平均水平编制的,以此为依据形成的工程造价基本上也属于社会平均价格。这种平均价格可作为市场竞争的参考价格,但不能反映参与竞争企业的实际消耗和技术管理水平,在一定程度上限制了企业的公平竞争。

20世纪90年代国家提出了"控制量、指导价、竞争费"的改革措施,将工程预算定额中的人工、材料、机械消耗量和相应的量价分离,国家控制量以保证质量,价格逐步走向市场化,这一措施走出了向传统工程预算定额改革的第一步。但是,这种做法难以改变工程预算定额中国家指令性内容较多的状况,难以满足招标投标竞争定价和经评审的合理低价中标的要求。因为,国家定额的控制量是社会平均消耗量,不能反映企业的实际消耗量,不能全面体现企业的技术装备水平、管理水平和劳动生产率,不能体现公平竞争的原则,社会平均水平不能代表社会先进水平,改变以往的工程预算定额的计价模式,适应招标投标的需要,实行工程量清单计价办法是十分必要的。

工程量清单计价是建设工程招标投标中,按照国家统一的工程量清单计价规范,由招标人提供工程数量,投标人自主报价,经评审低价中标的工程造价计价模式。采用工程量清单计价能反映工程个别成本,有利于企业自主报价和公平竞争。

(2)在建设工程招标投标中实行工程量清单计价是规范建筑市场秩序的治本措施之一,适应社会主义市场经济的需要。工程造价是工程建设的核心,也是市场运行的核心内容,建筑市场存在着许多不规范的行

为,大多数与工程造价有直接联系。建筑产品是商品,具有商品的共性,它受价值规律、货币流通规律和供求规律的支配。但是,建筑产品与一般的工业产品价格构成不一样,建筑产品具有某些特殊性:

1)它竣工后一般不在空间发生物理运动,可以直接移交用户,立即进入生产消费或生活消费,因而价格中不含商品使用价值运动发生的流通费用,即因生产过程在流通领域内继续进行而支付的商品包装运输费、保管费。

2)它是固定在某地方的。

3)由于施工人员和施工机具围绕着建设工程流动,因而,有的建设工程构成还包括施工企业远离基地的费用,甚至包括成建制转移到新的工地所增加的费用等。

建筑产品价格随建设时间和地点而变化,相同结构的建筑物在同一地段建造,施工的时间不同造价就不一样;同一时间、不同地段造价也不一样;即使时间和地段相同,施工方法、施工手段、管理水平不同工程造价也有所差别。所以说,建筑产品的价格,既有它的同一性,又有它的特殊性。

为了推动社会主义市场经济的发展,国家颁发了相应的有关法律,如《中华人民共和国价格法》第三条规定:我国实行并逐步完善宏观经济调控下主要由市场形成价格的机制。价格的制定应当符合价格规律,对多数商品和服务价格实行市场调节价,极少数商品和服务价格实行政府指导价或政府定价。市场调节价,是指由经营者自主定价,通过市场竞争形成价格。中华人民共和国建设部第107号令《建设工程施工发包与承包计价管理办法》第七条规定:投标报价应依据企业定额和市场信息,并按国务院和省、自治区、直辖市人民政府建设行政主管部门发布的工程造价计价办法编制。建筑产品市场形成价格是社会主义市场经济的需要。过去工程预算定额在调节承发包双方利益和反映市场价格、需求方面存在着不相适应的地方,特别是公开、公正、公平竞争方面,还缺乏合理的机制,甚至出现了一些漏洞,高估冒算,相互串通,从中回扣。发挥市场规律"竞争"和"价格"的作用是治本之策。尽快建立和完善市场形成工程造价的机制,是当前规范建筑市场的需要。通过实行工程量清单计价有利于发挥企业自主报价的能力,同时,也有利于规范业主在工程招标中计价行为,有效改变招标单位在招标中盲目压价的行为,从而真正体现公开、公平、公正的原则,反映市场经济规律。

(3)实行工程量清单计价,是促进建设市场有序竞争和企业健康发展的需要。工程量清单是招标文件的重要组成部分,由招标单位编制或委托有资质的工程造价咨询单位编制,工程量清单编制的准确、详尽、完整,有利于提高招标单位的管理水平,减少索赔事件的发生。由于工程量清单是公开的,有利于防止招标工程中弄虚作假、暗箱操作等不规范行为。投标单位通过对单位工程成本、利润进行分析,统筹考虑,精心选择施工方案,根据企业的定额合理确定人工、材料、机械等要素投入量的合理配置,优化组合,合理控制现场经费和施工技术措施费,在满足招标文件需要的前提下,合理确定自己的报价,让企业有自主报价权。改变了过去依赖建设行政主管部门发布的定额和规定的取费标准进行计价的模式,有利于提高劳动生产率,促进企业技术进步,节约投资和规范建设市场。采用工程量清单计价后,将使招标活动的透明度增加,在充分竞争的基础上降低了造价,提高了投资效益,且便于操作和推行,业主和承包商将都会接受这种计价模式。

(4)实行工程量清单计价,有利于我国工程造价政府职能的转变。按照政府部门真正履行起"经济调节、市场监督、社会管理和公共服务"的职能要求,政府对工程造价管理的模式要进行相应的改变,将推行政府宏观调控、企业自主报价、市场形成价格、社会全面监督的工程造价管理思路。实行工程量清单计价,将会有利于我国工程造价政府职能的转变,由过去的政府控制的指令性定额转变为制定适应市场经济规律需要的工程量清单计价方法,由过去的行政干预转变为对工程造价进行依法监管,有效地强化政府对工程造价的宏观调控。

## 二、2013版清单计价规范简介

2012年12月25日,住房和城乡建设部发布了《建设工程工程量清单计价规范》(GB 50500—2013)(以下简称"13计价规范")和《房屋建筑与装饰工程工程量计算规范》(GB 50854—2013)、《仿古建筑工程工程量计算规范》(GB 50855—2013)、《通用安装工程工程量计算规范》(GB 50856—2013)、《市政工程工程量计算规范》(GB 50857—2013)、《园林绿化工程工程量计算规范》(GB 50858—2013)、《矿山工程工程量计算规范》(GB 50859—2013)、《构筑物工程工程量计算规范》(GB 50860—2013)、《城市轨道交通工程工程量计算规范》(GB 50861—2013)、《爆破工程工量计算规范》(GB 50862—2013)等9本计量规范(以下简称"13工程计量规范"),全部10本规范于2013年7月1日起实施。

"13计价规范"及"13工程计量规范"是在《建设工程工程量清单计价规范》(GB 50500—2008)(以下简称"08计价规范")基础上,以原建设部发布的工程基础定额、消耗量定额、预算定额以及各省、自治区、直辖市或行业建设主管部门发布的工程计价定额为参考,以工程计价相关的国家或行业的技术标准、规范、规程为依据,收集近年来新的施工技术、工艺和新材料的项目资料,经过整理,在全国广泛征求意见后编制而成。

"13计价规范"共设置16章、54节、329条,各章名称为:总则、术语、一般规定、工程量清单编制、招标控制价、投标报价、合同价款约定、工程计量、合同价款调整、合同价款期中支付、竣工结算与支付、合同解除的价款结算与支付、合同价款争议的解决、工程造价鉴定、工程计价资料与档案和工程计价表格。相对"08计价规范"而言,分别增加了11章、37节、192条。

"13计价规范"适用于建设工程发承包及实施阶段的招标工程量清单、招标控制价、投标报价的编制,工程合同价款的约定,竣工结算的办理以及施工过程中的工程计量、合同价款支付、施工索赔与现场签证、合同价款调整和合同价款争议的解决等计价活动。相对于"08计价规范","13计价规范"将"建设工程工程量清单计价活动"修改为"建设工程发承包及实施阶段的计价活动",从而对清单计价规范的适用范围进一步进行了明确,表明了不分何种计价方式,建设工程发承包及实施阶段的计价活动必须执行"13计价规范"。之所以规定"建设工程发承包及实施阶段的计价活动",主要是因为工程建设具有周期长、金额大、不确定因素多的特点,从而决定了建设工程计价具有分阶段计价的特点,建设工程决策阶段、设计阶段的计价要求与发承包及实施阶段的计价要求是有区别的,这就避免了因理解上的歧义而发生纠纷。

"13计价规范"规定:"建设工程发承包及实施阶段的工程造价应由分部分项工程费、措施项目费、其他项目费、规费和税金组成"。这说明了不论采用什么计价方式,建设工程发承包及实施阶段的工程造价均由这五部分组成,这五部分也称之为建筑安装工程费。

根据原人事部、原建设部《关于印发〈造价工程师执业制度暂行规定〉的通知》(人发[1996]77号)、《注册造价工程师管理办法》(建设部第150

号令)以及《全国建设工程造价员管理办法》(中价协[2011]021号)的有关规定,"13计价规范"规定:"招标工程量清单、招标控制价、投标报价、工程计量、合同价款调整、合同价款结算与支付以及工程造价鉴定等工程造价文件的编制与核对,应由具有专业资格的工程造价人员承担。""承担工程造价文件的编制与核对的工程造价人员及其所在单位,应对工程造价文件的质量负责"。

另外,由于建设工程造价计价活动不仅要客观反映工程建设的投资,更应体现工程建设交易活动的公正、公平的原则,因此"13计价规范"规定,工程建设双方,包括受其委托的工程造价咨询方,在建设工程发承包及实施阶段从事计价活动均应遵循客观、公正、公平的原则。

## 第二节 工程量清单计价相关规定

### 一、计价方式

(1)使用国有资金投资的建设工程发承包,必须采用工程量清单计价。国有投资的资金包括国有资金为主的投资资金、国家融资资金。

1)国有资金投资的工程建设项目包括:

①使用各级财政预算资金的项目。

②使用纳入财政管理的各种政府性专项建设资金的项目。

③使用国有企事业单位自有资金,并且国有资产投资者实际拥有控制权的项目。

2)国家融资资金投资的工程建设项目包括:

①使用国家发行债券所筹资金的项目。

②使用国家对外借款或者担保所筹资金的项目。

③使用国家政策性贷款的项目。

④国家授权投资主体融资的项目。

⑤国家特许的融资项目。

3)国有资金为主的工程建设项目是指国有资金占投资总额50%以上,或虽不足50%但国有投资者实质上拥有控股权的工程建设项目。

(2)非国有资金投资的建设工程,"13计价规范"鼓励采用工程量清单计价方式,但是否采用,由项目业主自主确定。

(3)不采用工程量清单计价的建设工程,应执行"13计价规范"中除工程量清单等专门性规定外的其他规定。

(4)实行工程量清单计价应采用综合单价法,不论分部分项工程项目、措施项目、其他项目,还是以单价形式或以总价形式表现的项目,其综合单价的组成内容均包括完成该项目所需的、除规费和税金以外的所有费用。

(5)根据《中华人民共和国安全生产法》、《中华人民共和国建筑法》、《建设工程安全生产管理条例》、《安全生产许可证条例》等法律、法规的规定,建设部办公厅印发了《建筑工程安全防护、文明施工措施费及使用管理规定》(建办[2005]89号),将安全文明施工费纳入国家强制性标准管理范围,其费用标准不予竞争,并规定"投标方安全防护、文明施工措施的报价,不得低于依据工程所在地工程造价管理机构测定费率计算所需费用总额的90%"。2012年2月14日,财政部、国家安全生产监督管理总局印发《企业安全生产费用提取和使用管理办去》(财企[2012]16号)规定:"建设工程施工企业提取的安全费用列入工程造价,在竞标时,不得删减,列入标外管理"。

"13计价规范"规定措施项目清单中的安全文明施工费必须按国家或省级、行业建设主管部门的规定费用标准计算,招标人不得要求投标人对该项费用进行优惠,投标人也不得将该项费用参与市场竞争。此处的安全文明施工费包括《建筑安装工程费用项目组成》(建标[2013]44号)中措施费的文明施工费、环境保护费、临时设施费、安全施工费。

(6)根据住房和城乡建设部、财政部印发的《建筑安装工程费用项目组成》(建标[2013]44号)的规定,规费是政府和有关权力部门规定必须缴纳的费用。税金是国家按照税法预先规定的标准,强制地、无偿地要求纳税人缴纳的费用。它们都是工程造价的组成部分,但是其费用内容和计取标准都不是发、承包人能自主确定的,更不是由市场竞争决定的。因而"13计价规范"规定:"规费和税金必须按国家或省级、行业建设主管部门的规定计算,不得作为竞争性费用"。

## 二、发包人提供材料和机械设备

《建设工程质量管理条例》第14条规定:"按照合同约定,由建设单位采购建筑材料、建筑构配件和设备的,建设单位应当保证建筑材料、建筑构配件和设备符合设计文件和合同要求";《中华人民共和国合同法》第283条规定:"发包人未按照约定的时间和要求提供原材料、设备、场地、资金、技术资料的,承包人可以顺延工程日期,并有权要求赔偿停工、窝工等损失"。"13 计价规范"根据上述法律条文对发包人提供材料和机械设备的情况进行了如下约定:

(1)发包人提供的材料和工程设备(以下简称甲供材料)应在招标文件中按照规定填写《发包人提供材料和工程设备一览表》,写明甲供材料的名称、规格、数量、单价、交货方式、交货地点等。承包人投标时,甲供材料价格应计入相应项目的综合单价中,签约后,发包人应按合同约定扣除甲供材料款,不予支付。

(2)承包人应根据合同工程进度计划的安排,向发包人提交甲供材料交货的日期计划。发包人应按计划提供。

(3)发包人提供的甲供材料如规格、数量或质量不符合合同要求,或由于发包人原因发生交货日期延误、交货地点及交货方式变更等情况的,发包人应承担由此增加的费用和(或)工期延误,并应向承包人支付合理利润。

(4)发承包双方对甲供材料的数量发生争议不能达成一致的,应按照相关工程的计价定额同类项目规定的材料消耗量计算。

(5)若发包人要求承包人采购已在招标文件中确定为甲供材料的,材料价格应由发承包双方根据市场调查确定,并应另行签订补充协议。

### 三、承包人提供材料和工程设备

《建设工程质量管理条例》第 29 条规定:"施工单位必须按照工程设计要求、施工技术标准和合同约定,对建筑材料、建筑构配件、设备和商品混凝土进行检验,检验应当有书面记录和专人签字;未经检验或者检验不合格的,不得使用"。"13 计价规范"根据此法律条文对承包人提供材料和机械设备的情况进行了如下约定:

(1)除合同约定的发包人提供的甲供材料外,合同工程所需的材料和工程设备应由承包人提供,承包人提供的材料和工程设备均应由承包人负责采购、运输和保管。

(2)承包人应按合同约定将采购材料和工程设备的供货人及品种、规格、数量和供货时间等提交发包人确认,并负责提供材料和工程设备的质量证明文件,满足合同约定的质量标准。

(3)对承包人提供的材料和工程设备经检测不符合合同约定的质量标准,发包人应立即要求承包人更换,由此增加的费用和(或)工期延误应由承包人承担。对发包人要求检测承包人已具有合格证明的材料、工程设备，但经检测证明该项材料、工程设备符合合同约定的质量标准，发包人应承担由此增加的费用和(或)工期延误，并向承包人支付合理利润。

### 四、计价风险

(1)建设工程发承包，必须在招标文件、合同中明确计价中的风险内容及其范围，不得采用无限风险、所有风险或类似语句规定计价中的风险内容及范围。

风险是一种客观存在的、会带来损失的、不确定的状态。它具有客观性、损失性、不确定性的特点，并且风险始终是与损失相联系的。工程施工发包是一种期货交易行为，工程建设本身又具有单件性和建设周期长的特点。在工程施工过程中影响工程施工及工程造价的风险因素很多，但并非所有的风险都是承包人能预测、能控制和应承担其造成损失的。

工程施工招标发包是工程建设交易方式之一，一个成熟的建设市场应是一个体现交易公平性的市场。在工程建设施工发包中，实行风险共担和合理分摊原则是实现建设市场交易公平性的具体体现，是维护建设市场正常秩序的措施之一。其具体体现则是应在招标文件或合同中对发承包双方各自应承担的风险内容及其风险范围或幅度进行界定和明确，而不能要求承包人承担所有风险或无限度风险。

根据我国工程建设特点，投标人应完全承担的风险是技术风险和管理风险，如管理费和利润；应有限度承担的是市场风险，如材料价格、施工机械使用费等的风险；应完全不承担的是法律、法规、规章和政策变化的风险。

(2)由于下列因素出现，影响合同价款调整的，应由发包人承担：

1)由于国家法律、法规、规章或有关政策出台导致工程税金、规费等发生变化的。

2)对于根据我国目前工程建设的实际情况，各省、自治区、直辖市建设行政主管部门均根据当地人力资源和社会保障行政主管部门的有关规定发布人工成本信息或人工费调整，对此关系职工切身利益的人工费进行调整的，但承包人对人工费或人工单价的报价高于发布的除外。

3)按照《中华人民共和国合同法》第63条规定："执行政府定价或者政府指导价的，在合同约定的交付期限内价格调整时，按照交付的价格计价。逾期交付标的物的，遇价格上涨时，按照原价格执行；价格下降时，按照新价格执行。逾期提取标的物或者逾期付款的,遇价格上涨时,按照新价格执行;价格下降时,按照原价格执行"。因此,对政府定价或政府指导价管理的原材料价格按照相关文件规定进行合同价款调整的。

因承包人原因导致工期延误的,应按本书后叙"合同价款调整"中"法律法规变化"和"物价变化"中的有关规定进行处理。

(3)对于主要由市场价格波动导致的价格风险,如工程造价中的建筑材料、燃料等价格风险,应由发承包双方合理分摊,并按规定填写《承包人提供主要材料和工程设备一览表》作为合同附件;当合同中没有约定,发承包双方发生争议时,应按"13 计价规范"的相关规定调整合同价款。

"13 计价规范"中提出承包人所承担的材料价格的风险宜控制在 5%以内,施工机械使用费的风险可控制在 10%以内,超过者予以调整。

(4)由于承包人使用机械设备、施工技术以及组织管理水平等自身原因造成施工费用增加的,应由承包人全部承担。

(5)当不可抗力发生,影响合同价款时,应按本书后叙"合同价款调整"中"不可抗力"的相关规定处理。

## 第三节 工程量清单编制

工程量清单是载明建设工程分部分项工程项目、措施项目、其他项目的名称和相应数量以及规费、税金项目等内容的明细清单。其中,由招标人依据国家标准、招标文件、设计文件以及施工现场实际情况编制的,随招标文件发布供投标报价的工程量清单(包括其说明和表格)称为招标工程量清单。构成合同文件组成部分的投标文件中已标明价格,经算术性错误修正(如有)且承包人已确认的工程量清单(包括其说明和表格)称为已标价工程量清单。

### 一、一般规定

(1)招标工程量清单应由招标人负责编制,若招标人不具有编制工程量清单的能力,则可根据《工程造价咨询企业管理办法》(建设部第 149 号令)的规定,委托具有工程造价咨询性质的工程造价咨询人编制。

(2)招标工程量清单必须作为招标文件的组成部分,其准确性(数量不算错)和完整性(不缺项漏项)应由招标人负责。招标人应将工程量清单连同招标文件一起发(售)给投标人。投标人依据工程量清单进行投标报价时，对工程量清单不负有核实的义务，更不具有修改和调整的权力。如招标人委托工程造价咨询人编制工程量清单，其责任仍由招标人负责。

(3)招标工程量清单是工程量清单计价的基础，应作为编制招标控制价、投标报价、计算或调整工程量以及工程索赔等的依据之一。

(4)招标工程量清单应以单位(项)工程为单位编制，应由分部分项工程项目清单、措施项目清单、其他项目清单、规费和税金项目清单组成。

## 二、工程量清单编制依据

(1)"13 计价规范"和相关专业工程的国家计量规范。
(2)国家或省级、行业建设主管部门颁发的计价定额和办法。
(3)建设工程设计文件及相关资料。
(4)与建设工程有关的标准、规范、技术资料。
(5)拟定的招标文件。
(6)施工现场情况、地勘水文资料、工程特点及常规施工方案。
(7)其他相关资料。

## 三、工程量清单编制原则

工程量清单的编制必须遵循"四个统一、三个自主、两个分离"的原则。

### 1. 四个统一

工程量清单编制必须满足项目编码统一、项目名称统一、计量单位统一、工程量计算规则统一。

项目编码是"13 计价规范"和相关专业工程国家计量规范规定的内容之一，编制工程量清单时必须严格按照执行；项目名称基本上按照形成工程实体命名，工程量清单项目特征是按不同的工程部位、施工工艺或材料品种、规格等分别列项，必须对项目进行描述，是各项清单计算的依据，描述得详细、准确与否是直接影响项目价格的一个主要因素；计量单位是按照能够准确地反映该项目工程内容的原则确定的；工程量数量的计算是按照相关专业工程量计算规范中工程量计算规则计算的，比以往采用预算定额增加了多项组合步骤，所以，在计算前一定要注意计算规则的变化，还要注意新组合后项目名称的计量单位。

### 2. 三个自主

三个自主是指投标人在投标报价时自主确定工料机消耗量，自主确定工料机单价，自主确定措施项目费及其他项目的内容和费率。

# 第七章　通风空调工程工程量清单编制

**3. 两个分离**

两个分离即量与价的分离、清单工程量与计价工程量分离。

(1)量与价分离是从定额计价方式的角度来表达的。定额计价的方式采用定额基价计算分部分项工程费,工程机消耗量是固定的,量价没有分离;而工程量清单计价由于自主确定工料机消耗量、自主确定工料机单价,量价是分离的。

(2)清单工程量与定额计价工程量分离是从工程量清单报价方式来描述的。清单工程量是根据"13 计价规范"和相关专业工程国家计量规范编制的,定额计价工程量是根据所选定的消耗量定额计算的,一项清单工程量可能要对应几项消耗量定额,两者的计算规则也不一定相同。因此,一项清单量可能要对应几项定额计价工程量,其清单工程量与定额计价工程量要分离。

## 四、工程量清单编制内容

### (一)分部分项工程项目清单

(1)分部分项工程项目清单必须载明项目编码、项目名称、项目特征、计量单位和工程量。这是构成一个分部分项工程项目清单的五个要件,在分部分项工程项目清单的组成中缺一不可。

(2)分部分项工程项目清单应根据"13 计价规范"和相关专业工程国家计量规范附录中规定的项目编码、项目名称、项目特征、计量单位和工程量计算规则进行编制。

分部分项工程项目清单项目编码栏应根据相关专业工程国家计量规范项目编码栏内规定的9位数字另加3位顺序码共12位阿拉伯数字填写。各位数字的含义为:一、二位为专业工程代码,房屋建筑与装饰工程为01,仿古建筑为02,通用安装工程为03,市政工程为04,园林绿化工程为05,矿山工程为06,构筑物工程为07,城市轨道交通工程为08,爆破工程为09;三、四位为专业工程附录分类顺序码;五、六位为分部工程顺序码;七、八、九位为分项工程项目名称顺序码;十至十二位为清单项目名称顺序码。

在编制工程量清单时,应注意对项目编码的设置不得有重码,特别是当同一标段(或合同段)的一份工程量清单中含有多个单项或单位工程且工程量清单是以单项或单位工程为编制对象时,应注意项目编码中的十至十二位的设置不得重码。例如一个标段(或合同段)的工程量清单中含有三个单项或单位工程,每一单项或单位工程中都有项目特征相同的管道支架，在工程量清单中又需反映三个不同单项或单位工程的管道支架工程量时，此时工程量清单应以单项或单位工程为编制对象，第一个单项或单位工程的管道支架的项目编码为031002001001，第二个单项或单位工程的管道支架的项目编码为031002001002，第三个单项或单位工程的管道支架的项目编码为031002001003，并分别列出各单项或单位工程管道支架的工程量。

分部分项工程量清单项目名称栏应按相关专业国家工程量计算规范的规定，根据拟建工程实际填写。在实际填写过程中，"项目名称"有两种填写方法：一是完全保持相关专业国家工程量计算规范的项目名称不变；二是根据工程实际在工程量计算规范项目名称下另行确定详细名称。

分部分项工程量清单项目特征栏应按相关专业工程国家计量规范的规定，根据拟建工程实际进行描述。

分部分项工程量清单的计量单位应按相关专业工程国家计量规范规定的计量单位填写。有些项目工程量计算规范中有两个或两个以上计量单位，应根据拟建工程项目的实际，选择最适宜表现该项目特征并方便计量的单位。如管道支架项目，工程量计算规范以 kg 和套两个计量单位表示，此时就应根据工程项目的特点，选择其中一个即可。

"工程量"应按相关工程国家工程量计算规范规定的工程量计算规则计算填写。

工程量的有效位数应遵守下列规定：

1）以"t"为单位，应保留小数点后三位小数，第四位小数四舍五入。

2）以"m"、"$m^2$"、"$m^3$"、"kg"为单位，应保留小数点后两位小数，第三位小数四舍五入。

3）以"台"、"个"、"件"、"套"、"根"、"组"、"系统"等为单位，应取整数。

分部分项工程量清单编制应注意的问题：

1）不能随意设置项目名称，清单项目名称一定要按相关专业工程国家计量规范附录的规定设置。

2）正确对项目进行描述，一定要将完成该项目的全部内容完整地体现在清单上，不能有遗漏，以便投标人报价。

(二)措施项目清单

措施项目清单是指为完成工程项目施工，发生于该工程施工准备和施工过程中的技术、生活、安全、环境保护等方面的项目。相关专业工程国家计量规范中有关措施项目的规定和具体条文比较少。投标人可根据施工组织设计中采取的措施增加项目。

措施项目清单的设置,首先要参考拟建工程的施工组织设计,以确定安全文明施工、材料的二次搬运等项目。其次参阅施工技术方案,以确定夜间施工增加费、大型机械进出场及安拆费、脚手架工程费等项目。参阅相关专业工程施工规范及工程质量验收规范,可以确定施工技术方案没有表达的,但是为了实现施工规范及工程验收规范要求而必须发生的技术措施。

(1)措施项目清单应根据拟建工程的实际情况列项。

(2)措施项目中可以计算工程量的项目清单宜采用分部分项工程量清单的方式编制,列出项目编码、项目名称、项目特征、计量单位和工程量计算规则;不能计算工程量的项目清单,以"项"为计量单位。

(3)相关专业工程国家计量规范将实体性项目划分为分部分项工程量清单,非实体性项目划分为措施项目。所谓非实体性项目,一般来说,其费用的发生和金额的大小与使用时间、施工方法或者两个以上工序相关,与实际完成的实体工程量的多少关系不大,典型的是大中型施工机械、文明施工和安全防护、临时设施等。但有的非实体性项目,则是可以计算工程量的项目,典型的是混凝土浇筑的模板工程,用分部分项工程量清单的方式采用综合单价,更有利于措施费的确定和调整,更有利于合同管理。

(三)其他项目清单

其他项目清单是指分部分项工程量清单、措施项目清单所包含的内容以外,因招标人的特殊要求而发生的与拟建工程有关的其他费用项目和相应数量的清单。工程建设标准的高低、工程的复杂程度、工程的工期长短、工程的组成内容、发包人对工程管理要求等都直接影响其他项目清单的具体内容。其他项目清单包括暂列金额、暂估价(包括材料暂估单价、工程设备暂估单价、专业工程暂估价)、计日工、总承包服务费。

**1. 暂列金额**

暂列金额是招标人在工程量清单中暂定并包括在合同价款中的一笔款项。"13计价规范"中明确规定暂列金额用于施工合同签订时尚未确定或者不可预见的所需材料、设备、服务的采购,施工中可能发生的工程变更、合同约定调整因素出现时的工程价款调整以及发生的索赔、现场签证确认等的费用。

不管采用何种合同形式,工程造价理想的标准是,一份合同的价格就是其最终的竣工结算价格,或者至少两者应尽可能接近。我国规定对政府投资工程实行概算管理,经项目审批部门批复的设计概算是工程投资控制的刚性指标,即使商业性开发项目也有成本的预先控制问题,否则,无法相对准确预测投资的收益和科学合理地进行投资控制。但工程建设自身的特性决定了工程的设计需要根据工程进展不断地进行优化和调整,业主需求可能会随工程建设进展出现变化,工程建设过程还会存在一些不能预见、不能确定的因素。消化这些因素必然会影响合同价格的调整,暂列金额正是为这类不可避免的价格调整而设立,以便达到合理确定和有效控制工程造价的目标。

另外,暂列金额列入合同价格不等于就属于承包人所有了,即使是总价包干合同,也不等于列入合同价格的所有金额就属于承包人,是否属于承包人应得金额取决于具体的合同约定,只有按照合同约定程序实际发生后,才能成为承包人的应得金额,纳入合同结算价款中。扣除实际发生金额后的暂列金额余额仍属于发包人所有。设立暂列金额并不能保证合同结算价格就不会再出现超过合同价格的情况,是否超出合同价格完全取决于工程量清单编制人暂列金额预测的准确性,以及工程建设过程是否出现了其他事先未预测到的事件。

**2. 暂估价**

暂估价是指招标阶段直至签订合同协议时,招标人在招标文件中提供的用于支付必然发生但暂时不能确定价格的材料以及专业工程的金额。暂估价包括材料暂估单价、工程设备暂估单价和专业工程暂估价。暂估价类似于FIDIC合同条款中的 Prime Cost Items,在招标阶段预见肯定要发生,只是因为标准不明确或者需要由专业承包人完成,暂时无法确定价格。暂估价数量和拟用项目应当结合工程量清单中的"暂估价表"予以补充说明。

为方便合同管理,需要纳入分部分项工程项目清单综合单价中的暂估价应只是材料费、工程设备费,以方便投标人组价。

专业工程的暂估价一般应是综合暂估价,应当包括除规费和税金以外的管理费、利润等取费。总承包招标时,专业工程设计深度往往是不够的,一般需要交由专业设计人设计,国际上,出于提高可建造性考虑,一般由专业承包人负责设计,以发挥其专业技能和专业施工经验的优势。这类专业工程交由专业分包人完成是国际工程的良好实践,目前在我国工程建设领域也已经比

# 第七章 通风空调工程工程量清单编制

较普遍。公开透明地合理确定这类暂估价的实际开支金额的最佳途径,就是通过施工总承包人与工程建设项目招标人共同组织的招标。

**3. 计日工**

计日工是为解决现场发生的零星工作的计价而设立的,其为额外工作和变更的计价提供了一个方便快捷的途径。计日工适用的所谓零星工作一般是指合同约定之外的或者因变更而产生的、工程量清单中没有相应项目的额外工作,尤其是那些时间不允许事先商定价格的额外工作。计日工以完成零星工作所消耗的人工工时、材料数量、机械台班进行计量,并按照计日工表中填报的适用项目的单价进行计价支付。

国际上常见的标准合同条款中,大多数都设立了计日工(Daywork)计价机制。但在我国以往的工程量清单计价实践中,由于计日工项目的单价水平一般要高于工程量清单项目的单价水平,因而经常被忽略。从理论上讲,由于计日工往往是用于一些突发性的额外工作,缺少计划性,承包人在调动施工生产资源方面难免不影响已经计划好的工作,生产资源的使用效率也有一定的降低,客观上造成超出常规的额外投入。另外,其他项目清单中计日工往往是一个暂定的数量,其无法纳入有效的竞争。所以,合理的计日工单价水平一定是要高于工程量清单的价格水平的。为获得合理的计日工单价,发包人在其他项目清单中对计日工一定要给出暂定数量,并需要根据经验尽可能估算一个较接近实际的数量。

**4. 总承包服务费**

总承包服务费是为了解决招标人在法律、法规允许的条件下进行专业工程发包,以及自行供应材料、设备,并需要总承包人对发包的专业工程提供协调和配合服务,对供应的材料、设备提供收、发和保管服务以及进行施工现场管理时发生,并向总承包人支付的费用。招标人应预计该项费用并按投标人的投标报价向投标人支付该项费用。

为保证工程施工建设的顺利实施,投标人在编制招标工程量清单时,应对施工过程中可能出现的各种不确定因素对工程造价的影响进行估算,列出一笔暂列金额。暂列金额可根据工程的复杂程度、设计深度、工程环境条件(包括地质、水文、气候条件等)进行估算,一般可按分部分项工程费的10%~15%作为参考。

暂估价中的材料、工程设备暂估单价应根据工程造价信息或参照市场价格估算,列出明细表;专业工程暂估价应分不同专业,按有关计价规定估算，列出明细表。

计日工应列出项目名称、计量单位和暂估数量。

总承包服务费应列出服务项目及其内容等。

出现未列的项目，应根据工程实际情况补充。如办理竣工结算时就需将索赔及现场鉴证列入其他项目中。

**(四)规费项目清单**

规费是根据省级政府或省级有关权力部门规定必须缴纳的，应计入建筑安装工程造价的费用。根据住房和城乡建设部、财政部"关于印发《建筑安装工程费用项目组成》的通知"(建标[2013]44号)的规定，规费主要包括社会保险费、住房公积金、工程排污费，其中社会保险费包括养老保险费、医疗保险费、失业保险费、工伤保险费和生育保险费；税金主要包括营业税、城市维护建设税、教育费附加和地方教育附加。规费作为政府和有关权力部门规定必须缴纳的费用，政府和有关权力部门可根据形势发展的需要，对规费项目进行调整，因此，清单编制人对《建筑安装工程费用项目组成》中未包括的规费项目，在编制规费项目清单时应根据省级政府或省级有关权力部门的规定列项。

规费项目清单应按照下列内容列项：

(1)社会保险费：包括养老保险费、失业保险费、医疗保险费、工伤保险费、生育保险费。

(2)住房公积金。

(3)工程排污费。

相对于"08计价规范"，"13计价规范"对规费项目清单进行了以下调整：

(1)根据《中华人民共和国社会保险法》的规定，将"08计价规范"使用的"社会保障费"更名为"社会保险费"，将"工伤保险费、生育保险费"列入社会保险费。

(2)根据十一届全国人大常委会第20次会议将《中华人民共和国建筑法》第四十八条由"建筑施工企业必须为从事危险作业的职工办理意外伤害保险，支付保险费"修改为"建筑施工企业应当依法为职工参加工伤保险缴纳工伤保险费。鼓励企业为从事危险作业的职工办理意外伤害保险，支付保险费"。由于建筑法将意外伤害保险由强制改为鼓励，因此，"13计价规范"中规费项目增加了工伤保险费，删除了意外伤害保险，将其列入企业管理费中列支。

## 第七章 通风空调工程工程量清单编制

(3)根据《财政部、国家发展改革委关于公布取消和停止征收 100 项行政事业性收费项目的通知》(财综[2008]78 号)的规定,工程定额测定费从 2009 年 1 月 1 日起取消,停止征收。因此,"13 计价规范"中规费项目取消了工程定额测定费。

**(五)税金**

根据住房和城乡建设部、财政部"关于印发《建筑安装工程费用项目组成》的通知"(建标[2013]44 号)的规定,目前我国税法规定应计入建筑安装工程造价的税种包括营业税、城市建设维护税、教育费附加和地方教育附加。如国家税法发生变化,税务部门依据职权增加了税种,应对税金项目清单进行补充。

税金项目清单应按下列内容列项:

(1)营业税。

(2)城市维护建设税。

(3)教育费附加。

(4)地方教育附加。

根据财政部《关于统一地方教育政策有关内容的通知》(财综[2011]98 号)的有关规定,"13 计价规范"相对于"08 计价规范",在税金项目增列了地方教育附加项目。

### 五、工程量清单编制标准格式

工程量清单编制使用的表格包括:招标工程量清单封面(封-1),招标工程量清单扉页(扉-1),工程计价总说明表(表-01),分部分项工程和单价措施项目清单与计价表(表-08),总价措施项目清单与计价表(表-11),其他项目清单与计价汇总表(表-12)[暂列金额明细表(表-12-1),材料(工程设备)暂估单价及调整表(表-12-2),专业工程暂估价及结算价表(表-12-3),计日工表(表-12-4),总承包服务费计价表(表-12-5)],规费、税金项目计价表(表-13),发包人提供材料和工程设备一览表(表-20),承包人提供主要材料和工程设备一览表(适用于造价信息差额调整法)(表-21),承包人提供主要材料和工程设备一览表(适用于价格指数差额调整法)(表-22)。

**1. 招标工程量清单封面**

招标工程量清单封面(封-1)上应填写招标工程项目的具体名称,招标人应盖单位公章,如委托工程造价咨询人编制,还应加盖工程造价咨询人所在单位公章。

招标工程量清单封面的样式见表 7-1。

表 7-1　　　　　　　　招标工程量清单封面

|  |
|---|
| ＿＿＿＿＿＿＿＿＿＿＿＿＿＿＿＿工程<br><br>## 招标工程量清单<br><br>招　标　人：＿＿＿＿＿＿＿＿<br>　　　　　　　（单位盖章）<br><br>造价咨询人：＿＿＿＿＿＿＿＿<br>　　　　　　　（单位盖章）<br><br>　　　　　年　月　日 |

封-1

**2. 招标工程量清单扉页**

招标工程量清单扉页（扉-1）由招标人或招标人委托的工程造价咨询人编制招标工程量清单时填写。

招标人自行编制工程量清单的，编制人员必须是在招标人单位注册的造价人员，由招标人盖单位公章，法定代表人或其授权人签字或盖章；当编制人是注册造价工程师时，由其签字盖执业专用章；当编制人是造价员时，由其在编制人栏签字盖专用章，并应由注册造价工程师复核，在复核人栏签字盖执业专用章。

招标人委托工程造价咨询人编制工程量清单的，编制人必须是在工

## 第七章 通风空调工程工程量清单编制

程造价咨询人单位注册的造价人员,由工程造价咨询人该单位资质专用章,法定代表人或其授权人签字或盖章;当编制人是注册造价工程师时,由其签字盖执业专用章;当编制人是造价员时,由其在编制人栏签字该专用章,并应由注册造价师复核,在复核人栏签字盖执业专用章。

招标工程量清单扉页的样式见表 7-2。

表 7-2　　　　　　　　招标工程量清单扉页

_____工程

# 招标工程量清单

招　标　人:_____　　造价咨询人:_____
　　　　（单位盖章）　　　　　　　　　（单位资质专用章）

法定代表人　　　　　　　　　　法定代表人
或其授权人:_____　　或其授权人:_____
　　　（签字或盖章）　　　　　　　　　（签字或盖章）

编　制　人:_____　　复　核　人:_____
　（造价人员签字盖专用章）　　　（造价工程师签字盖专用章）

编制时间:　年　月　日　　复核时间:　年　月　日

扉-1

### 3. 总说明

工程计价总说明表(表-01)适用于工程计价的各个阶段。对工程计价的不同阶段,总说明表中说明的内容是有差别的,要求也有所不同。

(1)工程量清单编制阶段。工程量清单中总说明应包括的内容有:①工程概况:如建设地址、建设规模、工程特征、交通状况、环保要求等;②工程招标和专业工程发包范围;③工程量清单编制依据;④工程质量、材料、施工等的特殊要求;⑤其他需要说明的问题。

(2)招标控制价编制阶段。招标控制价中总说明应包括的内容有:①采用的计价依据;②采用的施工组织设计;③采用的材料价格来源;④综合单价中风险因素、风险范围(幅度);⑤其他等。

(3)投标报价编制阶段。投标报价总说明应包括的内容有:①采用的计价依据;②采用的施工组织设计;③综合单价中包含的风险因素,风险范围(幅度);④措施项目的依据;⑤其他有关内容的说明等。

(4)竣工结算编制阶段。竣工结算中总说明应包括的内容有:①工程概况;②编制依据;③工程变更;④工程价款调整;⑤索赔;⑥其他等。

(5)工程造价鉴定阶段。工程造价鉴定书总说明应包括的内容有:①鉴定项目委托人名称、委托鉴定的内容;②委托鉴定的证据材料;③鉴定的依据及使用的专业技术手段;④对鉴定过程的说明;⑤明确的鉴定结论;⑥其他等。

工程计价总说明的样式见表 7-3。

**表 7-3** 总 说 明

工程名称: 第 页共 页

表-01

## 第七章 通风空调工程工程量清单编制

**4. 分部分项工程和单价措施项目清单与计价表**

分部分项工程和单价措施项目清单与计价表(表-08)是依据"08计价规范"中《分部分项工程量清单与计价表》和《措施项目清单与计价表(二)》合并而来。单价措施项目和分部分项工程项目清单编制与计价均使用本表。

分部分项工程和单价措施项目清单与计价表不只是编制招标工程量清单的表式,也是编制招标控制价、投标报价和竣工结算的最基本用表。在编制工程量清单时,在"工程名称"栏应填写详细具体的工程称谓,对于房屋建筑而言,习惯上并无标段划分,可不填写"标段"栏,但相对于管道敷设、道路施工,则往往以标段划分,此时,应填写"标段"栏,其他各表涉及此类设置,道理相同。

由于各省、自治区、直辖市以及行业建设主管部门对规费计取基础的不同设置,为了计取规费等的使用,使用分部分项工程和单价措施项目清单与计价表可在表中增设其中:"定额人工费"。编制招标控制价时,使用"综合单价"、"合计"以及"其中:暂估价"按"13计价规范"的规定填写。编写投标报价时,投标人对表中的"项目编码"、"项目名称"、"项目特征"、"计量单位"、"工程量"均不应进行改动。"综合单价"、"合价"自主决定填写,对其中的"暂估价"栏,投标人应将招标文件中提供了暂估材料单价的暂估价计入综合单价,并应计算出暂估单价的材料在"综合单价"及其"合价"中的具体数额,因此,为更详细反应暂估价情况,也可在表中增设一栏"综合单价"其中的"暂估价"。

编制竣工结算时,使用分部分项工程和单价措施项目清单与计价表可取消"暂估价"。

分部分项工程和单价措施项目清单与计价表的样式见表7-4。

**表7-4　　　　　分部分项工程和单价措施项目清单与计价表**

工程名称:　　　　　　　　标段:　　　　　　　　第　页共　页

| 序号 | 项目编号 | 项目名称 | 项目特征描述 | 计量单位 | 工程量 | 金额(元) | | |
|---|---|---|---|---|---|---|---|---|
| | | | | | | 综合单价 | 合计 | 其中暂估价 |
| | | | | | | | | |
| | | | | | | | | |
| 本页小计 | | | | | | | | |
| 合　计 | | | | | | | | |

注:为计取规费等使用,可在表中增设其中:"定额人工费"。

表-08

## 5. 总价措施项目清单与计价表

在编制招标工程量清单时,总价措施项目清单与计价表(表-11)中的项目可根据工程实际情况进行增减。在编制招标控制价时,计费基础、费率应按省级或行业建设主管部门的规定计取。编制投标报价时,除"安全文明施工费"必须按"13 计价规范"的强制性规定,按省级、行业建设主管部门的规定计取外,其他措施项目均可根据投标施工组织设计自主报价。

总价措施项目清单与计价表见表 7-5。

表 7-5　　　　　　　　总价措施项目清单与计价表

工程名称:　　　　　　　　标段:　　　　　　　第　页共　页

| 序号 | 项目编码 | 项目名称 | 计算基础 | 费率(%) | 金额(元) | 调整费率(%) | 调整后金额(元) | 备注 |
|---|---|---|---|---|---|---|---|---|
|  |  | 安全文明施工费 |  |  |  |  |  |  |
|  |  | 夜间施工增加费 |  |  |  |  |  |  |
|  |  | 二次搬运费 |  |  |  |  |  |  |
|  |  | 冬雨季施工增加费 |  |  |  |  |  |  |
|  |  | 已完工程及设备保护费 |  |  |  |  |  |  |
|  |  |  |  |  |  |  |  |  |
|  |  |  |  |  |  |  |  |  |
|  |  |  |  |  |  |  |  |  |
|  |  |  |  |  |  |  |  |  |
|  |  |  |  |  |  |  |  |  |
|  |  | 合　计 |  |  |  |  |  |  |

编制人(造价人员):　　　　　　　　　　　复核人(造价工程师):

注:1. "计算基础"中安全文明施工费可为"定额基价"、"定额人工费"或"定额人工费+定额机械费",其他项目可为"定额人工费"或"定额人工费+定额机械费"

　　2. 按施工方案计算的措施费,若无"计算基础"和"费率"的数值,也可只填"金额"数值,但应在备注栏说明施工方案出处或计算方法。

表-11

## 6. 其他项目清单与计价汇总表

编制招标工程量清单,应汇总"暂列金额"和"专业工程暂估价",以提供给投标人报价。

编制招标控制价,应按有关计价规定估算"计日工"和"总承包服务

## 第七章 通风空调工程工程量清单编制

费"。如招标工程量清单中未列"暂列金额",应按有关规定编列。编制投标报价,应按招标文件工程量提供的"暂列金额"和"专业工程暂估价"填写金额,不得变动。"计日工"、"总承包服务费"自主确定报价。编制或核对竣工结算,"专业工程暂估价"按实际分包结算价填写,"计日工"、"总承包服务费"按双方认可的费用填写,如发生"索赔"或"现场签证"费用,按双方认可的金额计入其他项目清单与计价汇总表(表-12)。

其他项目清单与计价汇总表的样式见表 7-6。

表 7-6　　　　　　　　其他项目清单与计价汇总表

工程名称:　　　　　　　　标段:　　　　　　　第　页共　页

| 序号 | 项目名称 | 金额(元) | 结算金额(元) | 备　注 |
|---|---|---|---|---|
| 1 | 暂列金额 |  |  | 明细详见表-12-1 |
| 2 | 暂估价 |  |  |  |
| 2.1 | 材料(工程设备)暂估价/结算价 | — |  | 明细详见表-12-2 |
| 2.2 | 专业工程暂估价/结算价 |  |  | 明细详见表-12-3 |
| 3 | 计日工 |  |  | 明细详见表-12-4 |
| 4 | 总承包服务费 |  |  | 明细详见表-12-5 |
| 5 | 索赔与现场签证 | — |  | 明细详见表-12-6 |
|  |  |  |  |  |
|  |  |  |  |  |
|  |  |  |  |  |
|  |  |  |  |  |
|  |  |  |  |  |
|  |  |  |  |  |
|  |  |  |  |  |
|  |  |  |  |  |
|  |  |  |  |  |
|  | 合　　计 |  |  | — |

注:材料(工程设备)暂估单价计入清单项目综合单价,此处不汇总。

## 7. 暂列金额明细表

暂列金额在实际履约过程中可能发生,也可能不发生。暂列金额明细表(表-12-1)要求招标人能将暂列金额与拟用项目列出明细,但如确实不能详列也可只列暂定金额总额,投标人应将上述暂列金额计入投标总价中。

暂列金额明细表的样式见表 7-7。

表 7-7 暂列金额明细表

工程名称: 标段: 第 页共 页

| 序号 | 项目名称 | 计量单位 | 暂定金额(元) | 备 注 |
|---|---|---|---|---|
| 1 | | | | |
| 2 | | | | |
| 3 | | | | |
| 4 | | | | |
| 5 | | | | |
| 6 | | | | |
| 7 | | | | |
| 8 | | | | |
| 9 | | | | |
| 10 | | | | |
| 11 | | | | |
| 合 计 | | | | — |

注:此表由招标人填写,如不能详列,也可只列暂定金额总额,投标人应将上述暂列金额计入投标总价中。

表-12-1

## 8. 材料(工程设备)暂估单价及调整表

暂估价是在招标阶段预见肯定要发生,只是因为标准不明确或者需要由专业承包人完成,暂时无法确定材料、工程设备的具体价格而采用的一种临时性计价方式。暂估价的材料、工程设备数量应在材料(工程设备)暂估单价及调整表(表-12-2)内填写,拟用项目应在备注栏给予补充说明。

"13 计价规范"要求招标人针对每一类暂估价给出相应的拟用项目,即按照材料、工程设备的名称分别给出,这样的材料、工程设备暂估价能

# 第七章 通风空调工程工程量清单编制

够纳入到清单项目的综合单价中。

材料(工程设备)暂估单价及调整表的样式见表 7-8。

表 7-8 材料(工程设备)暂估单价及调整表

工程名称： 标段： 第 页共 页

| 序号 | 材料(工程设备)名称、规格、型号 | 计量单位 | 数量 | | 暂估(元) | | 确认(元) | | 差额±(元) | | 备注 |
|---|---|---|---|---|---|---|---|---|---|---|---|
| | | | 暂估 | 确认 | 单价 | 合价 | 单价 | 合价 | 单价 | 合价 | |
| | | | | | | | | | | | |
| | | | | | | | | | | | |
| | | | | | | | | | | | |
| | | | | | | | | | | | |
| 合计 | | | | | | | | | | | |

注：此表由招标人填写"暂估单价"，并在备注栏说明暂估单价的材料、工程设备拟用在哪些清单项目上，投标人应将上述材料、工程设备暂估单价计入工程量清单综合单价报价中。

表-12-2

### 9. 专业工程暂估价及结算价表

专业工程暂估价表(表-12-3)内应填写工程名称、工程内容、暂估金额，投标人应将上述金额计入投标总价中。专业工程暂估价项目及其表中列明的专业工程暂估价，是指分包人实施专业工程的含税金后的完整价，除了合同约定的发包人应承担的总包管理、协调、配合和服务责任所对应的总承包服务费以外，承包人为履行其总包管理、配合、协调和服务所需产生的费用应该包括在投标报价中。

专业工程暂估价表的样式见表 7-9。

表 7-9 专业工程暂估价及结算价表

工程名称： 标段： 第 页共 页

| 序号 | 工程名称 | 工程内容 | 暂估金额(元) | 结算金额(元) | 差额±(元) | 备注 |
|---|---|---|---|---|---|---|
| | | | | | | |
| | | | | | | |
| | | | | | | |
| | | | | | | |
| | 合 计 | | | | | |

注：此表"暂估金额"由招标人填写，招标人应将"暂估金额"计入投标总价中。结算时按合同约定结算金额填写。

表-12-3

## 10. 计日工表

编制工程量清单时,计日工表(表-12-4)中"项目名称"、"单位"、"暂定数量"由招标人填写。编制招标控制价时,人工、材料、机械台班单价由招标人按有关计价规定填写并计算合价。编制投标报价时,人工、材料、机械台班单价由投标人自主确定,按已给暂估数量计算合计计入投标总价中。

计日工表的样式见表 7-10。

表 7-10　　　　　　　　　　计日工表

工程名称:　　　　　　　　标段:　　　　　　　　第　页共　页

| 编号 | 项目名称 | 单位 | 暂定数量 | 实际数量 | 综合单价(元) | 合价(元) | |
|---|---|---|---|---|---|---|---|
| | | | | | | 暂定 | 实际 |
| 一 | 人工 | | | | | | |
| 1 | | | | | | | |
| 2 | | | | | | | |
| 3 | | | | | | | |
| 4 | | | | | | | |
| | 人工小计 | | | | | | |
| 二 | 材料 | | | | | | |
| 1 | | | | | | | |
| 2 | | | | | | | |
| 3 | | | | | | | |
| 4 | | | | | | | |
| 5 | | | | | | | |
| | 材料小计 | | | | | | |
| 三 | 施工机械 | | | | | | |
| 1 | | | | | | | |
| 2 | | | | | | | |
| 3 | | | | | | | |
| 4 | | | | | | | |
| | 施工机械小计 | | | | | | |
| 四、企业管理费和利润 | | | | | | | |
| 总　　计 | | | | | | | |

注:此表项目名称、暂定数量由招标人填写,编制招标控制价时,单价由招标人按有关规定确定;投标时,单价由投标人自主确定,按暂定数量计算合价计入投标总价中;结算时,按发承包双方确定的实际数量计算合价。

表-12-4

## 11. 总承包服务费计价表

编制招标工程量清单时,招标人应将拟定进行专业分包的专业工程、自行采购的材料设备等决定清楚,填写项目名称、服务内容,以便投标人决定报价。编制招标控制价时,招标人按有关计价规定计价。编制投标报价时,由投标人根据工程量清单中的总承包服务内容,自主决定报价。办理竣工结算时,发承包双方应按承包人已标价工程量清单中的报价计算,如发承包双方确定调整的,按调整后的金额计算。

总承包服务费计价表的样式见表 7-11。

表 7-11　　　　　　　　总承包服务费计价表

工程名称：　　　　　　　　标段：　　　　　　　第　页共　页

| 序号 | 项目名称 | 项目价值(元) | 服务内容 | 计算基础 | 费率(%) | 金额(元) |
|---|---|---|---|---|---|---|
| 1 | 发包人发包专业工程 | | | | | |
| 2 | 发包人提供材料 | | | | | |
| | | | | | | |
| | | | | | | |
| | | | | | | |
| | | | | | | |
| | | | | | | |
| | 合　计 | | — | — | — | |

注：此表项目名称、服务内容由招标人填写,编制招标控制价时,费率及金额由招标人按有关计价规定确定；投标时,费率及金额由投标人自主报价,计入投标总价中。

表-12-5

## 12. 规费、税金项目计价表

规费、税金项目计价表(表-13)应按住房和城乡建设部、财政部印发的《建筑安装工程费用项目组成》(建标〔2013〕44号)列举的规费项目列项,在施工实践中,有的规费项目,如工程排污费,并非每个工程所在地都要征收,时间中可作为按实计算的费用处理。

规费、税金项目计价表的样式见表 7-12。

表 7-12　　　　　　　　规费、税金项目计价表

工程名称：　　　　　　　　标段：　　　　　　　第　页共　页

| 序号 | 项目名称 | 计算基础 | 计算基数 | 计算费率(%) | 金额(元) |
|---|---|---|---|---|---|
| 1 | 规费 | 定额人工费 | | | |
| 1.1 | 社会保险费 | 定额人工费 | | | |
| (1) | 养老保险费 | 定额人工费 | | | |
| (2) | 失业保险费 | 定额人工费 | | | |

续表

| 序号 | 项目名称 | 计算基础 | 计算基数 | 计算费率(%) | 金额(元) |
|---|---|---|---|---|---|
| (3) | 医疗保险费 | 定额人工费 | | | |
| (4) | 工伤保险费 | 定额人工费 | | | |
| (5) | 生育保险费 | 定额人工费 | | | |
| 1.2 | 住房公积金 | 定额人工费 | | | |
| 1.3 | 工程排污费 | 按工程所在地环境保护部门收取标准,按实计入 | | | |
| | | | | | |
| 2 | 税金 | 分部分项工程费＋措施项目费＋其他项目费＋规费－按规定不计税的工程设备金额 | | | |
| 合 计 | | | | | |

编制人(造价人员):　　　　　复核人(造价工程师):

表-13

### 13. 发包人提供材料和工程设备一览表（表-20）

发包人提供材料和工程设备一览表的样式见表7-13。

表7-13　　　　　发包人提供材料和工程设备一览表

工程名称:　　　　　　　　标段:　　　　　　第　页共　页

| 序号 | 材料(工程设备)名称、规格、型号 | 单位 | 数量 | 单价(元) | 交货方式 | 送达地点 | 备注 |
|---|---|---|---|---|---|---|---|
| | | | | | | | |
| | | | | | | | |
| | | | | | | | |
| | | | | | | | |
| | | | | | | | |
| | | | | | | | |
| | | | | | | | |
| | | | | | | | |

注:此表由招标人填写,供投标人在投标报价,确定总承包服务费时参考

表-20

## 14. 承包人提供主要材料和工程设备一览表（适用于造价信息差额调整法）（表-21）

承包人提供主要材料和工程设备一览表（适用于造价信息差额调整法）的样式见表 7-14。

表 7-14　　　　承包人提供主要材料和工程设备一览表
（适用于造价信息差额调整法）

工程名称：　　　　　　　标段：　　　　　　　第　页共　页

| 序号 | 名称、规格、型号 | 单位 | 数量 | 风险系数（%） | 基准单价（元） | 投标单价（元） | 发承包人确认单价(元) | 备注 |
|---|---|---|---|---|---|---|---|---|
|  |  |  |  |  |  |  |  |  |
|  |  |  |  |  |  |  |  |  |
|  |  |  |  |  |  |  |  |  |
|  |  |  |  |  |  |  |  |  |
|  |  |  |  |  |  |  |  |  |
|  |  |  |  |  |  |  |  |  |
|  |  |  |  |  |  |  |  |  |
|  |  |  |  |  |  |  |  |  |
|  |  |  |  |  |  |  |  |  |
|  |  |  |  |  |  |  |  |  |
|  |  |  |  |  |  |  |  |  |

注：1. 此表由招标人填写除"投标单价"栏的内容，投标人在投标时自主确定投标单价。
　　2. 招标人应优先采用工程造价管理机构发布的单价作为基准单价，未发布的，通过市场调查确定其基准单价。

表-21

## 15. 承包人提供主要材料和工程设备一览表（适用于价格指数差额调整法）（表-22）

承包人提供主要材料和工程设备一览表（适用于价格指数差额调整法）的样式见表 7-15。

表 7-15　　　承包人提供主要材料和工程设备一览表
（适用于价格指数差额调整法）

工程名称：　　　　　　　　　标段：　　　　　　　第　页共　页

| 序号 | 名称、规格、型号 | 变值权重 $B$ | 基本价格指数 $F_0$ | 现行价格指数 $F_t$ | 备注 |
|---|---|---|---|---|---|
|  |  |  |  |  |  |
|  |  |  |  |  |  |
|  |  |  |  |  |  |
|  |  |  |  |  |  |
|  |  |  |  |  |  |
|  |  |  |  |  |  |
|  |  |  |  |  |  |
| 定值权重 $A$ |  |  | — | — |  |
| 合　计 |  | 1 |  |  |  |

注：1. "名称、规格、型号"、"基本价格指数"栏由招标人填写，基本价格指数应首先采用工程造价管理机构发布的价格指数，没有时，可采用发布的价格代替。如人工、机械费也采用本法调整，由招标人在名称"名称"栏填写。
2. "变值权重"栏由投标人根据该项人工、机械费和材料、工程设备价值在投标总报价中所占比例填写，1 减去其比例为定值权重。
3. "现行价格指数"按约定付款证书相关周期最后一天的前 42 天的各项价格指数填写，该指数应首先采用工程造价管理机构发布的价格指数，没有时，可采用发布的价格代替。

表-22

## 第四节　通风空调工程工程量清单编制

### 一、清单项目设置及工程量计算规则

**1. 通风及空调设备及部件制作安装**

通风及空调设备及部件制作安装工程量清单项目设置、项目特征描述的内容、计量单位及工程量计算规则见表 7-16。

# 第七章 通风空调工程工程量清单编制

表 7-16　　通风及空调设备及部件制作安装（编码：030701）

| 项目编码 | 项目名称 | 项目特征 | 计量单位 | 工程量计算规则 | 工作内容 |
|---|---|---|---|---|---|
| 030701001 | 空气加热器（冷却器） | 1. 名称<br>2. 型号<br>3. 规格<br>4. 质量<br>5. 安装形式<br>6. 支架形式、材质 | 台 | 按设计图示数量计算 | 1. 本体安装、调试<br>2. 设备支架制作、安装<br>3. 补刷(喷)油漆 |
| 030701002 | 除尘设备 | | | | |
| 030701003 | 空调器 | 1. 名称<br>2. 型号<br>3. 规格<br>4. 安装形式<br>5. 质量<br>6. 隔振垫(器)、支架形式、材质 | 台<br>(组) | | 1. 本体安装或组装、调试<br>2. 设备支架制作、安装<br>3. 补刷(喷)油漆 |
| 030701004 | 风机盘管 | 1. 名称<br>2. 型号<br>3. 规格<br>4. 安装形式<br>5. 减振器、支架形式、材质<br>6. 试压要求 | 台 | | 1. 本体安装、调试<br>2. 支架制作、安装<br>3. 试压<br>4. 补刷(喷)油漆 |
| 030701005 | 表冷器 | 1. 名称<br>2. 型号<br>3. 规格 | | | 1. 本体安装、调试<br>2. 型钢制作、安装<br>3. 过滤器安装<br>4. 挡水板安装<br>5. 调试及运转<br>6. 补刷(喷)油漆 |
| 030701006 | 密闭门 | 1. 名称<br>2. 型号<br>3. 规格<br>4. 形式<br>5. 支架形式、材质 | 个 | | 1. 本体制作<br>2. 本体安装<br>3. 支架制作、安装 |
| 030701007 | 挡水板 | | | | |
| 030701008 | 滤水器、溢水盘 | | | | |
| 030701009 | 金属壳体 | | | | |

续表

| 项目编码 | 项目名称 | 项目特征 | 计量单位 | 工程量计算规则 | 工作内容 |
|---|---|---|---|---|---|
| 030701010 | 过滤器 | 1. 名称<br>2. 型号<br>3. 规格<br>4. 类型<br>5. 框架形式、材质 | 1. 台<br>2. $m^2$ | 1. 以台计量，按设计图示数量计算<br>2. 以面积计量，按设计图示尺寸以过滤面积计算 | 1. 本体安装<br>2. 框架制作、安装<br>3. 补刷(喷)油漆 |
| 030701011 | 净化工作台 | 1. 名称<br>2. 型号<br>3. 规格<br>4. 类型 | 台 | 按设计图示数量计算 | 1. 本体安装<br>2. 补刷(喷)油漆 |
| 030701012 | 风淋室 | 1. 名称<br>2. 型号<br>3. 规格<br>4. 类型<br>5. 质量 | 台 | 按设计图示数量计算 | 1. 本体安装<br>2. 补刷(喷)油漆 |
| 030701013 | 洁净室 | 1. 名称<br>2. 型号<br>3. 规格<br>4. 类型<br>5. 质量 | 台 | 按设计图示数量计算 | 1. 本体安装<br>2. 补刷(喷)油漆 |
| 030701014 | 除湿机 | 1. 名称<br>2. 型号<br>3. 规格<br>4. 类型 | 台 | 按设计图示数量计算 | 本体安装 |
| 030701015 | 人防过滤吸收器 | 1. 名称<br>2. 规格<br>3. 形式<br>4. 材质<br>5. 支架形式、材质 | 台 | 按设计图示数量计算 | 1. 过滤吸收器安装<br>2. 支架制作、安装 |

## 2. 通风管道制作安装

通风管道制作安装工程量清单项目设置、项目特征描述的内容、计量单位及工程量计算规则见表7-17。

表 7-17　　　　通风管道制作安装（编码：030702）

| 项目编码 | 项目名称 | 项目特征 | 计量单位 | 工程量计算规则 | 工作内容 |
|---|---|---|---|---|---|
| 030702001 | 碳钢通风管道 | 1. 名称<br>2. 材质<br>3. 形状<br>4. 规格<br>5. 板材厚度<br>6. 管件、法兰等附件及支架设计要求<br>7. 接口形式 | m² | 按设计图示内径尺寸以展开面积计算 | 1. 风管、管件、法兰、零件、支吊架制作、安装<br>2. 过跨风管落地支架制作、安装 |
| 030702002 | 净化通风管道 | ^ | | | |
| 030702003 | 不锈钢板通风管道 | 1. 名称<br>2. 形状<br>3. 规格<br>4. 板材厚度<br>5. 管件、法兰等附件及支架设计要求<br>6. 接口形式 | | | |
| 030702004 | 铝板通风管道 | | | | |
| 030702005 | 塑料通风管道 | | | | |
| 030702006 | 玻璃钢通风管道 | 1. 名称<br>2. 形状<br>3. 规格<br>4. 板材厚度<br>5. 支架形式、材质<br>6. 接口形式 | | 按设计图示外径尺寸以展开面积计算 | 1. 风管、管件安装<br>2. 支吊架制作、安装<br>3. 过跨风管落地支架制作、安装 |
| 030702007 | 复合型风管 | 1. 名称<br>2. 材质<br>3. 形状<br>4. 规格<br>5. 板材厚度<br>6. 接口形式<br>7. 支架形式、材质 | | | |

续表

| 项目编码 | 项目名称 | 项目特征 | 计量单位 | 工程量计算规则 | 工作内容 |
|---|---|---|---|---|---|
| 030702008 | 柔性软风管 | 1. 名称<br>2. 材质<br>3. 规格<br>4. 风管接头、支架形式、材质 | 1. m<br>2. 节 | 1. 以米计算,按设计图示中心线长度计算<br>2. 以节计量,按设计图示数量计算 | 1. 风管安装<br>2. 风管接头安装<br>3. 支吊架制作、安装 |
| 030702009 | 弯头导流叶片 | 1. 名称<br>2. 材质<br>3. 规格<br>4. 形式 | 1. $m^2$<br>2. 组 | 1. 以面积计量,按设计图示以展开面积平方米计算<br>2. 以组计量,按设计图示数量计算 | 1. 制作<br>2. 组装 |
| 030702010 | 风管检查孔 | 1. 名称<br>2. 材质<br>3. 规格 | 1. kg<br>2. 个 | 1. 以千克计量,按风管检查孔质量计算<br>2. 以个计量,按设计图示数量计算 | 1. 制作<br>2. 安装 |
| 030702011 | 温度、风量测定孔 | 1. 名称<br>2. 材质<br>3. 规格<br>4. 设计要求 | 个 | 按设计图示数量计算 | |

### 3. 通风管道部件制作安装

通风管道部件制作安装工程量清单项目设置、项目特征描述的内容、计量单位及工程量计算规则见表 7-18。

表 7-18　　　　　通风管道部件制作安装（编码：030703）

| 项目编码 | 项目名称 | 项目特征 | 计量单位 | 工程量计算规则 | 工作内容 |
|---|---|---|---|---|---|
| 030703001 | 碳钢阀门 | 1. 名称<br>2. 型号<br>3. 规格<br>4. 质量<br>5. 类型<br>6. 支架形式、材质 | 个 | 按设计图示数量计算 | 1. 阀体制作<br>2. 阀体安装<br>3. 支架制作、安装 |
| 030703002 | 柔性软风管阀门 | 1. 名称<br>2. 规格<br>3. 材质<br>4. 类型 | 个 | 按设计图示数量计算 | 阀体安装 |
| 030703003 | 铝蝶阀 | 1. 名称<br>2. 规格<br>3. 质量<br>4. 类型 | 个 | 按设计图示数量计算 | 阀体安装 |
| 030703004 | 不锈钢蝶阀 | | 个 | | |
| 030703005 | 塑料阀门 | 1. 名称<br>2. 型号<br>3. 规格<br>4. 类型 | 个 | 按设计图示数量计算 | 阀体安装 |
| 030703006 | 玻璃钢蝶阀 | | 个 | | |
| 030703007 | 碳钢风口、散流器、百叶窗 | 1. 名称<br>2. 型号<br>3. 规格<br>4. 质量<br>5. 类型<br>6. 形式 | 个 | 按设计图示数量计算 | 1. 风口制作、安装<br>2. 散流器制作、安装<br>3. 百叶窗安装 |

续一

| 项目编码 | 项目名称 | 项目特征 | 计量单位 | 工程量计算规则 | 工作内容 |
|---|---|---|---|---|---|
| 030703008 | 不锈钢风口、散流器、百叶窗 | 1. 名称<br>2. 型号<br>3. 规格<br>4. 质量<br>5. 类型<br>6. 形式 | 个 | 按设计图示数量计算 | 1. 风口制作、安装<br>2. 散流器制作、安装<br>3. 百叶窗安装 |
| 030703009 | 塑料风口、散热器、百叶窗 | | | | |
| 030703010 | 玻璃钢风口 | 1. 名称<br>2. 型号<br>3. 规格<br>4. 类型<br>5. 形式 | | | 风口安装 |
| 030703011 | 铝及铝合金风口、散热器 | | | | 1. 风口制作、安装<br>2. 散流器制作、安装 |
| 030703012 | 碳钢风帽 | 1. 名称<br>2. 规格<br>3. 质量<br>4. 类型<br>5. 形式<br>6. 风帽筝绳、泛水设计要求 | | | 1. 风帽制作、安装<br>2. 筒形风帽滴水盘制作、安装<br>3. 风帽筝绳制作、安装<br>4. 风帽泛水制作、安装 |
| 030703013 | 不锈钢风帽 | | | | |
| 030703014 | 塑料风帽 | | | | |
| 030703015 | 铝板伞形风帽 | | | | 1. 板伞形风帽制作、安装<br>2. 风帽筝绳制作、安装<br>3. 风帽泛水制作、安装 |
| 030703016 | 玻璃钢风帽 | | | | 1. 玻璃钢风帽安装<br>2. 筒形风帽滴水盘安装<br>3. 风帽筝绳安装<br>4. 风帽泛水安装 |
| 030703017 | 碳钢罩类 | 1. 名称<br>2. 型号<br>3. 规格<br>4. 质量<br>5. 类型<br>6. 形式 | | | 1. 罩类制作<br>2. 罩类安装 |
| 030703018 | 塑料罩类 | | | | |

# 第七章 通风空调工程工程量清单编制

续二

| 项目编码 | 项目名称 | 项目特征 | 计量单位 | 工程量计算规则 | 工作内容 |
|---|---|---|---|---|---|
| 030703019 | 柔性接口 | 1. 名称<br>2. 规格<br>3. 材质<br>4. 类型<br>5. 形式 | $m^2$ | 按设计图示尺寸以展开面积计算 | 1. 柔性接口制作<br>2. 柔性接口安装 |
| 030703020 | 消声器 | 1. 名称<br>2. 规格<br>3. 材质<br>4. 形式<br>5. 质量<br>6. 支架形式、材质 | 个 | 按设计图示数量计算 | 1. 消声器制作<br>2. 消声器安装<br>3. 支架制作、安装 |
| 030703021 | 静压箱 | 1. 名称<br>2. 规格<br>3. 形式<br>4. 材质<br>5. 支架形式、材质 | 1. 个<br>2. $m^2$ | 1. 以个计量,按设计图示数量计算<br>2. 以平方米计量,按设计图示尺寸以展开面积计算 | 1. 静压箱制作、安装<br>2. 支架制作、安装 |
| 030703022 | 人防超压自动排气阀 | 1. 名称<br>2. 型号<br>3. 规格<br>4. 类型 | 个 | 按设计图示数量计算 | 安装 |
| 030703023 | 人防手动密闭阀 | 1. 名称<br>2. 型号<br>3. 规格<br>4. 支架形式、材质 | 个 | 按设计图示数量计算 | 1. 密闭阀安装<br>2. 支架制作、安装 |
| 030703024 | 人防其他部件 | 1. 名称<br>2. 型号<br>3. 规格<br>4. 类型 | 个(套) | 按设计图示数量计算 | 安装 |

### 4. 通风工程检测、调试

通风工程检测、调试工程量清单项目设置、项目特征描述的内容、计量单位及工程量计算规则见表 7-19。

表 7-19　　　　　　　10kV 以下架空配电线路(编码:030704)

| 项目编码 | 项目名称 | 项目特征 | 计量单位 | 工程量计算规则 | 工作内容 |
| --- | --- | --- | --- | --- | --- |
| 030704001 | 通风工程检测、调试 | 风管工程量 | 系统 | 按通风系统计算 | 1. 通风管道风量测定<br>2. 风压测定<br>3. 温度测定<br>4. 各系统风口、阀门调整 |
| 030704002 | 风管漏光试验、漏风试验 | 漏光试验、漏风试验、设计要求 | $m^2$ | 按设计图纸或规范要求以展开面积计算 | 通风管道漏光试验、漏风试验 |

## 二、清单项目设置有关问题的说明

(1)通风空调工程适用于通风(空调)设备及部件、通风管道及部件的制作安装工程。

(2)冷冻机组站内的设备安装、通风机安装及人防两用通风机安装,应按《通用安装工程工程量计算规范》(GB 50856—2013)附录 A 机械设备安装工程相关项目编码列项。

(3)冷冻机组站内的管道安装,应按《通用安装工程工程量计算规范》(GB 50856—2013)附录 H 工业管道工程相关项目编码列项。

(4)冷冻站外墙皮以外通往通风空调设备的供热、供冷、供水等管道,应按《通用安装工程工程量计算规范》(GB 50856—2013)附录 K 给排水、采暖、燃气工程相关项目编码列项。

(5)设备和支架的除锈、刷漆、保温及保护层安装,应按《通用安装工程工程量计算规范》(GB 50856—2013)附录 M 刷油、防腐蚀、绝热工程相关项目编码列项。

### (一)通风及空调设备及部件制作安装

**1. 概况**

(1)本节为通风及空调设备安装工程,包括空气加热器(冷却器)、除尘设备、空调器、风机盘管、表冷器、密闭门、挡水板、滤水器、溢水盘、金属壳体、过滤器、净化工作台、风淋室、洁净室、除湿机、人防过滤吸收器制作安装项目。

(2)通风空调设备应按项目特征不同编制工程量清单,如风机安装的形式应描述离心式、轴流式、屋顶式、卫生间通风器,规格为风机叶轮直径4号、5号等;除尘器应标出每台的重量;空调器的安装位置应描述吊顶式、落地式、墙上式、窗式、分段组装式并标出每台空调器的质量;风机盘管的安装应标出吊顶式、落地式;过滤器的安装应描述初效过滤器、中效过滤器、高效过滤器。

**2. 需要说明的问题**

通风空调设备安装的地脚螺栓按设备自带考虑。

### (二)通风管道制作安装

**1. 概况**

(1)通风管道制作安装工程,包括碳钢通风管道、净化通风管道、不锈钢板通风管道、铝板通风管道、塑料通风管道、玻璃钢通风管道、复合型风管、柔性软风管、弯头导流叶片、风管检查孔、温度、风量测定孔。

(2)通风管道制作安装工程量清单应描述风管的材质、形状(圆形、矩形、渐缩形)、规格、板材厚度、管件、法兰等附件及支架设计要求,接口形式等项目特征,按工程量清单特征或图纸要求报价。

**2. 需要说明的问题**

(1)风管展开面积,不扣除检查孔、测定孔、送风口、吸风口等所占面积;风管长度一律以设计图示中心线长度为准(主管与支管以其中心线交点划分),包括弯头、三通、变径管、天圆地方等管件的长度,但不包括部件所占的长度。风管展开面积不包括风管、管口重叠部分面积。风管渐缩管:圆形风管按平均直径;矩形风管按平均周长。

(2)穿墙套管按展开面积计算,计入通风管道工程量中。

(3)通风管道的法兰垫料或封口材料,按图纸要求应在项目特征中描述。

(4)净化通风管的空气洁净度按100000级标准编制,净化通风管使用的型钢材料如要求镀锌时,工作内容应注明支架镀锌。

(5)弯头导流叶片流量,按设计图纸或规范要求计算。

(6)风管检查孔、温度测定孔、风量测定孔数量,按设计图纸或规范要求计算。

(三)通风管道部件制作安装

### 1. 概况

通风管道部件制作安装,包括各种材质、规格和类型的阀门、风口、风帽,散流器、百叶窗、碳钢罩类、塑料罩类、柔性接口、消声器、静压箱、人防超压自动排气阀、人防手动密闭阀、人防其他部件等项目。通风管道部件制作安装工程量清单应描述部件的名称、型号、规格、类型、直接形式、材质,风帽筝绳、泛水设计要求等项目特征,按工程量清单特征或者图纸要求报价。

### 2. 需要说明的问题

(1)碳钢阀门包括:空气加热器上通阀、空气加热器旁通阀、圆形瓣式启动阀、风管蝶阀、风管止回阀、密闭式斜插板阀、矩形风管三通调节阀、对开多叶调节阀、风管防火阀、各型风罩调节阀等。

(2)塑料阀门包括:塑料蝶阀、塑料插板阀、各型风罩塑料调节阀。

(3)碳钢风口、散流器、百叶窗包括:百叶风口、矩形送风口、矩形空气分布器、风管插板风口、旋转吹风口、圆形散流器、方形散流器、流线型散流器、送吸风口、活动箅式风口、网式网口、钢百叶窗等。

(4)碳钢罩类包括:皮带防护罩、电动机防雨罩、侧吸罩、中小型零件焊接台排气罩、整体分组式槽边侧吸罩、吹吸式槽边通风罩、条缝槽边抽风罩、泥心烘炉排气罩、升降式回转排气罩、上下吸式圆形回转罩、升降式排气罩、手锻炉排气罩。

(5)塑料罩类包括:塑料槽边侧吸罩、塑料槽边风罩、塑料条缝槽边抽风罩。

(6)柔性接口包括:金属、非金属软接口及伸缩节。

(7)消声器包括:片式消声器、矿棉管式消声器、聚酯泡沫管式消声器、卡普隆纤维管式消声器、弧形声流式消声器、阻抗复合式消声器、微穿孔板消声器、消声弯头。

(8)通风部件如图纸要求制作安装或用成品部件只安装不制作,这类特征在项目特征中应明确描述。

(9)静压箱的面积计算:按设计图示尺寸以展开面积计算,不扣除开口的面积。

**(四)通风工程检测、调试**

安装单位应在工程安装完后做系统检测及调试。通风工程检测、调试项目,包括通风工程检测、调试和风管漏光试验、漏风试验。通风工程检测、调试工作内容包括通风管道风量、风压、温度测定,各系统风口、阀门调整。其工程量按通风系统计算。风管漏光、漏风试验工程量按设计图纸或规范要求以展开面积计算。

# 第八章 通风空调工程清单计价体系

## 第一节 通风空调工程招标与招标控制价编制

### 一、通风空调工程招标概述

#### (一)工程招标的含义及范围

工程招标是指招标单位就拟建的工程发布公告或通知,以法定方式吸引施工单位参加竞争,招标单位从中选择条件优越者完成工程建设任务的法定行为。进行工程招标,招标人必须根据工程项目的特点,结合自身的管理能力,确定工程的招标范围。

**1. 必须招标的范围**

根据《中华人民共和国招标投标法》的规定,在中华人民共和国境内进行的下列工程项目必须进行招标:

(1)大型基础设施、公用事业等关系社会公共利益、公众安全的项目。

(2)全部或部分使用国有资金或者国家融资的项目。

(3)使用国际组织或者外国政府贷款、援助资金的项目。

**2. 可以不进行招标的范围**

根据《中华人民共和国招标投标法》和有关规定,属于下列情形之一的,经县级以上地方人民政府建设行政主管部门批准,可以不进行招标:

(1)涉及国家安全、国家秘密的工程。

(2)抢险救灾工程。

(3)利用扶贫资金实行以工代赈、需要使用农民工等特殊情况。

(4)建筑造型有特殊要求的设计。

(5)采用特定专利技术、专有技术进行设计或施工。

(6)停建或者缓建后恢复建设的单位工程,且承包人未发生变更的。

(7)施工企业自建自用的工程,且施工企业资质等级符合工程要求的。

(8)在建工程追加的附属小型工程或者主体加层工程,且承包人未发生变更的。

(9)法律、法规、规章规定的其他情形。

(二)工程招标的方式

**1. 公开招标**

公开招标是指招标人以招标公告的方式邀请不特定的法人或者其他组织投标。公开招标是一种无限制的竞争方式,按竞争程度又可分为国际竞争性招标和国内竞争性招标。这种招标方式可为所有的承包商提供一个平等竞争的机会,业主有较大的选择余地,有利于降低工程造价,提高工程质量和缩短工期,但由于参与竞争的承包商可能很多,会增加资格预审和评标的工作量。还有可能出现故意压低投标报价的投机承包商以低价挤掉对报价严肃认真而报价较高的承包商。

因此,采用公开招标方式时,业主要加强资格预审,认真评标。

**2. 邀请招标**

邀请招标是指招标人以投标邀请书的方式邀请其他的法人或者其他组织投标。这种招标方式的优点是经过选择的投标单位在施工经验、技术力量、经济和信誉上都比较可靠,因而,一般能保证工程进度和质量要求。另外,参加投标的承包商数量少,因而招标时间相对缩短,招标费用也较少。

由于邀请招标在价格、竞争的公平方面仍存在一些不足之处,因此《中华人民共和国招标投标法》规定,国家重点项目和省、自治区、直辖市的地方重点项目不宜进行公开招标的,经过批准后可以进行邀请招标。

(三)工程招标的程序

(1)招标单位自行办理招标事宜,应当建立专门的招标机构。建设单位招标应当具备如下条件:

1)建设单位必须是法人或依法成立的其他组织。

2)有与招标工程相适应的经济、技术管理人员。

3)有组织编制招标文件的能力。

4)有审查投标单位资质的能力。

5)有组织开标、评标、定标的能力。

建设单位应据此组织招标工作机构,负责招标的技术性工作。若建设单位不具备上述相应的条件,则必须委托具有相应资质的咨询单位代理招标。

(2)提出招标申请书。招标申请书的内容包括：招标单位的资质、招标工程具备的条件、拟采用的招标方式和对投标单位的要求等。

(3)编制招标文件。招标文件应包括如下内容：

1)工程综合说明。包括工程名称、地址、招标项目、占地范围及现场条件、建筑面积和技术要求、质量标准、招标方式、要求开工和竣工时间、对投标单位的资质等级要求等。

2)投标人须知。

3)合同的主要条款。

4)工程设计图纸和技术资料及技术说明书，通常称之为设计文件。

5)工程量清单。以单位工程为对象，遵照"13计价规范"和相关专业工程国家计量规范，按分部分项工程列出工程数量。

6)主要材料与设备的供应方式、加工订货情况和材料、设备价差的处理方法。

7)特殊工程的施工要求以及采用的技术规范。

8)投标文件的编制要求及评标、定标原则。

9)投标、开标、评标、定标等活动的日程安排。

10)要求交纳的投标保证金额度。

招标单位在发布招标公告或发出投标邀请书的5日前，向工程所在地县级以上地方人民政府建设行政主管部门备案。

(4)编制招标控制价，报招标投标管理部门备案。如果招标文件设定为有标底评标，则必须编制标底。如果是国有资金投资建设的工程则应编制招标控制价。

(5)发布招标公告或招标邀请书。若采用公开招标方式，应根据工程性质和规模在当地或全国性报纸、专业网站或公开发行的专业刊物上发布招标公告，其内容应包括：招标单位和招标工程的名称、招标工程简介、工程承包方式、投标单位资格、领取招标文件的地点、时间和应缴费用等。若采用邀请招标方式，应由招标单位向预先选定的承包商发出招标邀请书。

(6)招标单位审查申请投标单位的资格，并将审查结果通知申请投标单位。招标单位对报名参加投标的单位进行资格预审，并将审查结果报当地建设行政主管部门备案后再通知各申请投标单位。

(7)向合格的投标单位分发招标文件。招标文件一经发出,招标单位不得擅自变更其内容或增加附加条件;确需变更和补充的,应在投标截止日期15天前书面通知所有投标单位,并报当地建设行政主管部门备案。

(8)组织投标单位勘查现场,召开答疑会,解答投标单位对招标文件提出的问题。通常投标单位提出的问题应由招标单位书面答复,并以书面形式发给所有投标单位作为招标文件的补充和组成。

(9)接受投标。自发出招标文件之日起到投标截止日,最短不得少于20天。招标人可以要求投标人提交投标担保。投标保证金一般不超过投标报价的2%,且最高不得超过80万元。

(10)召开招标会,当场开标。遵照中华人民共和国国家发展计划委员会等七个部门于2001年7月5日颁布的《评标委员会和评标方法暂行规定》执行。

提交有效投标文件的投标人少于三个或所有投标被否决的,招标人必须重新组织招标。

评标的专家委员会应向招标人推荐不超过三名有排序的合格的中标候选人。

(11)招标单位与中标单位签订施工投标合同。招标人在评标委员会推荐的中标候选人中确定中标人,签发中标通知书,并在中标通知书签发后的30天内与中标人签订工程承包协议。

## 二、招标控制价的编制

### (一)一般规定

招标控制价是招标人根据国家或省级、行业建设主管部门颁发的有关计价依据和办法,按设计施工图纸计算的,对招标工程限定的最高工程造价。国有资金投资的工程建设项目必须实行工程量清单招标,并必须编制招标控制价。

**1. 招标控制价的作用**

(1)我国对国有资金投资项目的是投资控制实行的投资概算审批制度,国有资金投资的工程原则上不能超过批准的投资概算。因此,在工程招标发包时,当编制的招标控制价超过批准的概算,招标人应当将其报原概算审批部门重新审核。

(2)国有资金投资的工程进行招标,根据《中华人民共和国招标投标法》的规定,招标人可以设标底。当招标人不设标底时,为有利于客观、合理的评审投标报价和避免哄抬标价,造成国有资产流失,招标人必须编制招标控制价。

(3)国有资金投资的工程,招标人编制并公布的招标控制价相当于招标人的采购预算,同时,要求其不能超过批准的概算,因此,招标控制价是招标人在工程招标时能接受投标人报价的最高限价。

**2. 招标控制价的编制人员**

招标控制价应由具有编制能力的招标人编制,当招标人不具有编制招标控制价的能力时,可委托具有相应资质的工程造价咨询人编制。工程造价咨询人接受招标人委托编制招标控制价,不得再就同一工程接受投标人委托编制投标报价。

所谓具有相应工程造价咨询资质的工程造价咨询人是指根据《工程造价咨询企业管理办法》(建设部令第149号)的规定,依法取得工程造价咨询企业资质,并在其资质许可的范围内接受招标人的委托,编制招标控制价的工程造价咨询企业。即取得甲级工程造价咨询资质的咨询人可承担各类建设项目的招标控制价编制,取得乙级(包括乙级暂定)工程造价咨询资质的咨询人,则只能承担5000万元以下的招标控制价的编制。

**3. 其他规定**

(1)招标控制价的作用决定了招标控制价不同于标底,无须保密。为体现招标的公平、公正,防止招标人有意抬高或压低工程造价,招标人应在招标文件中如实公布招标控制价,不得对所编制的招标控制价进行上浮或下调。招标人在招标文件中公布招标控制价时,应公布招标控制价各组成部分的详细内容,不得只公布招标控制价总价。

(2)招标人应将招标控制价及有关资料报送工程所在地或有该工程管辖权的行业管理部门工程造价管理机构备查。

**(二)招标控制价编制与复核**

**1. 招标控制价编制依据**

招标控制价的编制应根据下列依据进行:

(1)13计价规范。

(2)国家或省级、行业建设主管部门颁发的计价定额和计价办法。

(3)建设工程设计文件及相关资料。

(4)拟定的招标文件及招标工程量清单。

(5)与建设项目相关的标准、规范、技术资料。

(6)施工现场情况、工程特点及常规施工方案。

(7)工程造价管理机构发布的工程造价信息,当工程造价信息没有发布时,参照市场价。

(8)其他的相关资料。

按上述依据进行招标控制价编制,应注意以下事项:

(1)使用的计价标准、计价政策应是国家或省、自治区、直辖市建设行政主管部门或行业建设主管部门颁布的计价定额和计价方法。

(2)采用的材料价格应是工程造价管理机构通过工程造价信息发布的材料单价,工程造价信息未发布材料单价的材料,其材料价格应通过市场调查确定。

(3)国家或省、自治区、直辖市建设行政主管部门或行业建设主管部门对工程造价计价中费用或费用标准有规定的,应按规定执行。

**2. 招标控制价的编制**

(1)综合单价中应包括招标文件中划分的应由投标人承担的风险范围及其费用。招标文件中没有明确的,如是工程造价咨询人编制,应提请招标人明确;如是招标人编制,应予明确。

(2)分部分项工程和措施项目中的单价项目,应根据拟定的招标文件和招标工程量清单项目中的特征描述及有关要求确定综合单价计算。招标文件中提供了暂估单价的材料,按暂估的单价计入综合单价。

(3)措施项目中的总价项目应根据拟定的招标文件和常规施工方案采用综合单价计价。措施项目中的安全文明施工费必须按国家或省级、行业建设主管部门的规定计算,不得作为竞争性费用。

(4)其他项目费应按下列规定计价:

1)暂列金额。暂列金额应按招标工程量清单中列出的金额填写。

2)暂估价。暂估价包括材料暂估单价、工程设备暂估单价和专业工程暂估价。暂估价中的材料、工程设备单价应根据招标工程量清单列出的单价计入综合单价。

3)计日工。计日工包括计日工人工、材料和施工机械。在编制招标控制价时,对计日工中的人工单价和施工机械台班单价应按省级、行业建设主管部门或其授权的工程造价管理机构公布的单价计算;材料应按工程造价管理机构发布的工程造价信息中的材料单价计算,工程造价信息未发布材料单价的材料,其价格应按市场调查确定的单价计算。

4)总承包服务费。招标人编制招标控制价时,总承包服务费应根据招标文件中列出的内容和向总承包人提出的要求,按照省级或行业建设主管部门的规定或参照下列标准计算:

①招标人仅要求对分包的专业工程进行总承包管理和协调时,按分包的专业工程估算造价的1.5%计算。

②招标人要求对分包的专业工程进行总承包管理和协调,并同时要求提供配合服务时,根据招标文件中列出的配合服务内容和提出的要求,按分包的专业工程估算造价的3%~5%计算。

③招标人自行供应材料的,按招标人供应材料价值的1%计算。

(5)招标控制价的规费和税金必须按国家或省级、行业建设主管部门的规定计算。

**(三)投诉与处理**

(1)投标人经复核认为招标人公布的招标控制价未按照"13计价规范"的规定进行编制的,应在招标控制价公布后5天内向招投标监督机构和工程造价管理机构投诉。

(2)投诉人投诉时,应当提交由单位盖章和法定代表人或其委托人签名或盖章的书面投诉书。投诉书应包括下列内容:

1)投诉人与被投诉人的名称、地址及有效联系方式。

2)投诉的招标工程名称、具体事项及理由。

3)投诉依据及有关证明材料。

4)相关的请求及主张。

(3)投诉人不得进行虚假、恶意投诉,阻碍招投标活动的正常进行。

(4)工程造价管理机构在接到投诉书后应在2个工作日内进行审查,对有下列情况之一的,不予受理:

1)投诉人不是所投诉招标工程招标文件的收受人。

2)投诉书提交的时间不符合上述第(1)条规定的。

3)投诉书不符合上述第(2)条规定的。

4)投诉事项已进入行政复议或行政诉讼程序的。

(5)工程造价管理机构应在不迟于结束审查的次日将是否受理投诉的决定书面通知投诉人、被投诉人以及负责该工程招投标监督的招投标管理机构。

(6)工程造价管理机构受理投诉后,应立即对招标控制价进行复查,组织投诉人、被投诉人或其委托的招标控制价编制人等单位人员对投诉问题逐一核对。有关当事人应当予以配合,并应保证所提供资料的真实性。

(7)工程造价管理机构应当在受理投诉的 10 天内完成复查,特殊情况下可适当延长,并做出书面结论通知投诉人、被投诉人及负责该工程招投标监督的招投标管理机构。

(8)当招标控制价复查结论与原公布的招标控制价误差大于±3%时,应当责成招标人改正。

(9)招标人根据招标控制价复查结论需要重新公布招标控制价的,其最终公布的时间至招标文件要求提交投标文件截止时间不足 15 天的,应相应延长投标文件的截止时间。

### 三、招标控制价编制标准格式

招标控制价编制使用的表格包括:招标控制价封面(封-2),招标控制价扉页(扉-2),工程计价总说明表(表-01),建设项目招标控制价汇总表(表-02),单项工程招标控制价汇总表(表-03),单位工程招标控制价汇总表(表-04),分部分项工程和单价措施项目清单与计价表(表-08),综合单价分析表(表-09),总价措施项目清单与计价表(表-11),其他项目清单与计价汇总表(表-12)[暂列金额明细表(表-12-1),材料(工程设备)暂估单价及调整表(表-12-2),专业工程暂估价及结算价表(表-12-3),计日工表(表-12-4),总承包服务费计价表(表-12-5)],规费、税金项目计价表(表-13),发包人提供材料和工程设备一览表(表-20),承包人提供主要材料和工程设备一览表(适用于造价信息差额调整法)(表-21),承包人提供主要材料和工程设备一览表(适用于价格指数差额调整法)(表-22)。

**1. 招标控制价封面**

招标控制价封面(封-2)应填写招标工程项目的具体名称,招标人应盖单位公章,如委托工程造价咨询人编制,还应加盖工程造价咨询人所在单位公章。

招标控制价封面的样式见表 8-1。

表 8-1　　　　　　　　　招标控制价封面

---

　　　　　　　　　_____工程



　　　　　　　　　　　　招标控制价



　　　　　　　　招 标 人：_____
　　　　　　　　　　　　（单位盖章）


　　　　　　　　造价咨询人：_____
　　　　　　　　　　　　（单位盖章）



　　　　　　　　　　　年　月　日

---

封-2

## 2. 招标控制价扉页

招标控制价扉页(扉-2)由招标人或招标人委托的工程造价自选人编制招标控制价时填写。

招标人自行编制招标控制价的,编制人员必须是在招标人单位注册的造价人员,由招标人盖单位公章,法定代表人或其授权人签字或盖章;当编制人是注册造价工程师时,由其签字盖执业专用章;当编制人是造价员时,由其在编制人栏签字盖专用章,并应由注册造价工程师复核,在复核人栏签字盖执业专用章。

招标人委托工程造价咨询人编制招标控制价时,编制人员必须是在工程造价咨询人单位注册的造价人员。由工程造价咨询人盖单位资质专用章,法定代表人或其授权人签字或盖章;当编制人是注册造价工程师时,由其签字盖执业专用章;当编制人是造价员时,由其在编制人栏签字盖专用章,并应由注册造价工程师复核,在符合人栏签字盖执业专用章。

招标控制价扉页的样式见表8-2。

表8-2　　　　　　　　　　招标控制价扉页

_____工程

# 招标控制价

招标控制价(小写):_____
　　　　　(大写):_____


| 招　标　人:_____ | 造价咨询人:_____ |
|---|---|
| （单位盖章） | （单位资质专用章） |
| 法定代表人<br>或其授权人:_____ | 法定代表人<br>或其授权人:_____ |
| （签字或盖章） | （签字或盖章） |
| 编　制　人:_____ | 复　核　人:_____ |
| （造价人员签字盖专用章） | （造价工程师签字盖专用章） |
| 编制时间:　年　月　日 | 复核时间:　年　月　日 |

扉-2

### 3. 工程计价总说明表

工程计价总说明表(表-01)的样式及相关填写要求参见表 7-3。

### 4. 建设项目招标控制价汇总表

建设项目招标控制价汇总表(表-02)的样式见表 8-3。

表 8-3　　　　　　　　建设项目招标控制价汇总表

工程名称：　　　　　　　　　　　　　　　　　　　　第 页共 页

| 序号 | 单项工程名称 | 金额(元) | 其中：(元) | | |
| --- | --- | --- | --- | --- | --- |
| | | | 暂估价 | 安全文明施工费 | 规费 |
| | | | | | |
| | 合　　计 | | | | |

注：本表适用于建设项目招标控制价的汇总。

表-02

### 5. 单项工程招标控制价汇总表

单项工程招标控制价汇总表(表-03)的样式见表 8-4。

表 8-4　　　　　　　　单项工程招标控制价汇总表

工程名称：　　　　　　　　　　　　　　　　　　　　第 页共 页

| 序号 | 单位工程名称 | 金额(元) | 其中：(元) | | |
| --- | --- | --- | --- | --- | --- |
| | | | 暂估价 | 安全文明施工费 | 规费 |
| | | | | | |
| | 合　　计 | | | | |

注：本表适用于单项工程招标控制价或投标报价的汇总。暂估价包括分部分项工程中的暂估价和专业工程暂估价。

表-03

### 6. 单位工程招标控制价汇总表

单位工程招标控制价汇总表(表-04)的样式见表8-5。

表8-5 单位工程招标控制价汇总表

工程名称：　　　　　　　　　标段：　　　　　　　　第　页共　页

| 序号 | 汇总内容 | 金额(元) | 其中:暂估价(元) |
|---|---|---|---|
| 1 | 分部分项工程 | | |
| 1.1 | | | |
| 1.2 | | | |
| 1.3 | | | |
| | | | |
| 2 | 措施项目 | | — |
| 2.1 | 其中:安全文明施工费 | | — |
| 3 | 其他项目 | | — |
| 3.1 | 其中:暂列金额 | | — |
| 3.2 | 其中:专业工程暂估价 | | — |
| 3.3 | 其中:计日工 | | — |
| 3.4 | 其中:总承包服务费 | | — |
| 4 | 规费 | | — |
| 5 | 税金 | | — |
| 招标控制价合计=1+2+3+4+5 | | | |

注:本表适用于单位工程招标控制价或投标报价的汇总,如无单位工程划分,单项工程也使用本表汇总。

表-04

### 7. 分部分项工程和单价措施项目清单与计价表

分部分项工程和单价措施项目清单与计价表(表-08)的样式见表7-4。

### 8. 综合单价分析表

综合单价分析表(表-09)是评标委员会评审和判别综合单价组成和价格完整性、合理性的主要基础,对因工程变更、工程量偏差等原因调整综合单价也是必不可少的基础价格数据来源。采用经评审的最低投标价法评标时,本表的重要性更为突出。

综合单价分析表集中反映了构成每一个清单项目综合单价的各个价格要素的价格及主要的"工、料、机"消耗量。投标人在投标报价时,需要对每一个清单项目进行组价,为了使组价工作具有可追溯性(回复评标质疑时尤其需要),需要表明每一个数据的来源。

综合单价分析表一般随投标文件一同提交,作为竞标价的工程量清单的组成部分。以便中标后,作为合同文件的附属文件。投标人须知中需要就分析表提交的方式做出规定,该规定需要考虑是否有必要对分析表的合同地位给予定义。

编制综合单价分析表时,对辅助性材料不必细列,可归并到其他材料费中以金额表示。编制招标控制价,使用综合单价分析表应填写使用的省级或行业建设主管部门发布的计价定额名称。编制投标报价,使用综合单价分析表可填写使用的企业定额名称,也可填写省级或行业建设主管部门发布的计价定额,如不使用则不填写。编制工程结算时,应在已标价工程量清单中的综合单价分析表中将确定的调整过后人工单价、材料单价等进行置换,形成调整后的综合单价。

综合单价分析表的样式见表 8-6。

表 8-6　　　　　　　　　　　综合单价分析表

工程名称:　　　　　　　　　标段:　　　　　　　　第　页共　页

| 项目编码 | | | 项目名称 | | | 计量单位 | | 工程量 | |
|---|---|---|---|---|---|---|---|---|---|
| 清单综合单价组成明细 ||||||||||
| 定额编号 | 定额项目名称 | 定额单位 | 数量 | 单　　价 |||| 合　　价 |||
| ^ | ^ | ^ | ^ | 人工费 | 材料费 | 机械费 | 管理费和利润 | 人工费 | 材料费 | 机械费 | 管理费和利润 |
| | | | | | | | | | | | |
| | | | | | | | | | | | |
| 人工单价 |||| 小　　　　计 |||||||
| 元/工日 |||| 未计价材料费 |||||||
| 清单项目综合单价 ||||||||||
| 材料费明细 | 主要材料名称、规格、型号 |||| 单位 | 数量 | 单价(元) | 合价(元) | 暂估单价(元) | 暂估合价(元) |
| ^ | | | | | | | | | | |
| ^ | | | | | | | | | | |
| ^ | 其他材料费 |||||| — | | — |
| ^ | 材料费小计 |||||| — | | — |

注:1. 如不使用省级或行业建设主管部门发布的计价依据,可不填定额项目、编号等。
　　2. 招标文件提供了暂估单价的材料,按暂估的单价填入表内"暂估单价"栏及"暂估合价"栏。

### 9. 总价措施项目清单与计价表

总价措施项目清单与计价表(表-11)的样式及相关填写要求参见表 7-5。

### 10. 其他项目清单与计价汇总表

其他项目清单与计价汇总表(表-12)的样式及相关填写要求参见表 7-6。

### 11. 暂列金额明细表

暂列金额明细表(表-12-1)的样式及相关填写要求参见表 7-7。

### 12. 材料（工程设备）暂估单价及调整表

材料(工程设备)暂估单价及调整表(表-12-2)的样式及相关填写要求参见表 7-8。

### 13. 专业工程暂估价及结算价表

专业工程暂估价及结算价表(表-12-3)的样式及相关填写要求参见表 7-9。

### 14. 计日工表

计日工表(表-12-4)的样式及相关填写要求参见表 7-10。

### 15. 总承包服务费计价表

总承包服务费计价表(表-12-5)的样式及相关填写要求参见表 7-11。

### 16. 规费、税金项目计价表

规费、税金项目计价表(表-13)的样式及相关填写要求参见表 7-12。

### 17. 发包人提供材料和工程设备一览表

发包人提供材料和工程设备一览表(表-20)的样式及相关填写要求参见表 7-13。

### 18. 承包人提供主要材料和工程设备一览表（适用于造价信息差额调整法）

承包人提供主要材料和工程设备一览表(适用于造价信息差额调整法)(表-21)的样式及相关填写要求参见表 7-14。

### 19. 承包人提供主要材料和工程设备一览表（适用于价格指数差额调整法）

承包人提供主要材料和工程设备一览表(适用于价格指数差额调整法)(表-22)的样式及相关填写要求参见表 7-15。

## 第二节　通风空调工程投标报价编制

一、一般规定

(1)投标价应由投标人或受其委托具有相应资质的工程造价咨询人

编制。

(2)投标价中除"13 计价规范"中规定的规费、税金及措施项目清单中的安全文明施工费应按国家或省级、行业建设主管部门的规定计价,不得作为竞争性费用外,其他项目的投标报价由投标人自主决定。

(3)投标人的投标报价不得低于工程成本。《中华人民共和国反不正当竞争法》第十一条规定:"经营者不得以排挤竞争对手为目的,以低于成本的价格销售商品"。《中华人民共和国招标投标法》第四十一规定:"中标人的投标应当符合下列条件……(二)能够满足招标文件的实质性要求,并且经评审的投标价格最低;但是投标价格低于成本的除外"。《评标委员会和评标方法暂行规定》(国家计委等七部委第 12 号令)第二十一条规定:"在评标过程中,评标委员会发现投标人的报价明显低于其他投标报价或者在设有标底时明显低于标底的,使得其投标报价可能低于其个别成本的,应当要求该投标人做出书面说明并提供相关证明材料。投标人不能合理说明或者不能提供相关证明材料的,由评标委员会认定该投标人以低于成本报价竞标,其投标应作废标处理"。

(4)实行工程量清单招标,招标人在招标文件中提供工程量清单,其目的是使各投标人在投标报价中具有共同的竞争平台。因此,要求投标人必须按招标工程量清单填报价格,工程量清单的项目编码、项目名称、项目特征、计量单位、工程数量必须与招标人招标文件中提供的招标工程量清单一致。

(5)根据《中华人民共和国政府采购法》第三十六条规定:"在招标采购中,出现下列情形之一的,应予废标……(三)投标人的报价均超过了采购预算,采购人不能支付的"。《中华人民共和国招标投标法实施条例》第五十一条规定:"有下列情形之一者,评标委员会应当否决其投标:……(五)投标报价低于成本或者高于招标文件设定的最高投标限价"。对于国有资金投资的工程,其招标控制价相当于政府采购中的采购预算,且其定义就是最高投标限价,因此,投标人的投标报价不能高于招标控制价,否则,应予废标。

## 二、投标报价编制与复核

(1)投标报价应根据下列依据编制和复核:
1)"13 计价规范"。
2)国家或省级、行业建设主管部门颁发的计价办法。
3)企业定额,国家或省级、行业建设主管部门颁发的计价定额和计价

# 第八章　通风空调工程清单计价体系

办法。

4)招标文件、招标工程量清单及其补充通知、答疑纪要。

5)建设工程设计文件及相关资料。

6)施工现场情况、工程特点及投标时拟定的施工组织设计或施工方案。

7)与建设项目相关的标准、规范等技术资料。

8)市场价格信息或工程造价管理机构发布的工程造价信息。

9)其他的相关资料。

(2)综合单价中应考虑招标文件中要求投标人承担的风险内容及其范围(幅度)产生的风险费用,招标文件中没有明确的,应提请招标人明确。在施工过程中,当出现的风险内容及其范围(幅度)在合同约定的范围内时,合同价款不作调整。

(3)分部分项工程和措施项目中的单价项目,应根据招标文件和招标工程量清单项目中的特征描述确定综合单价。招标工程量清单的项目特征描述是确定分部分项工程和措施项目中的单价的重要依据之一,投标人投标报价时应依据招标工程量清单项目的特征描述确定清单项目的综合单价。招投标过程中,当出现招标工程量清单项目特征描述与设计图纸不符时,投标人应以招标工程量清单的项目特征描述为准,确定投标报价的综合单价。当施工中施工图纸或设计变更与招标工程量清单的项目特征描述不一致时,发承包双方应按实际施工的项目特征,依据合同约定重新确定综合单价。

招标文件中提供了暂估单价的材料,应按暂估的单价计入综合单价;综合单价中应考虑招标文件中要求投标人承担的风险内容及其范围(幅度)产生的风险费用。在施工过程中,当出现的风险内容及其范围(幅度)在合同约定的范围内时,工程价款不作调整。

(4)投标人可根据工程实际情况并结合施工组织设计,对招标人所列的措施项目进行增补。由于各投标人拥有的施工装备、技术水平和采用的施工方法有所差异,招标人提出的措施项目清单是根据一般情况确定的,没有考虑不同投标人的"个性",投标人投标时应根据自身编制的投标施工组织设计或施工方案确定措施项目,对招标人提供的措施项目进行调整。投标人根据投标施工组织设计或施工方案调整和确定的措施项目应通过评标委员会的评审。

措施项目中的总价项目应采用综合单价计价。其中,安全文明施工费应按国家或省级、行业建设主管部门的规定确定,且不得作为竞争性费用。

(5)其他项目应按下列规定报价:

1)暂列金额应按招标工程量清单中列出的金额填写,不得变动。

2)材料、工程设备暂估价应按招标工程量清单中列出的单价计入综合单价,不得变动和更改。

3)专业工程暂估价应按招标工程量清单中列出的金额填写,不得变动和更改。

4)计日工应按招标工程量清单中列出的项目和数量,自主确定综合单价并计算计日工金额。

5)总承包服务费应依据招标工程量清单中列出的专业工程暂估价内容和供应材料、设备情况,按照招标人提出协调、配合与服务要求和施工现场管理需要自主确定。

(6)规费和税金应按国家或省级、行业建设主管部门的规定计算,不得作为竞争性费用。规费和税金的计取标准是依据有关法律、法规和政策规定制定的,具有强制性。投标人是法律、法规和政策的执行者,不能改变,更不能制定,而必须按照法律、法规、政策的有关规定执行。

(7)招标工程量清单与计价表中列明的所有需要填写单价和合价的项目,投标人均应填写且只允许有一个报价。未填写单价和合价的项目,可视为此项费用已包含在已标价工程量清单中其他项目的单价和合价之中。当竣工结算时,此项目不得重新组价予以调整。

(8)实行工程量清单招标,投标人的投标总价应当与组成已标价工程量清单的分部分项工程费、措施项目费、其他项目费和规费、税金的合计金额相一致,即投标人在投标报价时,不能进行投标总价优惠(或降价、让利),投标人对招标人的任何优惠(或降价、让利)均应反映在相应清单项目的综合单价中。

### 三、投标报价编制标准格式

投标报价编制使用的表格包括:投标总价封面(封-3),投标总价扉页(扉-3),工程计价总说明表(表-01),建设项目投标报价汇总表(表-02),单项工程投标报价汇总表(表-03),单位工程投标报价汇总表(表-04),分部分项工程和单价措施项目清单与计价表(表-08),综合单价分析表(表-09),总价措施项目清单与计价表(表-11),其他项目清单与计价汇总表(表-12)[暂列金额明细表(表-12-1),材料(工程设备)暂估单价及调整表(表-12-2),专业工程暂估价及结算价表(表-12-3),计日工表(表-12-4),总承包服务费计价表(表－12-5)],规费、税金项目计价表(表-13),总价项目进度款支付分解表(表-16),发包人提供材料和工程设备一览表(表-20),承包人提供主要材料和工程设备一览表(适用于造价信息差额调整法)(表-21),承包人提供主要材料和工程设备一览表(适用于价格指数差额调整法)(表-22)。

**1. 投标总价封面**

投标总价封面(封-3)应填写投标工程项目的具体名称,投标人应盖单位公章。

投标总价封面的样式见表 8-7。

表 8-7　　　　　　　　　　　投标总价封面

_____工程

# 投 标 总 价

招 标 人：_____

（单位盖章）

年　月　日

封-3

## 2. 投标总价扉页

投标总价扉页(扉-3)由投标人编制投标报价时填写。投标人编制投标报价时,编制人员必须是在投标人单位注册的造价人员。由投标人盖单位公章,法定代表人或其授权签字或盖章;编制的造价人员(造价工程师或造价员)签字盖执业专用章。

投标总价扉页的样式见表8-8。

表8-8　　　　　　　　　投标总价扉页

# 投 标 总 价

招 标 人：＿＿＿＿＿＿＿＿＿＿＿＿＿＿＿＿＿＿＿＿＿＿

工 程 名 称：＿＿＿＿＿＿＿＿＿＿＿＿＿＿＿＿＿＿＿＿＿＿

投标总价(小写)：＿＿＿＿＿＿＿＿＿＿＿＿＿＿＿＿＿＿＿＿

　　　　(大写)：＿＿＿＿＿＿＿＿＿＿＿＿＿＿＿＿＿＿＿＿

投 标 人：＿＿＿＿＿＿＿＿＿＿＿＿＿＿＿＿＿＿＿＿＿＿

　　　　　　　　　　(单位盖章)

法定代表人
或其授权人：＿＿＿＿＿＿＿＿＿＿＿＿＿＿＿＿＿＿＿＿＿＿

　　　　　　　　　　(签字或盖章)

编 制 人：＿＿＿＿＿＿＿＿＿＿＿＿＿＿＿＿＿＿＿＿＿＿

　　　　　　　　(造价人员签字盖专用章)

时　　间：　　年　　月　　日

扉-3

### 3. 工程计价总说明表

工程计价总说明表(表-01)的样式及相关填写要求参见表7-3。

### 4. 建设项目投标报价汇总表

建设项目投标报价汇总表(表-02)的样式见表8-9。

表8-9　　　　　　　　建设项目投标报价汇总表

工程名称：　　　　　　　　　　　　　　　　　　　　　　第　页共　页

| 序号 | 单项工程名称 | 金额(元) | 其中:(元) | | |
|---|---|---|---|---|---|
| | | | 暂估价 | 安全文明施工费 | 规费 |
| | | | | | |
| | 合　　计 | | | | |

注：本表适用于建设项目投标报价的汇总。

表-02

### 5. 单项工程投标报价汇总表

单项工程投标报价汇总表(表-03)的样式见表8-10。

表8-10　　　　　　　　单项工程投标报价汇总表见表

工程名称：　　　　　　　　　　　　　　　　　　　　　　第　页共　页

| 序号 | 单位工程名称 | 金额(元) | 其中:(元) | | |
|---|---|---|---|---|---|
| | | | 暂估价 | 安全文明施工费 | 规费 |
| | | | | | |
| | 合　　计 | | | | |

注：本表适用于单项工程招标控制价或投标报价的汇总。暂估价包括分部分项工程中的暂估价和专业工程暂估价。

表-03

## 6. 单位工程投标报价汇总表

单位工程投标报价汇总表(表-04)的样式见表8-11。

**表8-11** 单位工程投标报价汇总表

工程名称： 标段： 第 页共 页

| 序号 | 汇总内容 | 金额(元) | 其中:暂估价(元) |
|---|---|---|---|
| 1 | 分部分项工程 | | |
| 1.1 | | | |
| 1.2 | | | |
| 1.3 | | | |
| | | | |
| | | | |
| | | | |
| 2 | 措施项目 | | — |
| 2.1 | 其中:安全文明施工费 | | — |
| 3 | 其他项目 | | |
| 3.1 | 其中:暂列金额 | | — |
| 3.2 | 其中:专业工程暂估价 | | |
| 3.3 | 其中:计日工 | | — |
| 3.4 | 其中:总承包服务费 | | — |
| 4 | 规费 | | — |
| 5 | 税金 | | — |
| 招标控制价合计=1+2+3+4+5 | | | |

注:本表适用于单位工程招标控制价或投标报价的汇总,如无单位工程划分,单项工程也使用本表汇总。

表-04

## 7. 分部分项工程和单价措施项目清单与计价表

分部分项工程和单价措施项目清单与计价表(表-08)的样式及相关填写要求参见表7-4。

## 8. 综合单价分析表

综合单价分析表(表-09)的样式及相关填写要求参见表7-7。

## 9. 总价措施项目清单与计价表

总价措施项目清单与计价表(表-11)的样式及相关填写要求参见表7-5。

## 第八章 通风空调工程清单计价体系

**10. 其他项目清单与计价汇总表**

其他项目清单与计价汇总表(表-12)的样式及相关填写要求参见表 7-6。

**11. 暂列金额明细表**

暂列金额明细表(表-12-1)的样式及相关填写要求参见表 7-7。

**12. 材料（工程设备）暂估单价及调整表**

材料(工程设备)暂估单价及调整表(表-12-2)的样式及相关填写要求参见表 7-8。

**13. 专业工程暂估价及结算价表**

专业工程暂估价及结算价表(表-12-3)的样式及相关填写要求参见表 7-9。

**14. 计日工表**

计日工表(表-12-4)的样式及相关填写要求参见表 7-10。

**15. 总承包服务费计价表**

总承包服务费计价表(表-12-5)的样式及相关填写要求参见表 7-11。

**16. 规费、税金项目计价表**

规费、税金项目计价表(表-13)的样式及相关填写要求参见表 7-12。

**17. 总价项目进度款支付分解表**

总价项目进度款支付分解表(表-16)的样式见表 8-12。

表 8-12　　　　　　　　总价项目进度款支付分解表

工程名称：　　　　　　　标段：　　　　　　　单位:元

| 序号 | 项目名称 | 总价金额 | 首次支付 | 二次支付 | 三次支付 | 四次支付 | 五次支付 | |
|---|---|---|---|---|---|---|---|---|
| | 安全文明施工费 | | | | | | | |
| | 夜间施工增加费 | | | | | | | |
| | 二次搬运费 | | | | | | | |
| | | | | | | | | |
| | | | | | | | | |
| | | | | | | | | |
| | | | | | | | | |

续表

| 序号 | 项目名称 | 总价金额 | 首次支付 | 二次支付 | 三次支付 | 四次支付 | 五次支付 | |
|---|---|---|---|---|---|---|---|---|
| | 社会保险费 | | | | | | | |
| | 住房公积金 | | | | | | | |
| | | | | | | | | |
| | | | | | | | | |
| | | | | | | | | |
| | | | | | | | | |
| | | | | | | | | |
| | | | | | | | | |
| | | | | | | | | |
| | | | | | | | | |
| | | | | | | | | |
| | | | | | | | | |
| | | | | | | | | |
| | | | | | | | | |
| | | | | | | | | |
| | 合　　计 | | | | | | | |

编制人(造价人员)：　　　　　　　　　　　复核人(造价工程师)：

注：1. 本表应由承包人在投标报价时根据发包人在招标文件明确的进度款支付周期与报价填写，签订合同时，发承包双方可就支付分解协商调整后作为合同附件。

2. 单价合同使用本表，"支付"栏时间应与单价项目进度款支付周期相同。

3. 总价合同使用本表，"支付"栏时间应与约定的工程计量周期相同。

表-16

## 18. 发包人提供材料和工程设备一览表

发包人提供材料和工程设备一览表(表-20)的样式及相关填写要求参见表7-13。

## 19. 承包人提供主要材料和工程设备一览表（适用于造价信息差额调整法）

承包人提供主要材料和工程设备一览表(适用于造价信息差额调整

法)(表-21)的样式及相关填写要求参见表 7-14。

**20. 承包人提供主要材料和工程设备一览表（适用于价格指数差额调整法）**

承包人提供主要材料和工程设备一览表(适用于价格指数差额调整法)(表-22)的样式及相关填写要求参见表 7-15。

# 第三节　工程价款约定与支付管理

## 一、合同价款约定

### (一)一般规定

(1)工程合同价款的约定是建设工程合同的主要内容。根据有关法律条款的规定,实行招标的工程合同价款应在中标通知书发出之日起 30 天内,由发承包双方依据招标文件和中标人的投标文件在书面合同中约定。

工程合同价款的约定应满足以下几个方面的要求：
1)约定的依据要求：招标人向中标的投标人发出的中标通知书。
2)约定的时间要求：自招标人发出中标通知书之日起 30 天内。
3)约定的内容要求：招标文件和中标人的投标文件。
4)合同的形式要求：书面合同。

在工程招投标及建设工程合同签订过程中,招标文件应视为要约邀请,投标文件为要约,中标通知书为承诺。因此,在签订建设工程合同时,若招标文件与中标人的投标文件有不一致的地方,应以投标文件为准。

(2)实行招标的工程,合同约定不得违背招标文件中关于工期、造价、资质等方面的实质性内容。所谓合同实质性内容,按照《中华人民共和国合同法》第三十条规定:"有关合同标的、数量、质量、价款或者报酬、履行期限、履行地点和方式、违约责任和解决争议方法等的变更,是对要约内容的实质性变更"。

(3)不实行招标的工程合同价款,应在发承包双方认可的工程价款基础上,由发承包双方在合同中约定。

(4)工程建设合同的形式对工程量清单计价的适用性不构成影响,无论是单价合同、总价合同,还是成本加酬金合同均可以采用工程量清单计价。采用单价合同形式时,经标价的工程量清单是合同文件必不可少的组成内容,其中的工程量一般具备合同约束力(量可调),工程款结算时按照合同中约定应予计量并实际完成的工程量计算进行调整,由招标人提供统一的工程量清单则彰显了工程量清单计价的主要优点。总价合同是指总价包干或总价不变合同,采用总价合同形式,工程量清单中的工程量不具备合同的约束力(量不可调),工程量以合同图纸的标示内容为准,工程量以外的其他内容一般均赋予合同约束力,以方便合同变更的计量和计价。成本加酬金合同是承包人不承担任何价格变化风险的合同。

"13计价规范"中规定:"实行工程量清单计价的工程,应采用单价合同;建设规模较小,技术难度较低,工期较短,且施工图设计已审查批准的建设工程可采用总价合同;紧急抢险、救灾以及施工技术特别复杂的建设工程可采用成本加酬金合同"。单价合同约定的工程价款中所包含的工程量清单项目综合单价在约定条件内是固定的,不予调整,工程量允许调整。工程量清单项目综合单价在约定的条件外,允许调整。但调整方式、方法应在合同中约定。

**(二)合同价款约定的内容**

(1)发承包双方应在合同条款中对下列事项进行约定:

1)预付工程款的数额、支付时间及抵扣方式。预付款是发包人为解决承包人在施工准备阶段资金周转问题提供的协助。如使用大宗材料,可根据工程具体情况设置工程材料预付款。

2)安全文明施工措施的支付计划,使用要求等。

3)工程计量与支付工程进度款的方式、数额及时间。

4)工程价款的调整因素、方法、程序、支付及时间。

5)施工索赔与现场签证的程序、金额确认与支付时间。

6)承担计价风险的内容、范围以及超出约定内容、范围的调整办法。

7)工程竣工价款结算编制与核对、支付及时间。

8)工程质量保证金的数额、预留方式及时间。

9)违约责任以及发生合同价款争议的解决方法及时间。

10)与履行合同、支付价款有关的其他事项等。

由于合同中涉及工程价款的事项较多,能够详细约定的事项应尽可能具体的约定,约定的用词应尽可能唯一,如有几种解释,最好对用词进行定义,尽量避免因理解上的歧义造成合同纠纷。

(2)合同中没有按照上述第(1)条的要求约定或约定不明的,若发承包双方在合同履行中发生争议由双方协商确定;当协商不能达成一致时,应按"13计价规范"的规定执行。

**二、合同价款调整**

**(一)一般规定**

(1)下列事项(但不限于)发生,发承包双方应当按照合同约定调整合同价款:

1)法律法规变化。

2)工程变更。

3)项目特征不符。

4)工程量清单缺项。

5)工程量偏差。

6)计日工。

7)物价变化。

8)暂估价。

9)不可抗力。

10)提前竣工(赶工补偿)。

11)误期赔偿。

12)索赔。

13)现场签证。

14)暂列金额。

15)发承包双方约定的其他调整事项。

(2)出现合同价款调增事项(不含工程量偏差、计日工、现场签证、索赔)后的14天内,承包人应向发包人提交合同价款调增报告并附上相关资料;承包人在14天内未提交合同价款调增报告的,应视为承包人对该事项不存在调整价款请求。

此处所指合同价款调增事项不包括工程量偏差,是因为工程量偏差的调整在竣工结算完成之前均可提出;不包括计日工、现场签证和索赔,是因为这三项的合同价款调增时限在"13计价规范"中另有规定。

(3)出现合同价款调减事项(不含工程量偏差、索赔)后的14天内,发包人应向承包人提交合同价款调减报告并附相关资料;发包人在14天内未提交合同价款调减报告的,应视为发包人对该事项不存在调整价款请求。

基于上述第(2)条同样的原因,此处合同价款调减事项中不包括工程量偏差和索赔两项。

(3)发(承)包人应在收到承(发)包人合同价款调增(减)报告及相关资料之日起14天内对其核实,予以确认的应书面通知承(发)包人。当有疑问时,应向承(发)包人提出协商意见。发(承)包人在收到合同价款调增(减)报告之日起14天内未确认也未提出协商意见的,应视为承(发)包人提交的合同价款调增(减)报告已被发(承)包人认可。发(承)包人提出协商意见的,承(发)包人应在收到协商意见后的14天内对其核实,予以确认的应书面通知发(承)包人。承(发)包人在收到发(承)包人的协商意见后14天内既不确认也未提出不同意见的,应视为发(承)包人提出的意见已被承(发)包人认可。

(4)发包人与承包人对合同价款调整的不同意见不能达成一致的,只要对发承包双方履约不产生实质影响,双方应继续履行合同义务,直到其按照合同约定的争议解决方式得到处理。

(5)根据财政部、原建设部印发的《建设工程价款结算暂行办法》(财建[2004]369号)的相关规定,如第十五条:"发包人和承包人要加强施工现场的造价控制,及时对工程合同外的事项如实纪录并履行书面手续。凡由发、承包双方授权的现场代表签字的现场签证以及发、承包双方协商确定的索赔等费用,应在工程竣工结算中如实办理,不得因发、承包双方现场代表的中途变更改变其有效性","13计价规范"对发承包双方确定调整的合同价款的支付方法进行了约定,即:"经发承包双方确认调整的合同价款,作为追加(减)合同价款,应与工程进度款或结算款同期支付"。

(二)合同价款调整方法

**1. 法律法规变化**

(1)工程建设过程中,发承包双方都是国家法律、法规、规章及政策的执行者。因此,在发承包双方履行合同的过程中,当国家的法律、法规、规章及政策发生变化,国家或省级、行业建设主管部门或其授权的工程造价管理机构据此发布工程造价调整文件,工程价款应当进行调整。"13计价规范"中规定:"招标工程以投标截止日前28天、非招标工程以合同签订前28天为基准日,其后因国家的法律、法规、规章和政策发生变化引起工程造价增减变化的,发承包双方应按照省级或行业建设主管部门或其授权的工程造价管理机构据此发布的规定调整合同价款"。

(2)因承包人原因导致工期延误的,按上述第(1)条规定的调整时间,在合同工程原定竣工时间之后,合同价款调增的不予调整,合同价款调减的予以调整。这就说明由于承包人原因导致工期延误,将按不利于承包人的原则调整合同价款。

**2. 工程变更**

建设工程施工合同实施过程中,如果合同签订时所依赖的承包范围、设计标准、施工条件等发生变化,则必须在新的承包范围、新的设计标准或新的施工条件等前提下对发承包双方的权利和义务进行重新分配,从而建立新的平衡,追求新的公平和合理。由于施工条件变化和发包人要求变化等原因,往往会发生合同约定的工程材料性质和品种、建筑物结构形式、施工工艺和方法等的变动,此时必须变更才能维护合同的公平。因此,"13计价规范"中对因分部分项工程量清单的漏项或非承包人原因引起的工程变更,造成增加新的工程量清单项目时,新增项目综合单价的确定原则进行了约定,具体如下:

(1)因工程变更引起已标价工程量清单项目或其工程数量发生变化时,应按照下列规定调整:

1)已标价工程量清单中有适用于变更工程项目的,应采用该项目的单价;但当工程变更导致该清单项目的工程数量发生变化,且工程量偏差超过15%时,该项目单价应按照规定进行调整,即当工程量增加15%以上时,增加部分的工程量的综合单价应予调低;当工程量减少15%以上时,减少后剩余部分的工程量的综合单价应予调高。采用此条进行调整的前提条件是其采用的材料、施工工艺和方法相同,亦不因此增加关键线路上工程的施工时间。

2)已标价工程量清单中没有适用但有类似于变更工程项目的,可在合理范围内参照类似项目的单价。采用此条进行调整的前提条件是其采用的材料、施工工艺和方法基本相似,不增加关键线路上工程的施工时间,则可仅就其变更后的差异部分,参考类似的项目单价由发承包双方协商新的项目单价。

3)已标价工程量清单中没有适用也没有类似于变更工程项目的,应由承包人根据变更工程资料、计量规则和计价办法、工程造价管理机构发布的信息价格和承包人报价浮动率提出变更工程项目的单价,并应报发包人确认后调整。承包人报价浮动率可按下列公式计算:

招标工程:

承包人报价浮动率 $L=(1-$ 中标价/招标控制价$)\times 100\%$

非招标工程：

承包人报价浮动率 $L=(1-$ 报价/施工图预算$)\times 100\%$

4) 已标价工程量清单中没有适用也没有类似于变更工程项目，且工程造价管理机构发布的信息价格缺价的，应由承包人根据变更工程资料、计量规则、计价办法和通过市场调查等取得有合法依据的市场价格提出变更工程项目的单价，并应报发包人确认后调整。

(2) 工程变更引起施工方案改变并使措施项目发生变化时，承包人提出调整措施项目费的，应事先将拟实施的方案提交发包人确认，并应详细说明与原方案措施项目相比的变化情况。拟实施的方案经发承包双方确认后执行，并应按照下列规定调整措施项目费：

1) 安全文明施工费应按照实际发生变化的措施项目依据国家或省级、行业建设主管部门的规定计算。

2) 采用单价计算的措施项目费，应按照实际发生变化的措施项目，按上述第(1)条的规定确定单价。

3) 按总价(或系数)计算的措施项目费，按照实际发生变化的措施项目调整，但应考虑承包人报价浮动因素，即调整金额按照实际调整金额乘以上述第(1)条规定的承包人报价浮动率计算。

如果承包人未事先将拟实施的方案提交给发包人确认，则应视为工程变更不引起措施项目费的调整或承包人放弃调整措施项目费的权利。

(3) 当发包人提出的工程变更因非承包人原因删减了合同中的某项原定工作或工程，致使承包人发生的费用或(和)得到的收益不能被包括在其他已支付或应支付的项目中，也未被包含在任何替代的工作或工程中时，承包人有权提出并应得到合理的费用及利润补偿。这主要是为了维护合同的公平，防止发包人在签约后擅自取消合同中的工作，转而由发包人自己或其他承包人实施而使本合同工程承包人蒙受损失。

**3. 项目特征不符**

工程量清单的项目特征是确定一个清单项目综合单价不可缺少的主要依据。对工程量清单项目的特征描述具有十分重要的意义，其主要体现包括三个方面：①项目特征是区分清单项目的依据。工程量清单项目特征是用来表述分部分项清单项目的实质内容，用于区分计价规范中同一清单条目下各个具体的清单项目。没有项目特征的准确描述，对于相

## 第八章 通风空调工程清单计价体系

同或相似的清单项目名称,就无从区分。②项目特征是确定综合单价的前提。由于工程量清单项目的特征决定了工程实体的实质内容,必然直接决定了工程实体的自身价值。因此,工程量清单项目特征描述得准确与否,直接关系到工程量清单项目综合单价的准确确定。③项目特征是履行合同义务的基础。实行工程量清单计价,工程量清单及其综合单价是施工合同的组成部分,因此,如果工程量清单项目特征的描述不清甚至漏项、错误,从而引起在施工过程中的更改,都会引起分歧,导致纠纷。

在按"13工程计量规范"对工程量清单项目的特征进行描述时,应注意"项目特征"与"工作内容"的区别。"项目特征"是工程项目的实质,决定着工程量清单项目的价值大小,而"工作内容"主要讲的是操作程序,是承包人完成能通过验收的工程项目所必须要操作的工序。在"13工程计量规范"中,工程量清单项目与工程量计算规则、工作内容具有一一对应的关系,当采用"13计价规范"进行计价时,工作内容即有规定,无须再对其进行描述。而"项目特征"栏中的任何一项都影响着清单项目的综合单价的确定,招标人应高度重视分部分项工程项目清单项目特征的描述,任何不描述或描述不清,均会在施工合同履约过程中产生分歧,导致纠纷、索赔。例如铸铁散热器,按照"13工程计量规范"编码为031005001项目中"项目特征"栏的规定,发包人在对工程量清单项目进行描述时,就必须要对铸铁散热器的型号、规格,安装方式,托架形式,器具、托架除锈、刷油设计要求等进行详细描述,因为这其中任何一项的不同都直接影响到铸铁散热器的综合单价。而在该项"工作内容"栏中阐述了铸铁散热器安装应包括组对、安装,水压试验,托架制作、安装,除锈、刷油等施工工序,这些工序即便发包人不提,承包人为安装合格铸铁散热器也必然要经过,因而,发包人在对工程量清单项目进行描述时就没有必要对铸铁散热器安装施工工序对承包人提出规定。

正因为此,在编制工程量清单时,必须对项目特征进行准确而且全面的描述,准确的描述工程量清单的项目特征对于准确的确定工程量清单项目的综合单价具有决定性的作用。

"13计价规范"中对清单项目特征描述及项目特征发生变化后重新确定综合单价的有关要求进行了如下约定:

(1)发包人在招标工程量清单中对项目特征的描述,应被认为是准确的和全面的,并且与实际施工要求相符合。承包人应按照发包人提供的招标工程量清单,根据项目特征描述的内容及有关要求实施合同工程,直到项目被改变为止。

(2)承包人应按照发包人提供的设计图纸实施合同工程,若在合同履行期间出现设计图纸(含设计变更)与招标工程量清单任一项目的特征描述不符,且该变化引起该项目工程造价增减变化的,应按照实际施工的项目特征,按前述"工程计量"中的有关规定重新确定相应工程量清单项目的综合单价,并调整合同价款。

### 4. 工程量清单缺项

导致工程量清单缺项的原因主要包括:①设计变更;②施工条件改变;③工程量清单编制错误。由于工程量清单的增减变化必然使合同价款发生增减变化。

(1)合同履行期间,由于招标工程量清单中缺项,新增分部分项工程清单项目的,应按照前述"工程变更"中的第(1)条的有关规定确定单价,并调整合同价款。

(2)新增分部分项工程清单项目后,引起措施项目发生变化的,应按照前述"工程变更"中的第(2)条的有关规定,在承包人提交的实施方案被发包人批准后调整合同价款。

(3)由于招标工程量清单中措施项目缺项,承包人应将新增措施项目实施方案提交发包人批准后,按照前述"工程变更"中的第(1)、(2)条的有关规定调整合同价款。

### 5. 工程量偏差

施工过程中,由于施工条件、地质水文、工程变更等变化以及招标工程量清单编制人专业水平的差异,往往会造成实际工程量与招标工程量清单出现偏差,工程量偏差过大,对综合成本的分摊带来影响。如突然增加太多,仍按原综合单价计价,对发包人不公平;如突然减少太多,仍按原综合单价计价,对承包人不公平。并且,这给有经验的承包人的不平衡报价打开了大门。为维护合同的公平,"13计价规范"中进行了如下规定:

(1)合同履行期间,当应予计算的实际工程量与招标工程量清单出现偏差,且符合下述第(2)、(3)条规定时,发承包双方应调整合同价款。

(2)对于任一招标工程量清单项目,当因工程量偏差和前述"工程变更"中规定的工程变更等原因导致工程量偏差超过15%时,可进行调整。当工程量增加15%以上时,增加部分的工程量的综合单价应予调低;当工

程量减少15%以上时,减少后剩余部分的工程量的综合单价应予调高。调整后的某一分部分项工程费结算价可参照以下公式计算:

1)当 $Q_1 > 1.15Q_0$ 时:

$$S = 1.15Q_0 \times P_0 + (Q_1 - 1.15Q_0) \times P_1$$

2)当 $Q_1 < 0.85Q_0$ 时:

$$S = Q_1 \times P_1$$

式中  $S$——调整后的某一分部分项工程费结算价;

$Q_1$——最终完成的工程量;

$Q_0$——招标工程量清单中列出的工程量;

$P_1$——按照最终完成工程量重新调整后的综合单价;

$P_0$——承包人在工程量清单中填报的综合单价。

由上述两式可以看出,计算调整后的某一分部分项工程费结算价的关键是确定新的综合单价 $P_1$。确定的方法,一是发承包双方协商确定;二是与招标控制价相联系。当工程量偏差项目出现承包人在工程量清单中填报的综合单价与发包人招标控制价相应清单项目的综合单价偏差超过15%时,工程量偏差项目综合单价的调整可参考以下公式确定:

1)当 $P_0 < P_2 \times (1-L) \times (1-15\%)$ 时,该类项目的综合单价 $P_1$ 按 $P_2 \times (1-L) \times (1-15\%)$ 进行调整。

2)当 $P_0 > P_2 \times (1+15\%)$ 时,该类项目的综合单价 $P_1$ 按 $P_2 \times (1+15\%)$ 进行调整。

3)当 $P_0 > P_2 \times (1-L) \times (1-15\%)$ 或 $P_0 < P_2 \times (1+15\%)$ 时,可不进行调整。

以上各式中   $P_0$——承包人在工程量清单中填报的综合单价;

$P_2$——发包人招标控制价相应项目的综合单价;

$L$——承包人报价浮动率。

(3)如果工程量出现变化引起相关措施项目相应发生变化时,按系数或单一总价方式计价的,工程量增加的措施项目费调增,工程量减少的措施项目费调减;反之,如未引起相关措施项目发生变化,则不予调整。

**6. 计日工**

(1)发包人通知承包人以计日工方式实施的零星工作,承包人应予执行。

(2)采用计日工计价的任何一项变更工作,在该项变更的实施过程中,承包人应按合同约定提交下列报表和有关凭证送发包人复核：
1) 工作名称、内容和数量。
2) 投入该工作所有人员的姓名、工种、级别和耗用工时。
3) 投入该工作的材料名称、类别和数量。
4) 投入该工作的施工设备型号、台数和耗用台时。
5) 发包人要求提交的其他资料和凭证。

(3) 任一计日工项目持续进行时,承包人应在该项工作实施结束后的 24 小时内向发包人提交有计日工记录汇总的现场签证报告一式三份。发包人在收到承包人提交现场签证报告后的 2 天内予以确认并将其中一份返还给承包人,作为计日工计价和支付的依据。发包人逾期未确认也未提出修改意见的,应视为承包人提交的现场签证报告已被发包人认可。

(4) 任一计日工项目实施结束后,承包人应按照确认的计日工现场签证报告核实该类项目的工程数量,并应根据核实的工程数量和承包人已标价工程量清单中的计日工单价计算,提出应付价款;已标价工程量清单中没有该类计日工单价的,由发承包双方按前述"工程变更"中的相关规定商定计日工单价计算。

(5) 每个支付期末,承包人应按规定向发包人提交本期间所有计日工记录的签证汇总表,并应说明本期间自己认为有权得到的计日工金额,调整合同价款,列入进度款支付。

### 7. 物价变化

(1) 物价变化合同价款调整方法。

1) 价格指数调整价格差额。

① 价格调整公式。因人工、材料和设备等价格波动影响合同价格时,根据投标函附录中的价格指数和权重表约定的数据,按以下公式计算差额并调整合同价格：

$$P = P_0 \left[ A + \left( B_1 \times \frac{F_{t1}}{F_{01}} + B_2 \times \frac{F_{t2}}{F_{02}} + B_3 \times \frac{F_{t3}}{F_{03}} + \cdots + B_n \times \frac{F_{tn}}{F_{0n}} \right) - 1 \right]$$

式中  　　　　$P$——需调整的价格差额；

$P_0$——约定的付款证书中承包人应得到的已完成工程量的金额。此项金额应不包括价格调整整、不计质量保证金的扣留和支付、预付款的支付和扣回。约定的变更及其他金额已按现行价格计价的,也不计在内；

## 第八章 通风空调工程清单计价体系

$A$——定值权重(即不调部分的权重);

$B_1,B_2,B_3,\cdots,B_n$——各可调因子的变值权重(即可调部分的权重),为各可调因子在投标函投标总报价中所占的比例;

$F_{t1},F_{t2},F_{t3},\cdots,F_{tn}$——各可调因子的现行价格指数,指约定的付款证书相关周期最后一天的前42天的各可调因子的价格指数;

$F_{01},F_{02},F_{03},\cdots,F_{0n}$——各可调因子的基本价格指数,指基准日期的各可调因子的价格指数。

以上价格调整公式中的各可调因子、定值和变值权重,以及基本价格指数及其来源在投标函附录价格指数和权重表中约定。价格指数应首先采用有关部门提供的价格指数,缺乏上述价格指数时,可采用有关部门提供的价格代替。

②暂时确定调整差额。在计算调整差额时得不到现行价格指数的,可暂用上一次价格指数计算,并在以后的付款中再按实际价格指数进行调整。

③权重的调整。约定的变更导致原定合同中的权重不合理时,由监理人与承包人和发包人协商后进行调整。

④承包人工期延误后的价格调整。由于承包人原因未在约定的工期内竣工的,则对原约定竣工日期后继续施工的工程,在使用第1)条的价格调整公式时,应采用原约定竣工日期与实际竣工日期的两个价格指数中较低的一个作为现行价格指数。

⑤若人工因素已作为可调因子包括在变值权重内,则不再对其进行单项调整。

2)造价信息调整价格差额。

①施工期内,因人工、材料和工程设备、施工机械台班价格波动影响合同价格时,人工、机械使用费按照国家或省、自治区、直辖市建设行政管理部门、行业建设管理部门或其授权的工程造价管理机构发布的人工成本信息、机械台班单价或机械使用费系数进行调整;需要进行价格调整的材料,其单价和采购数应由发包人复核,发包人确认需调整的材料单价及数量,作为调整合同价款差额的依据。

②人工单价发生变化且该变化因省级或行业建设主管部门发布的人工费调整文件所致时,承包双方应按省级或行业建设主管部门或其授权

的工程造价管理机构发布的人工成本文件调整合同价款。人工费调整时应以调整文件的时间为界限进行。

③材料、工程设备价格变化按照发包人提供的《承包人提供主要材料和工程设备一览表(适用于造价信息差额调整法)》,由发承包双方约定的风险范围按下列规定调整合同价款:

a. 承包人投标报价中材料单价低于基准单价:施工期间材料单价涨幅以基准单价为基础超过合同约定的风险幅度值,或材料单价跌幅以投标报价为基础超过合同约定的风险幅度值时,其超过部分按实调整。

b. 承包人投标报价中材料单价高于基准单价:施工期间材料单价跌幅以基准单价为基础超过合同约定的风险幅度值,或材料单价涨幅以投标报价为基础超过合同约定的风险幅度值时,其超过部分按实调整。

c. 承包人投标报价中材料单价等于基准单价:施工期间材料单价涨、跌幅以基准单价为基础超过合同约定的风险幅度值时,其超过部分按实调整。

d. 承包人应在采购材料前将采购数量和新的材料单价报送发包人核对,确认用于本合同工程时,发包人应确认采购材料的数量和单价。发包人在收到承包人报送的确认资料后3个工作日不予答复的视为已经认可,作为调整合同价款的依据。如果承包人未报经发包人核对即自行采购材料,再报发包人确认调整合同价款的,如发包人不同意,则不作调整。

④施工机械台班单价或施工机械使用费发生变化超过省级或行业建设主管部门或其授权的工程造价管理机构规定的范围时,按其规定调整合同价款。

(2)物价变化合同价款调整要求

1)合同履行期间,因人工、材料、工程设备、机械台班价格波动影响合同价款时,应根据合同约定,按上述"(1)"中介绍的方法之一调整合同价款。

2)承包人采购材料和工程设备的,应在合同中约定主要材料、工程设备价格变化的范围或幅度;当没有约定,且材料、工程设备单价变化超过5%时,超过部分的价格应按照上述"(1)"中介绍的方法计算调整材料、工程设备费。

3)发生合同工程工期延误的,应按照下列规定确定合同履行期的价格调整:

①因非承包人原因导致工期延误的,计划进度日期后续工程的价格,应采用计划进度日期与实际进度日期两者的较高者。

②因承包人原因导致工期延误的,计划进度日期后续工程的价格,应采用计划进度日期与实际进度日期两者的较低者。

4)发包人供应材料和工程设备的,不适用上述第(1)和第(2)条规定,应由发包人按照实际变化调整,列入合同工程的工程造价内。

**8. 暂估价**

(1)按照《工程建设项目货物招标投标办法》(国家发改委、建设部等七部委27号令)第五条规定:"以暂估价形式包括在总承包范围内的货物达到国家规定规模标准的,应当由总承包中标人和工程建设项目招标人共同依法组织招标"。若发包人在招标工程量清单中给定暂估价的材料、工程设备属于依法必须招标的,应由发承包双方以招标的方式选择供应商,确定价格,并应以此为依据取代暂估价,调整合同价款。

所谓共同招标,不能简单理解为发承包双方共同作为招标人,最后共同与招标人签订合同。恰当的做法应当是仍由总承包中标人作为招标人,采购合同应当由总承包人签订。建设项目招标人参与的所谓共同招标可以通过恰当的途径体现建设项目招标人对这类招标组织的参与、决策和控制。建设项目招标人约束总承包人的最佳途径就是通过合同约定相关的程序。建设项目招标人的参与主要体现在对相关项目招标文件、评标标准和方法等能够体现招标目的和招标要求的文件进行审批,未经审批不得发出招标文件;评标时建设项目招标人也可以派代表进入评标委员会参与评标,否则,中标结果对建设项目招标人没有约束力,并且,建设项目招标人有权拒绝对相应项目拨付工程款,对相关工程拒绝验收。

(2)发包人在招标工程量清单中给定暂估价的材料、工程设备不属于依法必须招标的,应由承包人按照合同约定采购,经发包人确认单价后取代暂估价,调整合同价款。暂估材料或工程设备的单价确定后,在综合单价中只应取代暂估单价,不应再在综合单价中涉及企业管理费或利润等其他费用的变动。

(3)发包人在工程量清单中给定暂估价的专业工程不属于依法必须招标的,应按照前述"工程变更"中的相关规定确定专业工程价款,并应以此为依据取代专业工程暂估价,调整合同价款。

(4)发包人在招标工程量清单中给定暂估价的专业工程,依法必须招

标的,应当由发承包双方依法组织招标选择专业分包人,并接受有管辖权的建设工程招标投标管理机构的监督,还应符合下列要求:

1)除合同另有约定外,承包人不参加投标的专业工程发包招标,应由承包人作为招标人,但拟定的招标文件、评标工作、评标结果应报送发包人批准。与组织招标工作有关的费用应当被认为已经包括在承包人的签约合同价(投标总报价)中。

2)承包人参加投标的专业工程发包招标,应由发包人作为招标人,与组织招标工作有关的费用由发包人承担。同等条件下,应优先选择承包人中标。

3)应以专业工程发包中标价为依据取代专业工程暂估价,调整合同价款。

### 9. 不可抗力

(1)因不可抗力事件导致的人员伤亡、财产损失及其费用增加,发承包双方应按下列原则分别承担并调整合同价款和工期:

1)合同工程本身的损害、因工程损害导致第三方人员伤亡和财产损失以及运至施工场地用于施工的材料和待安装的设备的损害,应由发包人承担。

2)发包人、承包人人员伤亡应由其所在单位负责,并应承担相应费用。

3)承包人的施工机械设备损坏及停工损失,应由承包人承担。

4)停工期间,承包人应发包人要求留在施工场地的必要的管理人员及保卫人员的费用应由发包人承担。

5)工程所需清理、修复费用,应由发包人承担。

(2)不可抗力解除后复工的,若不能按期竣工,应合理延长工期。发包人要求赶工的,赶工费用应由发包人承担。

### 10. 提前竣工(赶工补偿)

《建设工程质量管理条例》第十条规定:"建设工程发包单位不得迫使承包方以低于成本的价格竞标,不得任意压缩合理工期"。因此为了保证工程质量,承包人除根据标准规范、施工图纸进行施工外,还应当按照科学合理的施工组织设计,按部就班地进行施工作业。

(1)招标人应依据相关工程的工期定额合理计算工期,压缩的工期天数不得超过定额工期的20%,超过者,应在招标文件中明示增加赶工费用。赶工费用主要包括：①人工费的增加，如新增加投入人工的报酬，不经济使用人工的补贴等；②材料费的增加，如可能造成不经济使用材料而损耗过大，材料运输费的增加等；③机械费的增加，例如可能增加机械设备投入，不经济的使用机械等。

(2) 发包人要求合同工程提前竣工的，应征得承包人同意后与承包人商定采取加快工程进度的措施，并应修订合同工程进度计划。发包人应承担承包人由此增加的提前竣工（赶工补偿）费用，除合同另有约定外，提前竣工补偿的金额可为合同价款的 5%。

(3) 发承包双方应在合同中约定提前竣工每日历天应补偿额度，此项费用应作为增加合同价款列入竣工结算文件中，应与结算款一并支付。

**11. 误期赔偿**

(1) 如果承包人未按照合同约定施工，导致实际进度迟于计划进度的，承包人应加快进度，实现合同工期。即使承包人采取了赶工措施，赶工费用仍应由承包人承担。如合同工程仍然误期，承包人应赔偿发包人由此造成的损失，并按照合同约定向发包人支付误期赔偿费，除合同另有约定外，误期赔偿可为合同价款的 5%。即使承包人支付误期赔偿费，也不能免除承包人按照合同约定应承担的任何责任和应履行的任何义务。

(2) 发承包双方应在合同中约定误期赔偿费，并应明确每日历天应赔额度。误期赔偿费应列入竣工结算文件中，并应在结算款中扣除。

(3) 在工程竣工之前，合同工程内的某单项(位)工程已通过了竣工验收，且该单项(位)工程接收证书中表明的竣工日期并未延误，而是合同工程的其他部分产生了工期延误时，误期赔偿费应按照已颁发工程接收证书的单项(位)工程造价占合同价款的比例幅度予以扣减。

**12. 索赔**

索赔内容将在本书第八章第四节中做详细叙述。

**13. 现场签证**

由于施工生产的特殊性，施工过程中往往会出现一些与合同工程或合同约定不一致或未约定的事项，这时就需要发承包双方用书面形式记录下来，这就是现场签证。签证有多种情形，一是发包人的口头指令，需要承包人将其提出，由发包人转换成书面签证；二是发包人的书面通知如涉及工程实施，需要承包人就完成此通知需要的人工、材料、机械设备等内容向发包人提出，取得发包人的签证确认；三是合同工程招标工程量清单中已有,但施工中发现与其不符,比如土方类别、出现流砂等,需承包人及时向发包人提出签证确认,以便调整合同价款;四是由于发包人原因未按合同约定提供场地、材料、设备或停水、停电等造成承包人停工,需承包人及时向发包人提出签证确认,以便计算索赔费用;五是合同中约定材料、设备等价格,由于市场发生变化,需承包人向发包人提出采纳数量及其单价,以便发包人核对后取得发包人的签证确认;六是其他由于施工条件、合同条件变化需现场签证的事项等。

(1)承包人应发包人要求完成合同以外的零星项目、非承包人责任事件等工作的,发包人应及时以书面形式向承包人发出指令,并应提供所需的相关资料;承包人在收到指令后,应及时向发包人提出现场签证要求。

(2)承包人应在收到发包人指令后的7天内向发包人提交现场签证报告,发包人应在收到现场签证报告后的48小时内对报告内容进行核实,予以确认或提出修改意见。发包人在收到承包人现场签证报告后的48小时内未确认也未提出修改意见的,应视为承包人提交的现场签证报告已被发包人认可。

(3)现场签证的工作如已有相应的计日工单价,现场签证中应列明完成该类项目所需的人工、材料、工程设备和施工机械台班的数量。

如现场签证的工作没有相应的计日工单价,应在现场签证报告中列明完成该签证工作所需的人工、材料设备和施工机械台班的数量及单价。

(4)合同工程发生现场签证事项,未经发包人签证确认,承包人便擅自施工的,除非征得发包人书面同意,否则发生的费用应由承包人承担。

(5)按照财政部、原建设部印发的《建设工程价款结算办法》(财建[2004]369号)第十五条的规定:"发包人和承包人要加强施工现场的造价控制,及时对工程合同外的事项如实纪录并履行书面手续。凡由发承包双方授权的现场代表签字的现场签证以及发承包双方协商确定的索赔等费用,应在工程竣工结算中如实办理,不得因发承包双方现场代表的中途变更改变其有效性"。"13计价规范"规定:"现场签证工作完成后的7天内,承包人应按照现场签证内容计算价款,报送发包人确认后,作为增加合同价款,与进度款同期支付"。此举可避免发包方变相拖延工程款,以及发包人以现场代表变更而不承认某些索赔或签证的事件发生。

(6)在施工过程中,当发现合同工程内容因场地条件、地质水文、发包人要求等不一致时,承包人应提供所需的相关资料,并提交发包人签证认可,作为合同价款调整的依据。

**14. 暂列金额**

(1)已签约合同价中的暂列金额应由发包人掌握使用。

(2)暂列金额虽然列入合同价款,但并不属于承包人所有,也并不必然发生。只有按照合同约定实际发生后,才能成为承包人的应得金额,纳入工程合同结算价款中,发包人按照前述相关规定与要求进行支付后,暂列金额余额仍归发包人所有。

### 三、合同价款期中支付

**(一)预付款**

(1)预付款是发包人为解决承包人在施工准备阶段资金周转问题提供的协助,预付款用于承包人为合同工程施工购置材料、工程设备,购置或租赁施工设备以及组织施工人员进场。预付款应专用于合同工程。

(2)按照财政部、原建设部印发的《建设工程价款结算暂行办法》的相关规定,"13计价规范"中对预付款的支付比例进行了约定:包工包料工程的预付款的支付比例不得低于签约合同价(扣除暂列金额)的10%,不宜高于签约合同价(扣除暂列金额)的30%。预付款的总金额,分期拨付次数,每次付款金额、付款时间等应根据工程规模、工期长短等具体情况,在合同中约定。

(3)承包人应在签订合同或向发包人提供与预付款等额的预付款保函(如有)后向发包人提交预付款支付申请。

(4)发包人应在收到支付申请的7天内进行核实,向承包人发出预付款支付证书,并在签发支付证书后的7天内向承包人支付预付款。

(5)发包人没有按合同约定按时支付预付款的,承包人可催告发包人支付;发包人在预付款期满后的7天内仍未支付的,承包人可在付款期满后的第8天起暂停施工。发包人应承担由此增加的费用和延误的工期,并应向承包人支付合理利润。

(6)当承包人取得相应的合同价款时,预付款应从每一个支付期应支付给承包人的工程进度款中扣回,直到扣回的金额达到合同约定的预付款金额为止。通常约定承包人完成签约合同价款的比例在20%~30%时,开始从进度款中按一定比例扣还。

(7)承包人的预付款保函(如有)的担保金额根据预付款扣回的数额相应递减,但在预付款全部扣回之前一直保持有效。发包人应在预付款扣完后的 14 天内将预付款保函退还给承包人。

**(二)安全文明施工费**

(1)财政部、国家安全生产监督管理总局印发的《企业安全生产费用提取和使用管理办法》(财企[2012]16 号)第十九条规定:"建设工程施工企业安全费用应当按照以下范围使用:

1)完善、改造和维护安全防护设施设备支出(不含'三同时'要求初期投入的安全设施),包括施工现场临时用电系统、洞口、临边、机械设备、高处作业防护、交叉作业防护、防火、防爆、防尘、防毒、防雷、防台风、防地质灾害、地下工程有害气体监测、通风、临时安全防护等设施设备支出。

2)配备、维护、保养应急救援器材、设备支出和应急演练支出。

3)开展重大危险源和事故隐患评估、监控和整改支出。

4)安全生产检查、评价(不包括新建、改建、扩建项目安全评价)、咨询和标准化建设支出。

5)配备和更新现场作业人员安全防护用品支出。

6)安全生产宣传、教育、培训支出。

7)安全生产适用的新技术、新标准、新工艺、新装备的推广应用支出。

8)安全设施及特种设备检测检验支出。

9)其他与安全生产直接相关的支出。"

由于工程建设项目因专业及施工阶段的不同,对安全文明施工措施的要求也不一致,因此"13 工程计量规范"针对不同的专业工程特点,规定了安全文明施工的内容和包含的范围。在实际执行过程中,安全文明施工费包括的内容及使用范围,既应符合国家现行有关文件的规定,也应符合"13 工程计量规范"中的规定。

(2)发包人应在工程开工后的 28 天内预付不低于当年施工进度计划的安全文明施工费总额的 60%,其余部分应按照提前安排的原则进行分解,并应与进度款同期支付。

(3)发包人没有按时支付安全文明施工费的,承包人可催告发包人支付;发包人在付款期满后的 7 天内仍未支付的,若发生安全事故,发包人应承担相应责任。

(4)承包人对安全文明施工费应专款专用,在财务账目中应单独列项备查,不得挪作他用,否则发包人有权要求其限期改正;逾期未改正的,造成的损失和延误的工期应由承包人承担。

### (三)进度款

(1)发承包双方应按照合同约定的时间、程序和方法,根据工程计量结果,办理期中价款结算,支付进度款。

(2)发包人支付工程进度款,其支付周期应与合同约定的工程计量周期一致。工程量的正确计量是发包人向承包人支付工程进度款的前提和依据。计量和付款周期可采用分段或按月结算的方式。

1)按月结算与支付。即实行按月支付进度款,竣工后结算的办法。合同工期在两个年度以上的工程,在年终进行工程盘点,办理年度结算。

2)分段结算与支付。即当年开工、当年不能竣工的工程按照工程形象进度,划分不同阶段,支付工程进度款。

当采用分段结算方式时,应在合同中约定具体的工程分段划分,付款周期应与计量周期一致。

(3)已标价工程量清单中的单价项目,承包人应按工程计量确认的工程量与综合单价计算;综合单价发生调整的,以发承包双方确认调整的综合单价计算进度款。

(4)已标价工程量清单中的总价项目和采用经审定批准的施工图纸及其预算方式发包形成的总价合同应由承包人根据施工进度计划和总价构成、费用性质、计划发生时间和相应的工程量等因素按计量周期进行分解,分别列入进度款支付申请中的安全文明施工费和本周期应支付的总价项目的金额中,并形成进度款支付分解表,在投标时提交,非招标工程在合同洽商时提交。在施工过程中,由于进度计划的调整,发承包双方应对支付分解进行调整。

1)已标价工程量清单中的总价项目进度款支付分解方法可选择以下之一(但不限于):

①将各个总价项目的总金额按合同约定的计量周期平均支付。

②按照各个总价项目的总金额占签约合同价的百分比,以及各个计量支付周期内所完成的单价项目的总金额,以百分比方式均摊支付。

③按照各个总价项目组成的性质(如时间、与单价项目的关联性等)分解到形象进度计划或计量周期中,与单价项目一起支付。

2)采用经审定批准的施工图纸及其预算方式发包形成的总价合同,除由于工程变更形成的工程量增减予以调整外,其工程量不予调整。因此,总价合同的进度款支付应按照计量周期进行支付分解,以便进度款有序支付。

(5)发包人提供的甲供材料金额,应按照发包人签约提供的单价和数量从进度款支付中扣除,列入本周期应扣减的金额中。

(6)承包人现场签证和得到发包人确认的索赔金额应列入本周期应增加的金额中。

(7)进度款的支付比例按照合同约定,按期中结算价款总额计,不低于60%,不高于90%。

(8)承包人应在每个计量周期到期后的7天内向发包人提交已完工程进度款支付申请一式四份,详细说明此周期认为有权得到的款额,包括分包人已完工程的价款。支付申请应包括下列内容:

1)累计已完成的合同价款。

2)累计已实际支付的合同价款。

3)本周期合计完成的合同价款。

①本周期已完成单价项目的金额。

②本周期应支付的总价项目的金额。

③本周期已完成的计日工价款。

④本周期应支付的安全文明施工费。

⑤本周期应增加的金额。

4)本周期合计应扣减的金额:

①本周期应扣回的预付款。

②本周期应扣减的金额。

5)本周期实际应支付的合同价款。

上述"本周期应增加的金额"中包括除单价项目、总价项目、计日工、安全文明施工费外的全部应增金额,如索赔、现场签证金额,"本周期应扣减的金额"包括除预付款外的全部应减金额。

由于进度款的支付比例最高不超过90%,而且根据原建设部、财政部印发的《建设工程质量保证金管理暂行办法》第七条规定:"全部或者部分使用政府投资的建设项目,按工程价款结算总额5%左右的比例预留保证金",因此,"13计价规范"未在进度款支付中要求扣减质量保证金,而是在竣工结算价款中预留保证金。

(9)发包人应在收到承包人进度款支付申请后的14天内,根据计量结果和合同约定对申请内容予以核实,确认后向承包人出具进度款支付证书。若发承包双方对部分清单项目的计量结果出现争议,发包人应对无争议部分的工程计量结果向承包人出具进度款支付证书。

(10)发包人应在签发进度款支付证书后的 14 天内,按照支付证书列明的金额向承包人支付进度款。

(11)若发包人逾期未签发进度款支付证书,则视为承包人提交的进度款支付申请已被发包人认可,承包人可向发包人发出催告付款的通知。发包人应在收到通知后的 14 天内,按照承包人支付申请的金额向承包人支付进度款。

(12)发包人未按照规定支付进度款的,承包人可催告发包人支付,并有权获得延迟支付的利息;发包人在付款期满后的 7 天内仍未支付的,承包人可在付款期满后的第 8 天起暂停施工。发包人应承担由此增加的费用和延误的工期,向承包人支付合理利润,并应承担违约责任。

(13)发现已签发的任何支付证书有错、漏或重复的数额,发包人有权予以修正,承包人也有权提出修正申请。经发承包双方复核同意修正的,应在本次到期的进度款中支付或扣除。

## 第四节　合同管理与索赔

### 一、建设工程施工合同管理

#### (一)建设工程合同管理的基本内容

合同生命期从签订之日起到双方权利和义务履行完毕而自然终止。而工程合同管理的生命期和项目建设期有关,主要有合同策划、招标采购、合同签订和合同履行等阶段的合同管理,各阶段合同管理主要内容如下:

**1. 合同策划阶段**

合同策划是在项目实施前对整个项目合同管理方案预先做出科学合理的安排和设计,从合同管理组织、方法、内容、程序和制度等方面预先做出计划的方案,以保证项目所有合同的圆满履行,减少合同争议和纠纷,从而保证整个项目目标的实现。该阶段合同管理内容主要包括以下几个方面:

(1)合同管理组织机构设置及专业合同管理人员配备。

(2)合同管理责任及其分解体系。

(3)采购模式和合同类型选择和确定。

(4)结构分解体系和合同结构体系设计,包括合同打包、分解或合同标段划分等。

(5)招标方案和招标文件设计。

(6)合同文件和主要内容设计。

(7)主要合同管理流程设计,包括投资控制、进度控制、质量控制、设计变更、支付与结算、竣工验收、合同索赔和争议处理等流程。

**2. 招标采购阶段**

合同管理并不是在合同签订之后才开始的,招投标过程中形成的文件基本上都是合同文件的组成部分。在招投标阶段应保证合同条件的完整性、准确性、严格性、合理性与可行性。该阶段合同管理的主要内容有:

(1)编制合理的招标文件,严格投标人的资格预审,依法组织招标。

(2)组织现场踏勘,投标人编制投标方案和投标文件。

(3)做好开标、评标和定标工作。

(4)合同审查工作。

(5)组织合同谈判和签订。

(6)履约担保等。

**3. 合同履行阶段**

合同履行阶段是合同管理的重点阶段,包括履行过程和履行后的合同管理工作,主要内容有:

(1)合同总体分析与结构分解。

(2)合同管理责任体系及其分解。

(3)合同工作分析和合同交底。

(4)合同成本控制、进度控制、质量控制及安全、健康、环境管理等。

(5)合同变更管理。

(6)合同索赔管理。

(7)合同争议管理等。

**(二)建设工程施工合同管理的基本内容**

**1. 施工合同基本概念**

(1)施工合同的定义。建设工程施工合同是发包人与承包人就完成具体工程项目的建筑施工、设备安装、设备调试、工程保修等工作内容,确定双方权利和义务的协议。施工合同是建设工程合同的一种,它与其他建设工程合同一样是双务有偿合同,在订立时应遵守自愿、公平、诚实信用等原则。

建设工程施工合同是建设工程的主要合同之一,其标的是将设计图纸变为满足功能、质量、进度、投资等发包人投资预期目的的建筑产品。

履行施工合同具有以下几个方面作用:

1)明确建设单位和施工企业在施工中的权利和义务。施工合同一经签订,即具有法律效力,是合同双方在履行合同中的行为准则,双方都应以施工合同作为行为的依据。

2)是进行监理的依据和推行监理制的需要。在监理制度中,行政干预的作用被淡化了,建设单位(业主)、施工企业(承包商)、监理单位三者的关系是通过工程建设监理合同和施工合同来确立的。国内外实践经验表明,工程建设监理的主要依据是合同。监理人在工程监理过程中要做到坚持按合同办事,坚持按规范办事,坚持按程序办事。监理人必须根据合同秉公办事,监督业主和承包商都履行各自的合同义务,因此,承发包双方签订一个内容合法,条款公平、完备,适应建设监理要求的施工合同是监理人实施公正监理的根本前提条件,也是推行建设监理制的内在要求。

3)有利于对工程施工的管理。合同当事人对工程施工的管理应以合同为依据。有关的国家机关、金融机构对施工的监督和管理,也是以施工合同为其重要依据的。

4)有利于建筑市场的培育和发展。随着社会主义市场经济新体制的建立,建设单位和施工单位将逐渐成为建筑市场的合格主体,建设项目实行真正的业主负责制,施工企业参与市场公平竞争。在建筑商品交换过程中,双方都要利用合同这一法律形式,明确规定各自的权利和义务,以最大限度地实现自己的经济目的和经济效益。施工合同作为建筑商品交换的基本法律形式,贯穿于建筑交易的全过程。无数建设工程合同的依法签订和全面履行,是建立一个完善的建筑市场的最基本条件。

(2)施工合同的特点。

1)合同标的的特殊性。施工合同的标的是各类建筑产品,建筑产品是不动产,建造过程中往往受到各种因素的影响。这就决定了每个施工合同的标的物不同于工厂批量生产的产品，具有单件性的特点。所谓"单件性"指不同地点建造的相同类型和级别的建筑，施工过程中所遇到的情况不尽相同，在甲工程施工中遇到的困难在乙工程中不一定发生，而在乙工程施工中可能出现甲工程中没有发生过的问题。这就决定了每个施工合同的标的都是特殊的，相互间具有不可替代性。

2）合同履行期限的长期性。由于建筑产品体积庞大、结构复杂、施工周期都较长，施工工期少则几个月，一般都是几年甚至十几年，在合同实施过程中不确定影响因素多，受外界自然条件影响大，合同双方承担的风险高，当主观和客观情况变化时，就有可能造成施工合同的变化，因此施工合同的变更较频繁，施工合同争议和纠纷也比较多。

3）合同内容的多样性和复杂性。与大多数合同相比较，施工合同的履行期限长、标的额大，涉及的法律关系则包括了劳动关系、保险关系、运输关系、购销关系等，具有多样性和复杂性。这就要求施工合同的条款应当尽量详尽。

4）合同管理的严格性。合同管理的严格性主要体现在以下几个方面：对合同签订管理的严格性；对合同履行管理的严格性；对合同主体管理的严格性。

施工合同的这些特点，使得施工合同无论在合同文本结构，还是合同内容上，都要反映相适应其特点，符合工程项目建设客观规律的内在要求，以保护施工合同当事人的合法权益，促使当事人严格履行自己的义务和职责，提高工程项目的综合社会效益、经济效益。

**2. 施工合同管理**

（1）工程施工合同质量管理。质量控制是施工合同履行中的重要环节，也是合同双方经常引起争议的条款和内容之一。承包人在工程施工、竣工和维修过程中要履行质量义务和责任。承包人应按照合同约定的标准、规范、图样、质量等级以及工程师发布的指令认真施工，并达到合同约定的质量等级。工程师在施工过程中应采用巡视、旁站、平行检验等方式监督检查承包人的施工工艺和产品质量，对建筑产品的生产过程进行严格控制。

1）质量要求。工程质量标准必须符合现行国家有关工程施工质量验收规范和标准的要求。有关工程质量的特殊标准或要求由合同当事人在专用合同条款中约定。

因发包人原因造成工程质量未达到合同约定标准的,由发包人承担由此增加的费用和(或)延误的工期,并支付承包人合理的利润。

因承包人原因造成工程质量未达到合同约定标准的,发包人有权要求承包人返工直至工程质量达到合同约定的标准为止,并由承包人承担由此增加的费用和(或)延误的工期。

2)质量保证措施。

①发包人的质量管理。发包人应按照法律规定及合同约定完成与工程质量有关的各项工作。

②承包人的质量管理。承包人按照施工组织设计约定向发包人和监理人提交工程质量保证体系及措施文件,建立完善的质量检查制度,并提交相应的工程质量文件。对于发包人和监理人违反法律规定和合同约定的错误指示,承包人有权拒绝实施。

承包人应对施工人员进行质量教育和技术培训,定期考核施工人员的劳动技能,严格执行施工规范和操作规程。

承包人应按照法律规定和发包人的要求,对材料、工程设备以及工程的所有部位及其施工工艺进行全过程的质量检查和检验,并作详细记录,编制工程质量报表,报送监理人审查。此外,承包人还应按照法律规定和发包人的要求,进行施工现场取样试验、工程复核测量和设备性能检测,提供试验样品、提交试验报告和测量成果以及其他工作。

③监理人的质量检查和检验。监理人按照法律规定和发包人授权对工程的所有部位及其施工工艺、材料和工程设备进行检查和检验。承包人应为监理人的检查和检验提供方便,包括监理人到施工现场,或制造、加工地点,或合同约定的其他地方进行察看和查阅施工原始记录。监理人为此进行的检查和检验,不免除或减轻承包人按照合同约定应当承担的责任。

监理人的检查和检验不应影响施工正常进行。监理人的检查和检验影响施工正常进行的,且经检查检验不合格的,影响正常施工的费用由承包人承担,工期不予顺延;经检查检验合格的,由此增加的费用和(或)延误的工期由发包人承担。

3)隐蔽工程检查。

①承包人自检。承包人应当对工程隐蔽部位进行自检,并经自检确认是否具备覆盖条件。

②检查程序。除专用合同条款另有约定外,工程隐蔽部位经承包人自检确认具备覆盖条件的,承包人应在共同检查前48小时书面通知监理人检查,通知中应载明隐蔽检查的内容、时间和地点,并应附有自检记录和必要的检查资料。

监理人应按时到场并对隐蔽工程及其施工工艺、材料和工程设备进行检查。经监理人检查确认质量符合隐蔽要求,并在验收记录上签字后,承包人才能进行覆盖。经监理人检查质量不合格的,承包人应在监理人指示的时间内完成修复,并由监理人重新检查,由此增加的费用和(或)延误的工期由承包人承担。

除专用合同条款另有约定外,监理人不能按时进行检查的,应在检查前24小时向承包人提交书面延期要求,但延期不能超过48小时,由此导致工期延误的,工期应予以顺延。监理人未按时进行检查,也未提出延期要求的,视为隐蔽工程检查合格,承包人可自行完成覆盖工作,并作相应记录报送监理人,监理人应签字确认。

③重新检查。承包人覆盖工程隐蔽部位后,发包人或监理人对质量有疑问的,可要求承包人对已覆盖的部位进行钻孔探测或揭开重新检查,承包人应遵照执行,并在检查后重新覆盖恢复原状。经检查证明工程质量符合合同要求的,由发包人承担由此增加的费用和(或)延误的工期,并支付承包人合理的利润;经检查证明工程质量不符合合同要求的,由此增加的费用和(或)延误的工期由承包人承担。

④承包人私自覆盖。承包人未通知监理人到场检查,私自将工程隐蔽部位覆盖的,监理人有权指示承包人钻孔探测或揭开检查,无论工程隐蔽部位质量是否合格,由此增加的费用和(或)延误的工期均由承包人承担。

4)不合格工程的处理。因承包人原因造成工程不合格的,发包人有权随时要求承包人采取补救措施,直至达到合同要求的质量标准,由此增加的费用和(或)延误的工期由承包人承担。无法补救的,承包人完成整改后,应当重新进行竣工验收,经重新组织验收仍不合格的且无法采取措施补救的,则发包人可以拒绝接收不合格工程,因不合格工程导致其他工程不能正常使用的,承包人应采取措施确保相关工程的正常使用,由此增加的费用和(或)延误的工期由承包人承担。

因发包人原因造成工程不合格的,由此增加的费用和(或)延误的工期由发包人承担,并支付承包人合理的利润。

5)质量争议检测。合同当事人对工程质量有争议的,由双方协商确定的工程质量检测机构鉴定,由此产生的费用及因此造成的损失,由责任方承担。

合同当事人均有责任的,由双方根据其责任分别承担。合同当事人进行商定或确定时,总监理工程师应当会同合同当事人尽量通过协商达成一致,不能达成一致的,由总监理工程师按照合同约定审慎做出公正的确定。

总监理工程师应将确定以书面形式通知发包人和承包人,并附详细依据。合同当事人对总监理工程师的确定没有异议的,按照总监理工程师的确定执行。任何一方合同当事人有异议,按照约定处理。争议解决前,合同当事人暂按总监理工程师的确定执行;争议解决后,争议解决的结果与总监理工程师的确定不一致的,按照争议解决的结果执行,由此造成的损失由责任人承担。

6)工程试车。

①试车程序。工程需要试车的,除专用合同条款另有约定外,试车内容应与承包人承包范围相一致,试车费用由承包人承担。工程试车应按如下程序进行:

a. 具备单机无负荷试车条件,承包人组织试车,并在试车前48小时书面通知监理人,通知中应载明试车内容、时间、地点。承包人准备试车记录,发包人根据承包人要求为试车提供必要条件。试车合格的,监理人在试车记录上签字。监理人在试车合格后不在试车记录上签字,自试车结束满24小时后视为监理人已经认可试车记录,承包人可继续施工或办理竣工验收手续。

监理人不能按时参加试车,应在试车前24小时以书面形式向承包人提出延期要求,但延期不能超过48小时,由此导致工期延误的,工期应予以顺延。监理人未能在前述期限内提出延期要求,又不能参加试车的,视为认可试车记录。

b. 具备无负荷联动试车条件,发包人组织试车,并在试车前48小时以书面形式通知承包人。通知中应载明试车内容、时间、地点和对承包人的要求,承包人按要求做好准备工作。试车合格,合同当事人在试车记录上签字。承包人无正当理由不参加试车的,视为认可试车记录。

②试车中的责任。因设计原因导致试车达不到验收要求,发包人应要求设计人修改设计,承包人按修改后的设计重新安装。发包人承担修改设计、拆除及重新安装的全部费用,工期相应顺延。因承包人原因导致试车达不到验收要求,承包人按监理人要求重新安装和试车,并承担重新安装和试车的费用,工期不予顺延。

因工程设备制造原因导致试车达不到验收要求的,由采购该工程设备的合同当事人负责重新购置或修理,承包人负责拆除和重新安装,由此增加的修理、重新购置、拆除及重新安装的费用及延误的工期由采购该工程设备的合同当事人承担。

③投料试车。如需进行投料试车的,发包人应在工程竣工验收后组织投料试车。发包人要求在工程竣工验收前进行或需要承包人配合时,应征得承包人同意,并在专用合同条款中约定有关事项。

投料试车合格的,费用由发包人承担;因承包人原因造成投料试车不合格的,承包人应按照发包人要求进行整改,由此产生的整改费用由承包人承担;非因承包人原因导致投料试车不合格的,如发包人要求承包人进行整改的,由此产生的费用由发包人承担。

(2)工程施工合同进度管理。进度控制条款是施工合同中的重要条款,主要是围绕工程项目的进度目标来设置双方当事人的有关责任和义务,要求双方当事人在合同规定的工期内完成各自的工作和施工任务。

1)进度计划。就合同工程的施工组织而言,招标阶段承包人在投标书内提交的施工方案或施工组织设计的深度相对较浅,签订合同后通过对现场的进一步考察和工程交底,对工程的施工有了更深入的了解,因此,承包人应按照约定提交详细的施工进度计划,施工进度计划的编制应当符合国家法律规定和一般工程实践惯例,施工进度计划经发包人批准后实施。施工进度计划是控制工程进度的依据,发包人和监理人有权按照施工进度计划检查工程进度情况。

工程师接到承包人提交的进度计划后,应当予以确认或者提出修改意见,时间限制则由双方在专用条款中约定。如果工程师逾期不确认也不提出书面意见,则视为已经同意。工程师对进度计划和对承包人施工进度的认可,不免除承包人对施工组织设计和工程进度计划本身的缺陷所应承担的责任。进度计划经工程师予以认可的主要目的,是作为发包人和工程师按计划进行协调和对施工进度进行控制的依据。

## 第八章 通风空调工程清单计价体系

施工进度计划不符合合同要求或与工程的实际进度不一致的,承包人应向监理人提交修订的施工进度计划,并附具有关措施和相关资料,由监理人报送发包人。除专用合同条款另有约定外,发包人和监理人应在收到修订的施工进度计划后 7 天内完成审核和批准或提出修改意见。发包人和监理人对承包人提交的施工进度计划的确认,不能减轻或免除承包人根据法律规定和合同约定应承担的任何责任或义务。

2)开工及延迟开工。承包人应在专用条款约定的时间按时开工的,以便保证在合理工期内及时竣工。但在特殊情况下,工程的准备工作不具备开工条件,则应按合同的约定区分延期开工的责任。

①开工准备。除专用合同条款另有约定外,承包人应按照约定的期限,向监理人提交工程开工报审表,经监理人报发包人批准后执行。开工报审表应详细说明按施工进度计划正常施工所需的施工道路、临时设施、材料、工程设备、施工设备、施工人员等落实情况以及工程的进度安排。

除专用合同条款另有约定外,合同当事人应按约定完成开工准备工作。

②开工通知。发包人应按照法律规定获得工程施工所需的许可。经发包人同意后,监理人发出的开工通知应符合法律规定。监理人应在计划开工日期 7 天前向承包人发出开工通知,工期自开工通知中载明的开工日期起算。

除专用合同条款另有约定外,因发包人原因造成监理人未能在计划开工日期之日起 90 天内发出开工通知的,承包人有权提出价格调整要求,或者解除合同。发包人应当承担由此增加的费用和(或)延误的工期,并向承包人支付合理利润。

③延迟开工。因发包人原因不能按照协议书约定的开工日期开工,工程师应以书面形式通知承包人,推迟开工日期。发包人赔偿承包人因延期开工造成的损失,并相应顺延工期。

3)暂停施工。

①发包人原因引起的暂停施工。因发包人原因引起暂停施工的,监理人经发包人同意后,应及时下达暂停施工指示。由此增加的费用和(或)延误的工期由发包人承担,并支付承包人合理的利润。

②承包人原因引起的暂停施工。因承包人原因引起的暂停施工,

承包人应承担由此增加的费用和(或)延误的工期,且承包人在收到监理人复工指示后 84 天内仍未复工的,视为承包人无法继续履行合同的情形。

③指示暂停施工。监理人认为有必要时,并经发包人批准后,可向承包人做出暂停施工的指示,承包人应按监理人指示暂停施工。

④紧急情况下的暂停施工。因紧急情况需暂停施工,且监理人未及时下达暂停施工指示的,承包人可先暂停施工,并及时通知监理人。监理人应在接到通知后 24 小时内发出指示,逾期未发出指示,视为同意承包人暂停施工。监理人不同意承包人暂停施工的,应说明理由,承包人对监理人的答复有异议,按约定处理。

⑤暂停施工后的复工。暂停施工后,发包人和承包人应采取有效措施积极消除暂停施工的影响。在工程复工前,监理人会同发包人和承包人确定因暂停施工造成的损失,并确定工程复工条件。当工程具备复工条件时,监理人应经发包人批准后向承包人发出复工通知,承包人应按照复工通知要求复工。

承包人无故拖延和拒绝复工的,承包人承担由此增加的费用和(或)延误的工期;因发包人原因无法按时复工的,按照因发包人原因导致工期延误约定办理。

⑥暂停施工持续 56 天以上。监理人发出暂停施工指示后 56 天内未向承包人发出复工通知,除该项停工属于承包人原因引起的暂停施工及不可抗力的情形外,承包人可向发包人提交书面通知,要求发包人在收到书面通知后 28 天内准许已暂停施工的部分或全部工程继续施工。发包人逾期不予批准的,则承包人可以通知发包人,将工程受影响的部分视为按可取消工作。

暂停施工持续 84 天以上不复工的,且不属于承包人原因引起的暂停施工及不可抗力的情形,并影响到整个工程以及合同目的实现的,承包人有权提出价格调整要求,或者解除合同。

⑦暂停施工期间的工程照管。暂停施工期间,承包人应负责妥善照管工程并提供安全保障,由此增加的费用由责任方承担。

⑧暂停施工的措施。暂停施工期间,发包人和承包人均应采取必要的措施确保工程质量及安全,防止因暂停施工扩大损失。

4)工期延误。在合同履行过程中,因下列情况导致工期延误和(或)

费用增加的,由发包人承担由此延误的工期和(或)增加的费用,且发包人应支付承包人合理的利润:

①发包人未能按合同约定提供图纸或所提供图纸不符合合同约定的。

②发包人未能按合同约定提供施工现场、施工条件、基础资料、许可、批准等开工条件的。

③发包人提供的测量基准点、基准线和水准点及其书面资料存在错误或疏漏的。

④发包人未能在计划开工日期之日起7天内同意下达开工通知的。

⑤发包人未能按合同约定日期支付工程预付款、进度款或竣工结算款的。

⑥监理人未按合同约定发出指示、批准等文件的。

⑦专用合同条款中约定的其他情形。

因发包人原因未按计划开工日期开工的,发包人应按实际开工日期顺延竣工日期,确保实际工期不低于合同约定的工期总日历天数。因发包人原因导致工期延误需要修订施工进度计划的,可以在专用合同条款中约定逾期竣工违约金的计算方法和逾期竣工违约金的上限。承包人支付逾期竣工违约金后,不免除承包人继续完成工程及修补缺陷的义务。

5)工程竣工。

①承包人必须按照协议书约定的竣工日期或工程师同意顺延的工期竣工。

②因承包人原因不能按照协议书约定的竣工日期或工程师同意顺延的工期竣工的,承包人承担违约责任。

③承包人应向发包人和监理人提交提前竣工建议书,提前竣工建议书应包括实施的方案、缩短的时间、增加的合同价格等内容。发包人接受该提前竣工建议书的,监理人应与发包人和承包人协商采取加快工程进度的措施,并修订施工进度计划,由此增加的费用由发包人承担。承包人认为提前竣工指示无法执行的,应向监理人和发包人提出书面异议,发包人和监理人应在收到异议后7天内予以答复。任何情况下,发包人不得压缩合理工期。

发包人要求承包人提前竣工,或承包人提出提前竣工的建议能够给发包人带来效益的,合同当事人可以在专用合同条款中约定提前竣工的奖励。

(3)工程施工安全管理。合同履行期间,合同当事人均应当遵守国家和工程所在地有关安全生产的要求,合同当事人有特别要求的,应在专用合同条款中明确施工项目安全生产标准化达标目标及相应事项。承包人有权拒绝发包人及监理人强令承包人违章作业、冒险施工的任何指示。

在施工过程中,如遇到突发的地质变动、事先未知的地下施工障碍等影响施工安全的紧急情况,承包人应及时报告监理人和发包人,发包人应当及时下令停工并报政府有关行政管理部门采取应急措施。

1)安全生产保证措施。承包人应当按照有关规定编制安全技术措施或者专项施工方案,建立安全生产责任制度、治安保卫制度及安全生产教育培训制度,并按安全生产法律规定及合同约定履行安全职责,如实编制工程安全生产的有关记录,接受发包人、监理人及政府安全监督部门的检查与监督。

2)特别安全生产事项。承包人应按照法律规定进行施工,开工前做好安全技术交底工作,施工过程中做好各项安全防护措施。承包人为实施合同而雇用的特殊工种的人员应受过专门的培训并已取得政府有关管理机构颁发的上岗证书。

承包人在动力设备、输电线路、地下管道、密封防震车间、易燃易爆地段以及临街交通要道附近施工时,施工开始前应向发包人和监理人提出安全防护措施,经发包人认可后实施。

实施爆破作业,在放射、毒害性环境中施工(含储存、运输、使用)及使用毒害性、腐蚀性物品施工时,承包人应在施工前7天以书面通知发包人和监理人,并报送相应的安全防护措施,经发包人认可后实施。

需单独编制危险性较大分部分项专项工程施工方案的,及要求进行专家论证的超过一定规模的危险性较大的分部分项工程,承包人应及时编制和组织论证。

3)治安保卫。除专用合同条款另有约定外,发包人应与当地公安部门协商,在现场建立治安管理机构或联防组织,统一管理施工场地的治安保卫事项,履行合同工程的治安保卫职责。

发包人和承包人除应协助现场治安管理机构或联防组织维护施工场

地的社会治安外,还应做好包括生活区在内的各自管辖区的治安保卫工作。

除专用合同条款另有约定外,发包人和承包人应在工程开工后7天内共同编制施工场地治安管理计划,并制定应对突发治安事件的紧急预案。在工程施工过程中,发生暴乱、爆炸等恐怖事件,以及群殴、械斗等群体性突发治安事件的,发包人和承包人应立即向当地政府报告。发包人和承包人应积极协助当地有关部门采取措施平息事态,防止事态扩大,尽量避免人员伤亡和财产损失。

4)文明施工。承包人在工程施工期间,应当采取措施保持施工现场平整,物料堆放整齐。工程所在地有关政府行政管理部门有特殊要求的,按照其要求执行。合同当事人对文明施工有其他要求的,可以在专用合同条款中明确。

在工程移交之前,承包人应当从施工现场清除承包人的全部工程设备、多余材料、垃圾和各种临时工程,并保持施工现场清洁整齐。经发包人书面同意,承包人可在发包人指定的地点保留承包人履行保修期内的各项义务所需要的材料、施工设备和临时工程。

5)安全文明施工费。安全文明施工费由发包人承担,发包人不得以任何形式扣减该部分费用。因基准日期后合同所适用的法律或政府有关规定发生变化,增加的安全文明施工费由发包人承担。

承包人经发包人同意采取合同约定以外的安全措施所产生的费用,由发包人承担。未经发包人同意的,如果该措施避免了发包人的损失,则发包人在避免损失的额度内承担该措施费。如果该措施避免了承包人的损失,由承包人承担该措施费。

除专用合同条款另有约定外,发包人应在开工后28天内预付安全文明施工费总额的50%,其余部分与进度款同期支付。发包人逾期支付安全文明施工费超过7天的,承包人有权向发包人发出要求预付的催告通知,发包人收到通知后7天内仍未支付的,承包人有权暂停施工,并按发包人违约的情形执行。

承包人对安全文明施工费应专款专用,承包人应在财务账目中单独列项备查,不得挪作他用,否则发包人有权责令其限期改正;逾期未改正的,可以责令其暂停施工,由此增加的费用和(或)延误的工期由承包人承担。

6)紧急情况处理。在工程实施期间或缺陷责任期内发生危及工程安全的事件,监理人通知承包人进行抢救,承包人声明无能力或不愿立即执行的,发包人有权雇佣其他人员进行抢救。此类抢救按合同约定属于承包人义务的,由此增加的费用和(或)延误的工期由承包人承担。

7)事故处理。工程施工过程中发生事故的,承包人应立即通知监理人,监理人应立即通知发包人。发包人和承包人应立即组织人员和设备进行紧急抢救和抢修,减少人员伤亡和财产损失,防止事故扩大,并保护事故现场。需要移动现场物品时,应做出标记和书面记录,妥善保管有关证据。发包人和承包人应按国家有关规定,及时如实地向有关部门报告事故发生的情况,以及正在采取的紧急措施等。

8)安全生产责任。

①发包人应负责赔偿以下各种情况造成的损失:

a. 工程或工程的任何部分对土地的占用所造成的第三者财产损失。

b. 由于发包人原因在施工场地及其毗邻地带造成的第三者人身伤亡和财产损失。

c. 由于发包人原因对承包人、监理人造成的人员人身伤亡和财产损失。

d. 由于发包人原因造成的发包人自身人员的人身伤害以及财产损失。

②承包人的安全责任。由于承包人原因在施工场地内及其毗邻地带造成的发包人、监理人以及第三者人员伤亡和财产损失,由承包人负责赔偿。

### (三)建设工程施工合同文件的组成

施工合同一般由合同协议书、通用合同条款和专用合同条款三部分组成。组成合同的各项文件应互相解释,互为说明。除专用合同条款另有约定外,解释合同文件的优先顺序一般如下:

**1. 合同协议书**

合同协议书是施工合同的总纲性法律文件,经过双方当事人签字盖章后合同即成立,具有最高的合同效力。《建设合同工程施工合同(示范文本)》(GF-2013-0201)(以下简称《示范文本》)合同协议书共计13条,主要包括:工程概况、合同工期、质量标准、签约合同价和价格形式、项目经理、合同文件构成、承诺以及合同生效条件等重要内容,集中约定了合同当事人基本的合同权利和义务。

**2. 通用合同条款**

通用合同条款是合同当事人根据《中华人民共和国建筑法》、《中华人民共和国合同法》等法律法规的规定,就工程建设的实施及相关事项,对合同当事人的权利和义务做出的原则性约定。

通用合同条款共计20条,具体条款分别为:一般约定、发包人、承包人、监理人、工程质量、安全文明施工与环境保护、工期和进度、材料与设备、试验与检验、变更、价格调整、合同价格、计量与支付、验收和工程试车、竣工结算、缺陷责任与保修、违约、不可抗力、保险、索赔和争议解决。前述条款安排既考虑了现行法律法规对工程建设的有关要求,也考虑了建设工程施工管理的特殊需要。

**3. 专用合同条款**

专用合同条款是对通用合同条款原则性约定的细化、完善、补充、修改或另行约定的条款。合同当事人可以根据不同建设工程的特点及具体情况,通过双方的谈判、协商对相应的专用合同条款进行修改补充。在使用专用合同条款时,应注意以下事项:

(1)专用合同条款的编号应与相应的通用合同条款的编号一致。

(2)合同当事人可以通过对专用合同条款的修改,满足具体建设工程的特殊要求,避免直接修改通用合同条款。

(3)在专用合同条款中有横道线的地方,合同当事人可针对相应的通用合同条款进行细化、完善、补充、修改或另行约定;如无细化、完善、补充、修改或另行约定,则填写"无"或划"/"。

**(四)建设工程施工合同的类型**

发包人和承包人应在合同协议书中选择下列一种合同价格形式:

**1. 单价合同**

单价合同是指合同当事人约定以工程量清单及其综合单价进行合同价格计算、调整和确认的建设工程施工合同,在约定的范围内合同单价不作调整。单价合同是施工合同类型中最主要的一类合同类型。就招标投标而言,采用单价合同时一般由招标人提供详细的工程量清单,列出各分部分项工程项目的数量和名称,投标人按照招标文件和统一的工程量清单进行报价。

单价合同适用的范围较为广泛,其风险分配较为合理,并且能够鼓励承包人通过提高工效、管理水平等手段从节约成本中提高利润。单价合同的关键在于双方对单价和工程量的计算和确认,其一般原则是"量变价不变":量,工程量清单所提供的量是投标人投标报价的基础,并不是工程结算的依据;工程结算时的量,是承包人实际完成的工程数量,但不包括承包人超出设计图纸范围和因承包人原因造成返工的实际工程量。价,是中标人在工程量清单中所填报的单价(费率),在一般情况下不可改变。工程结算时,按照实际完成的工程量和工程量清单中所填报的单价(费率)办理。

按照单价的固定性,单价合同又可以分为固定单价合同和可调单价合同,其区别主要在于风险的分配不同。固定单价合同,承包人承担的风险较大,不仅包括了市场价格的风险,而且包括工程量偏差情况下对施工成本的风险。可调单价合同,承包人仅承担一定范围内的市场价格风险和工程量偏差对施工成本影响的风险;超出上述范围的,按照合同约定进行调整。

**2. 总价合同**

总价合同是指合同当事人约定以施工图、已标价工程量清单或预算书及有关条件进行合同价格计算、调整和确认的建设工程施工合同,在约定的范围内合同总价不作调整。采用总价合同类型招标,评标委员会评标时易于确定报价最低的投标人,评标过程较为简单,评标结果客观;发包人易于进行工程造价的管理和控制,易于支付工程款和办理竣工结算。总价合同仅适用于工程量不大且能够精确计算、工期较短、技术不太复杂、风险不大的项目。采用总价合同类型,要求发包人应提供详细而全面的设计图纸,以及各项相关技术说明。

**3. 成本加酬金合同**

成本加酬金合同是由发包人向承包人支付工程项目的实际成本,并按照事先约定的某一种方式支付酬金的合同类型。对于酬金的约定一般有两种方式:一是固定酬金,合同明确一定额度的酬金,无论实际成本大小,发包人都按照约定的酬金额度进行支付;二是按照实际成本的比率计取酬金。

采用成本加酬金合同,发包人需要承担项目实际发生的一切费用,承担几乎全部的风险;而承包人,除了施工风险和安全风险外,几乎无风险,其报酬往往也较低。这类合同的主要缺点在于发包人对工程造价不易控

制,承包人也不注意降低项目成本,不利于提高工程投资效益。成本加酬金合同主要适用于以下几类项目:

(1)需要立即开展工作的项目,如震后的救灾工作。

(2)新型的工程项目,或者对项目内容及技术经济指标未确定的项目。

(3)风险很大的项目。

## 二、工程索赔

### (一)索赔的概念、条件与特点

**1. 索赔的概念**

索赔是当事人在合同实施过程中,根据法律、合同规定及惯例,对不应由自己承担责任的情况造成的损失,向合同的另一方当事人提出给予赔偿或补偿要求的行为。

工程索赔通常是指在工程合同履行过程中,合同当事人一方因非自身因素或对方不履行或未能正确履行合同而受到经济损失或权利损害时,通过一定的合法程序向对方提出经济或时间补偿的要求。索赔是一种正当的权利要求,它是发包方、监理人和承包方之间一项正常的、大量发生而且普遍存在的合同管理业务,是一种以法律和合同为依据的、合情合理的行为。

**2. 索赔的条件**

当合同一方向另一方提出索赔时,应有正当的索赔理由和有效证据,并应符合合同的相关约定。建设工程施工中的索赔是发承包双方行使正当权利的行为,承包人可向发包人索赔,发包人也可向承包人索赔。任何索赔事件的确立,其前提条件是必须有正当的索赔理由。对正当索赔理由的说明必须具有证据,因为进行索赔主要是靠证据说话。没有证据或证据不足,索赔是难以成功的。

**3. 索赔的特点**

(1)索赔是双向的,不仅承包人可以向发包人索赔,发包人同样也可以向承包人索赔。

(2)索赔是要求给予补偿(赔偿)的一种权利、主张。

(3)索赔的依据是法律法规、合同文件及工程建设惯例,但主要是合同文件。

(4)索赔是因非自身原因导致的,要求索赔一方没有过错。只有实际发生了经济损失或权利损害，一方才能向对方索赔。

（5）索赔是一种未经对方确认的单方行为。它与我们通常所说的工程签证不同。在施工过程中，签证是发包双方就额外费用补偿或工期延长等达成一致的书面证明材料和补充协议，它可以直接作为工程款结算或最终增减工程造价的依据。而索赔则是单方面行为，对对方尚未形成约束力，这种索赔要求能否得到最终实现，必须要通过确认（如双方协商、谈判、调解或仲裁、诉讼）后才能得知。

（6）与合同相比较，已经发生了额外的经济损失或工期损害。

（7）索赔必须有切实有效的证据。

（8）索赔是单方行为，双方没有达成协议。

**（二）索赔的分类**

**1. 按索赔目的分类**

按索赔目的不同分类可分为工期索赔和费用索赔两类。

（1）工期索赔。由于非承包人责任的原因而导致施工进程延误，要求批准顺延合同工期的索赔，称之为工期索赔。工期索赔形式上是对权利的要求，以避免在原定合同竣工日不能完工时，被发包人追究拖期违约责任。一旦获得批准合同工期顺延后，承包人不仅免除了承担拖期违约赔偿费的严重风险，而且可能提前工期得到奖励，最终仍反映在经济收益上。

（2）费用索赔。费用索赔的目的是要求经济补偿。当施工的客观条件改变导致承包人增加开支，要求对超出计划成本的附加开支给予补偿，以挽回不应由其承担的经济损失。

**2. 按索赔当事人分类**

按索赔当事人分类，可分为承包商与发包人间索赔，承包商与分包商间索赔和分包商与供货商间索赔三类。

（1）承包商与发包人间索赔。这类索赔大都是有关工程量计算、变更、工期、质量和价格方面的争议，也有中断或终止合同等其他违约行为的索赔。

（2）承包商与分包商间索赔。其内容与前一种大致相似，但大多数是分包商向总包商索要付款和赔偿及承包商向分包商罚款或扣留支付款等。

（3）承包商与供货商间索赔。其内容多系商贸方面的争议，如货品质量不符合技术要求、数量短缺、交货拖延、运输损坏等。

**3. 按索赔原因分类**

按索赔原因分类,可分为工程延误索赔、工程范围变更索赔、施工加速索赔和不利现场条件索赔四类。

(1)工程延误索赔。因发包人未按合同要求提供施工条件,如未及时交付设计图纸、施工现场、道路等,或因发包人指令工程暂停或不可抗力事件等原因造成工期拖延的,承包商对此提出索赔。

(2)工程范围变更索赔。工作范围的索赔是指发包人和承包商对合同中规定工作理解的不同而引起的索赔。

(3)施工加速索赔。施工加速索赔经常是延期或工作范围索赔的结果,有时也被称为"赶工索赔"。而加速施工索赔与劳动生产率的降低关系极大,因此又可称为劳动生产率损失索赔。

(4)不利现场条件索赔。不利现场条件索赔近似于工作范围索赔,然而又不大像大多数工作范围索赔。不利现场条件索赔应归咎于确实不易预知的某个事实。如现场的水文、地质条件在设计时全部弄得一清二楚几乎是不可能的,只能根据某些地质钻孔和土样试验资料来分析和判断。要对现场进行彻底全面的调查将会耗费大量的成本和时间,一般发包人不会这样做,承包商在短短的投标报价时间内更不可能做这种现场调查工作。这种不利现场条件的风险由发包人来承担是合理的。

**4. 按索赔合同依据分类**

按索赔合同依据分类,可分为合同内索赔、合同外索赔和道义索赔三类。

(1)合同内索赔。合同内索赔是以合同条款为依据,在合同中有明文规定的索赔,如工期延误、工程变更、承包人提供的放线数据有误、发包人不按合同规定支付进度款等。这种索赔由于在合同中有明文规定,往往容易成功。

(2)合同外索赔。合同外索赔在合同文件中没有明确的叙述,但可以根据合同文件的某些内容合理推断出可以进行此类索赔,而且此索赔并不违反合同文件的其他任何内容。

(3)道义索赔。道义索赔也称为额外支付,是指承包商在合同内或合同外都找不到可以索赔的合同依据或法律根据,因而没有提出索赔的条件和理由,但承包商认为自己有要求补偿的道义基础,而对其遭受的损失提出具有优惠性质的补偿要求。

**5. 按索赔处理方式分类**

按索赔处理方式分类,可分为单项索赔和综合索赔两类。

(1)单项索赔。单项索赔是针对某一干扰事件提出的,在影响原合同正常运行的干扰事件发生时或发生后,由合同管理人员立即处理,并在合同规定的索赔有效期内向发包人或监理人提交索赔要求和报告。单项索赔通常原因单一、责任单一,分析起来相对容易,由于涉及的金额一般较小,双方容易达成协议,处理起来也比较简单。因此,合同双方应尽可能地用此种方式来处理索赔。

(2)综合索赔。综合索赔又称一揽子索赔,一般在工程竣工前和工程移交前,承包商将工程实施过程中因各种原因未能及时解决的单项索赔集中起来进行综合考虑,提出一份综合索赔报告,由合同双方在工程交付前后进行最终谈判,以一揽子方案解决索赔问题。

**(三)索赔的基本原则**

(1)以工程承包合同为依据。工程索赔涉及面广,法律程序严格,参与索赔的人员应熟悉施工的各个环节,通晓建筑合同和法律,并具有一定的财会知识。索赔工作人员必须对合同条件、协议条款有深刻的理解,以合同为依据做好索赔的各项工作。

(2)以索赔证据为准则。索赔工作的关键是证明承包商提出的索赔要求是正确的,还要准确地计算出要求索赔的数额,并证明该数额是合情合理的,而这一切都必须基于索赔证据。索赔证据必须是实施合同过程中存在和发生的;索赔证据应当能够相互关联、相互说明,不能互相矛盾;索赔证据应当具有可靠性,一般应是书面内容,有关的协议、记录均应有当事人的签字认可;索赔证据的取得和提出都必须及时。

(3)及时、合理地处理索赔。索赔发生后,承发包双方应依据合同及时、合理地处理索赔。若多项索赔累积,可能影响承包商资金周转和施工进度,甚至增加双方矛盾。此外,拖到后期综合索赔,往往还牵涉到利息、预期利润补偿等问题,从而使矛盾进一步复杂化,增加了处理索赔的困难。

**(四)索赔的基本任务**

索赔的作用是对自己已经受到的损失进行追索,其任务有:

(1)预测索赔机会。虽然干扰事件产生于工程施工中,但它的根由却在招标文件、合同、设计、计划中,所以,在招标文件分析、合同谈判(包括在工程实施中双方召开变更会议、签署补充协议等)中,承包商应对干扰事件有充分的考虑和防范,预测索赔的可能。

(2)在合同实施中寻找和发现索赔机会。在任何工程中,干扰事件是不可避免的,问题是承包商能否及时发现并抓住索赔机会。承包商应对索赔机会有敏锐的感觉,可以通过对合同实施过程进行监督、跟踪、分析和诊断,以寻找和发现索赔机会。

(3)处理索赔事件,解决索赔争执。一经发现索赔机会,则应迅速做出反应,进入索赔处理过程。在这个过程中有大量的、具体的、细致的索赔管理工作和业务,包括:

1)向工程师和发包人提出索赔意向。

2)进行事态调查、寻找索赔理由和证据、分析干扰事件的影响、计算索赔值、起草索赔报告。

3)向发包人提出索赔报告,通过谈判、调解或仲裁最终解决索赔争执,使自己的损失得到合理补偿。

**(五)索赔发生的原因**

在现代承包工程中,特别在国际承包工程中,索赔经常发生,而且索赔额很大。这主要是由以下几个方面原因造成的:

**1. 施工延期**

施工延期是指由于非承包商的各种原因而造成工程的进度推迟,施工不能按原计划时间进行。施工延期的原因有时是单一的,有时又是多种因素综合交错形成。

施工延期的事件发生后,会给承包商造成两个方面的损失:一项损失是时间上的损失;另一项损失是经济方面的损失。因此,当出现施工延期的索赔事件时,往往在分清责任和损失补偿方面,合同双方易发生争端。常见的施工延期索赔多由于发包人未能及时提交施工场地,以及气候条件恶劣,如连降暴雨,使大部分的工程无法开展等。

**2. 合同变更**

对于工程项目实施过程来说,变更是客观存在的,只是这种变更必须是指在原合同工程范围内的变更,若属超出工程范围的变更,承包商有权予以拒绝。特别是当工程量变化超出招标时工程量清单的20%以上时,可能会导致承包商的施工现场人员不足,需另雇工人;也可能会导致承包商的施工机械设备失调,工程量的增加,往往要求承包商增加新型号的施工机械设备,或增加机械设备数量等。

**3. 合同中存在的矛盾和缺陷**

合同矛盾和缺陷常表现为合同文件规定不严谨,合同中有遗漏或错误,这些矛盾常反映为设计与施工规定相矛盾,技术规范和设计图纸不符合或相矛盾,以及一些商务和法律条款规定有缺陷等。

**4. 恶劣的现场自然条件**

恶劣的现场自然条件是一般有经验的承包商事先无法合理预料的,这需要承包商花费更多的时间和金钱去克服和除掉这些障碍与干扰。因此,承包商有权据此向发包人提出索赔要求。

**5. 参与工程建设主体的多元性**

由于工程参与单位多,一个工程项目往往会有发包人、总包商、监理人、分包商、指定分包商、材料设备供应商等众多参加单位,各方面的技术、经济关系错综复杂,相互联系又相互影响,只要一方失误,不仅会造成自己的损失,而且会影响其他合作者,造成他人损失,从而导致索赔和争执。

**(六)索赔证据**

**1. 索赔证据的特征**

一般有效的索赔证据都具有以下几个特征:

(1)及时性:既然干扰事件已发生,又意识到需要索赔,就应在有效时间内提出索赔意向。在规定的时间内报告事件的发展影响情况,在规定时间内提交索赔的详细额外费用计算账单,对发包人或工程师提出的疑问及时补充有关材料。如果拖延太久,将增加索赔工作的难度。

(2)真实性:索赔证据必须是在实际过程中产生,完全反映实际情况,能经得住对方的推敲。由于在工程过程中合同双方都在进行合同管理,收集工程资料,所以双方应有相同的证据。使用不实的、虚假证据是违反商业道德甚至法律的。

(3)全面性:所提供的证据应能说明事件的全过程。索赔报告中所涉及的干扰事件、索赔理由、索赔值等都应有相应的证据,不能凌乱和支离破碎,否则发包人将退回索赔报告,要求重新补充证据。这会拖延索赔的解决,损害承包商在索赔中的有利地位。

(4)关联性:索赔的证据应当能互相说明,相互具有关联性,不能互相矛盾。

(5)法律证明效力:索赔证据必须有法律证明效力,特别对准备递交仲裁的索赔报告更要注意这一点。

1）证据必须是当时的书面文件，一切口头承诺、口头协议不算。

2）合同变更协议必须由双方签署，或以会谈纪要的形式确定，且为决定性决议。一切商讨性、意向性的意见或建议都不算。

3）工程中的重大事件、特殊情况的记录、统计应由工程师签署认可。

**2. 索赔证据的种类**

（1）招标文件、工程合同、发包人认可的施工组织设计、工程图纸、技术规范等。

（2）工程各项有关的设计交底记录、变更图纸、变更施工指令等。

（3）工程各项经发包人或合同中约定的发包人现场代表或监理人签认的签证。

（4）工程各项往来信件、指令、信函、通知、答复等。

（5）工程各项会议纪要。

（6）施工计划及现场实施情况记录。

（7）施工日报及工长工作日志、备忘录。

（8）工程送电、送水、道路开通、封闭的日期及数量记录。

（9）工程停电、停水和干扰事件影响的日期及恢复施工的日期记录。

（10）工程预付款、进度款拨付的数额及日期记录。

（11）工程图纸、图纸变更、交底记录的送达份数及日期记录。

（12）工程有关施工部位的照片及录像等。

（13）工程现场气候记录，如有关天气的温度、风力、雨雪等。

（14）工程验收报告及各项技术鉴定报告等。

（15）工程材料采购、订货、运输、进场、验收、使用等方面的凭据。

（16）国家和省级或行业建设主管部门有关影响工程造价、工期的文件、规定等。

**3. 索赔时效的功能**

索赔时效是指合同履行过程中，索赔方在索赔事件发生后的约定期限内不行使索赔权即视为放弃索赔权利，其索赔权归于消灭的制度。其功能主要表现在以下两点：

（1）促使索赔权利人行使权利。"法律不保护躺在权利上睡觉的人"，索赔时效是时效制度中的一种，类似于民法中的诉讼时效，即超过法定时间，权利人不主张自己的权利，则诉讼权消灭，人民法院不再对该实体权利强制进行保护。

(2)平衡发包人与承包人的利益。有的索赔事件持续时间短暂,事后难以复原(如异常的地下水位、隐蔽工程等),发包人在时过境迁后难以查找到有力证据来确认责任归属或准确评估所需金额。如果不对时效加以限制,允许承包人隐瞒索赔意图,将置发包人于不利状况。而索赔时效则平衡了发承包双方利益。一方面,索赔时效届满,即视为承包人放弃索赔权利,发包人可以此作为证据的代用,避免举证的困难;另一方面,只有促使承包人及时提出索赔要求,才能警示发包人充分履行合同义务,避免类似索赔事件的再次发生。

(七)承包人的索赔及索赔处理

**1. 承包人的索赔**

根据合同约定,承包人认为有权得到追加付款和(或)延长工期的,应按以下程序向发包人提出索赔:

(1)发出索赔意向通知。承包人应在知道或应当知道索赔事件发生后28天内,向监理人递交索赔意向通知书,并说明发生索赔事件的事由;承包人未在前述28天内发出索赔意向通知书的,丧失要求追加付款和(或)延长工期的权利。

一般索赔意向通知仅仅是表明意向,应写得简明扼要,涉及索赔内容但不涉及索赔数额。通常包括以下几个方面的内容:

1)事件发生的时间和情况的简单描述。

2)合同依据的条款和理由。

3)有关后续资料的提供,包括及时记录和提供事件发展的动态。

4)对工程成本和工期产生的不利影响的严重程度,以期引起工程师(发包人)的注意。

(2)索赔资料准备。监理人和发包人一般都会对承包人的索赔提出一些质疑,要求承包人做出解释或出具有力的证明材料。主要包括:

1)施工日志。应指定有关人员现场记录施工中发生的各种情况,包括天气、出工人数、设备数量及使用情况、进度情况、质量情况、安全情况、监理人在现场有什么指示、进行了什么试验、有无特殊干扰施工的情况、遇到了什么不利的现场条件、多少人员参观了现场等。这种现场记录和日志有利于及时发现和正确分析索赔,可能成为索赔的重要证明材料。

2)来往信件。对与监理人、发包人和有关政府部门、银行、保险公司的来往信函,必须认真保存,并注明发送和收到的详细时间。

3)气象资料。在分析进度安排和施工条件时,天气是应考虑的重要因素之一,因此,要保存一份真实、完整、详细的天气情况记录,包括气温、风力、湿度、降雨量、暴风雪、冰雹等。

4)备忘录。承包人对监理人和发包人的口头指示和电话应随时用书面记录,并签字给予书面确认。事件发生和持续过程中的重要情况也都应有记录。

5)会议纪要。承包人、发包人和监理人举行会议时要做好详细记录,对其主要问题形成会议纪要,并由会议各方签字确认。

6)工程照片和工程声像资料。这些资料都是反映工程客观情况的真实写照,也是法律承认的有效证据,对重要工程部位应拍摄有关资料并妥善保存。

7)工程进度计划。承包人编制的经监理人或发包人批准同意的所有工程总进度、年进度、季进度、月进度计划都必须妥善保管,任何有关工期延误的索赔中,进度计划都是非常重要的证据。

8)工程核算资料。所有人工、材料、机械设备使用台账,工程成本分析资料,会计报表,财务报表,货币汇率,现金流量,物价指数,收付款票据,都应分类装订成册,这些都是进行索赔费用计算的基础。

9)工程报告。包括工程试验报告、检查报告、施工报告、进度报告、特别事件报告等。

10)工程图纸。工程师和发包人签发的各种图纸,包括设计图、施工图、竣工图及其相应的修改图,承包人应注意对照检查和妥善保存。对于设计变更索赔,原设计图和修改图的差异是索赔最有力的证据。

11)招投标阶段有关现场考察资料,各种原始单据(工资单,材料设备采购单),各种法规文件,证书证明等,都应积累保存,它们都有可能是某项索赔的有力证据。

(3)编写索赔报告。索赔报告是承包人在合同规定的时间内向监理人提交的要求发包人给予一定经济补偿和延长工期的正式书面报告。索赔报告的水平与质量如何,直接关系到索赔的成败与否。

编写索赔报告时,应注意以下几个问题:

1)索赔报告的基本要求。

①说明索赔的合同依据。即基于何种理由有资格提出索赔要求。

②索赔报告中必须有详细准确的损失金额及时间的计算。

③要证明客观事实与损失之间的因果关系,说明索赔事件前因后果的关联性,要以合同为依据,说明发包人违约或合同变更与引起索赔的必然性联系。如果不能有理有据说明因果关系,而仅在事件的严重性和损失的巨大上花费过多的笔墨,对索赔的成功都无济于事。

2)索赔报告必须准确。编写索赔报告是一项比较复杂的工作,须有一个专门的小组和各方的大力协助才能完成。索赔报告应有理有据,准确可靠,应注意以下几点:

①责任分析应清楚、准确。

②索赔值的计算依据要正确,计算结果应准确。

③用词应委婉、恰当。

3)索赔报告的内容。在实际承包工程中,索赔报告通常包括三个部分:

第一部分:承包人或其授权人致发包人或工程师的信。信中简要介绍索赔的事项、理由和要求,说明随函所附的索赔报告正文及证明材料情况等。

第二部分:索赔报告正文。针对不同格式的索赔报告,其形式可能不同,但实质性的内容相似,一般主要包括:

①题目。简要地说明针对什么提出索赔。

②索赔事件陈述。叙述事件的起因,事件经过,事件过程中双方的活动,事件的结果,重点叙述我方按合同所采取的行为,对方不符合合同的行为。

③理由。总结上述事件,同时,引用合同条文或合同变更和补充协议条文,证明对方行为违反合同或对方的要求超过合同规定,造成了该项事件,有责任对此造成的损失做出赔偿。

④影响。简要说明事件对承包人施工过程的影响,而这些影响与上述事件有直接的因果关系。重点围绕由于上述事件原因造成的成本增加和工期延长。

⑤结论。对上述事件的索赔问题做出最后总结,提出具体索赔要求,包括工期索赔和费用索赔。

第三部分:附件。该报告中所列举事实、理由、影响的证明文件和各种计算基础、计算依据的证明文件。

(4)递交索赔报告。承包人应在发出索赔意向通知书后 28 天内,向监理人正式递交索赔报告;索赔报告应详细说明索赔理由以及要求追加的付款金额和(或)延长的工期,并附必要的记录和证明材料;索赔事件具有持续影响的,承包人应按合理时间间隔继续递交延续索赔通知,说明持续影响的实际情况和记录,列出累计的追加付款金额和(或)工期延长天数;在索赔事件影响结束后28天内,承包人应向监理人递交最终索赔报告,说明最终要求索赔的追加付款金额和(或)延长的工期,并附必要的记录和证明材料。

**2. 对承包人索赔的处理**

(1)索赔审查。索赔的审查,是当事双方在承包合同基础上,逐步分清在某些索赔事件中的权利和责任以使其数量化的过程。监理人应在收到索赔报告后14天内完成审查并报送发包人。

1)工程师审核承包人的索赔申请。接到承包人的索赔意向通知后,工程师应建立自己的索赔档案,密切关注事件的影响,检查承包人的同期纪录时,随时就记录内容提出不同意见或希望应予以增加的记录项目。

在接到正式索赔报告之后,认真研究承包人报送的索赔资料。

①在不确认责任归属的情况下,客观分析事件发生的原因,重温合同的有关条款,研究承包人的索赔证据,并检查其同期纪录。

②通过对事件的分析,工程师再依据合同条款划清责任界限,必要时还可以要求承包人进一步提供补充资料。

③再审查承包人提出的索赔补偿要求,剔除其中的不合理部分,拟定自己计算的合理索赔数额和工期顺延天数。

2)判定索赔成立的原则。工程师判定承包人索赔成立的条件为:

①与合同相对照,事件已造成了承包人施工成本的额外支出或总工期延误。

②造成费用增加或工期延误的原因,按合同约定不属于承包人应承担的责任,包括行为责任和风险责任。

③承包人按合同规定的程序提交了索赔意向通知和索赔报告。

上述三个条件没有先后主次之分,应当同时具备。只有工程师认定索赔成立后,才处理应给予承包人的补偿额。

3)审查索赔报告。

①事态调查。通过对合同实施的跟踪、分析了解事件经过、前因后果,掌握事件详细情况。

②损害事件原因分析。即分析索赔事件是由何种原因引起,责任应由谁来承担。在实际工作中,损害事件的责任有时是多方面原因造成,故必须进行责任分解,划分责任范围,按责任大小承担损失。

③分析索赔理由。主要依据合同文件判明索赔事件是否属于未履行合同规定义务或未正确履行合同义务导致,是否在合同规定的赔偿范围之内。只有符合合同规定的索赔要求才有合法性,才能成立。

④实际损失分析。即分析索赔事件的影响,主要表现为工期的延长和费用的增加。如果索赔事件不造成损失,则无索赔可言。损失调查的重点是分析、对比实际和计划的施工进度,工程成本和费用方面的资料,在此基础上核算索赔值。

⑤证据资料分析。主要分析证据资料的有效性、合理性、正确性,这也是索赔要求有效的前提条件。如果在索赔报告中提不出证明其索赔理由、索赔事件的影响、索赔值的计算等方面的详细资料,索赔要求是不能成立的。如果工程师认为承包人提出的证据不能足以说明其要求的合理性时,可以要求承包人进一步提交索赔的证据资料。

4)工程师可根据自己掌握的资料和处理索赔的工作经验就以下问题提出质疑:

①索赔事件不属于发包人和监理人的责任,而是第三方的责任。

②事实和合同依据不足。

③承包人未能遵守意向通知的要求。

④合同中的开脱责任条款已经免除了发包人补偿的责任。

⑤索赔是由不可抗力引起的,承包人没有划分和证明双方责任的大小。

⑥承包人没有采取适当措施避免或减少损失。

⑦承包人必须提供进一步的证据。

⑧损失计算夸大。

⑨承包人以前已明示或暗示放弃了此次索赔的要求等。

(2)出具经发包人签认的索赔处理结果。发包人应在监理人收到索赔报告或有关索赔的进一步证明材料后的28天内,由监理人向承包人出具经发包人签认的索赔处理结果。发包人逾期答复的,则视为认可承包人的索赔要求。

工程师经过对索赔文件的评审,与承包人进行较充分的讨论后,应提出对索赔处理决定的初步意见,并参加发包人和承包人之间的索赔谈判,根据谈判达成索赔最后处理的一致意见。

如果索赔在发包人和承包人之间未能通过谈判得以解决,可将有争议的问题进一步提交工程师决定。如果一方对工程师的决定不满意,双方可寻求其他友好解决方式,如中间人调解、争议评审团评议等。友好解决无效,一方可将争端提交仲裁或诉讼。

**3. 提出索赔的期限**

(1)承包人按约定接收竣工付款证书后,应被视为已无权再提出在工程接收证书颁发前所发生的任何索赔。

(2)承包人按提交的最终结清申请单中,只限于提出工程接收证书颁发后发生的索赔。提出索赔的期限自接受最终结清证书时终止。

**(八)发包人的索赔及索赔处理**

**1. 发包人的索赔**

根据合同约定,发包人认为有权得到赔付金额和(或)延长缺陷责任期的,监理人应向承包人发出通知并附有详细的证明。

发包人应在知道或应当知道索赔事件发生后28天内通过监理人向承包人提出索赔意向通知书,发包人未在前述28天内发出索赔意向通知书的,丧失要求赔付金额和(或)延长缺陷责任期的权利。发包人应在发出索赔意向通知书后28天内,通过监理人向承包人正式递交索赔报告。

**2. 对发包人索赔的处理**

(1)承包人收到发包人提交的索赔报告后,应及时审查索赔报告的内容、查验发包人证明材料。

(2)承包人应在收到索赔报告或有关索赔的进一步证明材料后28天内,将索赔处理结果答复发包人。如果承包人未在上述期限内做出答复的,则视为对发包人索赔要求的认可。

(3)承包人接受索赔处理结果的,发包人可从应支付给承包人的合同价款中扣除赔付的金额或延长缺陷责任期;发包人不接受索赔处理结果的,按争议解决约定处理。

**(九)索赔策略与技巧**

**1. 索赔策略**

(1)确定索赔目标,防范索赔风险。

1)承包人的索赔目标是指承包人对索赔的基本要求,可对要达到的目标进行分解，按难易程度排队，并大致分析它们各自实现的可能性，从而确定最低、最高目标。

2)分析实现目标的风险状况，如能否在索赔有效期内及时提出索赔，能否按期完成合同规定的工程量，按期交付工程，能否保证工程质量，等等。总之，要注意对索赔风险的防范，否则会影响索赔目标的实现。

(2)分析承包人的经营战略。承包人的经营战略直接制约着索赔的策略和计划。在分析发包人情况和工程所在地情况以后，承包人应考虑有无可能与发包人继续进行新的合作，是否在当地继续扩展业务，承包人与发包人之间的关系对在当地开展业务有何影响等等。

这些问题决定着承包人的整个索赔要求和解决的方法。

(3)分析被索赔方的兴趣与利益。分析被索赔方的兴趣和利益所在，要让索赔在友好和谐的气氛中进行。处理好单项索赔和一揽子索赔的关系，对于理由充分而重要的单项索赔应力争尽早解决，对于发包人坚持后未解决的索赔，要按发包人意见认真积累有关资料，为一揽子解决准备充分的材料。要根据对方的利益所在，对双方感兴趣的地方，承包人就在不过多损害自己利益的情况下作适当让步，打破问题的僵局。在责任分析和法律分析方面要适当，在对方愿意接受索赔的情况下，就不要得理不让人，否则反而达不到索赔目的。

(4)分析谈判过程。索赔谈判是承包人要求业主承认自己的索赔，承包人处于很不利的地位，如果谈判一开始就气氛紧张，情绪对立，有可能导致发包人拒绝谈判，使谈判旷日持久，这是最不利于解决索赔问题的。谈判应从发包人关心的议题入手，从发包人感兴趣的问题开谈，稳扎稳打，并始终注意保持友好和谐的谈判气氛。

(5)分析对外关系。利用同监理人、设计单位、发包人的上级主管部门对发包人施加影响，往往比同发包人直接谈判更有效。承包人要同这些单位搞好关系，取得他们的同情和支持，并与发包人沟通。这就要求承包人对这些单位的关键人物进行分析，同他们搞好关系，利用他们同发包人的微妙关系从中斡旋、调停，使索赔达到十分理想的效果。

**2. 索赔技巧**

(1)及早发现索赔机会。作为一个有经验的承包人，在投标报价时就应考虑到将来可能要发生索赔的问题，要仔细研究招标文件中的合同条款和规范,仔细查勘施工现场,探索可能索赔的机会,在报价时要考虑索赔的需要。在进行单价分析时,应列入生产效率,把工程成本与投入资源的效率结合起来。这样,在施工过程中论证索赔原因时,可引用效率降低来论证索赔的根据。

(2)商签好合同协议。在商签合同过程中,承包人应对明显把重大风险转嫁给自己的合同条件提出修改的要求,对其达成修改的协议应以"谈判纪要"的形式写出,作为该合同文件的有效组成部分。

(3)对口头变更指令要得到确认。工程师常常乐于用口头形式指令工程变更,如果承包人不对工程师的口头指令予以书面确认,就进行变更工程的施工,一旦有的工程师矢口否认,拒绝承包人的索赔要求,承包人就会有苦难言。

(4)及时发出"索赔通知书"。一般合同都规定,索赔事件发生后的一定时间内,承包人必须送出"索赔通知书",过期无效。

(5)索赔事由论证要充足。承包合同通常规定,承包人在发出"索赔通知书"后,每隔一定时间,应报送一次证据资料,在索赔事件结束后的28日内报送总结性的索赔计算及索赔论证,提交索赔报告。索赔报告一定要令人信服,经得起推敲。

(6)索赔计价方法和款额要适当。索赔计算时采用"附加成本法"容易被对方接受,因为这种方法只计算索赔事件引起的计划外的附加开支,计价项目具体,使经济索赔能较快得到解决。另外索赔计价不能过高,要价过高容易让对方发生反感,使索赔报告束之高阁,长期得不到解决。另外还有可能让发包人准备周密的反索赔计价,以高额的反索赔对付高额的索赔,使索赔工作更加复杂化。

(7)力争单项索赔,避免一揽子索赔。单项索赔事件简单,容易解决,而且能及时得到支付。一揽子索赔,问题复杂,金额大,不易解决,往往到工程结束后还得不到付款。

(8)坚持采用"清理账目法"。承包人往往只注意接受发包人按月结算索赔款,而忽略了索赔款的不足部分,没有以文字的形式保留自己今后应获得不足部分款额的权利,等于同意并承认了发包人对该项索赔的付款,以后再无权追索。

(9)力争友好解决,防止对立情绪。索赔争端是难免的,如果遇到争端不能理智地协商讨论问题,就会使一些本来可以解决的问题悬而未决。

承包人尤其要头脑冷静,防止对立情绪,力争友好解决索赔争端。

(10)注意同工程师搞好关系。工程师是处理解决索赔问题的公正的第三方,注意同工程师搞好关系,争取工程师的公正裁决,竭力避免仲裁或诉讼。

## 第五节　通风空调工程竣工结算编制

竣工结算是施工企业在所承包的工程全部完工教工之后,与建设单位进行最终的价款结算。竣工结算反映该工程项目上施工企业的实际造价以及还有多少工程款要结清。通过竣工结算,施工企业可以考核实际的工程费用是降低还是超支。竣工结算是建设单位竣工决算的一个组成部分。建筑安装工程竣工结算造价加上设备购置费,勘察设计费,征地拆迁费和一切建设单位为建设这个项目中的其他全部费用,才能成为该工程完整的竣工决算。

### 一、一般规定

(1)工程完工后,发承包双方必须在合同约定时间内办理工程竣工结算。合同中没有约定或约定不清的,按"13 计价规范"中有关规定处理。

(2)工程竣工结算应由承包人或受其委托具有相应资质的工程造价咨询人编制,并应由发包人或受其委托具有相应资质的工程造价咨询人核对。实行总承包的工程,由总承包人对竣工结算的编制负总责。

(3)当发承包双方或一方对工程造价咨询人出具的竣工结算文件有异议时,可向工程造价管理机构投诉,申请对其进行执业质量鉴定。

(4)工程造价管理机构对投诉的竣工结算文件进行质量鉴定,宜按本章第五节的相关规定进行。

(5)根据《中华人民共和国建筑法》第六十一条规定:"交付竣工验收的建筑工程,必须符合规定的建筑工程质量标准,有完整的工程技术经济资料和经签署的工程保修书,并具备国家规定的其他竣工条件",由于竣工结算是反映工程造价计价规定执行情况的最终文件,竣工结算办理完毕,发包人应将竣工结算文件报送工程所在地或有该工程管辖权的行业管理部门的工程造价管理机构备案。竣工结算文件应作为工程竣工验收备案、交付使用的必备文件。

## 二、竣工结算编制与复核

(1)工程竣工结算应根据下列依据编制和复核：

1)"13 计价规范"。

2)工程合同。

3)发承包双方实施过程中已确认的工程量及其结算的合同价款。

4)发承包双方实施过程中已确认调整后追加(减)的合同价款。

5)建设工程设计文件及相关资料。

6)投标文件。

7)其他依据。

(2)分部分项工程和措施项目中的单价项目应依据发承包双方确认的工程量与已标价工程量清单的综合单价计算；发生调整的，应以发承包双方确认调整的综合单价计算。

(3)措施项目中的总价项目应依据已标价工程量清单的项目和金额计算；发生调整的，应以发承包双方确认调整的金额计算，其中安全文明施工费应按照国家或省级、行业建设主管部门的规定计算。施工过程中，国家或省级、行业建设主管部门对安全文明施工费进行了调整的，措施项目费中和安全文明施工费应作相应调整。

(4)办理竣工结算时，其他项目费的计算应按以下要求进行计价：

1)计日工的费用应按发包人实际签证确认的数量和合同约定的相应项目综合单价计算。

2)当暂估价中的材料、工程设备是招标采购的，其单价按中标价在综合单价中调整。当暂估价中的材料、设备为非招标采购的，其单价按发承包双方最终确认的单价在综合单价中调整。当暂估价中的专业工程是招标发包的，其专业工程费按中标价计算。当暂估价中的专业工程为非招标发包的，其专业工程费按发承包双方与分包人最终确认的金额计算。

3)总承包服务费应依据已标价工程量清单金额计算，发承包双方依据合同约定对总承包服务进行了调整，应按调整后的金额计算。

4)索赔事件产生的费用在办理竣工结算时应在其他项目费中反映。索赔费用的金额应依据发承包双方确认的索赔事项和金额计算。

5)现场签证发生的费用在办理竣工结算时应在其他项目费中反映。现场签证费用金额依据发承包双方签证资料确认的金额计算。

6)合同价款中的暂列金额在用于各项价款调整、索赔与现场签证后，若有余额,则余额归发包人,若出现差额,则由发包人补足并反映在相应的工程价款中。

(5)规费和税金应按国家或省级、行业建设主管部门对规费和税金的计取标准计算。规费中的工程排污费应按工程所在地环境保护部门规定的标准缴纳后按实列入。

(6)由于竣工结算与合同工程实施过程中的工程计量及其价款结算、进度款支付、合同价款调整等具有内在联系,因此发承包双方在合同工程实施过程中已经确认的工程计量结果和合同价款,在竣工结算办理中应直接进入结算,从而简化结算流程。

### 三、竣工结算价编制标准格式

竣工结算价编制使用的表格包括:竣工结算书封面(封-4),竣工结算总价扉页(扉-4),工程计价总说明表(表-01),建设项目竣工结算汇总表(表-05),单项工程竣工结算汇总表(表-06),单位工程竣工结算汇总表(表-07),分部分项工程和单价措施项目清单与计价表(表-08),综合单价分析表(表-09),综合单价调整表(表-10),总价措施项目清单与计价表(表-11),其他项目清单与计价汇总表(表-12)[暂列金额明细表(表-12-1),材料(工程设备)暂估单价及调整表(表-12-2),专业工程暂估价及结算价表(表-12-3),计日工表(表-12-4),总承包服务费计价表(表-12-5),索赔与现场签证计价汇总表(表-12-6),费用索赔申请(核准)表(表-12-7),现场签证表(表-12-8)],规费、税金项目计价表(表-13),工程计量申请(核准)表(表-14),预付款支付申请(核准)表(表-15),总价项目进度款支付分解表(表-16),进度款支付申请(核准)表(表-17),竣工结算款支付申请(核准)表(表-18),最终结清支付申请(核准)表(表-19),发包人提供材料和工程设备一览表(表-20),承包人提供主要材料和工程设备一览表(适用于造价信息差额调整法)(表-21),承包人提供主要材料和工程设备一览表(适用于价格指数差额调整法)(表-22)。

**1. 竣工结算书封面**

竣工结算书封面(封-4)应填写竣工工程的具体名称,发承包双方应盖单位公章,如委托工程造价咨询人办理的,还应加盖工程造价咨询人所在单位公章。

竣工结算书封面的样式见表 8-13。

表 8-13　　　　　　　　　竣工结算书封面

```
_____工程

           竣工结算书



       发 包 人：_____
            （单位盖章）


       承 包 人：_____
            （单位盖章）


      造价咨询人：_____
            （单位盖章）


          年　月　日
```

封-4

**2. 竣工结算总价扉页**

承包人自行编制竣工结算总价，编制人员必须是承包人单位注册的造价人员。由承包人盖单位公章，法定代表人或其授权人签字或盖章；编制的造价人员（造价工程师或造价员）签字盖执业专用章。

发包人自行核对竣工结算时，核对人员必须是在发包人单位注册的造价工程师。由发包人盖单位公章，法定代表人或其授权人签字或盖章，核对的造价工程师签字盖执业专用章。

发包人委托工程造价咨询人核对竣工结算时，核对人员必须是在工程造价咨询人单位注册的造价工程师。由发包人盖单位公章，法定代表人或其授权人签字盖章的；工程造价咨询人盖单位资质专用章，法定代表人或其授权人签字或盖章；核对的造价工程师签字盖执业专用章。

除非出现发包人拒绝或不答复承包人竣工结算书的特殊情况，竣工结算办理完毕后,竣工结算总价封面发承包双方的签字、盖章应当齐全。

竣工结算总价扉页(扉-4)的样式见表8-14。

**表8-14** 竣工结算总价扉页

---

_____工程

## 竣工结算总价

签约合同价(小写):_____ (大写):_____
竣工结算价(小写):_____ (大写):_____

发 包 人:_____ 承 包 人:_____ 造价咨询人:____
　　（单位盖章）　　　　（单位盖章）　　　　（单位资质专用章）

法定代表人　　　　法定代表人　　　　法定代表人
或其授权人:_____　或其授权人:_____　或其授权人:_____
　（签字或盖章）　　　（签字或盖章）　　　　（签字或盖章）

编 制 人:_____　　核 对 人:_____
　（造价人员签字盖专用章）　　（造价工程师签字盖专用章）

编制时间: 年 月 日　　　　核对时间: 年 月 日

---

扉-4

**3. 工程计价总说明表**

工程计价总说明表(表-01)的样式及相关填写要求参见表7-3。

**4. 建设项目竣工结算汇总表**

建设项目竣工结算汇总表(表-05)的样式见表8-15。

表 8-15　　　　　　　建设项目竣工结算汇总表

工程名称：　　　　　　　　　　　　　　　　　　　　　　第　页共　页

| 序号 | 单项工程名称 | 金额(元) | 其　　中:(元) | |
|---|---|---|---|---|
| | | | 安全文明施工费 | 规费 |
| | | | | |
| | 合　　计 | | | |

表-05

## 5. 单项工程竣工结算汇总表

单项工程竣工结算汇总表(表-06)的样式见表 8-16。

表 8-16　　　　　　　单项工程竣工结算汇总表

工程名称：　　　　　　　　　　　　　　　　　　　　　　第　页共　页

| 序号 | 单位工程名称 | 金额(元) | 其　　中:(元) | |
|---|---|---|---|---|
| | | | 安全文明施工费 | 规费 |
| | | | | |
| | 合　　计 | | | |

表-06

## 6. 单位工程竣工结算汇总表

单位工程竣工结算汇总表(表-07)的样式见表 8-17。

表 8-17　　　　　　　单位工程竣工结算汇总表

工程名称：　　　　　　　标段：　　　　　　　　　　　　第　页共　页

| 序号 | 汇　总　内　容 | 金额(元) |
|---|---|---|
| 1 | 分部分项工程 | |
| 1.1 | | |
| 1.2 | | |
| 1.3 | | |
| 2 | 措施项目 | |
| 2.1 | 其中:安全文明施工费 | |
| 3 | 其他项目 | |
| 3.1 | 其中:专业工程暂估价 | |
| 3.2 | 其中:计日工 | |
| 3.3 | 其中:总承包服务费 | |
| 3.4 | 其中:索赔与现场签证 | |
| 4 | 规费 | |
| 5 | 税金 | |
| 招标控制价合计＝1＋2＋3＋4＋5 | | |

注:如无单位工程划分,单项工程也使用本表汇总。

表-07

### 7. 分部分项工程和单价措施项目清单与计价表

分部分项工程和单价措施项目清单与计价表(表-08)的样式及相关填写要求参见表 7-4。

### 8. 综合单价分析表

综合单价分析表(表-09)的样式及相关填写要求参见表 8-6。

### 9. 综合单价调整表

综合单价调整表(表-10)适用于各种合同约定调整因素出现时调整综合单价,各种调整依据应附于表后。填写时应注意,项目编码和项目名称必须与已标价工程量清单操持一致,不得发生错漏,以免发生争议。

综合单价调整表的样式见表 8-18。

表 8-18　　　　　　　　综合单价调整表

工程名称：　　　　　　　　标段：　　　　　　　　第　页共　页

| 序号 | 项目编号 | 项目名称 | 已标价清单综合单价(元) | | | | | 调整后综合单价(元) | | | | |
|---|---|---|---|---|---|---|---|---|---|---|---|---|
| | | | 综合单价 | 其中 | | | | 综合单价 | 其中 | | | |
| | | | | 人工费 | 材料费 | 机械费 | 管理费和利润 | | 人工费 | 材料费 | 机械费 | 管理费和利润 |
| | | | | | | | | | | | | |
| | | | | | | | | | | | | |
| | | | | | | | | | | | | |
| | | | | | | | | | | | | |
| 造价工程师(签章)：　　发包人代表(签章)：<br><br>日期： | | | | | | | | 造价人员(签章)：　　承包人代表(签章)：<br><br>日期： | | | | |

注:综合单价调整应附调整依据。

表-10

### 10. 总价措施项目清单与计价表

总价措施项目清单与计价表(表-11)的样式及相关填写要求参见表 7-5。

### 11. 其他项目清单与计价汇总表

其他项目清单与计价汇总表(表-12)的样式及相关填写要求参见表 7-6。

### 12. 暂列金额明细表

暂列金额明细表(表-12-1)的样式及相关填写要求参见表 7-7。

### 13. 材料（工程设备）暂估单价及调整表

材料(工程设备)暂估单价及调整表(表-12-2)的样式及相关填写要求参见表 7-8。

### 14. 专业工程暂估价及结算价表

专业工程暂估价及结算价表(表-12-3)的样式及相关填写要求参见表 7-9。

### 15. 计日工表

计日工表(表-12-4)的样式及相关填写要求参见表 7-10。

### 16. 总承包服务费计价表

总承包服务费计价表(表-12-5)的样式及相关填写要求参见表 7-11。

### 17. 索赔与现场签证计价汇总表

索赔与现场签证计价汇总表(表-12-6)是对发承包双方签证认可的"费用索赔申请(核准)表"和"现场签证表"的汇总。

索赔与现场签证计价汇总表的样式见表 8-19。

表 8-19　　　　　　　索赔与现场签证计价汇总表

工程名称：　　　　　　　　标段：　　　　　　　第　页共　页

| 序号 | 签证及索赔项目名称 | 计量单位 | 数量 | 单价(元) | 合价(元) | 索赔及签证依据 |
|------|------------------|---------|------|---------|---------|--------------|
|      |                  |         |      |         |         |              |
|      |                  |         |      |         |         |              |
|      |                  |         |      |         |         |              |
|      |                  |         |      |         |         |              |
| —    | 本页小计         | —       | —    | —       |         |              |
| —    | 合　计           | —       | —    | —       |         |              |

注：签证及索赔依据是指经双方认可的签证单和索赔依据的编号。

表-12-6

### 18. 费用索赔申请（核准）表

填写费用索赔申请(核准)表(表-12-7)时,承包人代表应按合同条款的约定,阐述原因,附上索赔证据、费用计算报发包人,经监理工程师复核(按照发包人的授权不论是监理工程师或发包人现场代表均可),经造价工程师(此处造价工程师可以是发包人现场管理人员,也可以是发包人委托的工程造价咨询企业的人员)复核具体费用,经发包人审核后生效,该表以在选择栏中"□"内做标识"√"表示。

费用索赔申请(核准)表的样式见表 8-20。

表 8-20　　　　　　　　　　费用索赔申请(核准)表

工程名称：　　　　　　　　　　标段：　　　　　　　　　　编号：

| 致：_____(发包人全称) 根据施工合同条款_____条的约定，由于_____原因，我方要求索赔金额(大写)_____(小写_____)，请予核准。 附：1. 费用索赔的详细理由和依据： 　　2. 索赔金额的计算： 　　3. 证明材料： <br><br>　　　　　　　　　　　　　　　　　　　　　　　　　　　承包人(章) <br>造价人员_____　　　承包人代表_____　　　日　　期_____ |
|---|

| 复核意见： 　　根据施工合同条款_____条的约定，你方提出的费用索赔申请经复核： □不同意此项索赔，具体意见见附件。 □同意此项索赔，索赔金额的计算，由造价工程师复核。 <br>　　　　监理工程师_____ <br>　　　　日　　期_____ | 复核意见： 　　根据施工合同条款_____条的约定，你方提出的费用索赔申请经复核，索赔金额为(大写)_____(小写_____)。 <br><br><br>　　　　造价工程师_____ <br>　　　　日　　期_____ |
|---|---|

| 审核意见： □不同意此项索赔。 □同意此项索赔，与本期进度款同期支付。 <br>　　　　　　　　　　　　　　　　　　　　　　　　　　发包人(章) <br>　　　　　　　　　　　　　　　　　　　　　　　　　　发包人代表_____ <br>　　　　　　　　　　　　　　　　　　　　　　　　　　日　　期_____ |
|---|

注：1. 在选择栏中的"□"内做标识"√"。
　　2. 本表一式四份，由承包人填报，发包人、监理人、造价咨询人、承包人各存一份。

表-12-7

### 19. 现场签证表

现场签证表(表-12-8)是对"计日工"的具体化，考虑到招标时，招标人对计日工项目的预估难免会有遗漏，带来实际施工发生后，无相应的计日工单价时，现场签证只能包括单价一并处理，因此，在汇总时，有计日工单价的，可归并于计日工，如无计日工单价，归并于现场签证，以示区别。

## 第八章　通风空调工程清单计价体系

现场签证表的样式见表 8-21。

**表 8-21　　　　　　　　　　现场签证表**

工程名称：　　　　　　　　　标段：　　　　　　　　编号：

| 施工部位 | | 日　　期 | |
|---|---|---|---|
| 致：_____（发包人全称）<br>　　根据_____（指令人姓名）　年　月　日的口头指令或你方_____（或监理人）　年　月　日的书面通知，我方要求完成此项工作应支付价款金额为（大写）_____（小写_____），请予核准。<br>附：1. 签证事由及原因：<br>　　2. 附图及计算式：<br><br>　　　　　　　　　　　　　　　　　　　　　　　　　　　承包人（章）<br>造价人员_____　　　承包人代表_____　　　日　　期_____ | | | |
| 复核意见：<br>你方提出的此项签证申请经复核：<br>□不同意此项签证，具体意见见附件。<br>□同意此项签证，签证金额的计算，由造价工程师复核。<br><br>　　　　　　监理工程师_____<br>　　　　　　日　　期_____ | | 复核意见：<br>　　□此项签证按承包人中标的计日工单价计算，金额为（大写）_____元，（小写_____元）。<br>　　□此项签证因无计日工单价，金额为（大写）_____元，(小写_____)。<br><br>　　　　　　造价工程师_____<br>　　　　　　日　　期_____ | |
| 审核意见：<br>□不同意此项签证。<br>□同意此项签证，价款与本期进度款同期支付。<br><br>　　　　　　　　　　　　　　　　　　　　　　　　　　发包人（章）<br>　　　　　　　　　　　　　　　　　　　　　　　　　　发包人代表_____<br>　　　　　　　　　　　　　　　　　　　　　　　　　　日　　期_____ | | | |

注：1. 在选择栏中的"□"内做标识"√"。

　　2. 本表一式四份，由承包人在收到发包人（监理人）的口头或书面通知后填写，发包人、监理人、造价咨询人、承包人各存一份。

表-12-8

## 20. 规费、税金项目计价表

规费、税金项目计价表(表-13)的样式及相关填写要求参见表 7-12。

## 21. 工程计量申请（核准）表

工程计量申请(核准)表(表-14)填写的"项目编码"、"项目名称"、"计量单位"应与已标价工程量清单中一致,承包人应在合同约定的计量周期结束时,将申报数量填写在申报数量栏,发包人核对后如与承包人填写的数量不一致,则在核实数量栏填上核实数量,经发承包双方共同核对确认的计量结果填在确认数量栏。

工程计量申请(核准)表的样式见表 8-22。

表 8-22  工程计量申请(核准)表

工程名称：　　　　　　　　标段：　　　　　　　第　页共　页

| 序号 | 项目编码 | 项目名称 | 计量单位 | 承包人申请数量 | 发包人核实数量 | 发承包人确认数量 | 备注 |
|---|---|---|---|---|---|---|---|
|  |  |  |  |  |  |  |  |
|  |  |  |  |  |  |  |  |
|  |  |  |  |  |  |  |  |
|  |  |  |  |  |  |  |  |
|  |  |  |  |  |  |  |  |
|  |  |  |  |  |  |  |  |
|  |  |  |  |  |  |  |  |
|  |  |  |  |  |  |  |  |
|  |  |  |  |  |  |  |  |

| 承包人代表： | 监理工程师： | 造价工程师： | 发包人代表： |
|---|---|---|---|
| 日期： | 日期： | 日期： | 日期： |

表-14

## 22. 预付款支付申请（核准）表

预付款支付申请(核准)表(表-15)的样式见表 8-23。

表 8-23　　　　　　　　　预付款支付申请(核准)表

工程名称：　　　　　　　　　标段：　　　　　　　　　编号：

致：＿＿＿＿＿＿＿＿＿＿＿＿＿＿＿＿＿＿＿＿＿＿＿＿＿＿(发包人全称)
　　我方根据施工合同的约定,现申请支付工程预付款额为(大写)＿＿＿＿＿＿(小写＿＿＿＿＿＿＿＿),请予核准。

| 序号 | 名　称 | 申请金额(元) | 复核金额(元) | 备　注 |
|---|---|---|---|---|
| 1 | 已签约合同价款金额 | | | |
| 2 | 其中:安全文明施工费 | | | |
| 3 | 应支付的预付款 | | | |
| 4 | 应支付的安全文明施工费 | | | |
| 5 | 合计应支付的预付款 | | | |
| | | | | |
| | | | | |
| | | | | |

　　　　　　　　　　　　　　　　　　　　　　　承包人(章)
　　造价人员＿＿＿＿＿　承包人代表＿＿＿＿＿　　　日　期＿＿＿＿＿

| 复核意见：<br>　□与合同约定不相符,修改意见见附件。<br>　□与合同约定相符,具体金额由造价工程师复核。<br><br>　　　　监理工程师＿＿＿＿＿<br>　　　　日　　期＿＿＿＿＿ | 复核意见：<br>　你方提出的支付申请经复核,应支付预付款金额为(大写)＿＿＿＿＿＿(小写＿＿＿＿＿＿)。<br><br>　　　　造价工程师＿＿＿＿＿<br>　　　　日　　期＿＿＿＿＿ |
|---|---|

审核意见：
　□不同意。
　□同意,支付时间为本表签发后的15天内。

　　　　　　　　　　　　　　　　　　　　　　　发包人(章)
　　　　　　　　　　　　　　　　　　　　　　　发包人代表＿＿＿＿＿
　　　　　　　　　　　　　　　　　　　　　　　日　　期＿＿＿＿＿

注:1. 在选择栏上的"□"内做标识"√"。
　　2. 本表一式四份,由承包人填报,发包人、监理人、造价咨询人、承包人各存一份。

表-15

## 23. 总价项目进度款支付分解表

总价项目进度款支付分解表(表-16)的样式见表 8-12。

## 24. 进度款支付申请（核准）表

进度款支付申请（核准）表（表-17）的样式见表8-24。

**表 8-24　　　　　　　进度款支付申请（核准）表**

工程名称：　　　　　　　　标段：　　　　　　　　编号：

致：_____（发包人全称）

　　我方于_____至_____期间已完成了_____工作，根据施工合同的约定，现申请支付本周期的合同款额为（大写）_____（小写_____），请予核准。

| 序号 | 名　称 | 实际金额（元） | 申请金额（元） | 复核金额（元） | 备注 |
|---|---|---|---|---|---|
| 1 | 累计已完成的合同价款 | | | | |
| 2 | 累计已实际支付的合同价款 | | | | |
| 3 | 本周期合计完成的合同价款 | | | | |
| 3.1 | 本周期已完成单价项目的金额 | | | | |
| 3.2 | 本周期应支付的总价项目的金额 | | | | |
| 3.3 | 本周期已完成的计日工价款 | | | | |
| 3.4 | 本周期应支付的安全文明施工费 | | | | |
| 3.5 | 本周期应增加的合同价款 | | | | |
| 4 | 本周期合计应扣减的金额 | | | | |
| 4.1 | 本周期应抵扣的预付款 | | | | |
| 4.2 | 本周期应扣减的金额 | | | | |
| 5 | 本周期应支付的合同价款 | | | | |

附：上述3、4详见附件清单。

　　　　　　　　　　　　　　　　　　　　　　　　承包人（章）
　　造价人员_____　承包人代表_____　　　日　　期_____

| 复核意见：<br>□与实际施工情况不相符，修改意见见附件。<br>□与实际施工情况相符，具体金额由造价工程师复核。<br><br>　　　　　监理工程师_____<br>　　　　　日　　期_____ | 复核意见：<br>　　你方提出的支付申请经复核，本周期已完成合同款额为（大写）_____（小写_____），本周期应会支付金额为（大写）_____（小写_____）。<br><br>　　　　　造价工程师_____<br>　　　　　日　　期_____ |
|---|---|

审核意见：
　□不同意。
　□同意，支付时间为本表签发后的15天内。

　　　　　　　　　　　　　　　　　　　　　　　发包人（章）
　　　　　　　　　　　　　　　　　　　　　　　发包人代表_____
　　　　　　　　　　　　　　　　　　　　　　　日　　期_____

注：1. 在选择栏中的"□"内做标识"√"。

　　2. 本表一式四份，由承包人填报，发包人、监理人、造价咨询人、承包人各存一份。

表-17

## 25. 竣工结算款支付申请（核准）表

竣工结算款支付申请(核准)表(表-18)的样式见表 8-25。

表 8-25　　　　　　　　竣工结算款支付申请(核准)表

工程名称：　　　　　　　　　标段：　　　　　　　　　编号：

| 致：＿＿＿＿＿＿＿＿＿＿＿＿＿＿＿＿＿＿＿＿＿＿＿＿＿＿＿＿＿＿＿(发包人全称) |||||
|---|---|---|---|---|
| 我方于＿＿＿＿至＿＿＿＿期间已完成合同约定的工作,工程已经完工,根据施工合同的约定,现申请支付竣工结算合同款额为(大写)＿＿＿＿(小写＿＿＿＿),请予核准。 |||||
| 序号 | 名　称 | 申请金额（元） | 复核金额（元） | 备　注 |
| 1 | 竣工结算合同价款总额 | | | |
| 2 | 累计已实际支付的合同价款 | | | |
| 3 | 应预留的质量保证金 | | | |
| 4 | 应支付的竣工结算款金额 | | | |
|  |  |  |  |  |
|  |  |  |  |  |
|  |  |  |  |  |
|  |  |  |  |  |
|  |  |  |  |  |
|  |  |  |  |  |
| 　　　　　　　　　　　　　　　　　　　　　　　　　承包人(章)<br>造价人员＿＿＿＿　承包人代表＿＿＿＿　　　　日　期＿＿＿＿ |||||
| 复核意见：<br>□与实际施工情况不相符,修改意见见附件。<br>□与实际施工情况相符,具体金额由造价工程师复核。<br><br>　　　监理工程师＿＿＿＿<br>　　　日　　期＿＿＿＿ |  | 复核意见：<br>　你方提出的竣工结算款支付申请经复核,竣工结算款总额为(大写)＿＿＿＿(小写＿＿＿＿),扣除前期支付以及质量保证金后应支付金额为(大写)＿＿＿＿(小写＿＿＿＿)。<br><br>　　　造价工程师＿＿＿＿<br>　　　日　　期＿＿＿＿ |||
| 审核意见：<br>□不同意。<br>□同意,支付时间为本表签发后的 15 天内。<br><br>　　　　　　　　　　　　　　　　　　　　　　　　　发包人(章)<br>　　　　　　　　　　　　　　　　　　　　　　　　　发包人代表＿＿＿＿<br>　　　　　　　　　　　　　　　　　　　　　　　　　日　　期＿＿＿＿ |||||

注：1. 在选择栏中的"□"内做标识"√"。
　　2. 本表一式四份,由承包人填报,发包人、监理人、造价咨询人、承包人各存一份。

## 26. 最终结清支付申请（核准）表

最终结清支付申请(核准)表(表-19)的样式见表 8-26。

表 8-26　　　　　　　最终结清支付申请(核准)表

工程名称：　　　　　　　　　　标段：　　　　　　　　　编号：

| 致：_____（发包人全称） |
| --- |
| 　　我方于_____至_____期间已完成了缺陷修复工作，根据施工合同的约定，现申请支付最终结清合同款额为(大写)_____(小写_____)，请予核准。 |

| 序号 | 名　　　称 | 申请金额（元） | 复核金额（元） | 备注 |
| --- | --- | --- | --- | --- |
| 1 | 已预留的质量保证金 | | | |
| 2 | 应增加因发包人原因造成缺陷的修复金额 | | | |
| 3 | 应扣减承包人不修复缺陷、发包人组织修复的金额 | | | |
| 4 | 最终应支付的合同价款 | | | |
| | | | | |
| | | | | |
| | | | | |
| | | | | |
| | | | | |

上述 3、4 详见附件清单。

　　　　　　　　　　　　　　　　　　　　　　　承包人(章)
　　造价人员_____　承包人代表_____　　日　　期_____

| 复核意见： <br> 　□与实际施工情况不相符,修改意见见附件。 <br> 　□与实际施工情况相符,具体金额由造价工程师复核。 <br><br> 　　　　　监理工程师_____ <br> 　　　　　日　　期_____ | 复核意见： <br> 　你方提出的支付申请经复核,最终应支付金额为（大写）_____（小写_____）。 <br><br> 　　　　　造价工程师_____ <br> 　　　　　日　　期_____ |
| --- | --- |

审核意见：
　□不同意。
　□同意,支付时间为本表签发后的 15 天内。

　　　　　　　　　　　　　　　　　　　　　　　发包人(章)
　　　　　　　　　　　　　　　　　　　　　　　发包人代表_____
　　　　　　　　　　　　　　　　　　　　　　　日　　期_____

注：1. 在选择栏中的"□"内做标识"√"。如监理人已退场,监理工程师栏可空缺。
　　2. 本表一式四份,由承包人填报,发包人、监理人、造价咨询人、承包人各存一份。

表-19

### 27. 发包人提供材料和工程设备一览表

发包人提供材料和工程设备一览表(表-20)的样式及相关填写要求参见表 7-13。

### 28. 承包人提供主要材料和工程设备一览表（适用于造价信息差额调整法）

承包人提供主要材料和工程设备一览表(适用于造价信息差额调整法)(表-21)的样式及相关填写要求参见表 7-14。

### 29. 承包人提供主要材料和工程设备一览表（适用于价格指数差额调整法）

承包人提供主要材料和工程设备一览表(适用于价格指数差额调整法)(表-22)的样式及相关填写要求参见表 7-15。

# 第六节 通风空调工程造价鉴定

发承包双方在履行施工合同过程中,由于不同的利益诉求,有一些施工合同纠纷需要采用仲裁、诉讼的方式解决,工程造价鉴定在一些施工合同纠纷案件处理中就成了裁决、判决的主要依据。

## 一、一般规定

(1)在工程合同价款纠纷案件处理中,需做工程造价司法鉴定的,应根据《工程造价咨询企业管理办法》(建设部令第 149 号)第二十条的规定,委托具有相应资质的工程造价咨询人进行。

(2)工程造价咨询人接受委托时提供工程造价司法鉴定服务,不仅应符合建设工程造价方面的规定,还应按仲裁、诉讼程序和要求进行,并应符合国家关于司法鉴定的规定。

(3)按照《注册造价工程师管理办法》(建设部令第 150 号)的规定,工程计价活动应由造价工程师担任。《建设部关于对工程造价司法鉴定有关问题的复函》(建办标函[2005]155 号)第二条:"从事工程造价司法鉴定的人员,必须具备注册造价工程师执业资格,并只得在其注册的机构从事工程造价司法鉴定工作,否则不具有在该机构的工程造价成果文件上签字的权力"。鉴于进入司法程序的工程造价鉴定的难度一般较大,因此,工程造价咨询人进行工程造价司法鉴定时,应指派专业对口、经验丰富的注册造价工程师承担鉴定工作。

(4)工程造价咨询人应在收到工程造价司法鉴定资料后10天内,根据自身专业能力和证据资料判断能否胜任该项委托,如不能,应辞去该项委托。工程造价咨询人不得在鉴定期满后以上述理由不做出鉴定结论,影响案件处理。

(5)为保证工程造价司法鉴定的公正进行,接受工程造价司法鉴定委托的工程造价咨询人或造价工程师如是鉴定项目一方当事人的近亲属或代理人、咨询人以及其他关系可能影响鉴定公正的,应当自行回避;未自行回避,鉴定项目委托人以该理由要求其回避的,必须回避。

(6)《最高人民法院关于民事诉讼证据的若干规定》(法释[2001]33号)第五十九条规定:"鉴定人应当出庭接受当事人质询",因此,工程造价咨询人应当依法出庭接受鉴定项目当事人对工程造价司法鉴定意见书的质询。如确因特殊原因无法出庭的,经审理该鉴定项目的仲裁机关或人民法院准许,可以书面形式答复当事人的质询。

**二、取证**

(1)工程造价的确定与当时的法律法规、标准定额以及各种要素价格具有密切关系,为做好一些基础资料不完备的工程鉴定,工程造价咨询人进行工程造价鉴定工作,应自行收集以下(但不限于)鉴定资料:

1)适用于鉴定项目的法律、法规、规章、规范性文件以及规范、标准、定额。

2)鉴定项目同时期同类型工程的技术经济指标及其各类要素价格等。

(2)真实、完整、合法的鉴定依据是做好鉴定项目工程造价司法工作鉴定的前提。工程造价咨询人收集鉴定项目的鉴定依据时,应向鉴定项目委托人提出具体书面要求,其内容包括:

1)与鉴定项目相关的合同、协议及其附件。

2)相应的施工图纸等技术经济文件。

3)施工过程中的施工组织、质量、工期和造价等工程资料。

4)存在争议的事实及各方当事人的理由。

5)其他有关资料。

(3)根据最高人民法院规定"证据应当在法庭上出示,由当事人质证。未经质证的证据,不能作为认定案件事实的依据(法释[2001]33号)",工程造价咨询人在鉴定过程中要求鉴定项目当事人对缺陷资料进行补充的,应征得鉴定项目委托人同意,或者协调鉴定项目各方当事人共同签认。

(4)根据鉴定工作需要现场勘验的,工程造价咨询人应提请鉴定项目委托人组织各方当事人对被鉴定项目所涉及的实物标的进行现场勘验。

(5)勘验现场应制作勘验记录、笔录或勘验图表,记录勘验的时间、地点、勘验人、在场人、勘验经过、结果,由勘验人、在场人签名或者盖章确认。绘制的现场图应注明绘制的时间、测绘人姓名、身份等内容。必要时应采取拍照或摄像取证,留下影像资料。

(6)鉴定项目当事人未对现场勘验图表或勘验笔录等签字确认的,工程造价咨询人应提请鉴定项目委托人决定处理意见,并在鉴定意见书中做出表述。

**三、鉴定**

(1)《最高人民法院关于审理建设工程施工合同纠纷案件适用法律问题的解释》(法释[2004]14号)第十六条一款规定:"当事人对建设工程的计价标准或者计价方法有约定的,按照约定结算工程价款",因此,如鉴定项目委托人明确告之合同有效,工程造价咨询人就必须依据合同约定进行鉴定,不得随意改变发承包双方合法的合意,不能以专业技术方面的惯例来否定合同的约定。

(2)工程造价咨询人在鉴定项目合同无效或合同条款约定不明确的情况下应根据法律法规、相关国家标准和"13计价规范"的规定,选择相应专业工程的计价依据和方法进行鉴定。

(3)为保证工程造价鉴定的质量,尽可能将当事人之间的分歧缩小直至化解,为司法调解、裁决或判决提供科学合理的依据,工程造价咨询人出具正式鉴定意见书之前,可报请鉴定项目委托人向鉴定项目各方当事人发出鉴定意见书征求意见稿,并指明应书面答复的期限及其不答复的相应法律责任。

(4)工程造价咨询人收到鉴定项目各方当事人对鉴定意见书征求意见稿的书面复函后,应对不同意见认真复核,修改完善后再出具正式鉴定意见书。

(5)工程造价咨询人出具的工程造价鉴定书应包括下列内容:

1)鉴定项目委托人名称、委托鉴定的内容。
2)委托鉴定的证据材料。
3)鉴定的依据及使用的专业技术手段。
4)对鉴定过程的说明。
5)明确的鉴定结论。
6)其他需说明的事宜。
7)工程造价咨询人盖章及注册造价工程师签名盖执业专用章。

(6)进入仲裁或诉讼的施工合同纠纷案件,一般都有明确的结案时限,为避免影响案件的处理,工程造价咨询人应在委托鉴定项目的鉴定期限内完成鉴定工作,如确因特殊原因不能在原定期限内完成鉴定工作时,应按照相应法规提前向鉴定项目委托人申请延长鉴定期限,并应在此期限内完成鉴定工作。

经鉴定项目委托人同意等待鉴定项目当事人提交、补充证据的,质证所用的时间不应计入鉴定期限。

(7)对于已经出具的正式鉴定意见书中有部分缺陷的鉴定结论,工程造价咨询人应通过补充鉴定做出补充结论。

### 四、造价鉴定标准格式

造价鉴定编制使用的表格包括:工程造价鉴定意见书封面(封-5),工程造价鉴定意见书扉页(扉-5),工程计价总说明表(表-01),建设项目竣工结算汇总表(表-05),单项工程竣工结算汇总表(表-06),单位工程竣工结算汇总表(表-07),分部分项工程和单价措施项目清单与计价表(表-08),综合单价分析表(表-09),综合单价调整表(表-10),总价措施项目清单与计价表(表-11),其他项目清单与计价汇总表(表-12)[暂列金额明细表(表-12-1),材料(工程设备)暂估单价及调整表(表-12-2),专业工程暂估价及结算价表(表-12-3),计日工表(表-12-4),总承包服务费计价表(表-12-5),索赔与现场签证计价汇总表(表-12-6),费用索赔申请(核准)表(表-12-7),现场签证表(表-12-8)],规费、税金项目计价表(表-13),工程计量申请(核准)表(表-14),预付款支付申请(核准)表(表-15),总价项目进度款支付分解表(表-16),进度款支付申请(核准)表(表-17),竣工结算款支付申请(核准)表(表-18),最终结清支付申请(核准)表(表-19),发包人提供材料和工程设备一览表(表-20),承包人提供主要材料和工程设备一览表(适用于造价信息差额调整法)

## 第八章 通风空调工程清单计价体系

(表-21),承包人提供主要材料和工程设备一览表(适用于价格指数差额调整法)(表-22)。

工程造价鉴定所用表格样式除工程造价鉴定意见书封面(封-5)和工程造价鉴定意见书扉页(扉-5)分别见表8-27和表8-28外,其他表格样式均参见本章前述各节所述。

工程造价鉴定意见书封面(封-5)应填写鉴定工程项目的具体名称,填写意见书文号,工程造价咨询人盖所在单位公章。工程造价鉴定意见书扉页(扉-5)应填写工程造价鉴定项目的具体名称,工程造价咨询人应盖单位资质专用章,法定代表人或其授权人签字或盖章,造价工程师签字盖执业专用章。

表 8-27　　　　　　　工程造价鉴定意见书封面

_____工程

编号：××[2×××]××号

# 工程造价鉴定意见书

造价咨询人：_____
　　　　　　　（单位盖章）

年　月　日

封-5

表 8-25　　工程造价鉴定意见书扉页

_____工程

# 工程造价鉴定意见书

鉴 定 结 论：

**造价咨询人**：_____
　　　　　　（盖单位章及资质专用章）

**法定代表人**：_____
　　　　　　　（签字或盖章）

**造价工程师**：_____
　　　　　　　（签字盖专用章）

年　　月　　日

扉-5

# 参 考 文 献

[1] 中华人民共和国住房和城乡建设部.GB 50500—2013 建设工程工程量清单计价规范[S].北京:中国计划出版社,2013.
[2] 中华人民共和国住房和城乡建设部.GB 50856—2013 通用安装工程工程量计算规范[S].北京:中国计划出版社,2013.
[3] 规范编写组.2013 建设工程计价计量规范辅导[M].北京:中国计划出版社,2013.
[4] 天津市建设委员会.GYD—209—2000 全国统一安装工程预算定额(第九册)通风空调工程.[S].2 版.北京:中国计划出版社,2001.
[5] 中华人民共和国建设部标准定额司.GYDGZ—201—2000 全国统一安装工程预算工程量计算规则[S].2 版.北京:中国计划出版社,2001.
[6] 周承绪.安装工程概预算手册[M].北京:中国建筑工业出版社,2001.
[7] 袁建新.建筑工程定额与预算[M].北京:高等教育出版社,2002.
[8] 刘庆山.建筑安装工程预算[M].2 版.北京:机械工业出版社,2004.
[9] 许焕兴.工程造价[M].大连:东北财经大学出版社,2003.
[10] 张清奎.安装工程预算员必读[M].2 版.北京:中国建筑工业出版社,2000.
[11] 全国造价工程师执业资格考试培训教材编审委员会.工程造价计价与控制[M].北京:中国计划出版社,2003.
[12] 《通风空调工程》编委会.定额预算与工程量清单计价对照使用手册(通风空调工程)[M].北京:知识产权出版社,2007.
[13] 《造价员一本通》编委会.造价员一本通(安装工程)[M].北京:中国建材工业出版社,2006.
[14] 丁云飞,等.安装工程预算与工程量清单计价[M].北京:化学工业出版社,2005.
[15] 周权琴.建筑工程造价与招标投标[M].成都:成都科技大学出版社,1998.

### 我们提供

图书出版、图书广告宣传、企业/个人定向出版、设计业务、企业内刊等外包、代选代购图书、团体用书、会议、培训，其他深度合作等优质高效服务。

| 编辑部 | 图书广告 | 出版咨询 | 图书销售 | 设计业务 |
|---|---|---|---|---|
| 010-68343948 | 010-68361706 | 010-68343948 | 010-68001605 | 010-88376510转1008 |

邮箱：jccbs-zbs@163.com　　网址：www.jccbs.com.cn

## 发展出版传媒　服务经济建设
## 传播科技进步　满足社会需求

（版权专有，盗版必究。未经出版者预先书面许可，不得以任何方式复制或抄袭本书的任何部分。举报电话：010-68343948）